U0361900

高等学校教材
计算机科学与技术

Java面向对象程序设计
（第2版）

袁绍欣 安毅生 赵祥模 葛玮 编著

清华大学出版社
北京

内容简介

本书的内容大体可分为三个部分。第1章～第7章为第一部分，着重介绍Java面向对象的基本知识点，主要有Java的基本环境、Java语言基础、Java工程规范、面向对象基本概念、基本特征、概念深化、异常处理等，读者通过这部分的学习可以用Java语言建立起面向对象思维的能力，其中第4章～第6章是本部分的重点；第8章～第16章为第二部分，着重介绍Java语言的应用，主要有Java常用类库与工具、线程、集合类框架、AWT与Swing图形用户界面、输入/输出、网络通信、JDBC，读者通过这部分的学习可以了解Java工程应用的基础知识，其中第8章～第10章以及第14章、第16章是本部分的重点；第17章～第20章为第三部分，着重介绍Java软件体系结构设计，主要有UML、设计模式、软件框架和分布式对象技术，读者通过这部分可以掌握和了解进行软件结构设计时需要用到的模型表达方式、设计思想、框架编程思维和分布式软件设计的主要方法。

这三部分的内容，囊括了Java语言和Java软件结构设计的主要知识点，丰富了Java面向对象程序设计的内涵，可由浅入深、循序渐进地带领读者进入Java面向对象程序设计的艺术殿堂。

图书在版编目(CIP)数据

Java面向对象程序设计/袁绍欣等编著. —2版. —北京：清华大学出版社，2012.6(2023.8重印)
(高等学校教材·计算机科学与技术)
ISBN 978-7-302-28035-4

Ⅰ. ①J… Ⅱ. ①袁… Ⅲ. ①JAVA语言－程序设计－高等学校－教材 Ⅳ. ①TP312

中国版本图书馆CIP数据核字(2012)第023029号

责任编辑：郑寅堃
封面设计：常雪影
责任校对：李建庄
责任印制：丛怀宇

出版发行：清华大学出版社
网　址：http://www.tup.com.cn，http://www.wqbook.com
地　址：北京清华大学学研大厦A座　**邮　编**：100084
社 总 机：010-83470000　**邮　购**：010-62786544
投稿与读者服务：010-62776969，c-service@tup.tsinghua.edu.cn
质量反馈：010-62772015，zhiliang@tup.tsinghua.edu.cn
课件下载：http://www.tup.com.cn，010-62795954
印 装 者：三河市君旺印务有限公司
经　销：全国新华书店
开　本：185mm×260mm　**印　张**：28　**字　数**：690千字
版　次：2007年8月第1版　2012年6月第2版　**印　次**：2023年8月第11次印刷
印　数：16501～17000
定　价：69.00元

产品编号：037106-02

编审委员会成员

（按地区排序）

出版说明

改革开放以来，特别是党的十五大以来，我国教育事业取得了举世瞩目的辉煌成就，高等教育实现了历史性的跨越，已由精英教育阶段进入国际公认的大众化教育阶段。在质量不断提高的基础上，高等教育规模取得如此快速的发展，创造了世界教育发展史上的奇迹。当前，教育工作既面临着千载难逢的良好机遇，同时也面临着前所未有的严峻挑战。社会不断增长的高等教育需求同教育供给特别是优质教育供给不足的矛盾，是现阶段教育发展面临的基本矛盾。

教育部一直十分重视高等教育质量工作。2001 年 8 月，教育部下发了《关于加强高等学校本科教学工作，提高教学质量的若干意见》，提出了十二条加强本科教学工作提高教学质量的措施和意见。2003 年 6 月和 2004 年 2 月，教育部分别下发了《关于启动高等学校教学质量与教学改革工程精品课程建设工作的通知》和《教育部实施精品课程建设提高高校教学质量和人才培养质量》文件，指出“高等学校教学质量和教学改革工程”是教育部正在制定的《2003—2007 年教育振兴行动计划》的重要组成部分，精品课程建设是“质量工程”的重要内容之一。教育部计划用五年时间（2003—2007 年）建设 1500 门国家级精品课程，利用现代化的教育信息技术手段将精品课程的相关内容上网并免费开放，以实现优质教学资源共享，提高高等学校教学质量和人才培养质量。

为了深入贯彻落实教育部《关于加强高等学校本科教学工作，提高教学质量的若干意见》精神，紧密配合教育部已经启动的“高等学校教学质量与教学改革工程精品课程建设工作”，在有关专家、教授的倡议和有关部门的大力支持下，我们组织并成立了“清华大学出版社教材编审委员会”（以下简称“编委会”），旨在配合教育部制定精品课程教材的出版规划，讨论并实施精品课程教材的编写与出版工作。“编委会”成员皆来自全国各类高等学校教学与科研第一线的骨干教师，其中许多教师为各校相关院、系主管教学的院长或系主任。

按照教育部的要求，“编委会”一致认为，精品课程的建设工作从开始就要坚持高标准、严要求，处于一个比较高的起点上；精品课程教材应该能够反映各高校教学改革与课程建设的需要，要有特色风格、有创新性（新体系、新内容、新手段、新思路，教材的内容体系有较高的科学创新、技术创新和理念创新的含量）、先进性（对原有的学科体系有实质性的改革和发展，顺应并符合 21 世纪教学发展的规律，代表并引领课程发展的趋势和方向）、示范性（教材所体现的课程体系具有较广泛的辐射性和示范性）和一定的前瞻性。教材由个人申报或各校推荐(通过所在高校的“编委会”成员推荐),经“编委会”认真评审,最后由清华大学出版社审定出版。

目前,针对计算机类和电子信息类相关专业成立了两个“编委会”,即“清华大学出版社计算机教材编审委员会”和“清华大学出版社电子信息教材编审委员会”。首批推出的特色精品教材包括:

(1) 高等学校教材·计算机应用——高等学校各类专业,特别是非计算机专业的计算机应用类教材。

(2) 高等学校教材·计算机科学与技术——高等学校计算机相关专业的教材。

(3) 高等学校教材·电子信息——高等学校电子信息相关专业的教材。

(4) 高等学校教材·软件工程——高等学校软件工程相关专业的教材。

(5) 高等学校教材·信息管理与信息系统。

(6) 高等学校教材·财经管理与计算机应用。

清华大学出版社经过三十多年的努力,在教材尤其是计算机和电子信息类专业教材出版方面树立了权威品牌,为我国的高等教育事业做出了重要贡献。清华版教材形成了技术准确、内容严谨的独特风格,这种风格将延续并反映在特色精品教材的建设中。

清华大学出版社教材编审委员会
E-mail:weijj@tup.tsinghua.edu.cn

第2版 前言

具备什么样的知识与技能才算是具有面向对象程序设计的能力呢？显然只掌握面向对象的语言是远远不够的，至少还需要掌握UML、设计模式、软件框架、分布式对象技术才行。如果将面向对象程序设计看成一个有机整体，那么语言是细胞，UML是血液，设计模式是神经，软件框架是骨架，分布式对象技术是器官和组织。也就是说，知识的理解应该彼此渗透。正是基于这样的理念，本书在第1版的基础上扩充出了软件设计理论的相关内容，同时也对Java语言学习内容进行了一些必要的调整，从而形成了如下三个特点：

（1）软件设计知识的彼此贯通：Java编程语言、UML、设计模式、软件框架、分布式对象技术5个方面通常会以5本教材的形式出现，这样很容易就割裂它们的内在联系。没有面向对象编程语言作为基础，面向对象设计就没有根基；而只有编程语言没有设计，则程序将会失去风景和艺术感染力。设计的知识基础是UML，设计模式那深邃的思想再也找不到比UML更好的表达形式了，而将设计模式用得炉火纯青之处正是框架和中间件，离了框架和中间件的支持，在业界应用广泛的分布式设计与编程则寸步难行。因此将它们集成在一本书中讲述，将会给读者关于软件设计的一个全景认识，因而本书适合作为大专院校的Java语言、UML、软件体系结构设计等课程的教学用书。

（2）软件设计知识讲解的深入浅出：集“全景认识”于有限篇幅，对设计知识就不得不进行浓缩，因而不要把本书当成手册来看待，如果进行深入的学习还需参考相关书籍，但这并不意味着本书在设计内涵的完整性和深刻性方面打了折扣。秉承第1版的一贯风格，本书第2版仍然采用图的方式来展现设计的深刻内涵。

（3）Java语言面向对象设计学习的深入性：语言具有规则学习和规则运用两个层次，规则学习主要表现在本书的第1章～第16章，而规则运用则表现在第17章～第20章。现在多数Java程序设计教材都停留在规则学习阶段，对运用鲜有提及。因而选用本书作为有限学时的Java语言教学时，可留给教师和学生进一步的应用发展空间，而选用本书讲授软件设计时，前16章的Java语言部分以及后4章的设计案例又可作为坚实的支撑材料——将设计与实际编程紧密结合是本书编撰始终坚持的一个重要原则。同时照顾到一些学校先学C++后学Java的教学安排，书中在许多关键之处将Java和C++进行了对比，以防止两种语言差异性引起的混淆。

本书第 2 版得到多人的帮助才得以完成。长安大学安毅生老师负责了本书第 8 章～第 14 章的编撰工作，张少博老师指出了本书第 1 版中存在的一些不当和错误之处。另外，赵祥模老师、葛玮老师以及清华大学出版社的编辑给予了一如既往的支持，提出了许多宝贵意见，在此一并表示感谢。

编　者

2012 年 3 月于西安

前言

Java是当今流行的面向对象编程语言，它具有良好的平台移植性和代码的开源性优点。当前，虽然DotNet是其强有力的竞争对手，但是Java仍然在编程领域占据了明显的优势。因此，广大的初学者尤其是在校本专科学生，如何能学习好Java语言，对于他们的就业就显得十分重要。然而Java语言的学习，知晓名词概念简单，要真正在头脑中建立起对象模型并运用于编程，达到实际项目的要求，并不是一个简单的过程，这也构成了本专科学生毕业后就业的主要障碍。

本书的编写就是为消除这种障碍进行的一次初步尝试。从酝酿到出书，本着实战、实际、实用的原则进行编写，力争让学生减少摸索、少走弯路，快速达到IT企业Java程序员水平要求。此外，本书在正式出版前，一直作为西北大学葛玮副教授创办的"索创培训"职业教育学校教材用书，在实际中反复提炼，并取得了较好的教学应用效果。基于以上背景，本书具有如下的特点。

(1) 体系的相对完整与连贯：Java语言内容庞杂，在一本教科书中面面俱到根本不可能。学生在一个相对较短时间内，究竟学习Java哪些内容，学到什么程度，就可建立面向对象思维并在工程实践中能够自我发展？这是一个需要认真面对的问题。本书在此方面进行了相应的探索，讲述由浅入深，循序渐进，内容相对完整，基本能满足上述的要求。

(2) 注重细节：细节决定成败，编程尤其如此。计算机的专业特点就是实践性很强，而实践性又往往涉及大量的细节，将这些细节反映到教科书当中，对于初学者来说十分必要。本书对容易出错的细节内容，用"注意"并配以特殊字体加以提示。同时，对于一些例题，以"程序说明"的形式给出详细介绍。

(3) 图形化的表达方式：图是最好的表达方式。本书在阐述Java面向对象概念时，尽量将抽象的内容以图形的方式表达，以加快初学者的理解速度和理解的准确度。

(4) 精选案例：案例直接决定了学习效果，因此本书十分注重案例的典型与简洁。这些案例主要来源于作者的编程实践、Sun认证考试题、其他书籍相关借鉴三个方面。

本书在编写过程当中，得到了众人的帮助。长安大学赵祥模教授、西北大学葛玮副教授自始至终投入了相当的精力，给予了精心的指导。长安大学安毅生副教授参与了本书部分内容的审阅校对。西北大学教师路晓丽参与了本书的第11章、第13章的编写工作，付丽娜参与了本书的第12章的编写工作。清华大学出版社的编辑给出了许多宝贵的意见。西安高新区软件工程师冯耀军、于军泽、刁忆飞为本书提供了许多素材和帮助,对此一并感谢。

由于时间仓促和内容相对较多,编写过程中难免出现一些错误,欢迎广大读者给予批评指正。另外,在教学过程中为了阐述清楚问题的需要,会出现一些个人的观点和经验,如果有欠妥当,也欢迎广大读者批评指正。

本书作为Java教科书,可广泛应用于大中专院校和职业培训机构。因为内容相对较多,教师可根据学时设置,有针对性地进行讲授。如果学时为30～40学时,建议选择第1、第4章～第8章及第10章作为讲授重点,其他留作学生自学;如果学时为50～60学时,建议增加第9章、第14章与第16章的讲授;如果学时为80～90学时,可以对剩余的其他章节进行讲授。

本书为教师配有习题参考答案,可发E-mail(ZhengYK@tup.tsinghua.edu.cn)联系索取。

编 者

2007年3月于西安

目录

第1章 初次接触Java …… 1

1.1 Java语言——网络时代的编程语言 …… 1

1.1.1 网络时代编程问题 …… 1

1.1.2 问题的解决方法 …… 1

1.2 Java语言的特点 …… 2

1.3 Java程序的编译环境和执行环境 …… 4

1.4 第一个Java程序——HelloWorld …… 4

1.5 Java程序的分类 …… 6

1.6 Java平台 …… 8

小结 …… 8

习题 …… 9

第2章 Java语言基础 …… 10

2.1 数据类型 …… 10

2.1.1 标识符和保留字 …… 10

2.1.2 数据类型概括 …… 10

2.1.3 基本数据类型简介 …… 12

2.1.4 数据类型转换 …… 14

2.1.5 基本数据类型及其对应的包装类 …… 15

2.2 表达式 …… 16

2.2.1 算术表达式 …… 16

2.2.2 关系表达式 …… 18

2.2.3 逻辑表达式 …… 19

2.2.4 赋值表达式 …… 20

2.2.5 条件表达式 …… 21

2.2.6 运算符优先级 …… 21

2.3 控制语句 …… 22

2.3.1 分支语句 …… 22
2.3.2 循环语句 …… 24
2.3.3 跳转语句 …… 26
2.4 数组 …… 28
2.4.1 一维数组 …… 28
2.4.2 二维数组 …… 30
小结 …… 33
习题 …… 33

第3章 Java程序工程规范 …… 35

3.1 为什么要有规范 …… 35
3.2 Java程序编程规范 …… 35
3.3 帮助文档的自动生成 …… 35
小结 …… 37
习题 …… 37

第4章 面向对象(上) …… 38

4.1 抽象的含义 …… 38
4.2 类与对象 …… 38
4.3 类的域(属性)与方法(操作) …… 39
4.4 对象 …… 41
4.4.1 对象的创建 …… 41
4.4.2 对象作为参数的特点 …… 43
4.4.3 对象数组 …… 45
4.4.4 数组对象特点及常用方法 …… 45
4.5 构造方法 …… 47
4.5.1 构造方法的概念 …… 47
4.5.2 构造方法的特征 …… 47
4.5.3 构造方法赋值的注意事项 …… 48
4.5.4 finalize方法与垃圾回收 …… 49
4.6 类成员属性和方法的非访问修饰符 …… 50
4.6.1 static …… 50
4.6.2 abstract …… 53
4.6.3 final …… 53
4.6.4 native修饰的本地方法 …… 53
4.7 包 …… 53
小结 …… 57
习题 …… 57

第5章 面向对象(中) …… 59

5.1 面向对象的特征 …… 59
5.2 封装 …… 59
5.2.1 封装的概念 …… 59
5.2.2 访问控制权限 …… 60
5.2.3 消息 …… 64
5.2.4 封装与组合的设计用途 …… 66
5.3 继承 …… 66
5.3.1 继承的概念 …… 66
5.3.2 Object 类 …… 69
5.3.3 最终类 …… 70
5.3.4 继承的设计用途 …… 70
5.4 类的多态 …… 70
5.4.1 多态的概念 …… 70
5.4.2 重载 …… 70
5.4.3 覆盖 …… 71
5.4.4 多态的设计用途 …… 73
小结 …… 73
习题 …… 73

第6章 面向对象(下) …… 74

6.1 this 与 super …… 74
6.1.1 this 的用法 …… 74
6.1.2 super 的用法 …… 75
6.2 构造方法的多态 …… 77
6.2.1 构造方法的重载 …… 77
6.2.2 构造方法的继承调用 …… 78
6.2.3 子类对象实例化过程 …… 79
6.3 抽象类 …… 82
6.3.1 抽象类的概念 …… 82
6.3.2 抽象类的设计用途 …… 82
6.4 接口 …… 87
6.4.1 接口的含义 …… 87
6.4.2 接口的作用 …… 88
6.4.3 接口实现与使用 …… 88
6.4.4 接口的设计用途 …… 90
6.4.5 接口在 Java 事件处理机制中的应用 …… 90
6.5 抽象类与接口比较 …… 94

6.6 引用…… 94
6.6.1 引用要点 …… 94
6.6.2 引用比较 …… 96
6.6.3 引用案例 …… 98
6.7 类的其他相关内容 …… 100
6.7.1 类的完整定义形式…… 100
6.7.2 内部类…… 100
6.7.3 匿名内部类…… 103
6.7.4 匿名对象…… 105
6.7.5 特殊的类——类对象…… 105
小结…… 105
习题…… 106

第7章 异常……108

7.1 异常的含义 …… 108
7.2 异常分类 …… 108
7.3 异常处理 …… 110
7.4 自定义异常与异常对象的创建 …… 115
小结…… 116
习题…… 116

第8章 Java常用类库与工具 ……119

8.1 Java类库概述 …… 119
8.2 String与StringBuffer …… 121
8.2.1 String …… 121
8.2.2 StringBuffer …… 125
8.2.3 StringBuffer与String的相互转化 …… 126
8.3 系统类与时间类 …… 127
8.3.1 System类 …… 127
8.3.2 Runtime类…… 129
8.3.3 Date类 …… 129
8.3.4 Calendar类…… 129
8.4 格式化类 …… 130
8.4.1 格式化数字…… 130
8.4.2 格式化日期…… 131
小结…… 131
习题…… 131

第9章 线程……133

9.1 线程的概念……133
9.1.1 Thread类……133
9.1.2 Runnable接口……134
9.1.3 多线程并发效果……135
9.1.4 创建线程的两种方法比较……136
9.1.5 线程组ThreadGroup……137
9.1.6 volatile修饰符……138
9.2 线程的控制与调度……138
9.2.1 线程的生命周期……138
9.2.2 线程状态的改变……139
9.2.3 线程调度与优先级……141
9.3 线程的同步机制……142
9.3.1 线程安全问题的提出……142
9.3.2 线程同步……143
9.3.3 死锁问题……145
9.4 线程间的同步通信……146
9.4.1 同步通信问题的提出和解决……146
9.4.2 notifyAll()……148
9.5 线程应用场景……150
小结……150
习题……150

第10章 集合类……151

10.1 集合类的概念……151
10.2 集合类接口……152
10.2.1 Collection接口……152
10.2.2 遍历接口……153
10.2.3 Map接口类型……155
10.2.4 排序接口Comparator……156
10.3 常用集合类……157
10.3.1 常用集合类比较……158
10.3.2 特殊集合类StringTokenizer与Bitset……159
10.3.3 集合类初始容量设置……160
10.3.4 Collections类……160
10.3.5 枚举类……161
10.4 集合类与集合接口应用……161
小结……167

习题 …… 167

第 11 章 Applet 程序 …… 168

11.1 Applet 基本概念 …… 168
11.2 Applet 类 …… 168
11.3 Applet 标记 …… 170
11.4 Applet 其他功能 …… 171
小结 …… 173
习题 …… 173

第 12 章 AWT 图形用户界面 …… 174

12.1 AWT 基本元素 …… 174
12.1.1 容器 …… 174
12.1.2 组件 …… 177
12.1.3 MenuComponent …… 182
12.2 组件在容器中位置的确定 …… 184
12.2.1 容器坐标系方式确定组件位置 …… 184
12.2.2 布局管理器方式确定组件位置 …… 185
12.3 AWT 事件模型 …… 191
12.3.1 层次事件模型 …… 191
12.3.2 委托事件模型 …… 191
12.3.3 监听接口实现的四种方式 …… 196
12.3.4 事件对象 …… 199
12.3.5 事件触发原理 …… 200
12.4 AWT 图形图像处理 …… 201
12.4.1 概述 …… 201
12.4.2 Graphics 对象 …… 202
12.4.3 双缓存技术 …… 205
小结 …… 206
习题 …… 206

第 13 章 Swing 图形用户界面 …… 208

13.1 Swing 简介 …… 208
13.2 Swing 组件与容器 …… 209
13.2.1 JComponent 组件及其子类 …… 209
13.2.2 Swing 容器 …… 210
13.2.3 Swing 事件处理 …… 211
13.2.4 Swing 程序案例 …… 213
小结 …… 216

习题 ………………………………………………………………………………… 216

第 14 章　I/O 输入/输出 ……………………………………………………………… 217

14.1　数据流的基本概念 …………………………………………………………… 217
14.1.1　流的分类 ……………………………………………………………… 217
14.1.2　Java 标准输入/输出流 ……………………………………………… 218
14.2　字节流与字符流 ……………………………………………………………… 219
14.2.1　字节流 ………………………………………………………………… 219
14.2.2　字符流 ………………………………………………………………… 222
14.2.3　字节流与字符流的相互转化 ………………………………………… 223
14.3　文件操作 ……………………………………………………………………… 223
14.4　流的装配与串行化 …………………………………………………………… 230
小结 ………………………………………………………………………………… 234
习题 ………………………………………………………………………………… 234

第 15 章　Java 网络通信 ……………………………………………………………… 235

15.1　网络编程基本概念 …………………………………………………………… 235
15.1.1　网络通信协议 ………………………………………………………… 235
15.1.2　网络应用定位 ………………………………………………………… 236
15.1.3　TCP 和 UDP 比较 …………………………………………………… 236
15.2　基于 URL 的高层次 Java 网络编程 ………………………………………… 237
15.3　基于 Socket 套接字的低层次 Java 网络编程 ……………………………… 241
15.3.1　Socket 通信的基本概念 ……………………………………………… 241
15.3.2　Socket 通信结构 ……………………………………………………… 242
15.3.3　Socket 通信案例 ……………………………………………………… 244
15.4　基于数据报的低层次 Java 网络编程 ……………………………………… 248
15.4.1　数据报通信的基本概念 ……………………………………………… 248
15.4.2　数据报通信对象 ……………………………………………………… 249
15.4.3　数据报通信案例 ……………………………………………………… 250
小结 ………………………………………………………………………………… 251
习题 ………………………………………………………………………………… 252

第 16 章　JDBC ………………………………………………………………………… 253

16.1　JDBC 基本概念 ……………………………………………………………… 253
16.2　使用 JDBC 操作数据库 ……………………………………………………… 255
16.3　不同数据库 JDBC 的连接方法 ……………………………………………… 260
小结 ………………………………………………………………………………… 261
习题 ………………………………………………………………………………… 261

第 17 章 UML 简介 ······ 263

17.1 UML 的含义 ······ 263
17.1.1 UML“统一”的含义 ······ 263
17.1.2 UML“建模”的含义 ······ 264
17.1.3 UML“语言”的含义 ······ 264
17.1.4 UML 特点 ······ 265
17.1.5 UML 建模工具 ······ 265
17.2 UML 视图(View) ······ 271
17.3 UML 图 ······ 271
17.3.1 UML 图的基本概念 ······ 271
17.3.2 图的类型 ······ 272
17.3.3 UML 视图与图 ······ 272
17.3.4 UML 图的演化逻辑关系 ······ 273
17.4 用例图 ······ 274
17.5 类图及对象图 ······ 276
17.5.1 类模型元素 ······ 276
17.5.2 对象模型元素 ······ 277
17.5.3 泛化 ······ 277
17.5.4 关联 ······ 278
17.5.5 关联类型 ······ 280
17.5.6 四种特殊的关联 ······ 282
17.5.7 关联与链接 ······ 283
17.5.8 接口及其实现表示 ······ 283
17.5.9 依赖关系 ······ 284
17.6 顺序图 ······ 285
17.7 协作图 ······ 286
17.8 活动图 ······ 288
17.9 状态图 ······ 289
17.10 构件图 ······ 289
17.11 部署图 ······ 290
17.12 案例 1 仓库管理系统 ······ 291
17.12.1 需求说明 ······ 291
17.12.2 需求 1～3 的设计 ······ 291
17.12.3 需求 4 的设计 ······ 293
17.12.4 需求 5 的设计 ······ 295
17.12.5 案例小结 ······ 296
17.13 案例 2 图形编辑器 ······ 296
17.13.1 需求说明 ······ 296

17.13.2 概要设计 …… 298
17.13.3 图形编辑器代码实现 …… 311
小结 …… 324
习题 …… 325

第 18 章 设计模式 …… 326

18.1 概念 …… 326
18.2 GoF 模式简介 …… 326
18.3 模式原则 …… 328
18.3.1 开闭原则 …… 328
18.3.2 组合/聚合复用原则 …… 330
18.3.3 强(高)内聚弱(松)耦合原则 …… 331
18.4 创建型设计模式 …… 332
18.4.1 抽象工厂 …… 332
18.4.2 生成器 …… 333
18.4.3 工厂方法 …… 335
18.4.4 原型 …… 335
18.4.5 单件 …… 336
18.5 结构型设计模式 …… 336
18.5.1 适配器 …… 337
18.5.2 桥接 …… 338
18.5.3 组成 …… 339
18.5.4 装饰模式 …… 339
18.5.5 外观 …… 340
18.5.6 享元 …… 341
18.5.7 代理 …… 342
18.6 行为型设计模式 …… 342
18.6.1 职责链 …… 343
18.6.2 命令 …… 343
18.6.3 解释器 …… 344
18.6.4 迭代器 …… 345
18.6.5 中介者 …… 346
18.6.6 备忘录 …… 347
18.6.7 观察者 …… 347
18.6.8 状态 …… 349
18.6.9 策略 …… 350
18.6.10 模板方法 …… 350
18.6.11 访问者 …… 351
小结 …… 352

习题 …… 353

第 19 章 软件框架 …… 354

19.1 基本概念 …… 354
19.1.1 软件框架定义 …… 354
19.1.2 软件框架与设计模式比较 …… 355
19.1.3 Java 应用框架 …… 355
19.1.4 软件框架与应用的控制关系 …… 356
19.2 Struts1 框架 …… 356
19.2.1 MVC 结构 …… 356
19.2.2 Struts1 结构 …… 357
19.2.3 Struts1 应用案例 …… 359
19.2.4 Struts1 评价 …… 366
19.3 Struts2 框架 …… 367
19.3.1 Struts2 框架结构 …… 367
19.3.2 Struts2 与 Struts1 的对比 …… 369
19.3.3 Struts2 案例 …… 371
小结 …… 376
习题 …… 376

第 20 章 软件体系结构与分布式对象技术 …… 377

20.1 软件体系结构 …… 377
20.1.1 概述 …… 377
20.1.2 客户/服务器结构 …… 377
20.1.3 浏览器/服务器结构 …… 378
20.1.4 客户端类型 …… 378
20.2 分布式软件系统 …… 381
20.2.1 概述 …… 381
20.2.2 中间件 …… 382
20.2.3 消息中间件 …… 383
20.3 分布式对象技术 …… 388
20.3.1 概述 …… 388
20.3.2 CORBA …… 388
20.3.3 Microsoft 的 COM+ …… 391
20.3.4 Java 的分布式对象技术 …… 392
20.4 RMI …… 392
20.4.1 概述 …… 392
20.4.2 RMI 通信方式 …… 393
20.4.3 RMI 通信架构 …… 394

20.4.4 RMI 案例 …… 395
20.5 JNDI …… 400
20.5.1 概述 …… 400
20.5.2 命名服务 …… 400
20.5.3 目录服务 …… 400
20.5.4 JNDI 的构成 …… 401
20.5.5 JNDI 案例 …… 403
20.6 Web Service …… 407
20.6.1 概述 …… 407
20.6.2 Web Service 结构层次 …… 408
20.6.3 WSDL 信息结构 …… 409
20.6.4 SOAP 信息结构 …… 411
20.6.5 Web Service 的通信方式 …… 411
20.6.6 UDDI …… 412
20.6.7 Web Service 服务器端部署 …… 413
20.6.8 Web Service 案例 …… 414
小结 …… 419
习题 …… 419

参考文献 …… 420

第1章 初次接触Java

1.1 Java 语言——网络时代的编程语言

1.1.1 网络时代编程问题

网络带给人们精彩的同时，也为编程带来了困难，最为突出的表现为环境复杂(如图 1.1 所示)，程序运行的操作系统可能为 Windows，也有可能为 UNIX 或 Linux。通常在一种操作系统上开发运行的程序，在另一种操作系统上就无法运行，需要重新编写。例如人们在 Windows 上编写的 exe 程序文件就无法在 UNIX 或 Linux 上运行，这极大地限制了网络编程的应用。

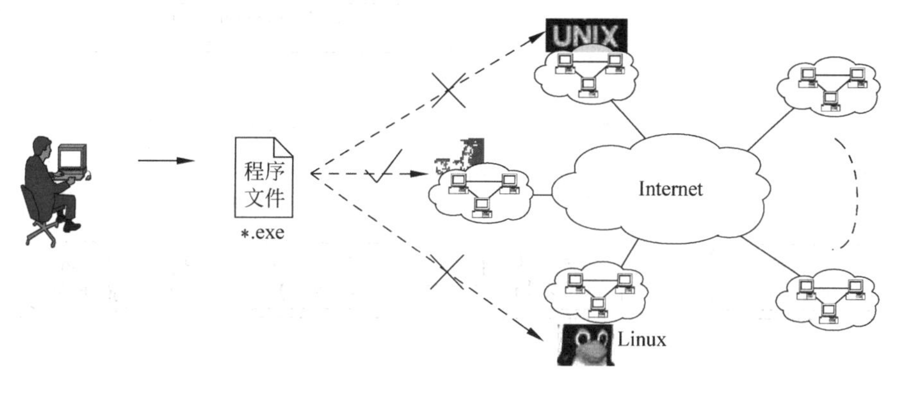

图 1.1

1.1.2 问题的解决方法

为了实现一个程序能在多类型操作系统上运行，与不同母语的人能进行交流类似，要借助“翻译”来实现(如图 1.2 所示)。

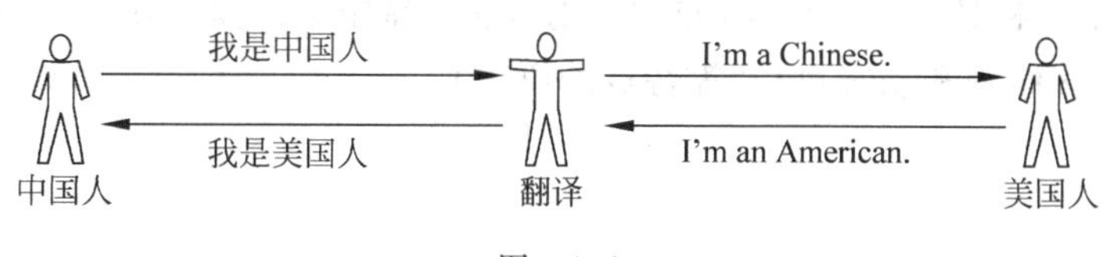

图 1.2

Java 的解决策略是(如图 1.3 所示)：将源程序编译成字节码文件——扩展名为.class。这个二进制代码文件与具体操作系统的机器指令无关，其运行必须借助解释执行系统动态翻译成所在操作系统的机器码(由运行环境当中的 Java 虚拟机完成解释执行工作)。因此只要对程序进行一次编译，就可在不同的操作系统上运行，即所谓的"一次编译，处处执行"，这与 C 或 C++程序编译后只能在 Windows 上运行有很大的不同(如图 1.4 所示)。

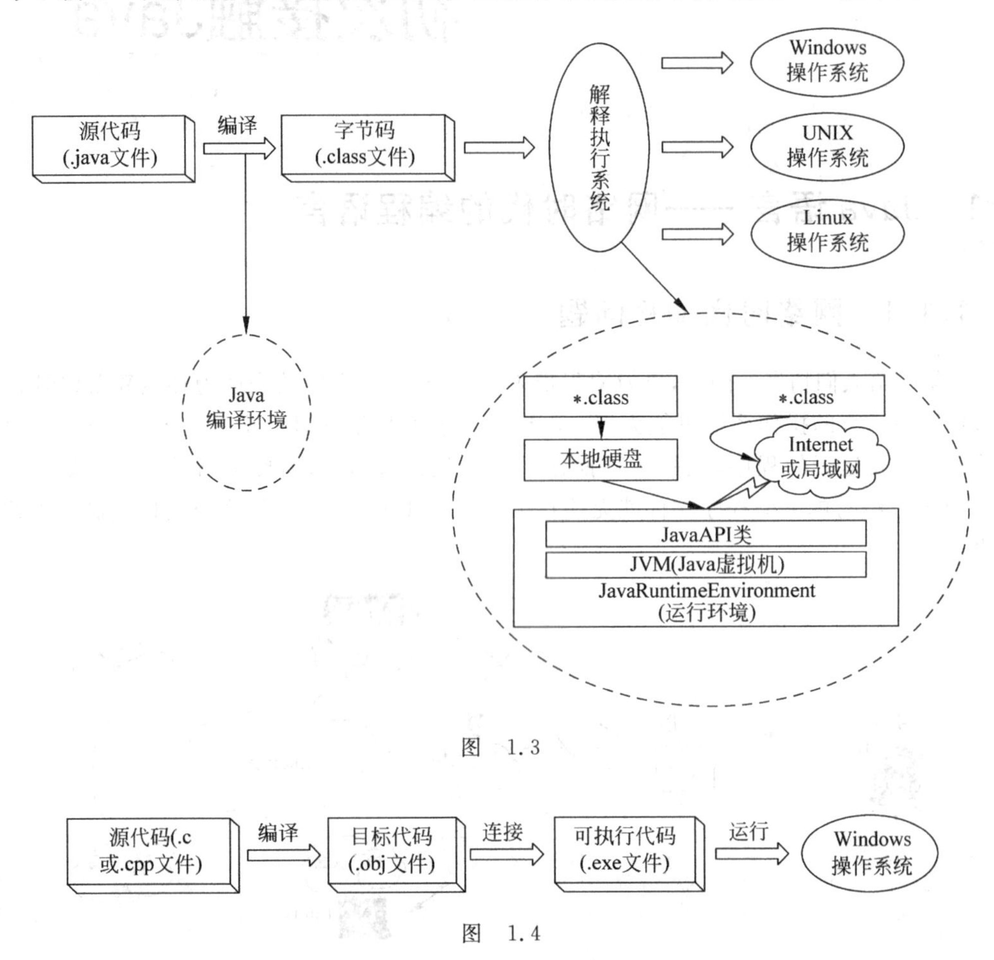

图 1.3

图 1.4

1.2 Java 语言的特点

Sun 公司对 Java 的定义：A simple, object-oriented, distributed, interpreted, robust, secure, architecture-neutral, portable, high-performance, multi-threaded, and dynamic language(Java 是一种具有"简单、面向对象、分布式、解释型、健壮、安全、与体系结构无关、可移植、高性能、多线程和动态执行"等特点的语言)。

1. 简单

Java 语言简单而高效，基本 Java 系统(编译器和解释器)所占空间不到 250KB。

2. 面向对象

Java 语言是纯面向对象的语言。

3. 平台无关性与可移植性

Java 采用了多种机制来保证可移植性,其程序不经修改或少量修改就可在不同操作系统上运行。主要措施有:Java 既是编译型又是解释型的语言,编译成的字节码文件由 Java 虚拟机在不同操作系统上解释执行;Java 数据类型在任何机器上都是一致的,它不支持特定于具体硬件环境的数据类型,同一数据类型在所有操作系统中占据相同的空间大小。

4. 稳定性和安全性

Java 摒弃了 C++中的不安全因素——指针数据类型,避免了恶意的使用者利用指针去改变不属于自己程序的内存空间。此外,Java 的运行环境还提供字节码校验器、运行时内存布局和类装载器(class loader)、文件访问限制等安全措施,保证字节码文件加载的安全和访问系统资源的安全。

5. 多线程并且是动态的

多线程使应用程序可以同时进行不同的操作和处理不同的事件。在多线程机制中,不同的线程处理不同的任务,互不干涉,不会由于某一任务处于等待状态而影响其他任务的执行,这样就很容易实现网络上的实时交互操作;Java 在执行过程中,可以动态加载各种类库,这一特点使之非常适合于网络运行,同时也非常有利于软件的开发,即使更新类库也不必重新编译使用这一类库的应用程序。

6. 高性能

Java 语言在具有可移植、稳定和安全的同时,也保持了较高的性能。通常解释型语言的执行效率要低于直接执行机器码的速度,但 Java 字节码转换成机器码非常简便和高效,很好地弥补了这方面的差距。

7. 分布式

分布式的典型特征是"物理上分布,逻辑上统一"。其内容包括数据分布和操作分布两个方面。数据分布是指数据可以分散存放于网络上的不同主机中,以解决海量数据的存储问题;操作分布则指把计算分散到不同的主机上进行处理,这就如同由许多人协作共同完成一项大而复杂的工作一样。对于数据分布,Java 提供了一个 URL 对象,利用此对象可以打开并访问网络上的对象,其访问方式与访问本地文件系统几乎完全相同;对于操作分布,Java 的客户机/服务器模式、RMI 远程方法调用等可以把计算从服务器分散到客户端,以提高整个系统的执行效率,避免瓶颈制约,增加动态可扩充性。对于编程人员来说,Java 的网络类库是对分布式编程的最好支持。

1.3 Java 程序的编译环境和执行环境

从图 1.3 可以看出,Java 源代码从编译到解释执行涉及两种环境,一种是编译环境,一种是运行环境。需要指出的是,虽然字节码文件与操作系统无关,但是其编译环境和运行环境需要安装特定的软件,这些软件与操作系统相关,在开发和运行时,要下载相应环境的版本软件。

编译环境的建立需要到 Sun 的官方网站上下载 JDK(Java Development Kit),网址为 http://java.sun.com/downloads/ea/。

注意:

(1) 如果是在 Windows 上开发软件,则需要选择 Windows 版本的 JDK。UNIX 和 Linux 同理。

(2) JDK 的版本:随着时间的推移和技术的进步,JDK 的版本不断升级,如 JDK1.0、JDK1.1、JDK1.2、JDK1.3、JDK1.4、JDK1.5、JDK1.6、JDK1.7,JDK1.2 以后的版本,统称为 Java2。JDK 后续版本不完全确保与前一个版本兼容。作为初学者,由于不涉及兼容问题,可下载当前最新的版本。

运行环境的建立也需要到 Sun 的官方网站上下载 JRE(Java Runtime Environment),前面所讲的"解释执行系统"就是由这个运行环境构成的。运行环境负责装载用户自定义的类(分为从本地装载和从网络装载两种)和 Java API 类,最重要的是含有 JVM(Java Virtual Machine),它是一个平台软件,负责将字节码解释成机器码并提交操作系统执行。

注意: 如果在一台计算机上安装了 JDK,则自动安装了对应版本的 JRE。如果希望 JRE 是另一种版本,则需要在控制面板的【添加/删除程序】中卸载旧版本的 JRE,再安装新版本的 JRE。

1.4 第一个 Java 程序——HelloWorld

初次编写一个 Java 程序,需要经过五个步骤:安装 JDK、配置环境变量、编写程序、编译程序、执行程序。

1. JDK 的安装

下载文件"jdk-1_5_0_04-windows-i586-p.exe",按照提示进行安装,安装目录可设定为"d:\jdk1.5"。在安装成功后的 bin 子目录下,有许多 JDK 工具。常用工具功能如表 1.1 所示。

2. 环境配置

在桌面上右键单击【我的电脑】,选择【属性】|【高级】|【环境变量】|【系统变量】,选择 path,单击【编辑】,在【变量值】栏目的最前面,输入"d:\jdk1.5\bin;"。

表 1.1

工具	说明
Javac	Java 编译器,用于将 Java 源程序编译成字节码文件
Java	Java 解释器,用于解释执行 Java 字节码文件
Appletviewer	小应用程序浏览器,用于测试运行 Applet
Javadoc	Java 文档生成器
Jar	打包工具

3. 编写程序

在没有安装集成开发工具的前提下,可以选择一些文本编辑器书写 Java 代码,如在 EditPlus2、UltraEdit、JCreator 等中书写如下代码,并将文件保存为 D:\myjava\HelloWorld.java。

【例 1.1】

```
public class HelloWorld {
        public static void main(String args[ ]) {
              System.out.println("Hello World!");
        }
}
```

4. 编译

选择【开始】|【运行】,在输入框中输入 cmd,出现如图 1.5 所示的 DOS 界面,进入 myjava 目录,输入"javac HelloWorld.java"。因为先前设置了 path 路径,所以 javac 前不用带"d:\jdk1.5\bin"的路径名。

5. 执行

编译通过后,输入"java HelloWorld",输出"Hello World!"。到此,祝贺你已经成功编译和执行了第一个 Java 程序。

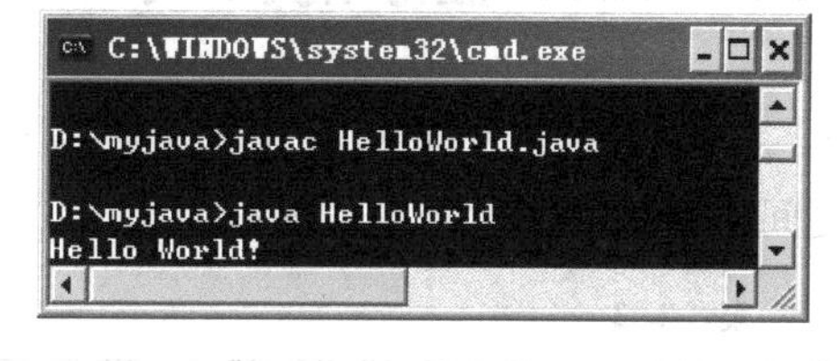

图 1.5

程序说明

(1) 类名和文件名应该同名,并且大小写也要保持一样。

(2) main 方法前的修饰符必须为 public static void。

(3) system.out.println()用于输出,其参数可以为字符串,也可为数。方法 println 的作用是换行,如果不换行,则调用 print 方法。

编译或运行时可能遇到如下问题:

(1) 编译时出现"javac 不是内部命令,也不是可运行程序"的问题。

(2) 编译时出现 error: cannot read: HelloWorld.java。

(3) 执行时出现 No Class Def Found Error 的错误。

(4) 执行时出现"Error:could not found '……\lib\i386\jvm.cfg'"的问题。

问题的解决方式如下:

(1) path路径设置不对。在DOS窗口下,输入path,看是否包括"d:\jdk1.5\bin"。没有或设置不正确,须重新设置path环境变量。

(2) 首先检查是否将HelloWorld文件名写对,包括大小写;另外,Windows操作系统设置成不显示扩展名的形式,然而却给文件命名为"HelloWorld.java",造成实际文件名为"HelloWorld.java.java"。在Windows资源管理器中,选择菜单【工具】|【文件夹选项】|【查看】,清除"隐藏已知文件类型的扩展名"复选框,可见到带扩展名的所有文件名。

(3) 可能的原因是执行时带了".class"扩展名(编译时带".java"扩展名),或者执行时带了路径名(编译Java源文件时可带Windows路径)。例如在c盘根目录下对myjava目录中的"HelloWorld.java"编译时,可用"javac d:\myjava\HelloWorld.java",但执行时采用"java d:\myjava\HelloWorld"则不行,因为Java将"d:\myjava\HelloWorld"当成一个字节码文件了。另外一种可能情况是设置了环境变量classpath,但没有包含myjava当前目录,运行时只在classpath中搜索字节码文件,对当前目录中的"HelloWorld.class"则视而不见。解决方法是去掉classpath环境变量,此外也可在环境变量classpath加入目录"d:\myjava"或".",".“代表当前目录。例如classpath环境变量值如果先前为"c:\windows;",可变为"c:\windows;."。

(4) 可能是安装了其他集成环境或Oracle数据库,而这些产品也安装了不同版本的JDK造成的。可通过"java -version"命令查看当前是哪个版本。解决方法还是将"d:\jdk1.5\bin"放置在path环境变量值的最前端。

如果在一台计算机上安装了多个版本的JDK,而需要使用其中的某一特定版本,也需要通过path设置来决定启用哪个版本。

1.5 Java程序的分类

Java程序分为Application和Applet。前面的HelloWorld就是Application程序,它们之间的主要区别如表1.2所示。

表 1.2

	Application	Applet
程序标志	静态main方法	继承java.applet.Applet,主要方法为void paint(Graphics g)
运行	利用Java工具独立运行	不能独立运行,需要依赖浏览器,用appletviewer工具来调试

【例1.2】 将HelloWorld改写成Applet程序。

```
import java.awt.*;
import java.applet.*;
public class HelloWorldApplet extends Applet{
        public void init(){
        }
        public void paint(Graphics g){
          g.drawString("Hello World!",25,25);
        }
}
```

编辑一个和“HelloWorldApplet.class”在同一目录下的HTML页面，取名为“HelloWorldApplet.html”，在其中书写如下代码：

```
<APPLET CODE = "HelloWorldApplet" width = 150 height = 100 >
</APPLET >
```

编译源程序，并按照图1.6的方式执行(也可直接单击HelloWorldApplet.html执行)。

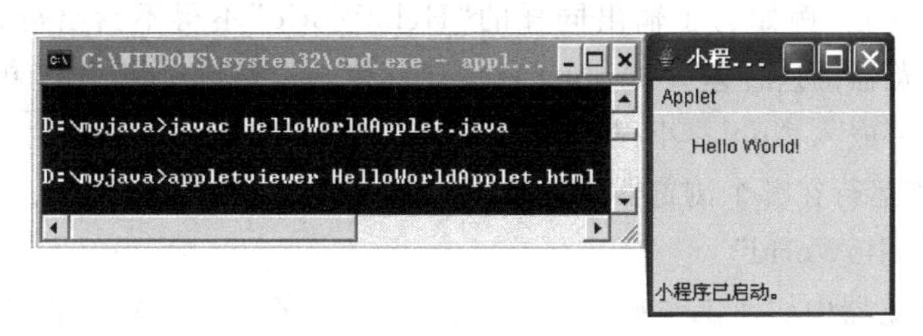

图 1.6

程序说明

(1) 程序中的import，相当于C语言中的include，是使用某个类的语法(包括API中的类)。在上面的程序当中，如果没有“import java.awt.*;”，则Graphics类不可使用；没有“import java.applet.*;”，则Applet类不可使用。

(2) Graphics类用于Applet程序的文本输出和图形图像的绘制。

(3) paint方法(名字不可更改)用于界面刷新。

执行中可能遇到的问题是：浏览器中Applet程序不显示输出结果，可通过如下方式检查解决：

- HTML中类名、大小写等书写是否正确。
- 在浏览器中单击【工具】|【Internet选项】|【高级】，选中“将Java2 v1.5.0用于<applet>”复选框，如图1.7所示。

图 1.7

- paint 方法名是否书写正确。
- 如果安装了多个 JRE 环境,将它们都卸载,再重新安装合适的一个。

为什么 Applet 需要嵌入浏览器执行?这首先是由 Java 语言是网络时代编程语言的特点决定的。虽然目前人们通常使用的是 IE 浏览器,但是在 UNIX 平台上使用的却是 NetScape,此外还有 HotJava 浏览器等,这就造成相同逻辑的程序设计在不同浏览器中的实现方法不一样的问题,例如为了输出同样的"HelloWorld"不得不给出每种浏览器下的设计。为了屏蔽浏览器的这种差异,Applet 就应运而生。虽然 Applet 不能单独运行,但是所有的浏览器都支持嵌入 Applet 小程序。在编写程序输出"HelloWorld"时,编程者不用关心这个 Applet 将来运行在哪个浏览器中,只要关心在浏览器中需要做什么工作,即在浏览器什么位置输出"HelloWorld"。

Applet 在浏览器中如何工作呢?Applet 是 Java 程序,需要 JVM 来解释执行。现在所有的浏览器都内嵌有 JVM,当浏览器中载入 Applet 程序时,首先调用 Applet 的 init 方法完成初始化工作(只调用一次),然后调用 paint 方法进行文本、图形、图像的绘制。当浏览器被别的界面覆盖后需要重新显现时,或者当浏览器移动或其尺寸改变时,此方法被重新调用。

1.6 Java 平台

Java 不仅是编程语言,还是一个开发平台。目前 Java 平台划分成 J2EE、J2SE、J2ME 三个平台,针对不同的市场目标和设备进行定位。

J2EE 是 Java2 Enterprise Edition 的缩写,主要目的是为企业计算提供一个应用服务运行和开发平台。J2EE 本身是一个开放的标准,任何软件厂商都可以推出自己符合 J2EE 标准的产品,使用户可以有多种选择。其中尤以 BEA 公司的 Weblogic 和 IBM 公司的 Websphere 最为著名,同时还可有免费的 Tomcat。

J2SE 是 Java2 Standard Edition 的缩写,主要目的是为台式机和工作站提供一个开发和运行的平台。在学习 Java 的过程中,主要采用 J2SE 来进行开发。

J2ME 是 Java2 Micro Edition 的缩写,主要面向消费电子产品,为消费电子产品提供一个 Java 的运行平台,使得 Java 程序能够在手机、机顶盒、PDA 等产品上运行。

注意:Java 学习应该具有三种帮助资料:一是入门教材、二是关于 Java 平台高级编程书籍、三是 JDK 帮助,这也适用于其他语言学习。

小　结

本章主要讲述了 Java 语言的特点、Java 程序的分类——应用程序和 Applet 程序,通过例子介绍了 Java 程序的编译和运行步骤,最后对三种 Java 平台进行了简要说明。

习 题

1. Java 语言有哪些特点?

2. 下载一个 JDK 和一个 JRE 版本,进行安装,并配置环境变量,建立编译和运行环境。

3. Java 平台分成几类? 它们的适用范围各是什么?

4. 分别编写 Application 和 Applet 程序,输出字符串“My first Java!”。请记下编译和执行过程出现的问题。

5. 改造第 4 题的程序,将两个程序合为一个程序,既能作为 Application 执行,又能作为 Applet 程序执行。

第2章 Java语言基础

2.1 数据类型

2.1.1 标识符和保留字

1. 标识符

对程序中的各个元素命名时使用的记号称为标识符(identifier)。在Java语言中,标识符是以字母、下划线"_"、美元符"$"开始的一个字符序列,后面可以跟字母、下划线、美元符、数字。例如identifier、userName、User_Name、_sys_val、$change为合法的标识符,而2mail(数字开头)、room#(非法字符)、class(关键字)、a-class(含有运算符)都为非法的标识符。

2. 保留字

保留字具有专门意义和用途,不能当作一般的标识符使用,这些标识符称为保留字(reserved word),也称为关键字。表2.1列出了Java语言中的保留字。

表 2.1

abstract	break	byte	boolean	catch	case
class	char	continue	default	double	do
else	extends	false	final	float	for
finally	if	import	implements	int	interface
instanceof	long	native	new	null	package
private	protected	public	return	switch	synchronized
short	static	super	try	true	this
throw	throws	transient	volatile	void	while

注意:Java语言中的保留字均用小写字母表示。

2.1.2 数据类型概括

Java中的数据类型可划分为基本类型和复合类型。基本数据类型包括:

- 整数类型:byte,short,int,long;
- 浮点类型:float,double;

- 字符类型：char；
- 布尔类型：boolean。

复合数据类型包括：

- class(类)；
- interface(接口)；
- 数组。

注意：

(1) String 为字符串类型，但是从本质上是一个类，只是其对象较为特殊(参见第 8.2 节 String 与 StringBuffer)。

(2) 自定义的 class 也是数据类型。下面的 getInstance 方法产生一个 MyClass 对象，并将对象返回，方法体前面的“MyClass”就是在说明返回值 m 的数据类型。

```
public MyClass getInstance(){
    MyClass m = new MyClass();
    Return m;
}
```

1. 常量和变量

常量：用保留字 final 来实现。

```
final 类型 varName = value[,varName[ = value]…];
```

如

```
final int NUM = 100;
```

变量：是 Java 程序中的基本存储单元，它的定义包括变量名、变量类型和作用域几个部分。其定义格式如下：

```
类型 varName = value[,varName[ = value]…];
```

如

```
int count; char c = 'a';
```

注意： 变量名称区分大小写，例 count 与 Count 是两个变量，null 与 NULL 是两个截然不同的概念。

2. 变量的作用域

变量的作用域是指可访问该变量的一段代码，声明一个变量的同时也就指明了该变量的作用域。Java 变量的作用域可分为：局部变量、类域变量、方法参数和例外处理参数。

在一个确定的域中，变量名应该是唯一的。局部变量在方法或方法的一个块代码中声明，它的作用域为它所在的代码块；类域变量在类中声明，而不是在类的某个方法中声明，它的作用域是整个类；方法参数传递给某个方法，它的作用域就是这个方法；例外处理参数传递给例外处理代码，它的作用域就是例外处理部分(参见第 7 章异常部分)。下面一段代码因为超过了定义的范围而编译出错。

```
for (int i = 0;i < 3 ;i++){
    System.out.println(i);
```

```
}
    System.out.println(i);
```

注意：局部变量在使用前必须进行初始化赋值操作，而类域变量因为可以进行默认初始化，因此可以不用初始化(见第6.2.3节)。

2.1.3 基本数据类型简介

1. 布尔类型

布尔型常量只有两个值——true和false，且它们不对应于任何整数值。布尔型变量的定义如：

```
boolean b = true;
```

注意：C和C++语言允许将数字值转换成布尔值，这在Java语言中是不允许的。

2. 字符类型与字符常量

字符类型在计算机中占16位，其范围为0～65 535，其初始化如下所示：

```
char c = 'a';          //定变量 c 为 char 型,并将字符常量'a'赋值给 c
```

字符常量是用单引号括起来的一个字符，如'a'、'A'，或是单引号所引的转义字符，或是形如'\u????'的Unicode形式的字符。其中"????"应严格按照4个十六进制数字进行替换，Char ch ='\u10100'是错误的，而Char ch ='\ucafe'是正确的。此外，一些特定字符必须经过转义后赋值给字符变量，如Char ch = '\''，就表示将一个单引号赋值给ch。表2.2列出了常用的一些转义字符的表示方法。

表 2.2

使用方法	对应的Unicode	标准表示方法	意义
'\b'	'\u0008'	BS	退格
'\t'	'\u0009'	HT	水平制表符tab
'\n'	'\u000a'	LF	换行
'\f'	'\u000c'	FF	表格符
'\r'	'\u000d'	CR	回车
'\"'	'\u0022'	"	双引号
'\''	'\u0027'	'	单引号
'\\'	'\u005c'	\	反斜线

注意：

(1) 必须用半角的单引号，而不能用全角的单引号。

(2) 'a'实际上是一个数字，因此它可以赋值给一个数，例如float f ='a'; int i='a'，它的取值范围为0～65 535。

(3) Java使用Unicode字符集。这种字符集中每个字符用两个字节即16位表示，这样字符集中共包含65 536个字符，前面256个字符表示ASCII码，后面的字符可用来表示亚洲(中、日、韩)文字。所谓“表示”,就是给每个汉字一个全球唯一的数字代码,并不是将汉字存放到变量当中。如果要正确显示汉字,还需要操作系统中的本地字符集,如 GB 2312 的支持。对于同一个汉字,GB 2312 和 Unicode 对应的代码并不一样,这就需要一个转化过程。将 Unicode 码转化为本地字符集码的过程叫编码,而反向过程叫解码。当程序涉及键盘输入的时候,需要进行解码;当涉及打印、屏幕输出时,往往为编码。编码与 Java 中的输出流相关,解码则与输入流相关。编码和解码处理不当,会造成汉字乱码。

3. 整数类型与整数常量

整型常量可有十进制、八进制、十六进制三种表示方法。

十进制整数：如 123,－456,0。

八进制整数：以 0 开头,如 0123 表示十进制数 83,－011 表示十进制数－9。

十六进制整数：以 0X 或 0x 开头,如 0x123 表示十进制数 291,－0X12 表示十进制数－18。

整型变量类型如表 2.3 所示。

表　2.3

数据类型	所占位数	数的范围
byte	8	$-2^{7} \sim 2^{7}-1$
short	16	$-2^{15} \sim 2^{15}-1$
int	32	$-2^{31} \sim 2^{31}-1$
long	64	$-2^{63} \sim 2^{63}-1$

注意：

(1) 两个整数相加,结果默认转化为 int,因此赋值给 byte 或 short 时会发生类型的转化。例如下面的代码 b+c 的结果必须进行显式转化。

```
public static void main (String[ ] args) {
    byte b = 27;
    byte c = 26;
    byte d = (byte)( b + c);
}
```

(2) 在选用整数类型时,一定要注意数的范围,否则可能由于数的类型选择不当而造成溢出。例如下面的方法 add 就存在着潜在的溢出问题,从而为程序带来问题。

```
public int  add(int  a,int  b){
    return a + b;
}
```

(3) 十六进制赋值时的符号问题。

```
int i = 0xFFFFFFF1;        //i 的值为 - 15,因为最高为符号位,其他位取反加 1 得到 - 15
```

4. 浮点类型与浮点常量

浮点常量有十进制和科学计数法两种表达形式。

十进制数形式：由数字和小数点组成，且必须有小数点，如0.123、1.23、123.0。

科学计数法形式：如：123e3或123E3，其中e或E之前必须有数字，且e或E后面的指数必须为整数。

在十进制和科学计数法常数后面可以跟F或f(单精度)、D或d(双精度)来表示float型或double型的值：如1.23f,2.3e3D。如果后面没有跟任何修饰，例如2.3，则它的类型为双精度。

浮点变量的类型如表2.4所示。

表 2.4

数据类型	所占位数	数的范围
float	32	1.4E−45～3.4E+38
double	64	4.9E−324～1.7E308

给一个float类型的变量赋值主要有以下两种方式：

(1) 小数后面加上f(包括科学计数法)进行赋值。如果不带f，则是double类型，赋值给float变量就会出错。

(2) 将能隐式转化的数赋值给浮点变量。如char类型、整型(十进制、八进制、十六进制)。

5. 字符串类型与字符串常量

字符串常量是用双引号引起的字符序列，如"汉字","I'm a student."等。

字符串类型变量用String表示。String不是基本数据类型，而是一个类(class)。

【例2.1】 数据类型赋值。

```
public class Assign {
    public static void main (String args [ ] ) {
        int x, y ;                  //定义x,y两个整型变量
        float z = 1.234f ;          //指定变量z为float型,且赋初值为1.234
        double w = 1.234 ;          //指定变量w为double型,且赋初值为1.234
        boolean flag = true ;       //指定变量flag为boolean型,且赋初值为true
        char c ;                    //定义字符型变量c
        String str ;                //定义字符串变量str
        String str1 = "Hi" ;        //指定变量str1为String型,且赋初值为Hi
        c = 'A';                    //给字符型变量c赋值'A'
        str = "bye";                //给字符串变量str赋值"bye"
        x = 12 ;                    //给整型变量x赋值为12
        y = 300;                    //给整型变量y赋值为300
    }
}
```

2.1.4 数据类型转换

不同类型数据相互转化的关系如图2.1所示，数据类型所占字节数由低到高的顺序为byte、short、char、int、long、float、double。

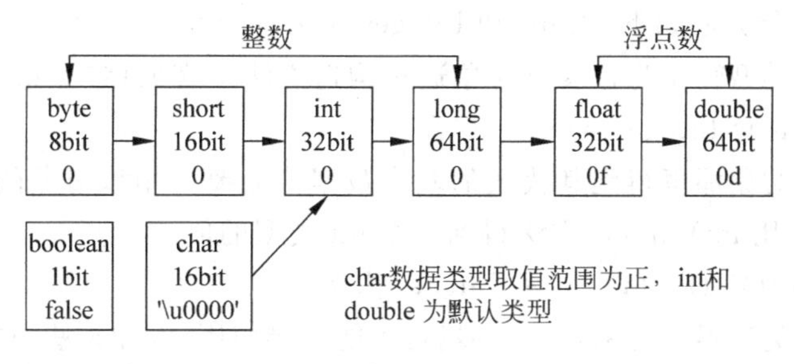

图 2.1

1. 自动类型转换规则

整型、浮点、字符型数据可以混合运算。运算时，不同类型的数据先转化为同一类型（从低级到高级），然后再进行运算，如表 2.5 所示。

表 2.5

操作数 1 类型	操作数 2 类型	转换后的类型
byte、short、char	int	int
byte、short、char、int	long	long
byte、short、char、int、long	float	float
byte、short、char、int、long、float	double	double

下面的程序执行后，Type 的类型将为 double。因为(short)只是将 x 转化为 short，而 y 是 double，所以最后的结果为 double。

```
Type methodA(byte x, double y) {
    return (short)x / y * 2;
}
```

2. 强制类型转换

高级数据要转换成低级数据，需要用到强制类型转换，如：

```
int i;
byte b = (byte)i; /* 把 int 型变量 i 强制转换为 byte 型 */
```

2.1.5 基本数据类型及其对应的包装类

基本数据类型不是类，但 Java 提供了与基本数据类型对应的包装类，如表 2.6 所示。

表 2.6

基本数据类型	对应的包装类	基本数据类型	对应的包装类
char	Character	long	Long
byte	Byte	float	Float
short	Short	double	Double
int	Integer		

它们之间的转化方法如下(以 int 和 Integer 为例):

(1) 基本数据类型转化为包装类对象通过构造方法来完成(参见第 4.5 节构造方法)。如 Integer vari = new Integer(5)。

(2) 从包装类对象那里得到其代表的基本数据值需要调用该对象的相应方法,如上面的 vari 可以通过调用 intValue()方法得到一个 int 类型的值。

引入包装类的目的如下(以 int 和 Integer 为例):

(1) 基本数据类型不是对象,在一些场合不能直接使用(例如某些类方法参数必须是对象类型),需要转化为对应的包装类对象才能继续使用。

(2) 包装类的一些静态方法可实现不同数据类型的转化,如将字符串类型的数字"123"转为整数类型,可以通过 int a=Integer.parseInt("123")完成,而将整数转为字符串使用,则要通过 String c=String.valueOf(123)来完成。

(3) 包装类的静态属性中含有相应数据类型的范围,如 Integer.MIN_VALUE(int 的最小值),Integer.MAX_VALUE(int 的最大值),Double.NaN(非数类型)、Double.NEGATIVE_INFINITY(负无穷)、Double.POSITIVE_INFINITY(正无穷)。

2.2 表达式

表达式是用运算符把操作数连接起来表达某种运算或含义的式子,可分为算术表达式、关系表达式、逻辑表达式、赋值表达式、条件表达式。

对各种类型的数据进行加工的过程称为运算,表示各种不同运算的符号称为运算符,参与运算的数据称为操作数。按操作数的数目来分,运算符类型有如下 3 类:

一元运算符:++、--、-(取反)。

二元运算符:+、-、>、== 等。

三元运算符:?:。

2.2.1 算术表达式

算术表达式是由算术运算符连接操作数组成的表达式。表 2.7 罗列了各种算术运算符,表 2.8 罗列了它们的优先级。

表 2.7

运算符		运算	举例	等效的运算
双目运算符	+	加法	a+b	
	-	减法	a-b	
	*	乘法	a*b	
	/	除法	a/b	
	%	取余数	a%b	
单目运算符	++	自增 1	a++或 ++a	a=a+1
	--	自减 1	a--或--a	a=a-1
	-	取反	-a	a=-a

表 2.8

顺序	分组	操作符	规则
高	子表达式	()	若有多重括号,首先计算最里面的子表达式的值。若同一级有多对括号,则从左到右计算
↓	单目操作符	++,--	求单目变量自增/自减值
	乘法操作符	*,/,%	若一个表达式中有多个乘法操作符,那么从左到右计算
低	加法操作符	+,-	若一个表达式中有多个加法操作符,那么从左到右计算

注意:

(1) 两个整数类型的数据做除法时,结果只保留整数部分。如:2/3 的结果为 0。但若其中有一个为浮点数,则最终结果为浮点数。

(2) 整数和浮点数都能进行取余运算。9%2 的结果为 1,3.14%2 余数为 1.140 000 001。

(3) 自增与自减运算符只适用于变量,且变量位于运算符的哪一侧有不同的效果。例如:

```
int a1 = 2,a2 = 2;
int b = (++a1) * 2;           //先++后运算
int c = (a2++) * 2;           //先运算后++
```

执行后 b 的值是 6,而 c 的值是 4。

(4) Java 中的算术运算主要依赖于 Math 类的静态方法,例如:

- 取绝对值:Math.abs(Type i),Type 可以为 int、long、float、double。
- 求三角和反三角函数、对数和指数、乘方(pow)、开方(sqrt)。
- 求两个数的最大值或最小值。
- 用 random 方法得到随机数,返回类型为 double,范围是大于等于 0.0,小于 1.0。
- 对浮点数进行处理:四舍五入(round)、取大值(ceil)、取小值(floor)。

【例 2.2】

```
class TestNumber{
  public static void main(String[] args){
      System.out.print(Math.ceil(5.2) + " ");
      System.out.print(Math.ceil(5.6) + " ");
      System.out.print(Math.ceil( - 5.2) + " ");
      System.out.print(Math.ceil( - 5.6) + " ");
      System.out.print(Math.floor(5.2) + " ");
      System.out.print(Math.floor(5.6) + " ");
      System.out.print(Math.floor( - 5.2) + " ");
      System.out.print(Math.floor( - 5.6) + " ");
      System.out.print(Math.round(5.2) + " ");
      System.out.print(Math.round(5.6) + " ");
      System.out.print(Math.round( - 5.2) + " ");
      System.out.print(Math.round( - 5.6) + " ");
  }
}
```

输出结果如图 2.2 所示。

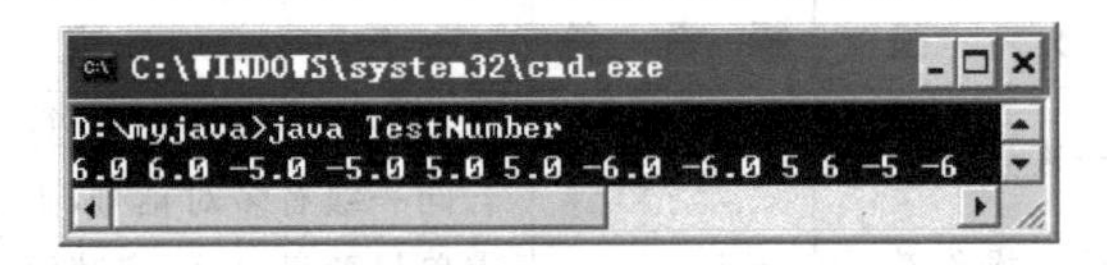

图　2.2

注意：ceil 的实质是将数加上 0.5 取 round，floor 则是减去 0.5 取 round，它们都返回 double 类型的数。

【例 2.3】　取余运算：韩信点兵，不足百人。三人一行多一个，七人一行少两个，五人一行正好，问有多少人？

```
public class CalSoldiery{
    public static void main(String args[]){
       for (int i = 1;i < 100 ;i++){
           if (i % 3 == 1&&i % 7 == 5&&i % 5 == 0){
               System.out.println("应有士兵" + i + "人");
               break;
           }
       }
    }
}
```

程序说明

本例采用穷举算法，对 100 以内的数字进行遍历，以求余作为条件得到可行解。如果程序当中去掉 break，则可以得到多个答案。

2.2.2　关系表达式

利用关系运算符连接的式子称为关系表达式，运算结果是一个布尔值 true 或 false。表 2.9 罗列了各种关系运算符。

表　2.9

算　　符	含　　义	示例(设 x=6，y=8)	
		运　　算	结　　果
==	等于	x==y	false
!=	不等于	x!=y	true
>	大于	x>y	false
<	小于	x<y	true
>=	大于等于	x>=y	false
<=	小于等于	x<=y	true

【例 2.4】　判断某年是否为闰年。

算法：如是闰年，它应能被 4 整除，但不能被 100 整除；或被 100 整除，也能被 400

整除。

```
public class TestLeapYear{
    public static void isLeapYear(int year){
        boolean n1 = (year % 4 == 0);
        boolean n2 = (year % 100 == 0);
        boolean n3 = (year % 400 == 0);
        if((n1 == true&&n2! = true) || (n2 == true&&n3 == true))
            {System.out.println(year + "年是闰年");}
        else
            {System.out.println(year + "年不是闰年");}
        }
    public static void main(String args[ ]){
        isLeapYear(1900);
        isLeapYear(1904);
        isLeapYear(2000);
    }
}
```

程序说明

恰当地运用关系表达式可以简化条件语句判断的复杂度。

2.2.3　逻辑表达式

利用逻辑运算符将操作数连接的式子称为逻辑表达式。逻辑表达式参与运算的都是布尔值,运算结果也是布尔值。表2.10罗列了各种逻辑运算符。

表　2.10

算　符	运　算	举　例	运算规则
&	与	x&y	x,y都为true时,结果为true
|	或	x|y	x,y都为false时,结果为false
!	非	!x	x为true时,结果为false; x为false时,结果为true
^	异或	x^y	x,y都为true或都为false时,结果为false
&&	条件与	x&&y	x,y都为true时,结果为true
||	条件或	x||y	x,y都为false时,结果为false

注意:"&"和"|"在执行操作时,运算符左右两边的表达式首先被执行,再对结果进行与、或运算。而利用"&&"和"||"执行操作时,如果从左边的表达式中得到操作数能确定运算结果,则不再对右边的表达式进行运算。采用"&&"和"||"的目的是为了加快运算速度,但也要防止用法上出现的问题。

【例2.5】　下面的代码执行后,out结果为10。

```
class TestLogicSymbole{
   public static void main(String[ ] args){
       int out = 10;
       boolean b1 = false;
       if((b1 == true)&&(out += 10) == 20){
```

```
                System.out.println("相等,out = " + out);
            }
            else{
                System.out.println("不等,out = " + out);
            }
        }
    }
```

如果将上面语句改为 if ((b1==true)&(out+=10)==20),则 out 结果为 20。

2.2.4 赋值表达式

用赋值运算符“=”组成的表达式称为赋值表达式。赋值运算符的作用是将赋值运算符右边的一个数据或一个表达式的值赋给运算符左边的一个变量。注意赋值号左边必须是变量(即没有 final 修饰的)。

赋值运算的另一种形式就是复合赋值运算符连接起来的表达式。表 2.11 罗列了各种复合赋值运算符。

表 2.11

复合赋值运算符	举　例	等 效 于	复合赋值运算符	举　例	等 效 于
+=	x+=y	x=x+y	-=	x-=y	x=x-y
*=	x*=y	x=x*y	/=	x/=y	x=x/y
%=	x%=y	x=x%y	^=	x^=y	x=x^y
&=	x&=y	x=x&y	|=	x|=y	x=x|y
<<=	x<<=y	x=x<<y	>>=	x>>=y	x=x>>y
>>>=	x>>>=y	x=x>>>y			

复合赋值运算中常常涉及位运算,表 2.12 罗列了各种位运算符。

表 2.12

运算符	运　算	举　例	运算规则(设 x=11010110,y=01011001,n=2)	运算结果
~	位反	~x	将 x 按比特位取反	00101001
&	位与	x&y	x,y 按位进行与操作	01010000
|	位或	x|y	x,y 按位进行或操作	11011111
^	位异或	x^y	x,y 按位进行异或操作	10001111
<<	左移	x<<n	x 各比特位左移 n 位,右边补 0	01011000
>>	右移	x>>n	x 各比特位右移 n 位,左边按符号位补 0 或 1	11110101

注意:

(1) 无符号数左移一位相当于乘 2,右移一位相当于除 2。

(2) int i = 0xFFFFFFF1;

int j = ~i; //最高位取反后为正,j 值为 14

(3) 6 ^ 3 的结果为 5。

2.2.5 条件表达式

条件表达式的基本框架为：布尔表达式 1? 表达式 2 ：表达式 3(表达式 2 和表达式 3 的类型必须相同)。

条件运算符的执行顺序是：先求解表达式 1,若值为 true 则执行表达式 2,此时表达式 2 的值作为整个条件表达式的值,否则求解表达式 3,将表达式 3 的值作为整个条件表达式的值。

在实际应用中,常常将条件运算符与赋值运算符结合起来,构成赋值表达式,以替代比较简单的 if/else 语句。条件运算符的优先级高于赋值运算符,因此,其结合方式为“自右至左”。例如：

```
result = sum = = 0?1:num/sum;
```

sum==0 为真则返回 1 给 result,否则返回 num/sum 给 result。

【例 2.6】

```
class TestConditonExpression{
   public static void main(String[ ] args){
     float sum = 1.5f;
     int num = 2;
     System.out.println((sum < 2?1 : num/sum));
   }
}
```

程序结果是 1.0,而不是 1。因为 sum 是浮点数,所以表达式 2 发生了数据的隐式转化。但是下面的程序则返回 1,因为 num/sum 仍然是整数,所以表达式 2 的类型保持不变。

```
class TestConditonExpression{
   public static void main(String[ ] args){
     int num = 3, sum = 2;
     System.out.println((sum < 3?1 : num/sum));
   }
}
```

2.2.6 运算符优先级

运算符的优先级决定了表达式中不同运算执行的先后次序。优先级高的先进行运算,优先级低的后进行运算。在优先级相同的情况下,由结合性决定运算的顺序。表 2.13 罗列了 Java 运算符的优先级与结合性。基本规律是：域、数组和分组运算优先级最高,接下来依次是单目运算、双目运算、三目运算,赋值运算的优先级最低。

表 2.13

算符	描述	优先级		结合性
. [] ()	域运算,数组下标,分组括号	1	最高	自左至右
++ -- - ! ~	单目运算	2	单目	自右至左
(type)	强制类型转换	3		

续表

算　符	描　述	优先级		结合性
* / %	算术乘、除、求余运算	4	双目	自左至右(左结合性)
+ -	算术加、减运算	5		
<< >> >>>	位运算	6		
< <= > >=	小于,小于等于,大于,大于等于	7		
== !=	相等,不等	8		
&	按位与	9		
^	按位异或	10		
|	按位或	11		
&&	逻辑与	12		
||	逻辑或	13		
?:	条件运算符	14	三目	自右至左(右结合性)
= *= /= %= += -= <<= >>= >>>= &= ^= |=	赋值运算	15	赋值最低	

2.3 控制语句

程序通过控制语句来执行程序流,完成一定的任务。程序流是由若干个语句组成的,语句可以是单一的一条语句,如 c=a+b,也可以是用大括号{}括起来的一个复合语句。Java中的控制语句有以下几类:

分支语句:if-else、switch。

循环语句:while、do-while、for。

跳转语句:break、continue、return。

例外处理语句:try-catch-finally、throw。

2.3.1 分支语句

分支语句提供了一种控制机制,使得程序的执行可以跳过某些语句不执行,而转去执行特定的语句。

1. 条件语句 if-else

```
if(boolean-expression)
  statement1;
[else statement2;]
```

注意:

(1) if 括号中的结果应该为布尔值,否则编译不会通过。例如 x 与 y 是 int 类型,x=y是赋值语句,其结果不是布尔值,不能充当布尔表达式;如果它们的类型本身为 boolean,则

x=y 可以充当 if 中的条件,因为计算结果为布尔值。

(2) 养成 if 后面无论是一句还是多句代码,都写{}的习惯。

(3) 在代码编写过程中,犯的错误往往是:只想到 if,而忘记 else。

【例 2.7】

```
public class TestIf{
   public static void main(String[ ] args)  {
      int x,y;
      x = 7;y = 1;
      if(x > 6)
        if(y > 6)
            System.out.println("设备正常");
      else
          System.out.println("设备出错");
   }
}
```

程序中的黑体代码,实际效果等效于下面的程序片段。

```
if(x > 6){
       if(y > 6)
          {System.out.println("设备正常");}
       else
          {System.out.println("设备出错");}
}
```

2. 多分支语句 switch

```
switch (expression){
     case value1 : statement1;
     break;
     case value2 : statement2;
     break;
        ⋮
     case valueN : statemendN;
     break;
         [default : defaultStatement; ]
}
```

注意:

(1) 表达式 expression 的返回值类型必须是这几种类型之一:byte、short、int、char——请注意这些都是基本数据类型,而不是包装类,如 Short、Byte 等,也不能是 long、float 或 double。

(2) case 子句中的值 valueN 必须是常量,而且各 case 子句中的值应不同。

(3) default 子句是可选的。

(4) break 语句用来在执行完一个 case 分支后,使程序跳出 switch 语句,即终止 switch 语句的执行。但在一些特殊情况下,多个不同的 case 值要执行一组相同的操作,这时组中前面的 case 可以去掉 break。

2.3.2 循环语句

循环语句的作用是反复执行一段代码,直到满足终止循环的条件为止。Java 语言中提供的循环语句有:while 语句、do-while 语句、for 语句。

1. while 语句

```
[初始化]
while (条件表达式){
     循环体
     循环变量控制
}
```

其流程逻辑关系如图 2.3 所示。

2. do-while 语句

```
[初始化]
do {循环体
   循环变量控制
} while (条件表达式)
```

其流程逻辑关系如图 2.4 所示。

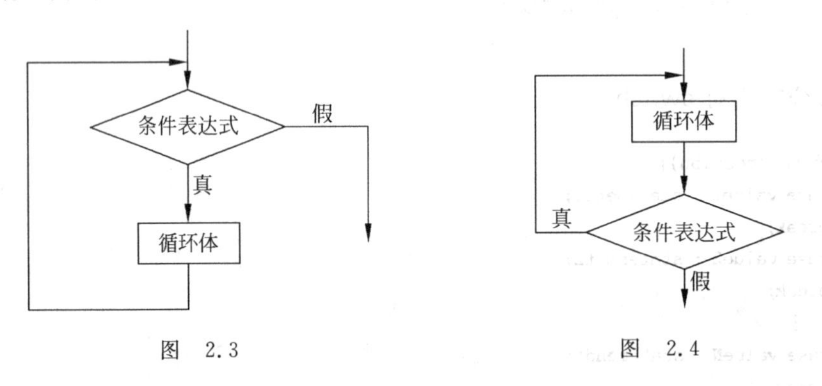

图 2.3　　　　图 2.4

注意:条件表达式中的结果应为布尔值,而不能为算术值(如 while (y——) {x——;} 等)。

3. for 语句

```
for(表达式 1(初始条件);表达式 2(结束条件); 表达式 3(循环变量控制))
{
     循环体
}
```

其流程逻辑关系如图 2.5 所示。

注意:

(1) for 语句执行时,首先执行初始化操作(表达式 1),然后判断终止条件是否满足(表达式 2),如果满足,则执行循环体中的语句,最后执行迭代部分(表达式 3)。完成一次循环后,重新判断终止条件。

(2) 初始化、终止以及迭代部分都可以为空语句(但表达式间的分号不能省),三者均为空的时候,相当于一个无限循环。

(3) 在初始化和迭代部分可以使用逗号语句,来进行多个操作。逗号语句是用逗号分隔的语句序列。

```
for( i = 0, j = 10; i < j; i++, j -- ){
        ⋮
}
```

(4) 如果循环变量在 for 中定义,则变量的作用范围仅限于循环体内。

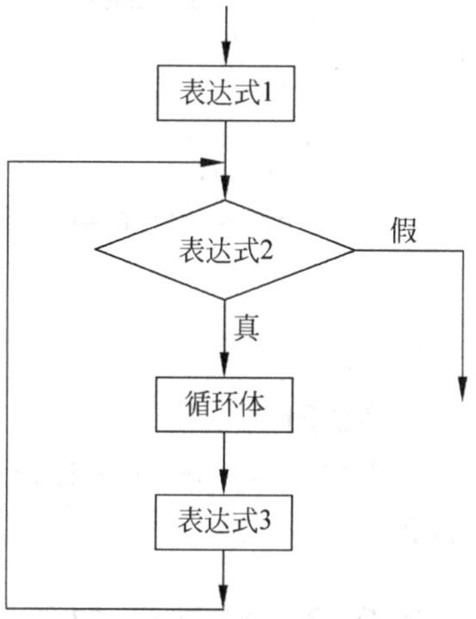

```
for(int i = 0; i < 10; i++){
        ⋮
}
System.out.println(i);                    //超出循环体,错误
```

表达式1
表达式2
假
真
循环体
表达式3

图 2.5

【例 2.8】 for 循环结构逻辑测试。

```
public class TestFor{
   static boolean foo(char c) {
      System.out.print(c);
      return true;
   }
   public static void main( String[] argv ) {
      int i = 0;
      for(foo('A'); foo('B')&&(i < 2); foo('C')){
        i++;
        foo('D');
      }
   }
}
```

结果输出为:ABDCBDCB。

【例 2.9】 百鸡问题:公鸡 5 元/只,母鸡 3 元/只,小鸡 3 只/元,若 100 元买 100 只鸡,问其中公鸡、母鸡、小鸡各多少?

```
public class CalChicken{
    public static void main(String args[]){
      int z = 0;boolean isAnswer = false;
      for(int i = 1;i <= 20 ;i++){
         for(int j = 1;j <= 33 ;j++){
            z = 100 - i - j;
            if(z % 3 == 0&&(5 * i + 3 * j + z/3 == 100)){
               System.out.println("公鸡" + i + "只,母鸡" + j + "只,小鸡" + z + "只");
```

```
                    isAnswer = true;
                }
            }
        }
        if(!isAnswer){
            System.out.println("本题无解");
        }
    }
}
```

程序说明

采用穷举算法,但应用隐含条件简化计算量——公鸡最多20只,母鸡33只,小鸡是3的倍数。

2.3.3 跳转语句

Java语言提供了4种转移语句:break,continue,return和throw(详见第7章“异常”)。转移语句的功能是改变程序的执行流程。break语句可以独立使用,而continue语句只能用在循环结构的循环体中。

1. break语句

break语句通常有下述不带标号和带标号的两种形式:

```
break;
break lab;
```

其中:break是关键字,lab是用户定义的标号。

break语句虽然可以独立使用,但通常主要用于switch结构和循环结构中。控制程序执行流程的转移,可有下列三种情况:

(1) break语句用在switch语句中,其作用是强制退出switch结构,执行switch结构后的语句。

(2) break语句用在单层循环结构的循环体中,其作用是强制退出循环结构。若程序中有内外两重循环,而break语句写在内循环中,则只能退出内循环,而不能退出外循环。若想要退出外循环,可使用带标号的break语句。

(3) 带标号的break语句用在循环语句中,必须在外循环入口语句的前方写上标号,可以使程序流程退出标号所指明的外循环。

```
p: for(int i = 0;i < 100;i++){
       for(int j = 0;j < 100;j++){
          ⋮
           if(…){break p;}
       }
   }
```

【例2.10】 编程打印1～100中的所有素数。

```
public class CountPrime{
```

```
    public static void main(String[] args){
        int n = 1,m,j,i;                    //n用来计算得到的素数个数
        boolean h ;                         //素数标志
        System.out.print(2 + "\t");
        for (i = 3;i <= 100;i += 2 ){
          m  =  (int)Math.sqrt(i);          //找到 i 的平方根
          h  =  true;
          //在 2 和 m 之间进行遍历,如果能被 j 整除,则 i 不是素数
          for (j = 2;j <= m;j++){
             if (i % j == 0) {              //如果能被整除,则不是素数,找下一个数
                h  =  false;
                break;
             }
          }
          if (h) {                          //说明找到了素数
             if (n % 6 == 0) {              //格式控制
                System.out.println("");
             }
             System.out.print(i + "\t");
             n++;
          }
        }
    }
}
```

程序说明

素数算法是：遍历 2 以上 N 以下的每一个奇数，看是否能被该奇数平方根以内的非 1 整数整除。

2. continue 语句

continue 语句只能用于循环结构中，其作用是使循环短路。它有下述两种形式：

```
continue;
continue lab;
```

其中，continue 是关键字，lab 为标号。

(1) continue 语句也称为循环的短路语句，用在循环结构中，使程序执行到 continue 语句时回到循环的入口处，并执行下一次循环，而使循环体内写在 continue 语句后的语句不执行。

(2) 当程序中有嵌套的多层循环时，为从内循环跳到外循环，可使用带标号的 continue lab 语句，此时应在外循环的入口语句前方加上标号。

3. 返回语句 return

return 语句从当前方法中退出，返回到调用该方法的语句处。返回语句有两种格式：

```
return expression ;
return;
```

return 语句通常用在一个方法体的最后,如果在 return 语句后仍有可执行语句,则会出现编译错误。

【例 2.11】

```
class TestReturn{
   public static void main(String[ ] args){
     int i = 10;
     if (i<5){
             return ;
             //i = 6;
     }
     else{
             //return;
     }
     i = 5;
   }
}
```

注意:本例中去掉任意一句注释前的注释符“//”都将产生编译错误。

2.4 数组

数组是一种有序的数据集合,集合中每个数据都具有相同的数据类型。数据类型可以是基本数据类型,也可以是复合数据类型。

数组从维度上可划分为一维数组和多维数组。数组的维数用方括号“[]”的个数来确定。对于一维数组来说,只需要一对方括号,二维就是“[][]”。

数组从数据类型上可划分为基本数据类型数组和对象数组。

2.4.1 一维数组

一维数组的声明格式如下:

```
类型标识符 数组名[];
```

或

```
类型标识符[] 数组名
```

例如:

```
int       abc[];         或  int[]       abc;
String    example[];     或  String[]    example;
MyClass   mc[] ;         或  MyClass[]   mc         //用自定义类 MyClass 声明
```

一维数组的初始化共有三种方式。

1. 使用关键字 new 进行定义

可以将数组看成是一个特殊的对象,格式如下:

```
类型标识符 数组名[] = new 类型标识符[数组长度];
```

或

类型标识符[] 数组名 = new 类型标识符[数组长度];

针对上面的声明,可写成:

```
abc = new int[10];//产生一个具有 10 个单元,类型为 int 的数组对象,所有单元的初值为 0
//产生一个具有 10 个单元,类型为 String 的数组对象,所有单元的初值为 null
example = new String[10]; //注意不要写成 new String(10)
```

注意:

(1) Java 中数组的下标从 0 开始。如果定义一个具有 10 个单元的一维数组,则数组的下标从 0 到 9。如果数组越界,产生的异常为:IndexOutOfBoundsException。

(2) 如果定义数组的大小为负数,则产生异常 NegativeArraySizeException,但是数组长度可以为 0。

2. 直接在声明的时候进行初始化

例如:

```
String[] s = {"ab","bc","cd"};
int[] a = {3,4,5,6};
```

对于对象数组,也可以这样初始化:

```
Integer results[] = {new Integer(3), new Integer(5)};
```

但需要指出的是,这种定义方式只能写在一行代码中("{}"内用","号分隔),不能分开,下面的写法是错误的。

```
int[]  a ;
a= {3,4,5,6};
```

3. 也可以采用如下方式定义及初始化

```
float f4[] = new float[] { 1.0f, 2.0f, 3.0f};
String[] dogs = new String[]{new String("Fido"),new  String("Spike")};
```

一个特殊的数组——main 方法参数数组,它的用途是运行程序后从外部获得数据。

```
public static void main(String[] args){
}
```

【例 2.12】

```
public class TestArgs{
   public static void main(String[] args){
       for(int i = 0;i < args.length ;i++){
           System.out.println(args[i]);
       }
    }
}
```

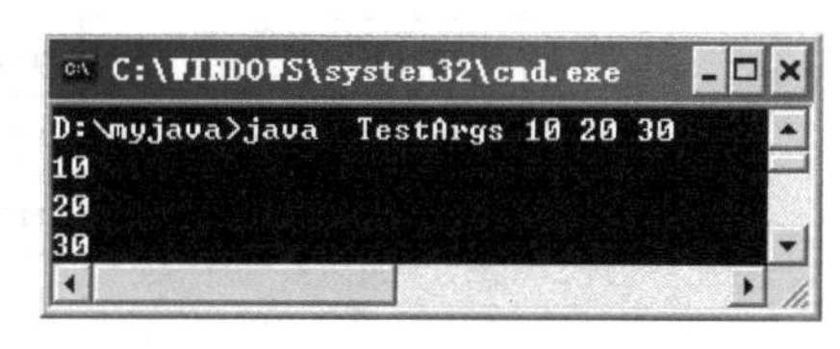

图 2.6

图 2.6 中的 10,20,30 分别存入 args 数组当

中,系统自动为 args 申请了 3 个单元。如果运行时仅有“Java TestArgs”,此时 args 相当于“args = new String[0];”。

2.4.2 二维数组

二维数组的声明:

```
类型说明符 数组名[][];
```

或

```
类型说明符[][] 数组名
```

例如:

```
int arr[][];
```

或

```
int [][] arr;
```

二维数组初始化:用 new 关键字初始化。如:

```
数组名 = new 类型说明符[数组长度][];
```

或

```
数组名 = new 类型说明符[数组长度][数组长度];
```

对于没有初始化的维度,其值为 null。例如:

```
int arra[][];
arra = new int[3][4];
```

实际上相当于下述 4 条语句:

```
arra = new int[3][];      //创建一个有 3 个元素的数组,且每个元素也是一个数组
arra[0] = new int[4];     //创建 arra[0]元素的数组,它有 4 个元素
arra[1] = new int[4];     //创建 arra[1]元素的数组,它有 4 个元素
arra[2] = new int[4];     //创建 arra[2]元素的数组,它有 4 个元素
```

也等价于:

```
arra = new int[3][]
for(int i = 0;i < 3;i++) { arra[i] = new int[4];}
```

可表达为如图 2.7 所示的形式。

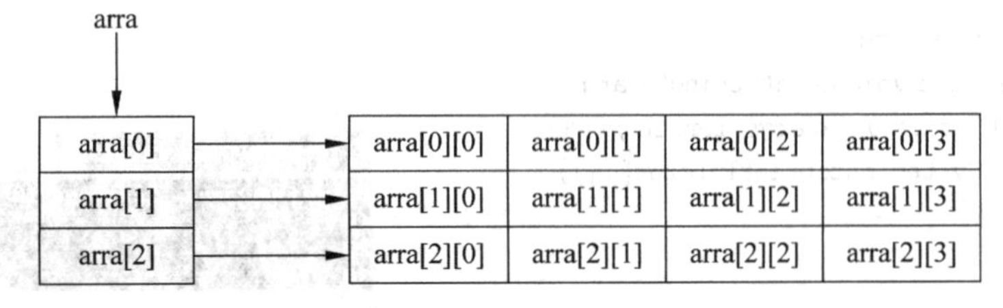

图 2.7

对于二维数组,当只定义一维维数时,另一维的维数可以不一样,也就是说不一定是规则的矩阵形式。如:

```
int[][] arra;
arra = new int[3][];
arra[0] = new int[3];
arra[1] = new int[2];
arra[2] = new int[1];
```

可以用图 2.8 表示如下。

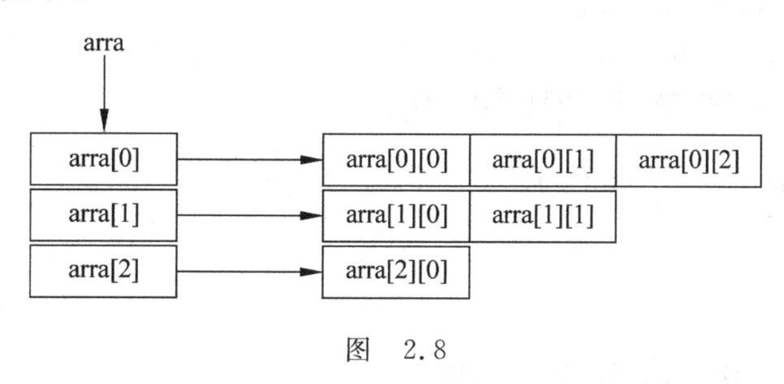

图　2.8

【例 2.13】 编程打印如下图形,打印到 8。

```
          ......
.  3  3  3  3  3  3  3  .
.  3  2  2  2  2  2  3  .
.  3  2  1  1  1  2  3  .
.  3  2  1  0  1  2  3  .
.  3  2  1  1  1  2  3  .
.  3  2  2  2  2  2  3  .
.  3  3  3  3  3  3  3  .
          ......
```

本例有多种解法,用数组的解法是:

(1) 找到一种方法将数放置到数组当中。从图中可以看出当给定规模 n 时,数组的长度应该是 2 * n+1,因此可以定义一个二维数组"array[2 * n+1][2 * n+1];"。

(2) 给数组赋值,必定要用到二重循环。如何找到二重循环下标变化和数的关系就是问题的关键。从图中可以看出,阵列以 0 为中心的 4 个子部分为对称形式,当将左上部分找到后,另外 3 个就找到了规律。而左上部分的规律为:规模 n 减去二维数组下标中的最小值就是对应的数字。

(3) 将数组中的数进行输出。

根据以上的分析,程序代码如下:

```
public class PrintSpecialArray{
   public static void main (String args[]){
      final int  num = 8;
      int[][] t = new int[2 * num + 1][2 * num + 1];
      //赋值
      for(int i = 0;i <= num;i++){
```

```
            for(int j = 0;j <= num; j++){
                if(i < j) t[i][j] = num - i;
                else    t[i][j] = num - j;
                t[i][2 * num - j] = t[i][j];
                t[2 * num - i][j] = t[i][j];
                t[2 * num - i][2 * num - j] = t[i][j];
            }
        }
        //输出
         for(int i = 0;i < 2 * num + 1;i++){
            for(int j = 0;j < 2 * num + 1; j++){
                System.out.print(t[i][j]);
            }
          System.out.println("");
         }
    }
}
```

【例 2.14】 编程输出如下的数字斜塔。

```
1   3   6   10  15
2   5   9   14
4   8   13
7   12
11
```

实现方法为:

(1) 构造一个二维数组,利用双重循环给数组相应位置赋值。赋值算法利用了行列之间数的差值具有的特定规律。

(2) 输出二维数组中的数值。

程序代码如下:

```
public class PrintXT{
    public static void main(String[ ] args){
        int n = 5,colSpan = 2,colSpanBase = 2;
        int arr[ ][ ] = new int[n][n];
        arr[0][0] = 1;
        //为数组赋值
        for(int i = 0;i < n;i++){                   //i 为行
          for(int j = 0;j < n;j++){                 //j 为列
            if(j == n - i - 1) break;               //数组对角线位置
            arr[i][j + 1] = arr[i][j] + colSpan;
            colSpan += 1;                           //列加数因子调整
          }
          if(i == n - 1) break;                     //i 为最后一行退出
          arr[i + 1][0] = arr[i][0] + i + 1;        //为下行首位赋值
          colSpanBase += 1;                         //调整行加数因子
          colSpan = colSpanBase;                    //调整列加数因子
        }
        //数组内容输出
```

```
            for(int i = 0;i < n;i++){
              for(int j = 0;j < n;j++){
                  System.out.print(arr[i][j]);
                  System.out.print('\t');
                  if(j == n - i - 1) break;
              }
              System.out.println("");
            }
        }
    }
```

小 结

本章主要介绍了 Java 的数据类型、表达式、控制语句以及数组这些语言基础内容。这些内容与其他面向对象编程语言大体一致，但一些知识点是 Java 语言独有的，容易出错，例题中强调了这些容易出错的地方。

习 题

1. 下面哪些标识符是合法的？________。

   A. 8ID　　B. －MU　　C. SY＃　　D. _S9

2. 哪些数据类型可以充当 swith 语句的条件？

3. 下面程序片段的执行结果是________。

```
int x = 3;
int y = 1;
if (x = y) {
  System.out.println("x = " + x);
}
```

   A. x ＝ 1　　B. x ＝ 3　　C. 编译失败　　D. 无输出

4. 定义一个浮点变量 s，写成“Float s ＝ 2.3;”，错在什么地方？如何修改正确？

5. 下面程序片段的执行结果是________。

```
int i = 0, j = 1;
if ((i++ == 1) && (j++ == 2)) {
    i = 42;
}
System.out.println("i = " + i + ", j = " + j);
```

   A. i ＝ 1，j ＝ 2　　B. i ＝ 1，j ＝ 1

   C. i ＝ 42，j ＝ 2　　D. i ＝ 42，j ＝ 1

6. 定义一个一维数组有哪几种方法？

7. 编写 JavaApplication，求出 e=1+1/1!+1/2!+1/3!+…+1/n!…的近似值，要求误差小于 0.00 001。

8. 利用可变列数组实现乘法口诀打印。

```
1×1=1
2×1=2  2×2=4
3×1=3  3×2=6  3×3=9
4×1=4  4×2=8  4×3=12  4×4=16
5×1=5  5×2=10  5×3=15  5×4=20  5×5=25
6×1=6  6×2=12  6×3=18  6×4=24  6×5=30  6×6=36
7×1=7  7×2=14  7×3=21  7×4=28  7×5=35  7×6=42  7×7=49
8×1=8  8×2=16  8×3=24  8×4=32  8×5=40  8×6=48  8×7=56  8×8=64
9×1=9  9×2=18  9×3=27  9×4=36  9×5=45  9×6=54  9×7=63  9×8=72  9×9=81
```

9. 编程输出。

```
*
*.*.
*..*..*..
*...*...*...*...
*....*....*....*....*....
*.....*.....*.....*.....*.....*.....
*......*......*......*......*......*......*......
*.......*.......*.......*.......*.......*.......*.......*.......
```

第3章 Java程序工程规范

3.1 为什么要有规范

软件开发是一个集体协作的过程，程序员之间的代码经常进行交换阅读，因此，Java 源程序有一些约定俗成的命名规定，主要目的是为了提高 Java 程序的可读性以及管理上的方便。好的程序代码应首先易于阅读，其次才是效率高低的问题。

3.2 Java 程序编程规范

(1) 有多个 import 语句时，先写 Java 包(都是 Java 包时，按照字母先后顺序排序)，后写 javax，最后写其他公司的包和自己定义的包。

(2) 命名规则为：

- 包名中的字母一律小写，如 xxxyyyzzz。
- 类名、接口名的每个单词的首字母大写，如 XxxYyyZzz。
- 方法名第一个单词的字母小写，后面每个单词的首字母大写，如 xxxYyyZzz。
- 常量中的每个字母大写，如 XXXYYYZZZ。

(3) 程序{}强调匹配的同时，要保持适当的缩进，以便于阅读。

(4) 必要时应有一定的程序注释量(20%～50%)，注释内容有：程序头说明，属性说明，方法说明。Java 中的注释共有两种方式：

- 多行注释：/* 文字或程序语句 */
- 单行注释：//文字或程序语句

注意：多行注释不能嵌套，即/* /* 文字或程序语句 */ */是非法的。

3.3 帮助文档的自动生成

Java 工程规范一方面体现在程序上，另一方面体现在程序帮助文档上，文档的规范和程序的规范同等重要。文档规范要求必须按照一定的书写格式以及与程序保持一致。然而，要真正实现这一目标并不容易，因为一定的书写格式虽然便于人们之间的沟通，但是却消耗了程序员宝贵的时间；文档与程序保持一致也并不容易，因为程序可能会经常修改，这种修改并不都能及时反映到文档中。

要解决上述问题,没有一定的工具是不可能做到的,javadoc 工具就是用来解决这样的问题。javadoc 工具的引入,将程序员从枯燥、繁琐的工作中解放出来,程序员只要在书写程序时按照一定的要求书写注释,将来就可用 javadoc 自动生成帮助文档。程序员需要注意的规则如下:

(1) 程序头说明:注释为"/ ** 说明部分 * /",在说明部分一般包括文档的标题、描述、版权、作者、版本等信息。其中作者用"@author ＜作者＞"的形式体现,内容和关键字之间用空格隔开。其他为:@version ＜版本＞;@see ＜相关内容或类＞;@since ＜本内容在哪个版本以后开始出现＞。

(2) 方法说明:用于说明本方法的主要用途及实现的基本思路。属性信息有@param ＜属性名称＞ ＜参数说明＞ ;@return ＜返回值说明＞;@exception ＜例外说明＞;@throws ＜异常类＞;@deprecated ＜功能逐渐被淘汰说明＞。

如果按照上面的方式书写注释,则它们可以反映到帮助文档中。

【例 3.1】

```
import java.awt. * ;
import java.applet. * ;
/ **
 * Title: 这是一个演示程序<br>
 * Description:用于说明 Applet 程序的典型特征<br>
 * @author 无名氏
 * @version 1.0
 * /
public class HelloWorldApplet extends Applet{
    / ** 初始化 * /
    public void init(){
    }
    / ** 用于绘制界面
     * @param g 为内部对象
     * /
    public void paint(Graphics g){
      g.drawString("Hello World!",25,25);
    }
}
```

程序说明

＜br＞的含义是在生成的 HTML 中换行;而@author 后不用写＜br＞的原因是这种属性可以自动换行。

使用 javadoc 工具按照如下方式书写并执行:

```
javadoc -d HelloWorldDoc -version -author HelloWorldApplet.java
```

-d 的含义是将所有生成的帮助文件全部放入本目录的子目录 HelloWorldDoc 下;-version 和-author 是在帮助文件中列出这方面的相关信息。生成的 index.html 如图 3.1 所示。

注意:如果想知道更多 javadoc,输入 javadoc help。

从图 3.1 可见,帮助文档一般的格式信息如下:

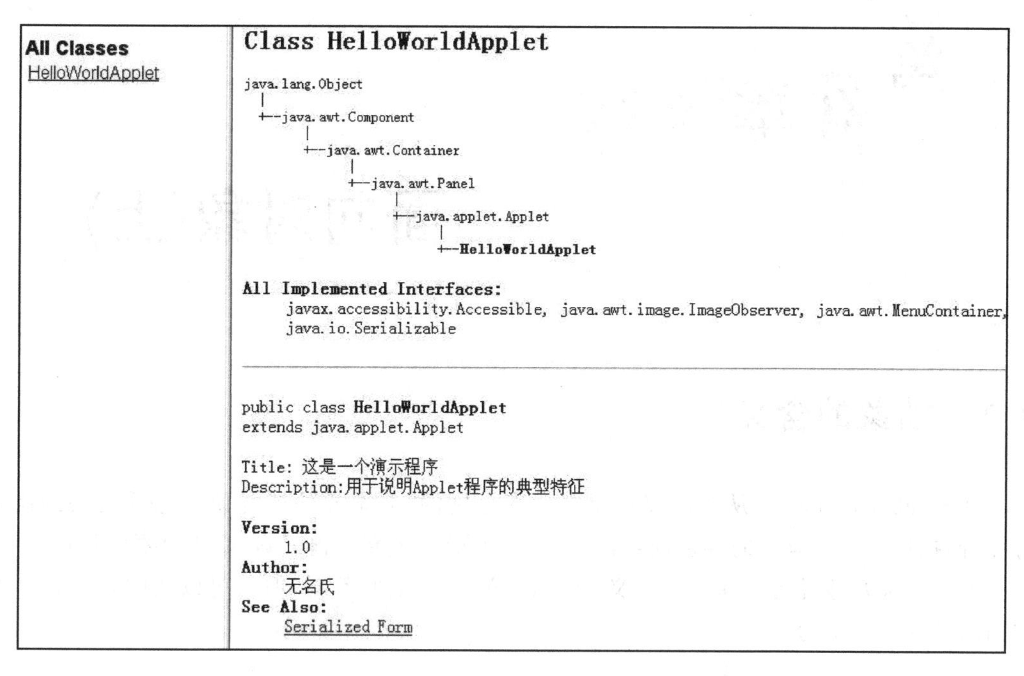

图 3.1

- 类的继承层次；
- 类和类的一般目的描述；
- 成员变量列表；
- 构造方法列表；
- 方法列表；
- 变量详细列表及目的和用途的描述；
- 构造方法详细列表及描述；
- 方法详细列表及描述。

小结

介绍了 Java 程序的一些编程规范以及这些规范在工程中的作用。特别强调了程序注释的重要性和规范性。在此基础上，给出了利用注释规范生成帮助文档的方法。

习题

1. 编写程序为什么要写注释？
2. Java 都有哪些命名规范？
3. Javadoc 生成帮助文档的时候，都有哪些命令行开关，它们的作用是什么？
4. 选择前两章的一道习题，加上适当的注释，并产生帮助文档。

第4章 面向对象(上)

4.1 抽象的含义

抽象(abstraction)是从被研究对象中舍弃个别的、非本质的或与研究主旨无关的次要特征,而抽取与研究有关的共性内容加以考察,形成对研究问题正确、简明扼要的认识。

图 4.1 很好地说明了抽象的含义：青蛙、狮子、马虽然不同,但人可以从中抽象出一个共同的概念——动物。

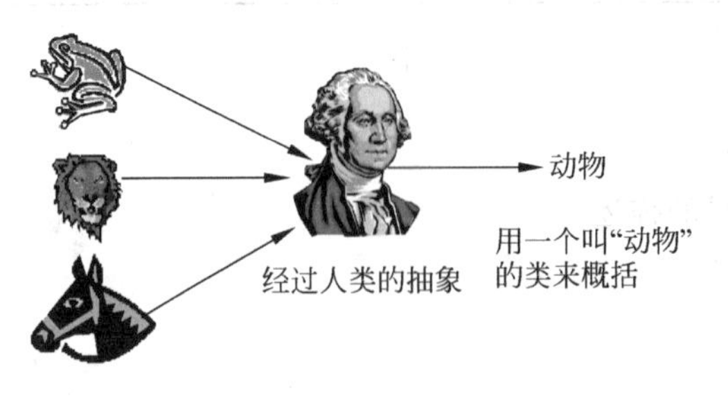

图 4.1

注意：计算机和哲学世界的抽象并不是人们通常所理解的“难”的意思,下面一段英语很好地反映了西方人对抽象和难的理解差异。

Assembly language is too difficult to understand,but not abstract。

汇编语言很难,不容易理解,但不抽象。

4.2 类与对象

对象是对客观事物的抽象,类是对对象的抽象。类是一种抽象的数据类型,其定义为：

```
class  类名{
}
```

它们的关系是,对象是类的实例,类是对象的模板。图 4.2 很好地说明了它们之间的关系。所有的战斗机都是按照一个图纸设计出来的,其中一个飞机改装后不会对其他飞机造成影响,但如果修改图纸,则会影响到以后生产出来的所有飞机。

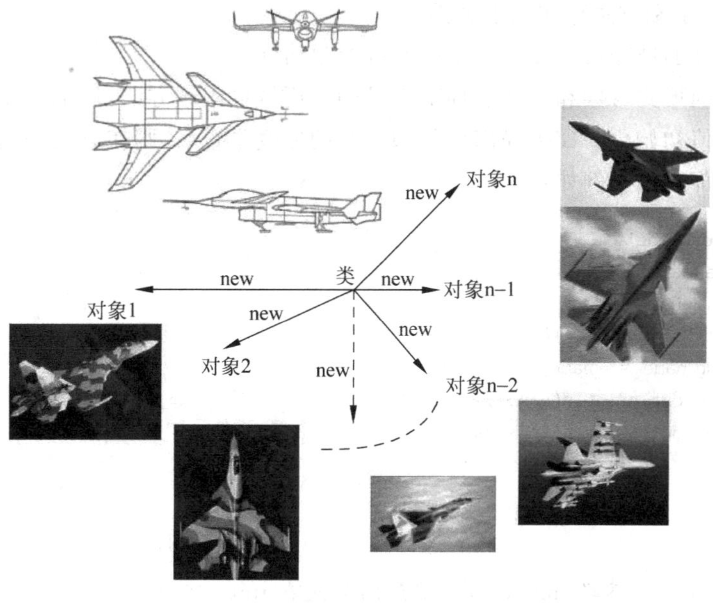

图 4.2

4.3 类的域(属性)与方法(操作)

类和对象都有域和方法。域(也称属性或是数据成员)是事物静态特征的抽象。在下面的例 4.1 中,name 和 missileNum 就是类 FighterPlane 的域变量。定义域的一般方式是:

类型 域变量名

方法(也称操作或成员方法)是事物动态特征的抽象,在下面的例 4.1 中,fire()就是 FighterPlane 的方法。方法定义的一般形式如下:

```
[修饰符] 返回值类型 方法名 (参数类型 参数 1,[参数类型 参数 2]…){
  方法体
}
```

【例 4.1】

```
class FighterPlane{
   String name;
   int missileNum;
   void fire(){
       if (missileNum > 0){
         missileNum -= 1 ;
         System.out.println("now fire a missile !");
       }
       else{
         System.out.println("No missile left !");
       }
   }
}
```

类中的域变量和方法存在以下关系：

- 类中定义的域变量可以被类中的所有方法访问。
- 方法中的形式参数和定义的局部变量的作用域仅限于方法，局部变量在使用前必须进行赋值初始化。如果局部变量和类中的域变量重名，则在方法中对同名变量改变的是局部变量。例如：

```
class FighterPlane1{
   String name = "su35";
   int missileNum;
   void init(String _name){
      String name  =  _name;
      System.out.println(name);
      System.out.println(this.name);
   }
}
```

程序说明

(1) init 中的形式参数_name 的作用范围只是在 init 方法中。

(2) init 中定义的局部变量 name，它和类的域变量 name 不同，通过_name 赋值改变的 name 是局部变量，而不是域变量。

(3) 在 init 方法当中，如果要使用类的域变量，则需要引入 this 关键字。

- 类中定义的方法可以进行递归调用。

【例 4.2】 求斐波那契数列(1,1,2,3,5,8,13,…)的第 10 项。

```
public class Fibonacci{
   public static int fseq(int n){
      if(n<1)   return - 1;                    //进行参数校验
      if(n == 1 || n == 2) return 1;
      else return fseq(n - 1) + fseq(n - 2);
   }
   public static void main(String args[]){
      System.out.println(fseq(10));
   }
}
```

输出结果为 55。

程序说明

(1) 递归问题的动机：对于一个较为复杂的问题，把原问题分解成为若干相对简单且雷同的子问题，并且子问题的解决同父问题解决方法类似，如此进行分解，直到这样的子问题可以直接求解，这种情况可以使用递归。对于本例，$f(n)=f(n-1)+f(n-2)$，$f(1)=1$，$f(2)=1$ 就满足这样的条件，而“if(n==1 || n==2) return 1;”就是程序的递归出口。

(2) 递归程序直接或间接地调用自身。对于系统而言，这和 A 方法调用 B 方法没有什么区别，其原理如图 4.3 所示。递规过程是程序的依次调用，由不断入栈、得到结果、不断出栈三个重要步骤组成。

(3) 当递归的规模很大时，例如需要求出本例第 50 万项的值，如用递归，则由于不断压栈,很容易造成内存空间不足而溢出。因此,这种情况的求解,往往需要将递归转为循环进行求解。

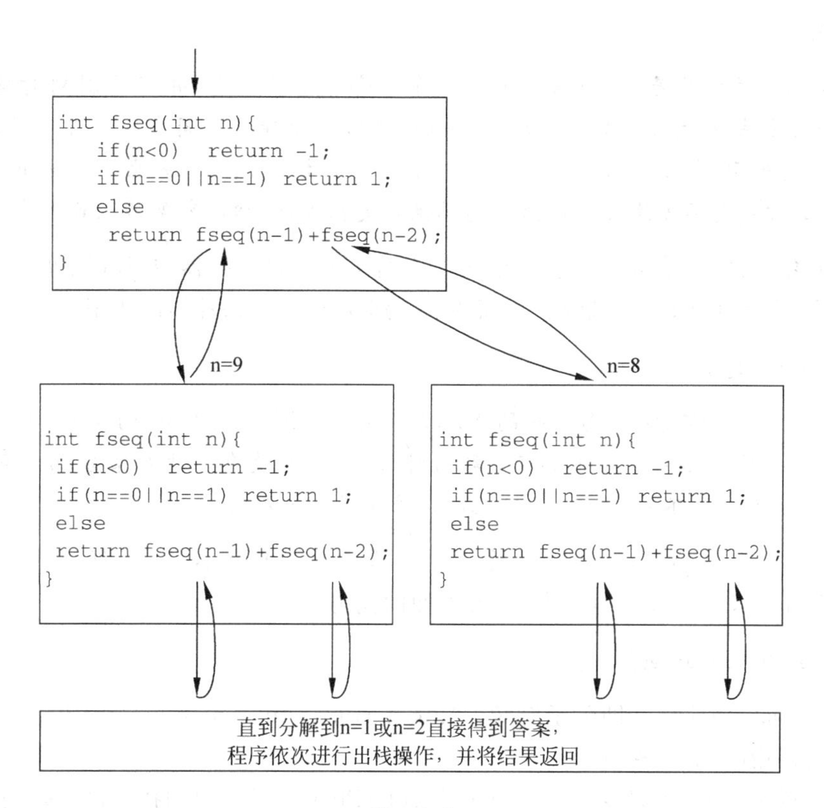

图 4.3

4.4 对象

4.4.1 对象的创建

图 4.4 是根据类生成对象的一个示意图,左图表示战斗机的类,右图表示根据类产生的对象(对象名称下面有一个横线)。

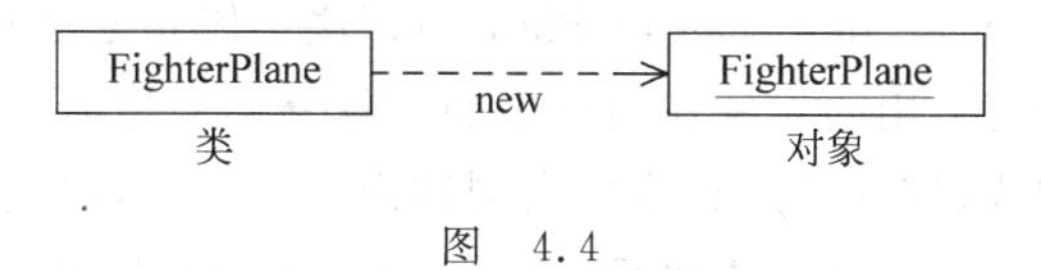

图 4.4

产生对象的代码是“new FighterPlane();”,这句代码的含义是:根据类模板产生一个对象,并在计算机内存中为此对象开辟一块新的独立内存空间。以类为模板产生对象,实质上就是将类中定义的属性复制到生成的对象当中,这些属性虽然在类中定义,实际上是为对象服务,因而称它们为对象属性;而方法在调用时,系统会为方法开辟一个栈空间,用于存放方法中的局部变量和形式参数,并且方法在执行时还能访问复制到对象中的属性,其效果就如同方法也被复制到对象中一样。方法执行完毕后,栈空间被释放。虽然方法在类中定义,但从方法可以访问对象属性角度而言,类中定义的方法实际上是为对象而服务的,因而称为对象方法。

注意:需要注意的是,类中被 static 修饰的属性专属于类,并不复制到对象当中;被 static 修饰的方法也专属于类。static 方法调用时,也开辟栈空间存放局部变量,但方法不能访问任何复制到对象中的属性,只能访问专属于类的 static 属性。从这个意义上讲,static 修饰的方法是类方法,static 修饰的属性是类属性,详细内容见第 4.6.1 节。

有了对象,人们还希望对对象进行控制,就像人们通过遥控器控制电视机一样。现在电视已经有了,那么什么是遥控器呢?下面的代码会起到一个遥控器的作用。

```
FighterPlane fp ;
```

图 4.5

注意:这句代码的作用是产生一个 FighterPlane 的声明(用图 4.5 来表示),此时并没有任何此类的对象产生,也没有为此对象分配内存空间。而 C++ 则不同,在 C++ 中,此时已产生了一个对象。

虽然 fp 相当于一个遥控器,但是此时它并不能遥控任何对象,需要为它指明遥控哪个对象。要做到这一点,需要下面的代码。

```
fp = new FighterPlane();
```

当然,也可以声明后立即赋予对象:"FighterPlane fp= new FighterPlane();",此时,上述代码可以用图 4.6 来描述。

图 4.6 说明,"FighterPlane fp= new FighterPlane();"代码的执行过程是先产生对象,之后将对象赋予声明 fp;此外,图 4.6 还说明对象和对象的声明不是一个概念,有声明时可以没有对象,正像有遥控器时可以没有电视机一样。当声明被赋予特定对象后,声明就被另一个概念——"引用"所取代。

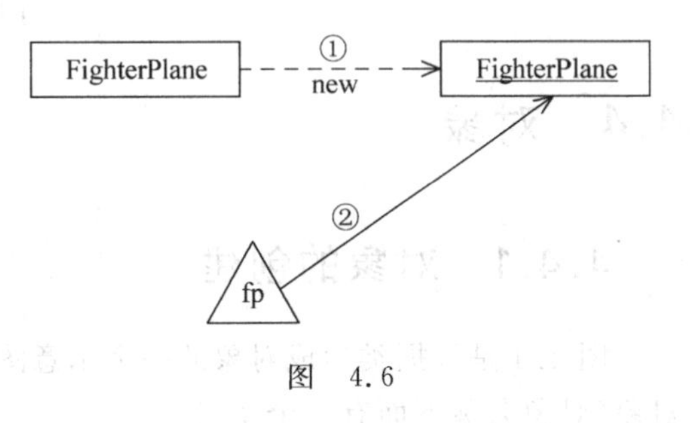

图 4.6

注意:引用从某种角度上讲,就好比对象的名片。

如果"FighterPlane fp = new FighterPlane();"这句代码处在某个类的方法当中,例如静态 main()方法,fp 和其引用的对象在内存中的实际分布又是什么样呢?

内存空间分为堆和栈(堆在应用程序生命周期内一直存在,而栈在方法调用完毕后就释放),类和对象被分配到堆中,而方法执行时用的局部变量和形式参数则放到栈空间当中。如果代码"FighterPlane fp = new FighterPlane();"处于静态 main 方法中,则代码中的 fp 处于静态 main 的栈空间当中,而产生的对象则被分配到堆当中。fp 作为引用能操控对象的原因在于:它在栈中保留了堆中对象的实际地址,图 4.7 表示的正是这种情况。

注意:C++ 中用关键字 new 方式产生的对象在堆中,而用"FighterPlane fp"方式产生的对象在方法栈中。

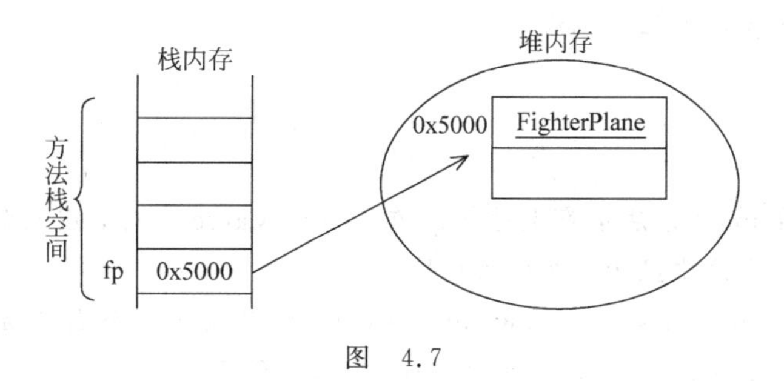

图 4.7

4.4.2 对象作为参数的特点

方法中的参数可以为基本数据类型,也可以为对象,它们有不同的特点。

基本数据类型作为参数在方法中的传递是值传递。

【例 4.3】

```
public class PassPara {
   private static int a;
   public static void main(String [] args) {
      modify(a);
      System.out.println(a);
  }
  public static void modify(int a) {
    a++;
  }
}
```

本程序的输出为 0。

程序说明

main()方法中的 a 是类 PassPara 的静态变量,初值为 0。当调用 modify()方法时,发生了参数传递,赋值给 modify 方法的形式参数 a,此 a 位于 modify 方法的栈空间当中。因为 a++是对形式参数进行自增,而不是对类静态变量 a 进行自增,当 modify 方法调用完毕后,栈空间被释放,形式参数 a 也被释放,无法回传给静态变量 a。

对象是引用传递,当对象作为参数传递时,传递的是对象的地址。也就是说,对象只有一个,例 4.4 和例 4.5 从不同角度体现了这一特点。

【例 4.4】

```
class IntClass{
  int value;
}
public class RunIntClass{
  public static void modifyValue(IntClass s,int val){
    s.value = val;
  }
  public static void main(String args[]){
    IntClass  a = new IntClass();
    modifyValue(a,8);
```

```
        System.out.println(a.value);
    }
}
```

程序说明

上面的程序在main方法中产生对象a,在modifyValue中对a引用的对象进行属性赋值,之后又在main方法中显示a对象的属性。

当程序执行到"IntClass a = new IntClass()"时,产生了一个IntClass的对象,被a所引用,a在main方法栈中,对象放到堆中,如图4.8(a)所示。

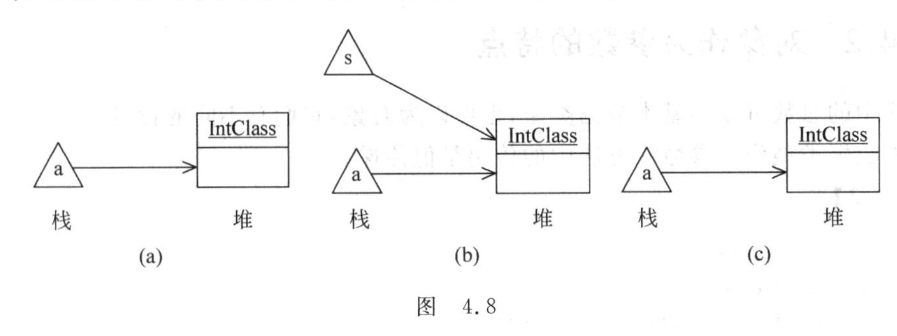

图 4.8

程序执行到"modifyValue(a,8)"时,在方法modifyValue的栈空间内分配了两个变量s和val,其中val通过值传递的方式获得值。但s则不同,"s=a"的含义是将a的地址传递给s,而不是产生了新的对象,这样s和a所指的对象是同一个(如图4.8(b)所示)。此时,在方法modifyValue内部,通过s进行对象的赋值,改变了堆中引用对象的属性值。方法调用完毕后,modifyValue方法所在的栈空间释放,此时s、val不复存在,但堆中的对象属性已经改变,虽然s不存在了,但a仍然引用了该对象(如图4.8(c)所示)。

当程序执行到"System.out.println(a.value)"时,此时在main方法中,通过a操纵堆中的对象,显示其属性值。整个过程体现了对象作为参数传递时的引用特点。

【例4.5】

```
class IntClass{
  int value;
}
public class RunIntClass{
   public static IntClass getInstance(){
       //在方法中产生对象
       IntClass s = new IntClass ();          //2
       s.value = 8;
       return  s;                             //引用返回
   }
   public static void main(String args[]){
       IntClass a ;                           //1
       a   = getInstance();                   //3
       System.out.println(a.value);
   }
}
```

程序说明

在 main 方法中使用的对象是在 getInstance 方法当中产生并放到堆中的,再通过引用 s 将对象地址返回赋值给 a,此时 getInstance 方法所在的栈空间被释放,s 被释放。但是由于引用地址已经传回,此时 a 引用了该对象,并通过 a 将属性值输出。图 4.9(a)(执行到注释为 1 的代码行)、图 4.9(b)(执行到注释为 2 的代码行)、图 4.9(c)(执行到注释为 3 的代码行)分别反映了这个过程。

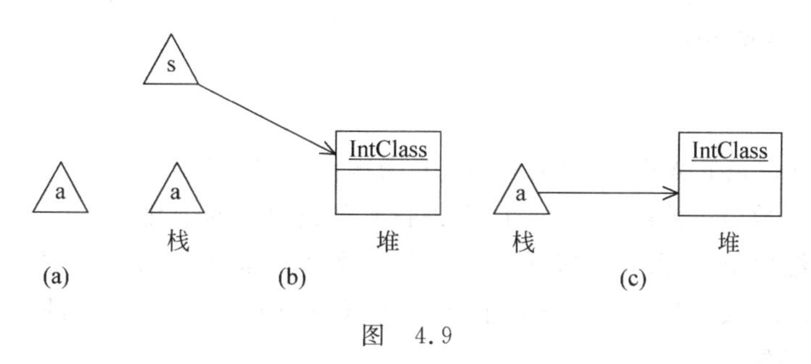

图 4.9

注意:上述代码如果用 C++ 编写,如果 getInstance 方法中注释为 2 的代码行用"IntClass s"来产生对象,由于这种方式产生的对象存放在方法栈中,如仅仅将引用传回,则会存在问题,因为栈空间释放后,对象也就释放了。

4.4.3 对象数组

设 MyClass 是自定义类,它也可以拥有自己的对象数组,对象数组化后可方便进行对象的遍历。如:

```
MyClass[]  mc = new MyClass[10];
//产生一个类型为 MyClass,可容纳 10 个 MyClass 对象引用的数组对象,每个单元的初始值是 null
```

注意:不是产生 10 个 MyClass 对象。

如果要使对象数组当中的每个单元有值,则应补充如下代码:

```
for (int i = 0;i < mc.length;i++){
   mc[i] = new MyClass();
}
```

4.4.4 数组对象特点及常用方法

Java 中数组整体上可以看成是一个对象,具有对象引用传递的特点。

```
float f1[], f2[];          //f1 和 f2 就是数组声明
f1 = new float[10];        //f1 变为引用
f2 = f1;                   //引用赋值,此时 f2 和 f1 拥有相同的数组成员
Object o = f1              //这样的赋值也成立,Object 是 Java 中所有类的祖先
```

下面的例 4.6 在 main 方法中将数组 args 传递给 printArray 中的参数 arg,这是一种引用传递。

【例 4.6】

```
public class ArgsPass{
   public static void printArray(String[ ] arg){
       for (int i = 0;i < arg.length ;i++)
       { System.out.println(arg[i]);}
   }
       public static void main(String[ ] args){
       printArray(args);
       }
}
```

数组长度用 length 来得到。注意 length 为属性,不是方法。

- 对于一维数组,“数组名.length”可以得到数组单元的个数。
- 对于二维数组,如果将二维看做一个表,“数组名.length”得到的是行数,而要测出列数,则需要“数组名[0].length”得到第一行的列数,如果所有行的列数都相等,则为总体的列数。
- 上面的方法可以类推到 n 维数组。

【例 4.7】 矩阵转置。

```
public class ArrayTranspose {
    public static void transpose(int[][] m){
        if (m == null) return;
        int temp;
        for (int i = 0;i < m.length ;i++)
        {
            for (int j = 0;j < m.length ; j++)
            {
                if(i > j){
                    temp  =  m[i][j];
                    m[i][j] = m[j][i];
                    m[j][i] = temp;
                }
            }
        }
    }
    public static void print(int[][] m){
        if (m == null) return;
        for(int i = 0;i < m.length ; i++){
            for(int j = 0;j < m.length ;j++){
                System.out.print(m[i][j] + " ");
            }
            System.out.println("");
        }
    }
    public static void main (String args[]){
        int[][] t = {{1,2,3},{4,5,6},{7,8,9}};
        print(t);
```

```
        transpose(t);
        System.out.println("转置后的矩阵为: ");
        print(t);
    }
}
```

对象数组应用时还应注意以下三点:

(1) Java 集合类(见第 10 章)可以调用相应的方法返回对象数组引用,例如 linkedList、Vector 等的 toArray()方法(参见 JDK 帮助)返回 Object[]数组引用。

(2) System.arraycopy()方法可复制数组,可参见第 8.3 节"系统类"。

(3) Java 中有的类 Arrays,其方法 sort 可针对 char、byte、short、int、float、double、long 等按照升序排列,也可指定排序方法对对象进行排序(见 JDK 帮助文档)。

4.5 构造方法

4.5.1 构造方法的概念

构造方法是一个与类名相同的类方法。每当使用 new 关键字创建一个对象,为新建对象开辟了内存空间之后,Java 系统将自动调用构造方法初始化这个新建对象。

注意:从构造方法的定义可知,构造方法专属于类,而不属于任何对象。

【例 4.8】

```
class IntClass{
      int value;
      //定义构造方法将属性 value 初始化,注意构造方法没有返回类型
      public IntClass(int val){
        value = val;
      }
}
public class IntClassConstructor{
   public static IntClass getInstance(){
      //调用构造方法,从而省略了 s.value 代码
      IntClass s = new IntClass (8);
      //s.value=8;
      return  s;
   }
   public static void main(String args[ ]){
      IntClass a = getInstance();
      System.out.println(a.value);
   }
}
```

4.5.2 构造方法的特征

(1) 构造方法的方法名与类名相同,并且是类的方法,不能通过对象引用来调用,在创建一个类对象的同时,系统会自动调用该类的构造方法将新对象初始化。

(2) 不能对构造方法指定类型,它有隐含的返回值,该值由系统内部使用;如果指定了相应的类型,则该方法就不是构造方法,如例 4.9。

【例 4.9】

```
public class A {
    void A() {
      System.out.println("Class A");
    }
    public static void main(String[ ] args) {
      new A();
    }
}
```

上面的代码中,A()前因为有返回类型 void,所以不是构造方法。调用 new A()后,程序没有任何输出。

(3) 构造方法也具有多态性(参见第 6.2 节)。

(4) 如果用户在一个自定义类中未定义该类的构造方法,系统将为这个类添加一个默认的空构造方法。这个空构造方法没有形式参数,也没有任何具体语句,在创建这个类的新对象时,系统要调用该类的默认构造方法进行初始化。这个自动添加的构造方法前的修饰符将同类前的修饰符保持一致,要么是 public,要么是默认,如 public class Test { },它的默认构造方法是 public Test()。但是如果定义了含参数的构造方法,那么系统不再添加这个无参数的构造方法。

【例 4.10】 IntClass 没有定义构造方法,产生对象时,系统将会为其添加一个默认的构造方法。

```
class IntClass
{int value;}
public class RunIntClassDefault{
    public static IntClass getInstance(){
      IntClass s = new IntClass (); //系统调用默认的 IntClass 的构造方法
      s.value = 8;
      return  s;
    }
    public static void main(String args[ ]){
      IntClass a = getInstance();
      System.out.println(a.value);
    }
}
```

4.5.3 构造方法赋值的注意事项

当构造方法中的参数名与域变量名相同时,此时在构造方法中需要用 this 关键字来区分域变量名与参数名。

```
public dogs(String Name, int Weight, int Height){
    this.Name = Name;
```

```
        this.Weight = Weight;
        this.Height = Height;
    }
```

注意请不要用如下形式。

```
public dogs(String Name, int Weight, int Height){
    Name = Name;
    Weight = Weight;
    Height = Height;
}
```

一般情况下,可以采用添加下划线的方式避免重名。

```
public dogs(String _Name, int _Weight, int _Height){
    Name = _Name;
    Weight = _Weight;
    Height = _Height;
}
```

4.5.4 finalize 方法与垃圾回收

C++中有析构方法的概念。析构方法的作用和构造方法正好相反,它是在对象被释放的时候由系统调用的方法。Java 没有析构方法的概念,但是有类似的方法 finalize(它是 Object 的方法,而 Object 类是所有类的共同祖先,因此每个类都有 finalize 方法)。

如果在类中重写了 finalize 方法,进行一些后续处理功能如释放一些资源,则当类的对象被当成垃圾释放掉时,调用这个方法,完成设定的功能。然而对象何时成为垃圾,成为垃圾后什么时候被释放是两个不同的概念。

首先看对象什么时候成为垃圾。如图 4.10(a)所示,当一个堆中的对象有两个引用 s 和 a 时,如果在程序中调用代码 s=null,则此时图 4.10(a)变为如图 4.10(b)所示,也就是说,此时对象还有一个引用 a 存在,这种情况下对象不是垃圾,只有当 a=null,这时对象没有任何引用,对象才能成为垃圾。

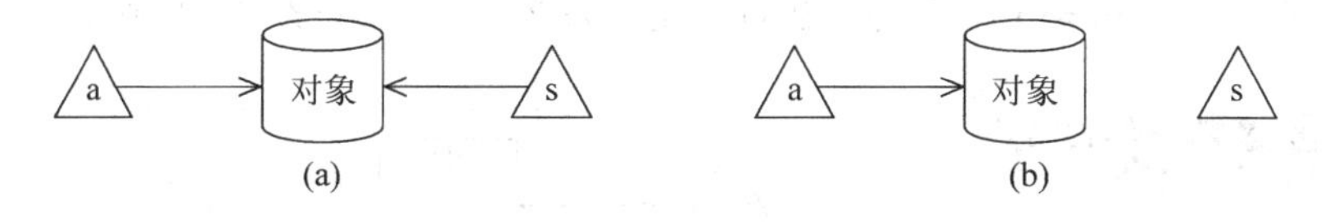

图 4.10

当成为垃圾时,系统(虚拟机)还并不是主动地释放对象所占的内存资源,而是在资源不够的情况下才可能进行释放。为了做到“及时”释放,可调用 System.gc()方法(类似方法有 Runtime.getRuntime().gc();)“提醒”系统进行一次垃圾释放。但是 System.gc()只是及时通知系统进行一次释放,而不能确保一定释放,因为进行垃圾回收的系统线程级别很低,当系统很忙时,有可能忽略这项工作,只有系统不忙时才进行相应的释放垃圾资源的工作,此时垃圾对象的 finalize 方法才被调用。

4.6 类成员属性和方法的非访问修饰符

4.6.1 static

用 static 修饰符修饰的域变量不属于任何一个类的具体对象,而专属于类。其特点为:它被保存在类的内存区(堆中)的公共存储单元中,而不是保存在某个对象的内存区中。因此,一个类的任何对象访问它时,存取到的都是相同的数值。访问的方式为"类名.域名",也可通过对象引用来访问。

例 4.11 证明了类的静态属性可以被类、多个对象引用共享访问,例 4.12 则应用这个性质,用类的静态属性对产生的类对象个数进行统计。

【例 4.11】

```
import java.awt.*;
import java.applet.*;
class Pc{
   static double ad = 8;
}
public class  RunPc  extends Applet{
   public void paint(Graphics g){
      Pc m = new Pc();
      Pc m1 = new Pc();
      m.ad = 0.1;
      g.drawString("m1 = " + m1.ad,20,50);
      g.drawString("Pc = " + Pc.ad,20,70);
      g.drawString("m = " + m.ad,20,90);
   }
}
```

程序执行结果如图 4.11 所示。

注意:此时对象 m 和 m1 中没有任何自定义属性和方法,如图 4.12 所示。

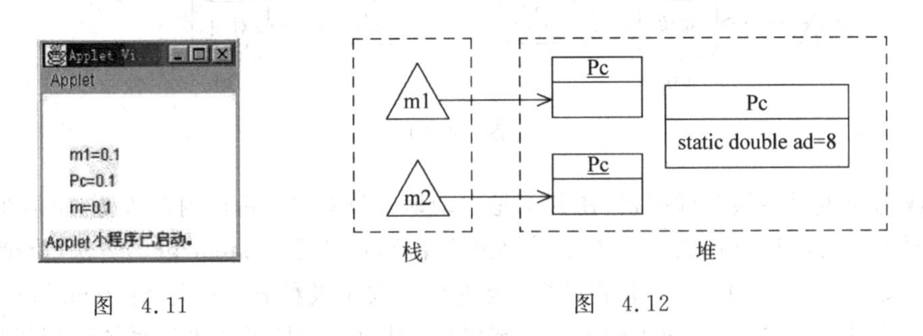

图 4.11　　　　图 4.12

【例 4.12】 利用类的静态属性对类对象个数进行统计。

```
public class CountObject{
    private static  int i = 0;
    CountObject(){
```

```
            i++;
        }
        public int getI(){
            return i;
        };
        public static void main(String args[ ]){
            CountObject t = new CountObject();      //1
            t = new CountObject();                  //2
            System.out.println(t.getI());           //3
        }
}
```

输出结果为 2。每产生对象计数一次,i 充当了类对象计数器的作用。

程序说明

当程序执行到 main 中标记为“1”的代码行位置时,t 在栈中指向了堆中的一个 CountObject 对象,而到标记为“2”的代码行位置时,t 切断同先前对象的引用关系,而改为引用“2”处产生的对象。之后调用该对象的方法 getI()方法,从类的静态属性当中得到 i 的值,如图 4.13 所示。

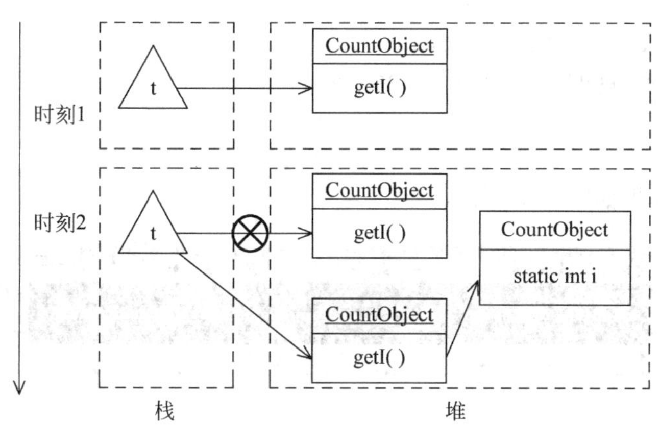

图 4.13

用 static 修饰符修饰的方法称为静态方法,它属于类方法,不属于类的任何对象。不用 static 修饰符限定的方法,虽然在类中定义,但其实是为对象而定义。static 修饰的方法有如下特点:

- static 方法是类方法,但可以被所有对象所访问。调用这个方法时,可采用“对象引用.方法名”,也可采用“类名.方法名”。
- static 方法内部的代码,只能访问类中的 static 属性或方法,不能访问类中的非 static 属性或方法(因为它们属于对象);但非 static 方法(对象方法)可以访问 static 属性或方法。
- main 方法是特殊的静态方法。

【例 4.13】

```
public class AccessValue{
```

```
    int value;
    public static void main(String args[ ]){
      for (int i = 0;i < args.length ;i++){
        System.out.println(args[i]);
      }
      //System.out.println(value);
    }
}
```

注意:

(1) 在例 4.13 中,请不要在 main 静态方法中直接访问 value,因为 main 是属于类级别的方法,而 value 虽然定义在类 AccessValue 中,但它是对象属性。如果让上面的程序能够访问 value,一种方法是在 value 前加上修饰符 static,另一种是在 main 方法中产生 AccessValue 对象,通过该对象引用访问 value。

(2) 如果 main 方法中缺少 static,则编译虽能够通过,但它并不能做程序的入口,如例 4.14 所示。

【例 4.14】

```
public class Foo {
    public  void main( String[ ] args ) {
      System.out.println( "Hello" + args[0] );
    }
}
```

程序的执行效果如图 4.14 所示。

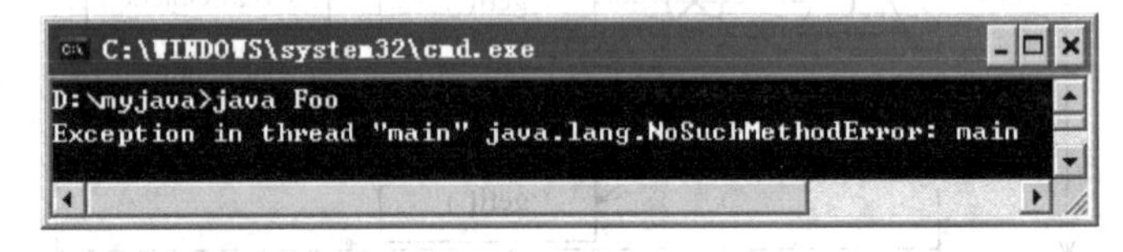

图 4.14

静态代码块

一个类中可以使用不包含在任何方法体中的静态代码块。当类被装载时,静态代码块被执行,且只被执行一次。静态代码块经常用来对类中定义的属性进行初始化。

【例 4.15】

```
class StaticCodeBlock{
    static int value ;
    static {
       value = 3;
       System.out.println("value = " + value);
    }
    public static void main(String[ ] args){
    }
}
```

程序输出结果为 3。

4.6.2 abstract

见第6.3节抽象类。

4.6.3 final

以final修饰类属性,则该属性为常量;如果修饰方法,则方法称为最终方法,在子类当中不能被覆盖(见第5.4节“类的多态”)。利用这一点可防止子类修改此方法,保证了程序的安全性和正确性。

```
public Constant{
  static final int OK = 0;
  static final int CANCEL = 1;
  ...
}
```

Constant类中定义的静态常量,在别的类中可以通过Constant.OK来调用,Constant.OK就起到了助记符的作用。

4.6.4 native修饰的本地方法

native修饰的方法称为本地方法,此方法使用的目的是调用其他语言(例如,C、C++、FORTRAN、汇编等)编写的代码块。这样可以充分利用已经存在的其他语言的程序功能模块或是保留其原有的性能指标,避免重复编程。但使用native方法时会使Java程序的跨平台性能受到限制或破坏。

注意:这些修饰符连同后面要学到的访问控制符(public、protected、private)不能修饰方法内部的变量。

4.7 包

包(Package)是对Java类进行组织与管理的一种机制。

【例4.16】

```
class FighterPlane{
   String name;
   int missileNum;
   void fire(){
       if (missileNum > 0){
         System.out.println("now fire a missile !");
         missileNum -= 1;
       }
       else{
         System.out.println("No missile left !");
       }
  }
```

```
}
public class RunPlane{
    public static void main(String args[ ]){
      FighterPlane fp = new FighterPlane();
      fp.name = "苏 35";
      fp.missileNum = 6;
      fp.fire();
    }
}
```

程序编译时,通常将它们放置在一个文件当中,文件名为 RunPlane.java。RunPlane 类前必须用 public 进行修饰,而 FighterPlane 不能有 public,编译后将产生两个 class,通过运行 java RunPlane 得到结果。或是将它们放置在两个 Java 文件中,对这两个文件同时编译(javac FighterPlane.java RunPlane.java),编译后得到两个 class,通过运行"java RunPlane"得到结果。这两种情况虽然都没有引入包,但它们都是包的一种特殊存在形式——默认包。

注意:前面的方法只是在进行程序演示的时候使用,在工程上这样做会出现什么问题呢?源文件和字节码文件在一起,当源文件较多时,显然不合适。所以好的方法首先应该将源文件和字节码文件分开;其次,应根据源文件的类型进行分类,即将它们的字节码文件按照包的类型进行分类。

例 4.16 可按如下方式引入包并进行处理。

1. 建立源程序目录

如图 4.15 所示,在 d:\myjava 目录下,建立 com\resource 子目录,将 FighterPlane.java 存放在此目录当中;将 RunPlane.java 存放到 com\run 目录下。同时建立和 com 并列的 deliver 目录,用于存放包文件。

图 4.15

2. 修改 FighterPlane.java 程序(程序中黑体部分)

【例 4.17】

```
package com.resource;
public class FighterPlane{
   public String name;
   public int missileNum;
   public void fire(){
        if (missileNum > 0){
           System.out.println("now fire a missile !");
           missileNum -= 1;
        }
```

```
        else{
            System.out.println("No missile left !");
        }
    }
}
```

程序说明

(1) package 是 Java 产生包路径的关键字，且应放在程序的第一句。

(2) FighterPlane 前面加上 public，其属性前面加上了关键字 public，相关内容见第 5.2.2 小节。

3. 对 FighterPlane.java 进行编译

进入 myjava 目录，执行命令行：

```
javac -d .\deliver com\resource\FighterPlane.java
```

其中"-d"代表将编译好的字节码文件以指定目录为基准(".\"代表当前目录，在此位置也可输入绝对路径名代替)产生包路径及文件。由于在 FighterPlane.java 程序中有关键语句"package com.resource;"，则在目录 deliver 下出现了 com 和 resource 子目录，如图 4.16 所示。不过，在 Java 中应把它们看做是包。

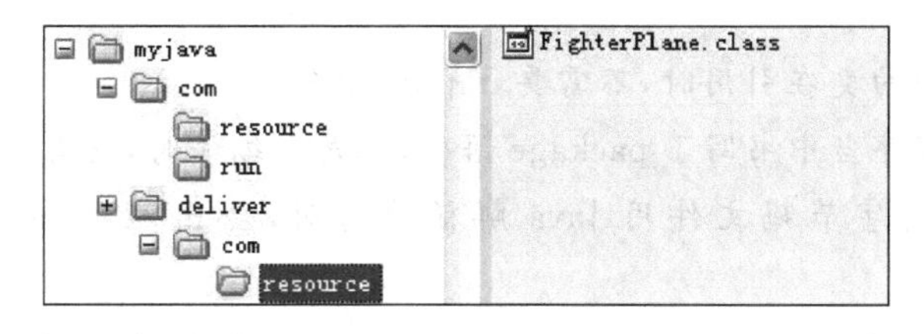

图 4.16

4. 修改 RunPlane.java 程序(程序中的黑体部分)

```
package com.run;
import com.resource.*;
public class RunPlane{
    public static void main(String args[]){
        FighterPlane fp = new FighterPlane();
        fp.name = "苏 35";
        fp.missileNum = 6;
        fp.fire();
    }
};
```

5. 对 RunPlane.java 进行编译

进入 myjava 目录，执行命令行：

```
javac -d .\deliver -classpath .\deliver  com\run\RunPlane.java
```

如图 4.17 所示。

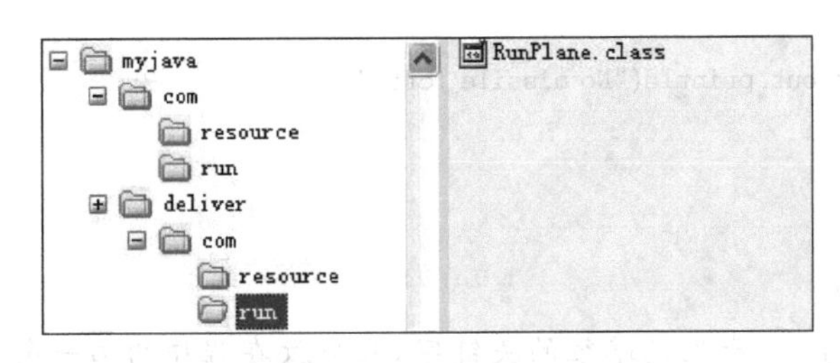

图 4.17

6. 执行 RunPlane

```
java -classpath .\deliver  com.run.RunPlane
```

其中"-classpath"是命令行开关(可在系统中设置环境变量,这样就不用每次都输入开关命令了),表示当前的 class 应该以此目录为基准去寻找指定的类。在找寻类的时候,com. run 是包的路径,沿着这个路径能找到类 RunPlane. class。在执行过程中,RunPlane 又要用到 FighterPlane,它们不在同一个包中,RunPlane 又是怎样找到 FighterPlane 的呢? 关键是"import com. resource. * ;",它以 classpath 所设置的路径为基准,通过程序中提供的包路径,即可找到 FighterPlane. class。

注意:

(1) 同一个包中的类在引用时,不需要 import 语句。

(2) 如果在源程序当中书写了 package 语句,但是在编译时,没有使用开关量"-d",则不会产生包,对生成的字节码文件用 Java 解释执行时,会出现"NoClassDefFoundError"错误。

(3) 如果不写 package 语句,生成的 RunPlane. class 即使放置在 deliver\com\run 下,调用命令 java -classpath d:\myjava\deliver com. run. RunPlane 去运行,也不会产生相应的结果。

上面的包形式将字节码文件进行分类组织和管理虽然很清晰,但是在使用时会出现很多的包路径,且以目录形式存在的包并不能迁移到 UNIX 或 Linux,这个问题可用包的另一种存在形式——jar 文件来解决,可以将先前的包通过如下的命令压缩成一个文件。

```
Jar  cvf  first.jar  -C deliver .
```

这个命令行是打包命令,其含义为:

- jar 和 javac 以及 Java 一样都是 JDK 的工具。
- c(create,创建一个新文件); v(生成详细输出到标准输出上); f(指定存档文件名,也就是后面的 first. jar); -C 的作用是将指定目录下的所有包进行打包; "deliver ." 是将其下的所有文件压缩到 first. jar 当中。

有了 first. jar,就可采用如下方式执行程序,设当前路径为"d:\"下。

```
java -classpath d:\myjava\first.jar com.run.RunPlane
```

小结

本章介绍了抽象、类、对象、构造方法、非访问修饰符、包这些基本概念，对它们的理解是建立Java面向对象思维的基础，是用Java语言进行面向对象设计和编程的前提。其中类、对象、引用是本章的重点内容。类是对象的模板，对象是类的实例，引用是对象的名片。对象产生时需要为其分配相应的内存，需要调用构造方法进行初始化。类中定义的非静态属性为对象属性，对象属性要复制到对象当中，类中定义的非静态方法为对象方法。静态属性、静态方法和构造方法专属于类。对象方法可以访问对象属性，也可以访问类的静态属性和静态方法，而类的静态方法却只能访问类的静态属性，不能访问对象属性。对象产生后，位于堆内存当中；方法调用后，方法中的形式参数和局部变量位于为方法开辟的栈空间当中；方法执行完毕后，栈空间被释放。对象与基本数据类型作为参数传递的区别是：对象是引用传递，而基本数据类型是值传递。对象所占据的内存空间释放的前提条件是该对象要成为垃圾对象。

习题

1. 名词解释：构造方法、抽象。

2. 对象位于内存何处？声明能引用对象的实质是什么？

3. 对象和基本数据类型作为参数传递时，有什么不同？

4. 在自定义对象中写 finalize 方法，看看什么情况下 finalize 被调用。

5. 对象在什么条件下成为垃圾？什么情况下释放垃圾对象，如何证明一个对象被释放了？

6. final 修饰符都有什么作用？

7. static 修饰的属性和方法有什么特点？

8. Application 程序执行时，为什么不能带后缀名？

9. 下面代码中，Vector 是 java.util 包中的一个类，关于此类哪个叙述是正确的？( )

```
1) public void create() {
2) Vector myVect;
3) myVect = new Vector();
4) }
```

A. 第二行的声明不会为变量 myVect 分配内存空间。

B. 第二行的声明分配了一个 Vector 对象内存空间。

C. 第二行语句创建一个 Vector 类对象。

D. 第三行语句创建一个 Vector 类对象。

E. 第三行语句为一个 Vector 类对象分配内存空间。

10. 请在 display 函数中用递归方式输出如下图形。

```
n   n  n  …  n
⋮
3   3  3
2   2
1
void display(n){ … }
```

11. 国际象棋中,马的规则是每步棋先横走或直走一格,然后再斜走一格。在图 4.18 中,根据马的当前位置,其可以走的位置共有 8 种,分别用 1 到 8 来表示。如果马以 0 标识的方格为起点开始起跳,则跳满棋盘中所有位置为一趟,请问共有多少趟跳法?请分别显示每趟跳法的轨迹。

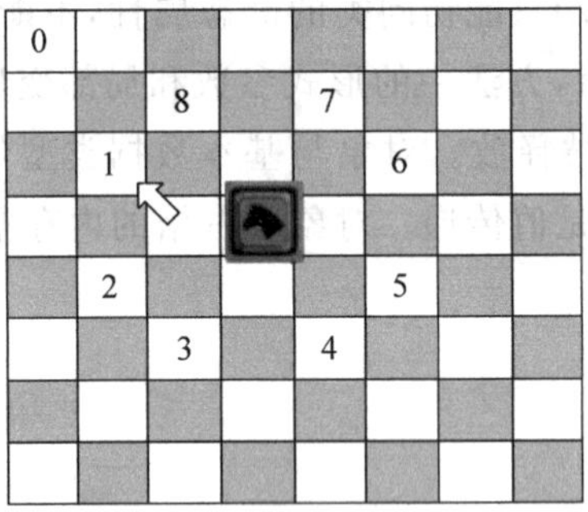

图 4.18

第5章 面向对象(中)

5.1 面向对象的特征

用面向对象语言所编的程序就一定是面向对象程序吗？回答是否定的，关键看是否用了面向对象的基本特征，这些特征主要有封装、继承与多态。

5.2 封装

5.2.1 封装的概念

封装就是利用抽象数据类型(类)将数据和基于数据的操作绑定在一起，数据被保存在抽象数据类型内部，系统只有通过被授权的操作方法才能够访问数据。同结构化语言(如C语言)相比，面向对象语言的封装具有如下特点：

(1) 数据和基于数据的操作方法构成一个统一体。

(2) 类的操作方法实现细节被隐藏起来，只是通过操作接口名称进行调用，操作内部的变动不会影响接口的使用。

用封装的概念去考察先前 FighterPlane 类的定义，显然在封装这一点上缺少了一些内容。可以将类改写为例5.1的形式。

【例5.1】

```
class FighterPlane{
   private String name;
   private int missileNum;
   public  void setName(String _name){
       if(_name != null){
          name = _name.trim();
       }
   }
   public void setNum(int _missileNum){
       if(_missileNum > 0 ){
          missileNum = _missileNum;
      }
   }
   public  void fire(){
```

```
        if (missileNum > 0){
            System.out.println("now fire a missile !");
        }
        else{
            System.out.println("No missile left !");
        }
    }
}
```

程序说明

(1) 通过引入关键字 private 将类的属性保护起来,不能被外部直接访问。而方法 setName()和 setNum()以及 fire()前面加上了关键字 public,可以授权外部的引用进行访问(如图 5.1 所示)。

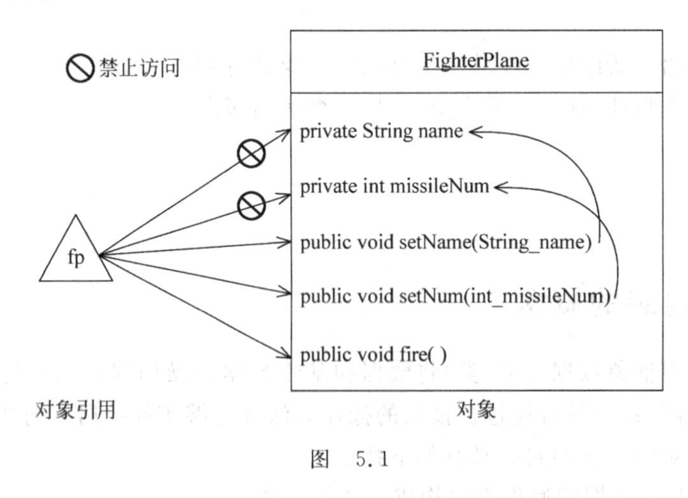

图 5.1

(2) 方法访问时,并不是简单的赋值,例如 setName,如果传入的参数不为空,才能改变 name 属性,且要对传入参数去除前面和后面的空格。而只有_missileNum 大于 0,才能赋值给属性 missileNum,这些都是对 name 和 missileNum 进行封装带来的益处。

5.2.2 访问控制权限

由上节可以看出,要真正用面向对象语言编写出面向对象程序,封装是第一个很显著的特征,而要体现封装,则需要灵活掌握访问控制权限的设置,掌握 public、protected、private、"默认"(无任何修饰符)的用法。在 Java 当中,它们作为修饰符,可以修饰的地方有三处。

(1) 修饰类。

```
[类修饰符] class  类名 { }
```

(2) 修饰类的域变量(属性成员)。

(3) 修饰类的成员方法。

它们修饰的效果如表 5.1 所示,其中各字母代表的权限范围如图 5.2 所示。

表 5.1

类属性成员与方法 \ 类前修饰符		public		默认
权限依次增大 ↑	public	A		B
	protected	B(对象引用)	B+C(类定义)	B
	默认	B		B
	private	D		D

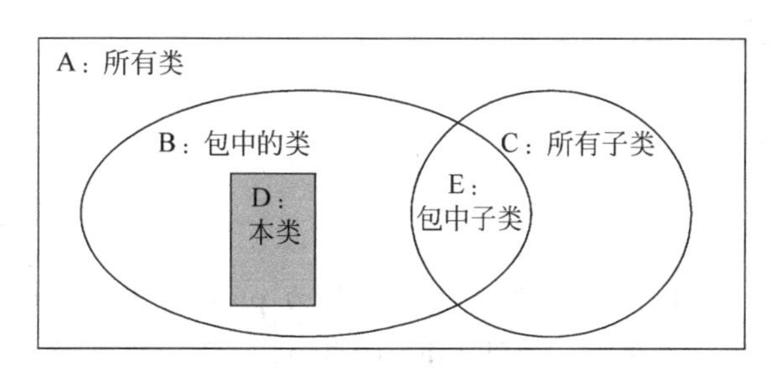

图 5.2

访问权限首先取决于类前的修饰符，也就是说，如果类 A 要访问类 B 的方法，前提条件是类 A 必须具有访问类 B 的权限。当类 B 前的修饰符为 public 时，则类 B 可以被所有类访问——即 import；当为默认时，则只能为包中的类所访问。

在类能被访问的前提下，再看类方法前的修饰符。现以类前修饰符 public 为例来说明。当类的属性和方法前的修饰符为 public 时，则该属性和方法可以被所有类访问；当属性和方法前的修饰符为 protected 时，在类定义层面上，访问权限为 B+C，而在对象层面上，则为 B；当属性和方法前的修饰符为默认时，访问权限只限于 B；当属性和方法前的修饰符为 private 时，只能被本类内部的方法所访问。

例 5.2 中，FighterPlane 和 RunPlane 处于不同的包中，如果 FighterPlane 的属性 name 和 missileNum 被修饰为 protected，那么在 RunPlane 的方法中，就不能通过 FighterPlane 对象引用 fp 访问该对象的这两个属性，即范围 B。例 5.5 当中，RunPlane 继承了和自己不在同一个包中的 FighterPlane，在类定义层面上(例如 init 方法当中)，则能访问父类中的两个修饰符为 protected 的属性——即 B+C 范围，然而引用 fp 却无权访问对象的这两个属性。

【例 5.2】 访问控制对对象属性或方法调用的影响。

```
package com.resource;
public class FighterPlane{
   public  String name;
   public  int missileNum;
   public void fire(){
       if (missileNum > 0){
           System.out.println("now fire a missile !");
           missileNum -= 1;
       }
       else{
```

```
                System.out.println("No missile left !");
            }
        }
    }
    package com.run;
    import com.resource.*;
    public class RunPlane{
        public static void main(String args[]){
            FighterPlane fp = new FighterPlane();
            fp.name = "苏35";
            fp.missileNum = 6;
            fp.fire();
        }
    }
```

程序说明

例5.2当中,FighterPlane的两个属性修饰符为public,另一个包中的类RunPlane才能访问FighterPlane对象的属性;如果FighterPlane的两个属性修饰符为protected,则上面的程序编译不会通过,会提示没有访问name或missileNum的权限。

【例5.3】 访问控制对类的静态属性或方法之间调用的影响。

```
package com.resource;
public class FighterPlane{
    public static  String name = "苏35";
}
package com.run;
import com.resource.*;
public class RunPlane{
    public static void main(String args[]){
        System.out.println(FighterPlane.name);
    }
}
```

程序说明

例5.3当中,FighterPlane类的静态属性修饰符为public,另一个包中的类RunPlane才能访问FighterPlane中的静态属性;如果修饰符为protected或private,则上面的程序编译不会通过,会提示没有访问name的权限。

【例5.4】 访问控制对构造方法的影响——单件模式。

```
package com.resource;
public class FighterPlane{
    private  String name;
    private  int missileNum;
    private  static FighterPlane fp;
    private  FighterPlane(String _name, int _missileNum){
      name = _name;
      missileNum = _missileNum;
    }
```

```
    public static FighterPlane getInstance(String _name,int _missileNum){
      if (fp == null)         {
          fp = new FighterPlane(_name,_missileNum);
      }
      return fp;
    }
    public void fire(){
        if (missileNum > 0){
            System.out.println("now fire a missile !");
            missileNum -= 1;
        }
        else{
            System.out.println("No missile left !");
        }
    }
}
package com.run;
import com.resource.*;
public class RunPlane{
        public static void main(String args[]){
            FighterPlane fp;
            fp = FighterPlane.getInstance("苏 35",6);
            fp.fire();
        }
}
```

程序说明

(1) 单件模式(见第 18.4.5 节)是设计模式中的一种,它确保一个类有且只能拥有一个对象。

(2) 例 5.4 当中,令 FighterPlane 类的构造方法前的修饰符为 private 后,在类的外部就无法产生 FighterPlane 对象,只能在内部产生对象,此时用一个类的静态方法 getInstance 来产生对象。为了达到一个类只有一个对象的目的,还需要类的一个静态属性引用来进行必要的判断。例 5.4 当中的黑体代码就是建立单件模式的关键代码。如果 getInstance 改为如下形式,则不会产生单件对象,它的作用只是在类的内部产生相应的对象。

```
public static FighterPlane getInstance(String _name,int _missileNum){
   return    new FighterPlane(_name,_missileNum);
}
```

【例 5.5】 访问控制对子类定义的影响。

```
package com.resource;
public class FighterPlane{
   protected  String name;
   protected int missileNum;
   public void fire(){
       if (missileNum > 0){
          System.out.println("now fire a missile !");
```

```
            missileNum -= 1;
        }
        else{
            System.out.println("No missile left !");
        }
    }
}

package com.run;
import com.resource.*;
public class RunPlane extends FighterPlane{
    private void init()    {
        name = "su35";
        missileNum = 5;
    }
    public static void main(String args[]){
      FighterPlane fp = new FighterPlane();
      //fp.name = "苏 35";
      //fp.missileNum = 6;
      fp.fire();
    }
};
```

程序说明

FighterPlane是RunPlane的父类，且它们不在同一个包中。FighterPlane中的属性都为protected，在子类init方法当中，可以对它们进行访问，但在子类的main静态方法中，不能通过对象引用直接访问。

5.2.3 消息

对象和对象的引用好比电视机和遥控器的关系，如图5.3所示。遥控器控制电视机采用的是无线红外方式，而引用控制对象采用的则是发消息的方式。

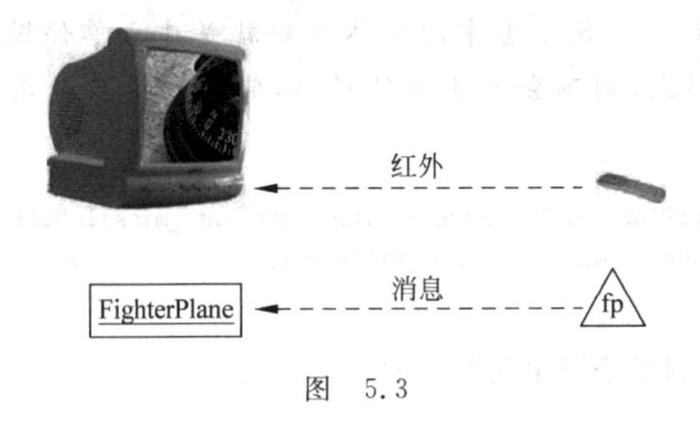

图 5.3

使用引用的属性或方法其实都是调用对象的属性或方法，而消息概念的引入就是为了说明这样的一个过程。因此，消息的实质就是引用向对象发出的服务请求，是对数据成员和成员方法的调用，例如fp.name和fp.fire()就是发送消息。

注意：能否发送消息取决于三个条件：

(1) 引用必须真实引用了特定的对象，否则会在运行时抛出NullPointerException

异常。

(2) 被访问对象必须定义了相应的属性或方法,否则编译不会通过。

(3) 被访问的属性或方法必须具有可访问的权限(见第 5.2.2 节内容)。

为什么要引入消息的概念?

面向过程的编程语言的特点是"程序=数据结构+算法",而在面向对象语言中则是"程序=对象+消息"。在对象的世界中,对象都不是孤立的,它们之间相互联系,共同完成特定的功能,它们之间的相互联系就是以消息的形式体现。

图 5.4 说明了这种联系:当 fp 作为 A 对象的属性时,且具备了发送消息的条件后,A 对象就有了对 FighterPlane 对象的访问权,A 对象就可向 FighterPlane 对象发送消息——控制 FighterPlane 对象产生相应的操作,换句话说,FighterPlane 对象能被 A 所访问。同理,当 FighterPlane 中也有 A 对象的引用时,它也可向 A 对象发送消息,控制 A 对象产生相应的操作,它们之间就存在双向关联关系了。图 5.4 的实现如例 5.6 所示。

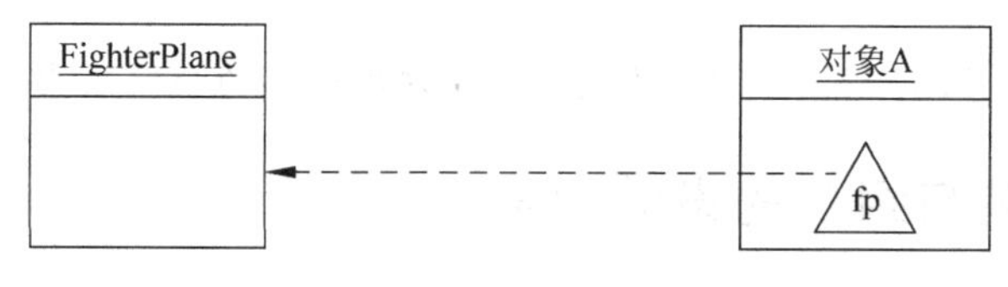

图 5.4

【例 5.6】

```
class FighterPlane{
     String name;
     int missileNum;
     public FighterPlane(String _name,int _missileNum){
          name = _name;
          missileNum = _missileNum;
     }
     public void fire(){
          if (missileNum > 0){
             System.out.println("now fire a missile !");
             missileNum -= 1;
          }
          else{
               System.out.println("No missile left !");
          }
     }
}
class A {
     FighterPlane fp;
     public A(FighterPlane fpp){
          this.fp = fpp; //A 对象中拥有了 FighterPlane 对象的引用
     }
     public void invoke(){
          //A 对象发送消息给 FighterPlane 的对象
          System.out.println(fp.name);
```

```
        }
    }
    public class  Run{
        public static void main(String[ ] args){
            FighterPlane ftp = new FighterPlane("su35",10);
            //产生 A 对象,并将 ftp 作为对象引用传入
            A  a    = new A(ftp);
            //发送消息,产生调用关系
            a.invoke();
        }
    }
```

程序说明

(1) A 类对象属性 fp 引用 FighterPlane 对象,此时因为 A 类对象在堆中,所以引用 fp 也在堆中。另外需要注意的是,属性 fp 在 A 类对象内部,但其引用的 FighterPlane 对象是在 A 类对象外部。

(2) Run 类静态方法 main 中的 a 位于 main 方法开辟的栈空间内。

5.2.4 封装与组合的设计用途

面向对象程序设计以对象为研究重点,然而这些对象究竟以什么样的方式构成系统则十分重要,因为系统常常因为外界因素的变化,在保持稳定性的同时,需要有很好的可扩展性和可维护性。然而遗憾的是,很多系统因不能适应变化而很快被淘汰,原因是紧密耦合的软件构件在外界需求变化后,变化会很容易在软件系统内传播。

面向对象程序设计其所以能比面向过程设计有较大影响力,其中的一个关键是具有"高内聚,松耦合"的特点,这个特点就是通过封装与组合技术的综合运用来实现的。封装是利用访问控制符来实现的,而组合则通过对象内部的属性引用来实现。例如对于例 5.6,引用 fp 就将 A 对象和 FighterPlane 对象组合起来:A 对象和 FighterPlane 对象虽然在内存当中是两个对象,但是由于 A 中拥有 FighterPlane 对象的引用,就可以把 A 对象看成是由 FighterPlane 对象组合而成的。

组合会使对象之间的耦合性较为松散,因为 A 对象通过引用向 FighterPlane 对象发送消息从而使 A 与 FighterPlane 产生相互关联,这种联系是建立在 FighterPlane 的授权基础上的,FighterPlane 对象私有的属性和私有方法 A 是无法访问的。因而,消息和内部私有方法之间就没有直接的联系,这就为阻断变化在软件系统内的传播提供了可能。

5.3 继承

5.3.1 继承的概念

Java 的继承是通过 extends 关键字来实现的,即通过 extends 关键字使两个类发生继承关系。与 C++不同的是,Java 的继承只能是单继承,即一个类只允许有一个父类。新定义的类称为子类,它可以从父类那里继承相应的属性和方法。

例如,在如图 5.5(a)所示的修饰符下,子类对象将具有如图 5.5(b)所示的继承效果。

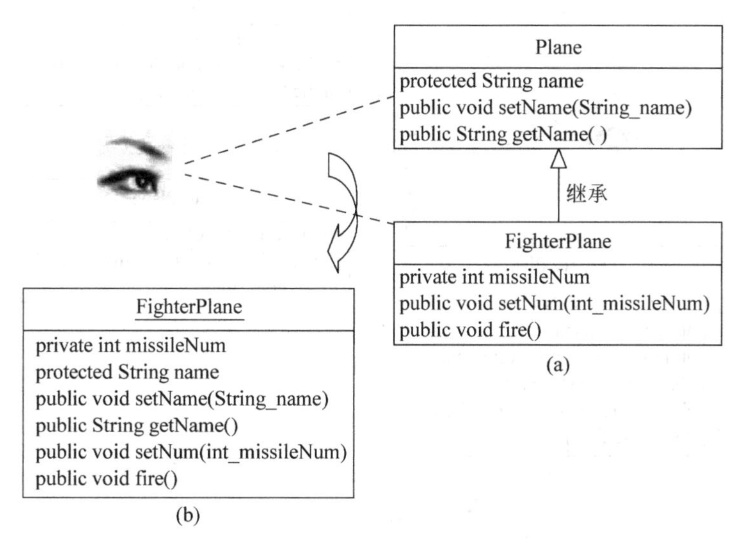

图 5.5

注意:子类 FighterPlane 继承父类 Plane 的真正含义并不是将父类的属性和方法复制到子类当中,而是在生成子类对象的时候,将父类和子类的非静态的属性复制到子类对象当中(方法不复制,所以图 5.5(b)只是等效图)。

例 5.7 就是对图 5.5 的具体实现。

【例 5.7】

```
class  Plane{
    protected String name;
    public void setName(String _name){
        name = _name;
    }
    public String getName(String _name){
        return name;
    }
}
class FighterPlane extends Plane{
    private int missileNum;
    public void setNum(int _missileNum){
        missileNum = _missileNum;
    }
    public void fire(){
        missileNum -= 1;
    }
}
```

当 name 前的修饰符为 public 时,如图 5.6(a)所示,则子类对象的等效图如图 5.6(b)所示。

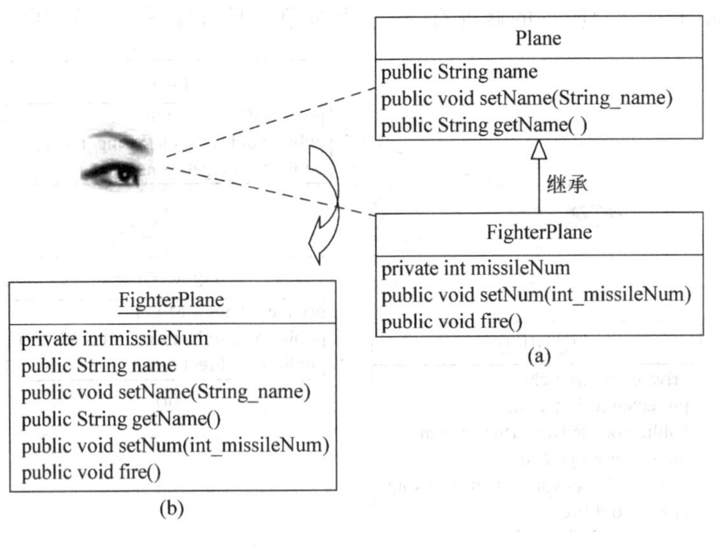

图 5.6

当 name 前的修饰符为 private 时,如图 5.7(a)所示,子类对象等效图如图 5.7(b)所示。

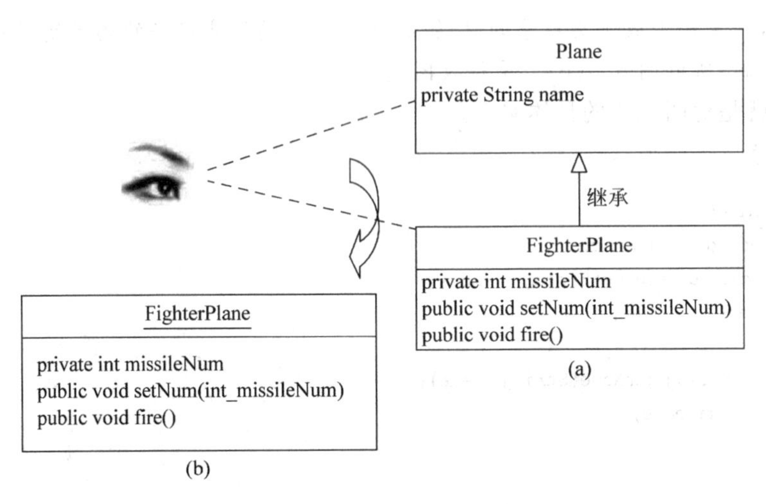

图 5.7

当 name 前的修饰符为 private 时,而父类有两个可被子类继承且可对 name 访问的方法,如图 5.8(a)所示,则子类对象等效图如图 5.8(b)所示。

在图 5.8 中,FighterPlane 和 Plane 类中的属性统统被复制到 FighterPlane 对象当中,包括 Plane 中的 private 属性成员,但是 FighterPlane 对象内部无法直接访问,必须通过 setName 和 getName 方法间接访问。

子类在继承父类的时候,首先应该满足父类可被访问。例如当子类和父类不在同一个包中时,父类修饰符必为 public;在父类能被访问的前提下,凡是修饰符为 public 或 protected 的父类属性成员及方法能被子类所访问;private 的属性成员或方法则不能被直接访问。

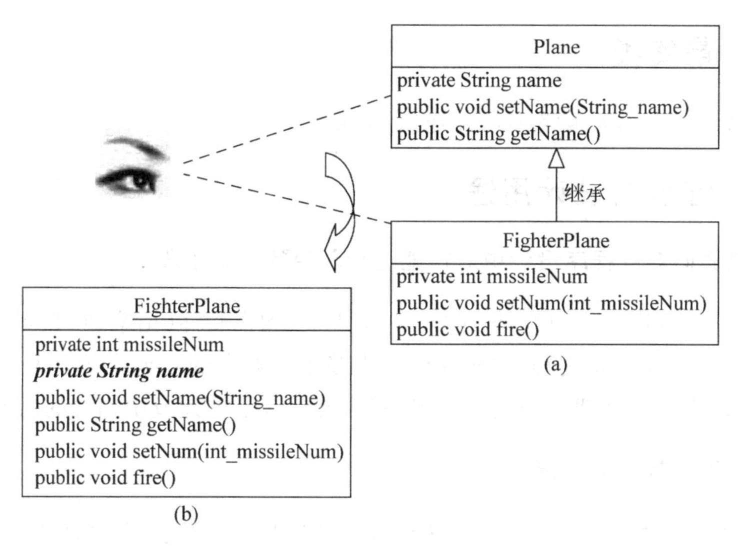

图 5.8

5.3.2 Object 类

Object 是所有类的共同祖先,即使定义类时没有写"extends Object",也等效于写了。在 Object 当中定义了许多方法,这些方法都可以被所有子类所继承,如表 5.2 所示。

表 5.2

方 法 名	说 明	备 注
Object clone()	将当前对象克隆	
boolean equals(Object obj)	判断两个引用是否指向同一对象,其参数不能为基本数据类型	被很多子类覆盖,用于判断对象所代表的值是否一致,如 String、包装类、URL、File。对于集合类则是它们所含有的对象引用是否都相同
void finalize()	对象被释放时调用	
Class getClass()	获得当前对象的类对象	注意 Class 的首字母大写
int hashCode()	得到一个代表对象的 hashcode 整数,这个整数在应用程序运行时保持不变	hashcode 的意义类似对象的身份证号码,但 String、包装类、URL、File 将本方法覆盖,当对象代表的值相同时,得到的 hashcode 值相同。如果两个集合对象所含有的对象引用都相同,则这两个集合对象的 hashcode 值相同
String toString()	得到代表这个对象的字符串	String、包装类、URL、File 将本方法覆盖,得到的值将是其对象所代表的值
void notify()	应用于线程同步通信中唤醒等待线程	
void wait()	应用于线程同步通信中的线程等待	

5.3.3 最终类

被 final 修饰的类称为最终类,它不能有子类。

5.3.4 继承的设计用途

1. 继承是面向对象程序设计中对功能进行复用的重要手段

面向对象应用程序经常以框架(见第 19.1.1 节)和中间件(见第 20.2.2 节)为基础进行设计,应用程序代码和框架代码、中间件代码能够进行融合的主要方式就是采用继承,也就是应用代码中的类继承框架或中间件指定的类,便拥有了框架或中间件的所有功能。

2. 继承为引用带来了新特点

同类事物具有共性,同时每个事物又具有其特殊性。运用抽象的原则舍弃对象的特殊性,抽取其共性则得到一般类,一般类的特殊存在形式就是抽象类(见第 6.3 节)。使用继承机制,一般类可派生出特殊类,原先发往一般类对象的消息也由于继承机制的原因也可发向特殊类对象,这就为引用带来了新的特点:父类或抽象类的声明可引用所有子类或具体类对象并且在运行时刻可以进行动态替换。

5.4 类的多态

5.4.1 多态的概念

多态是指一个程序中同名但不同方法共存的情况。方法同名表明它们的最终功能和目的相同,但由于在完成同一功能时可能遇到不同的具体情况,所以需要定义含不同具体内容的方法。Java 提供两种多态机制——重载与覆盖。

5.4.2 重载

在类中定义了多个同名而不同内容参数的成员方法时,称这些方法是重载(overloading)方法。

【例 5.8】

```
class Parent {
        public int getScore(){
            return 3;
        }
        public int getScore(int i){
            return i;
        }
}
```

例 5.8 当中,类 Parent 中有两个 getScore 方法,它们的参数不同。

注意：

(1) 在 Java 中，同名同参数但不同类型返回值的方法不是重载，编译不能通过。

(2) 代码编写中，重载的多个方法之间往往存在一定的调用关系，即一个方法写有实现功能，其他方法采用委托方式进行调用——体现了程序共享的设计思想。在表 5.3 中，Applet 类的两个重载方法 getAudioClip 的实现就反映了这一点。

表 5.3

AudioClip	getAudioClip(URL url) 根据 URL 获得 AudioClip 对象
AudioClip	getAudioClip(URL url, String name) 根据 url 和 name 联合构成的新 URL 得到 AudioClip 对象

这两个方法的实现代码如下：

```
public AudioClip getAudioClip(URL url) {
     ⋮;  //真正的实现代码
}
public AudioClip getAudioClip(URL url, String name) {
     ⋮;  //其他代码
    //通过重新构造一个新的 URL 对象,之后调用上面的同名方法
    return getAudioClip(new URL(url, name));
}
```

再如，java. util. Class 包中的 LinkedList 类的两个重载方法 addAll，如表 5.4 所示。

表 5.4

Boolean	addAll(Collection c) 将 c 集合对象中的所有对象插入到链表末尾当中
Boolean	addAll(int index, Collection c) 将 c 集合对象中的所有对象插入到链表的指定位置当中

它们的简要实现代码如下：

```
public boolean addAll(Collection c) {
   return addAll(size, c);
   //size 是当前集合所拥有的对象引用数量,此方法调用下面的方法
}
//类似数组下标,每个对象引用在集合结构当中都拥有 index
public boolean addAll(int index, Collection c) {
       ⋮ //真正的实现代码
}
```

5.4.3 覆盖

子类对父类参数相同、返回类型相同的同名方法重新进行定义，这种多态被称为覆盖(overriding)。

注意：如果子类定义的方法与父类名称相同(大小写完全匹配)，但参数名称不同，不是

覆盖,而是重载。如果名称、参数相同,返回值不同,则编译不能通过。

【例 5.9】

```
class Parent {
   public int getScore(){
     return 3;
   }
   public String getCountryName(){
     return "China";
   }
}
class Son extends Parent {
   public int getScore(){
       return 4;
   }
}
public class RunSon{
   public static void main(String args[ ]){
       Son   s = new Son();
       System.out.println(s.getScore());
       System.out.println(s.getCountryName());
   }
}
```

程序的结果为:

```
4
China
```

注意:

(1) 子类方法覆盖父类方法,子类的访问修饰符权限应等于或大于父类。

(2) 同名的 static 方法和非 static 方法不能互相覆盖。例如下面给出的子类 show 方法错误。

```
class Parent{
   void show()
   {System.out.println("non-static method in Test");   }
}
public class Son extends Parent   {
   static void show() {
       System.out.println("覆盖非静态方法");
   }
   public static void main(String[ ] args)    {
       Son a = new Son();
   }
}
```

(3) 当方法前有 final 修饰符时,此方法不能在子类中进行覆盖。

(4) JDK 当中,很多父类的方法被子类重新覆盖,赋予了不同的含义。例如 Object 中的方法 boolean equals(Object obj),是比较两个对象引用是否相同,而一些子类如 Integer

或 String,将它们覆盖,此时虽然传入的是对象,但是比较的是对象所代表的值。

(5) 抽象类中如果存在抽象方法,则具体子类必须对抽象方法进行覆盖。

5.4.4 多态的设计用途

面向对象程序设计过程中,对于能进行消息处理的接口方法,有时既需要对其功能进行复用,同时又需要对其进行扩充(补充新的参数),重载正好能满足这种要求,因为旧的接口方法得以保留以保障原先使用程序的稳定,同时又可增加带参数的新的重载方法以满足扩充需求,并且新增加的重载方法与原先旧方法之间存在功能复用关系;而方法覆盖与引用替换结合,可使抽象类的声明在保证消息发送统一性的前提下,具有消息结果执行上的相异性特点。

小 结

本章介绍了面向对象的基本特征(封装、继承和多态)以及它们的设计用途。

封装是通过访问控制符实现的。确定访问范围,首先看类前的修饰符,再看方法前的修饰符。通过访问控制符和对象引用两个概念,可以理解对象之间相互作用的形式——消息,进而理解对象之间的相互作用和组合关系。

Java 继承是单继承,所有类的共同祖先类是 Object。子类继承父类,并不是将父类的代码复制到子类当中,而是在生成子类对象时,将父类当中的属性复制到子类对象当中。继承是面向对象功能复用的重要手段,同时也使父类的声明可以引用所有子类对象。

Java 的多态分为重载和覆盖两种形式,重载的方法之间往往存在委托调用关系。

习 题

1. 面向对象的主要特征是什么?
2. 封装是如何实现的?
3. 对象之间如何相互作用?作用的条件是什么?
4. protected 修饰符有何特点?
5. Object 都有哪些方法?
6. 重载的方法之间一般有什么关系?
7. 子类覆盖父类方法需要什么条件?子类中定义与父类同名的方法一定是覆盖吗?
8. 封装、继承与多态在面向对象程序设计中的用途是什么?
9. 设计 Src 和 Dis 两个类,Src 中有一个被封装的属性,类型为 int(要求为非负值),每当通过特定方法更改 Src 对象中的这个属性后,Dis 对象都能得到通知,并向 Src 发消息获得此属性值。

第6章 面向对象(下)

6.1 this 与 super

6.1.1 this 的用法

this 用法有三种：

(1) this.域变量、this.成员方法：在一些容易混淆的场合，例如成员方法的形参名与域变量名相同，或者成员方法的局部变量名与域变量名相同时，在方法内借助 this 来明确表示用的是类的域变量。

```
public class Test{
   int i;
   public otherMethod(){
      int i = 3;
      this.i  =  i + 2;
   }
}
```

this.i=i+2 中的 this.i 指的是类定义的域变量，而 i 指的是 otherMethod 方法中的局部变量。

(2) this(参数)——引用重载的构造方法(见第 6.2.1 节“构造方法的多态”)。

(3) this 指代当前对象。

【例 6.1】 将例 5.6 进行必要的修改，通过 this 实现两个类之间的双向引用。

```
class FighterPlane{
   private String name;
   private int missileNum;
   private A   a;
   public FighterPlane(String _name, int _missileNum){
       name = _name;
       missileNum = _missileNum;
   }
   public void fire(){
      if (missileNum > 0){
        System.out.println("now fire a missile !");
        missileNum -= 1;
      }
```

```
        else{
          System.out.println("No missile left !");
        }
    }
    public void setA(A _a){
        if (_a ! = null)
        { a = _a ;}
    }
    public A getA(){
          if (a ! = null)
             { return a;}
          else  return null;
    }
    public String getName(){
        return name;
    }
    public int getMissileNum(){
        return missileNum;
    }
}
class A {
     FighterPlane fp;
     public A(FighterPlane fpp){
        this.fp = fpp;                //A 对象中拥有了 FighterPlane 对象的引用
        fpp.setA(this);               //this 指带了当前的 A 对象
     }
     public void invoke(){
        //A 中对象发送消息给 FighterPlane 的对象
        System.out.println(fp.getName());
     }
}
public class  Run{
   public static void main(String[ ] args){
       FighterPlane ftp = new FighterPlane("su35",10);
       A  a   = new A(ftp);           //产生 A 对象,并将 ftp 对象作为参数传入
       a.invoke();                    //发送消息,产生调用关系
   }
}
```

程序说明

在 Run 的 main 主程序当中,当执行到 A a = new A(ftp)时,调用构造方法来初始化这个对象。此时在构造方法内部,用 this 来指代这个对象,其作用相当于 a,但此时由于对象并没有赋值给 a,所以 a 不可用。利用 fpp.setA(this),将 A 对象引用传入到 fpp 对象当中,从而实现了两个对象在其内部属性中都有对方的引用,即实现了二个类间的相互关联。

6.1.2 super 的用法

super 能指代父类中的域变量或方法。若子类的域变量名或成员方法名与父类的域变量名或成员方法名相同时,要调用父类的同名方法或使用父类的同名域变量,则可用关键字

super来指代。super的使用方法有如下两种：

(1) super.域变量、super.成员方法(参数)。

(2) super(参数)——见第6.2.2节“构造方法的继承”。

注意：this可以指代当前对象，而super没有类似功能，即没有指代父类对象的功能。另外，C++中没有super关键字。

【例6.2】

```
class A{
    int x = 4;int y = 1;
    public void Printme(){
        System.out.println("x = " + x + " y = " + y);
        System.out.println("class name: " + getClass().getName());
    }
}
public class AA extends A{
    int x;
    public void Printme(){
        int z = super.x + 6;
        super.x = 5;
        super.Printme();
        System.out.println("I am an " + getClass().getName());
        x = 6;
        System.out.println("z = " + z + " x = " + x +
                            "super.x = " + super.x + " y = " + y + " super.y = " + y);
    }
    public static void main(String arg[ ]){
        int k;
        A p1 = new A();
        AA p2 = new AA();
        p1.Printme();
        p2.Printme();
    }
}
```

运行结果如下：

```
x = 4 y = 1
class name: A
x = 5 y = 1
class name: AA
I am an AA
z = 10 x = 6 super.x = 5 y = 1 super.y = 1
```

程序说明

(1) 子类和父类定义了同名域变量，例如本例的x，子类继承了父类的x，自己又定义了一个x，则在生成子类对象时，子类对象中将父类定义的同名域变量隐藏，在子类中所用的x都是子类自己定义的，子类如果使用父类定义的x，则必须采用“super.x”的形式。

(2) 子类在覆盖父类方法的同时,通过 super. Printme()调用父类的相应方法,将父类这个被覆盖方法的功能在子类中保留。

(3) 子类 AA 对象产生时,根据继承关系和 super 调用关系,将父类属性复制到子类对象当中,父类的属性 x 发生了数据隐藏,必须在子类当中使用 super. x 进行调用,而 y 没有发生冲突,所以在子类当中可直接访问,当然也可通过 super. y 来访问。子类的 super. Printme()相当于将父类中的代码复制到此处,同时这个调用中所使用的域变量均为父类中定义的域变量,即使用的是隐藏的 x。整个过程如图 6.1 所示,其中 A 代表父类对象,AA 代表子类对象,AA 中的阴影部分代表从父类那里复制过来的隐藏属性。

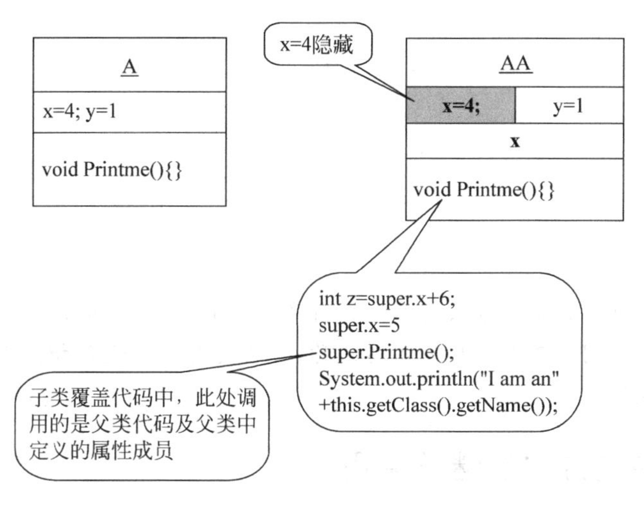

图 6.1

6.2 构造方法的多态

6.2.1 构造方法的重载

构造方法的多态主要指构造方法可以被重载。一个类的若干个重载的构造方法之间可以相互调用。当一个构造方法需要调用另一个构造方法时,需要使用关键字 this,同时这个调用语句应该是整个构造方法的第一个可执行语句。使用关键字 this 来调用重载的其他构造方法,其优点是最大限度地提高对已有代码的复用程度。

【例 6.3】

```
class AddClass {
  public int x = 0,y = 0,z = 0;
  AddClass (int x)
    { this.x = x;    }
  AddClass (int x,int y)
    { this(x);   this.y = y; }  //调用第一个构造方法
  AddClass (int x,int y,int z)
    { this(x,y); this.z = z; } //调用第二个构造方法
  public int add()
```

```
        {return x + y + z; }
}
public class RunAddClass {
    public static void main(String[ ] args){
        AddClass p1 = new AddClass(2,3,5);
        AddClass p2 = new AddClass(10,20);
        AddClass p3 = new AddClass(1);
        System.out.println("x + y + z = " + p1.add());
        System.out.println("x + y = " + p2.add());
        System.out.println("x = " + p3.add());
    }
}
```

运行结果：

```
x + y + z = 10
x + y = 30
x = 1
```

注意：

(1) 有多少种重载的构造方法意味着就有多少种 new 对象的方式。

(2) 构造方法的调用不能直接使用其名称，必须使用 this 进行相互调用，而且必须为构造方法中的第一句。

6.2.2 构造方法的继承调用

子类可以调用父类的构造方法，方法是使用关键字 super。

【例 6.4】

```
public class SonAddClass extends AddClass{
    int a = 0,b = 0,c = 0;
    SonAddClass (int x)
        {super(x);a = x + 7;}
    SonAddClass (int x,int y)
        {super(x,y);a = x + 5;b = y + 5;}
    SonAddClass (int x,int y,int z)
        {super(x,y,z);a = x + 4;b = y + 4;c = z + 4;}
    public int add(){
        System.out.println("super:x + y + z = " + super.add());
        return a + b + c;
    }
    public static void main(String[ ] args){
        SonAddClass p1 = new SonAddClass (2,3,5);
        SonAddClass p2 = new SonAddClass (10,20);
        SonAddClass p3 = new SonAddClass (1);
        System.out.println("a + b + c = " + p1.add());
        System.out.println("a + b = " + p2.add());
        System.out.println("a = " + p3.add());
    }
}
```

运行结果如下：

```
super: x + y + z = 10
a + b + c = 22
super: x + y + z = 30
a + b = 40
super: x + y + z = 1
a = 8
```

注意：

(1) 调用父类的构造方法必须使用关键字 super,不能直接使用其名。

(2) 执行到 System. out. println("a+b+c="+p1. add())时,只有 p1. add 调用完毕后,才输出 a+b+c 的结果。

构造方法的继承遵循以下原则：

(1) 对于父类的含参数构造方法,子类可以通过在自己的构造方法中使用 super 关键字来调用它,但这个调用语句必须是子类构造方法的第一个可执行语句。

(2) 如果子类的构造方法中没有显式地调用父类的构造方法,也没有使用 this 关键字调用重载的其他构造方法,则在产生子类的实例对象时,系统在调用子类构造方法的同时,默认调用父类无参数的构造方法,下面的例 6.5 反映了这一情况。如果子类的构造方法中显式地调用了父类的构造方法,或使用了 this,则不会调用父类的无参数构造方法。

(3) 综上两点：子类的构造方法必定调用父类的构造方法。如果不显式调用 super 方法,必然隐含调用 super()。

【例 6.5】

```
class Pare {
   int i;
   Pare(){i = 6;}
};
class Construct extends Pare{
   Construct(){}
   Construct(int num){}
   public static void main(String[] args){
       Construct ct  =  new Construct(9);
       System.out.println(ct.i);
   }
}
```

其结果为 6。在 Construct 当中,虽然没有显式地调用 super(),但是也相当于调用了 super()。如果父类 Pare 无构造方法,系统会在其中增加一个默认的构造方法,所以子类构造方法调用 super()不会出现问题；但如果父类 Pare 仅含有带参数的构造方法,则子类 Construct 自动调用 super()时会出现编译问题。

6.2.3 子类对象实例化过程

子类对象实例化是按以下步骤执行的：

(1) 为子类对象分配内存空间,对域变量进行默认初始化。表 6.1 罗列了作为对象属性的各种数据类型默认初始化时的值。

表 6.1

成员变量	值	成员变量	值
byte,short,int	0	char	'\u0000'
long	0L	boolean	false
float	0.0F	所有引用声明(包括 String)	null
double	0.0D		

注意:

(1) 成员方法中的变量如果不赋初值,则系统在编译时会提示变量没有初始化,但类的域变量则不进行提示,原因在于类在生成对象时,可进行默认初始化。

(2) 类的静态属性如果不赋值,也将按照上面的方式进行初始化。

(2) 绑定构造方法,将 new 对象中的参数传递给构造方法的形式参数。

(3) 调用 this 或 super 语句,注意二者必居其一,但不能同时存在,其执行流程图如图 6.2 所示。

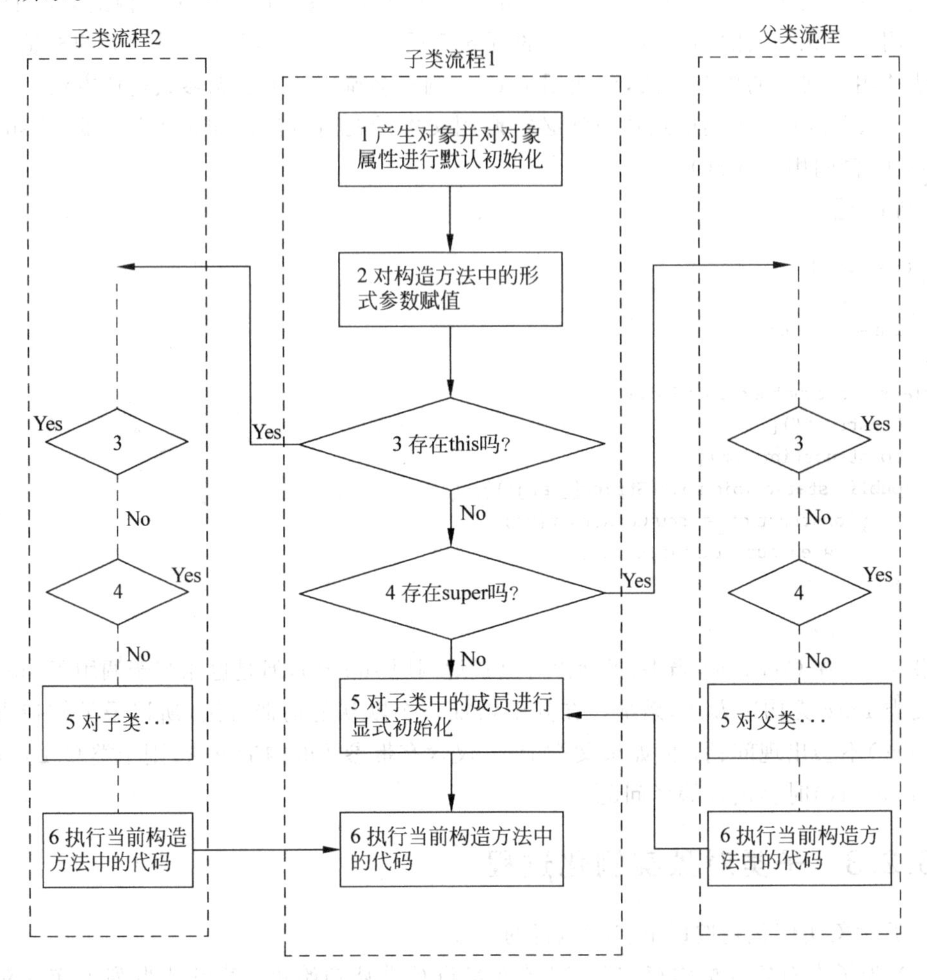

图 6.2

(4) 进行实例变量的显式初始化操作。

```
public class A {
   int value = 4;              //显式初始化
   B  b   = new B();           //显式初始化,注意 b 引用了 B 类的一个对象
}
```

(5) 执行当前构造方法体中的程序代码。

注意:

(1) 显式初始化仅执行一次。子类的显式初始化由子类决定,父类的显式初始化由父类决定,二者互不影响。子流程 1 调用子流程 2 时,由于重载构造方法已经完成了子类对象的显式初始化,所以子流程 2 返回时,直接返回到子流程 1 的第 6 步;但是子流程 1 调用父流程时,由于父类并没有对子类成员进行显式初始化,所以返回到子流程 1 的第 5 步。

(2) this 和 super 如果存在,则位于第一句,并且它们两个不能同时存在。

【例 6.6】

```
class Pare{
   int i = 3;
   Pare(){}
};
class Construct extends Pare{
   int i = 8;
   Construct(){}
   Construct(int num){this();}
   int getSuper(){return super.i;};
   public static void main(String[] args){
     Construct ct  =  new Construct(9);
     System.out.println(ct.i);
     System.out.println(ct.getSuper());
   }
}
```

输出结果是 8,3。

程序说明

Construct()中有一个隐含的 super(),使得类 Construct 在生成对象时,父类 i=3 显式初始化得以执行。调用完毕后,子类 i=8 显式初始化得以执行,此时父类的 i=3 在子类当中发生数据隐藏,ct.i 调用的是子类定义的 i,而不是隐藏的 i,隐藏的 i 通过方法 getSuper 可以得到。如果在父类的构造方法中添加语句 i=4,则结果为“8,4”,这是因为构造方法中的代码要在显式初始化后执行。

如果传入参数的名称和域变量的名称相同,则必须用 this 来指明域变量,否则将造成语义不清而出现问题。

【例 6.7】

```
class Construct{
   int i = 1;
   Construct(int num, int i)
```

```
    {this.i = i;}
    public static void main(String[ ] args){
        Construct ct = new Construct(2,3);
        System.out.println(ct.i);
    }
}
```

Construct 中的赋值语句为 this.i=i,输出结果为 3(正常)。如果将 this 去掉,则输出为 1(非正常)。

6.3 抽象类

6.3.1 抽象类的概念

在 Java 中,用 abstract 修饰符修饰的类被称为抽象类,用 abstract 修饰符修饰的成员方法被称为抽象方法。

注意:Java 中的抽象方法相当于 C++ 中的纯虚函数。

理解抽象类需要注意以下 6 个方面:

(1) 抽象类中可以有零个或多个抽象方法,也可以包含非抽象的方法。只要有一个抽象方法,类前就必须有 abstract 修饰,如果没有抽象方法,类前也可有 abstract 修饰。

(2) 抽象类不能创建对象,创建对象的工作由抽象类派生的具体子类来实现,但可以有声明。声明能引用所有具体子类的对象。

(3) 抽象类和具体类的关系也就是一般类和特殊类之间的关系,是一种被继承和继承的关系。

(4) 对于抽象方法来说,在抽象类中只指定其方法名及参数类型,而不必书写其实现代码。抽象类必定要派生子类,如果派生的子类是具体类,则该具体子类中必须实现抽象类中定义的所有抽象方法(抽象方法的实现是一种特殊形式的方法覆盖,必须符合方法覆盖的相应规则);如果子类还是抽象类,则子类不能定义和父类同名的抽象方法。

(5) 在抽象类当中,非抽象方法——已实现的方法也可以调用抽象方法,因为在具体子类当中抽象方法必定被实现,从而在具体子类当中又是具体方法调用具体方法。

(6) abstract 不能与 final 并列修饰同一个类(因为 final 修饰的类为最终类,不能有子类,这与 abstract 必定有子类有逻辑矛盾);abstract 也不能与 private、static(因为 static 修饰的方法必然被直接调用,所以不能声明为抽象方法)、native 并列修饰同一个方法。

6.3.2 抽象类的设计用途

抽象类形成的思维过程一般为:客观事物→对象→类→抽象类。即由客观事物抽象出对象,再由对象抽象出类,进而抽象出抽象类。

下面是关于求矩形、三角形、圆面积和周长的一个命题,用面向对象思维形成抽象类的过程为:首先分析命题中对象的特点。矩形因宽和高不一样,其对象数量不胜枚举;三角形对象也一样,如类型有等腰、等边、直角、一般三角形等;圆因半径不同,其对象也不相同。从而可见,本命题所面临的研究对象的个数是无穷的,但对无穷对象分类并抽象,可以得到矩形、三角形、圆三个类。三个类的属性和方法如图 6.3 所示。

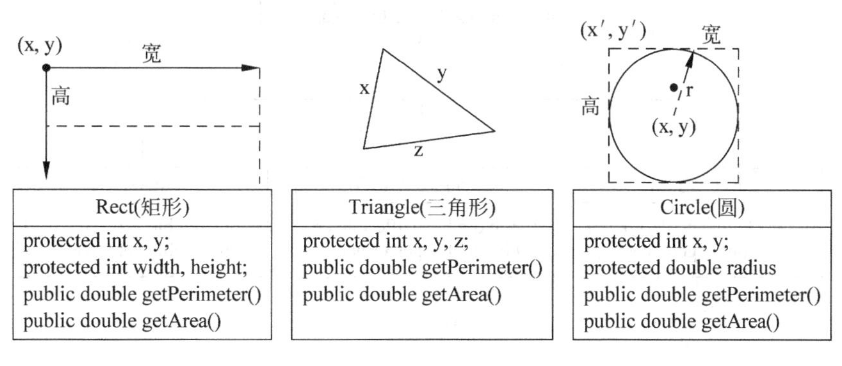

图 6.3

(1) 可以对上面三个类进行抽象:计算面积与周长的成员方法因为是共同的,放在抽象类中给予说明,而具体的计算公式必须在子类中实现。分析三个对象当中的属性成员,发现:

- 矩形可用一个点的坐标、宽和高来表示,需要四个数作为属性。如果需要矩形在屏幕上显示,由于坐标参数为像素坐标,因而令这四个属性的类型为整数型。
- 三角形三个边确定后可确定周长和面积,在计算面积时利用海伦公式:将三角形周长的一半作为计算参数 s,则三角形的面积为 $\sqrt{s(s-x)(s-y)(s-z)}$,因而可选用三角形的三个边作为对象的属性。
- 圆的周长和面积与半径相关,需要由三个参数——圆心坐标和半径的长度确定。但是在绘制椭圆(圆是椭圆的特例)时,一般采用矩形内嵌椭圆的方式进行(对于圆则为正方形)。本例选用圆外嵌的正方形的属性作为圆对象的属性,此时圆心坐标(x,y)需要转化为正方形左上角坐标(x′,y′),正方形的边长则是圆的直径。当圆需要在屏幕上进行绘制时,令其属性的类型为整数型。

根据上面的分析进行抽象,得到一个抽象类 shape,它的域变量有四个,可令 x、y、k 为 int 类型,m 为 double 类型,并且有两个抽象方法,如图 6.4 所示。对于矩形,x、y 代表矩形左上角坐标,k、m 分别代表宽和高;对于三角形,x、y、k 代表其三边,m 代表参数 s;对于圆,x、y 代表外嵌正方形左上角坐标,k 代表直径,m 代表半径。

(2) 有了抽象类,编程将在类继承和引用具体子类两个方面体现其作用。

1. 抽象类在继承方面的应用

产生抽象类并采用继承方式定义子类,可以简化子类定义,增加系统结构关系的清晰度,图 6.4 的类图可实现如下。

【例 6.8】

```
import java.awt.*;
import java.applet.*;
abstract class Shapes {
```

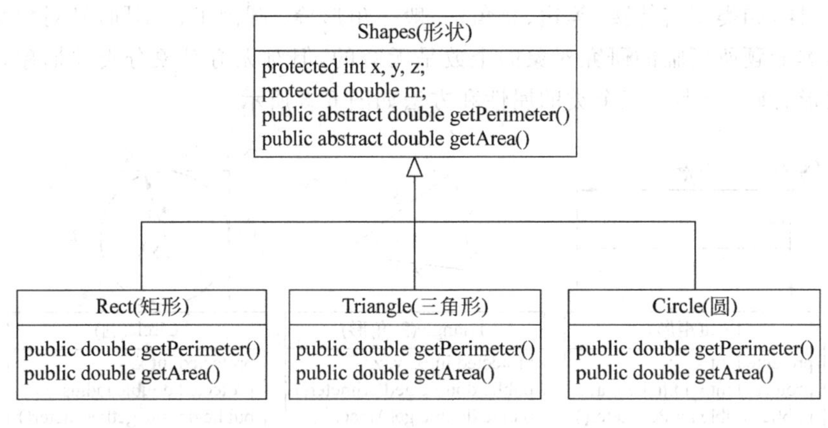

图 6.4

```
    protected int x,y,k;
    protected double m;
    public Shapes(int x,int y,int k,double m){
      this.x = x;   this.y = y;
      this.k = k;   this.m = m;
    }
    abstract public double getArea();
    abstract public double getPerimeter();
}
class Rect extends Shapes{
    public double getArea()
      {return(k * m);}
    public double getPerimeter()
      {return(2 * k + 2 * m);}
    public Rect(int x,int y,int width,int height)
      {super(x,y,width,height);}
}
class Triangle extends Shapes{
    public double getArea()
       {return(Math.sqrt(m * ( m - k) * ( m - x) * (m - y)));}
    public double getPerimeter()
       {return(k + x + y);}
    public Triangle(int baseA,int baseB,int baseC){
       super(baseA, baseB, baseC,0);
       //m 表示周长的一半
       m = (baseA + baseB + baseC)/2.0;
    }
}
class Circle extends Shapes{
    public double getArea()
       //Math 是 java.lang 包中的类,PI 是其静态属性,其值为 π
       {return(m *  m * Math.PI);}
    public double getPerimeter()
       {return(2 * Math.PI *  m);}
    public Circle(int x,int y,int width){
```

```
        //m 表示半径,k 表示直径
        super(x,y, width, width/2.0);
    }
}
public class RunShape extends Applet{
    Rect rect = new Rect(5,15,25,25);
    Triangle tri = new Triangle(5,5,8);
    Circle cir  = new Circle(13,90,25);
    public void paint(Graphics g){
      //绘制矩形,输出矩形的面积和周长
      g.drawRect(rect.x,rect.y,rect.k,(int)rect.m);
      g.drawString("Rect Area:" + rect.getArea(),50,35);
      g.drawString("Rect Perimeter:" + rect.getPerimeter(),50,55);
      //输出三角形的面积和周长
      g.drawString("Triangle Area:" + tri.getArea(),50,75);
      g.drawString("Triangle Perimeter:" + tri.getPerimeter(),50,95);
      //绘制圆,输出圆的面积和周长
      g.drawOval(cir.x - (int)cir.k/2,cir.y - (int)cir.k/2,cir.k,cir.k);
      g.drawString("Circle Area:" + cir.getArea(),50,115);
      g.drawString("Circle Perimeter:" + cir. getPerimeter(),50,135);
    }
}
```

2. 抽象类在引用具体子类对象方面的应用

上面的例子只涉及抽象类在继承中的应用,没有体现抽象类在编程上的另一个重要应用——抽象类不能有自己的实例对象,但是可以有自己的声明,而且其声明可以引用所有具体子类的对象。利用这一点,可以对例 6.8 中 RunShape 类代码进行如下改造:

【例 6.9】

```
public class RunShape extends Applet{
    Rect rect = new Rect(5,15,25,25);
    Triangle tri = new Triangle(5,5,8);
    Circle cir = new Circle(13,90,25);
    //增加两个方法,注意抽象类的声明为 s,参数 a 与 b 为字符串输出的坐标
    //getClass.getName 将得到对象的类名称
    private void drawArea(Graphics g,Shapes s,int a,int b){
       g.drawString(s.getClass().getName() + " Area" + s.getArea(),a,b);
    }
    private void drawPerimeter (Graphics g,Shapes s,int a,int b){
       g.drawString(s.getClass().getName() +
                    " Perimeter" + s.getPerimeter(),a,b);
    }
    public void paint(Graphics g){
       g.drawRect(rect.x,rect.y,rect.k,(int)rect.m);            //1
       g.drawString("rect Area:" + rect.getArea(),50,35);
       drawArea (g,rect,50,35);                                     //2
       g.drawString("rect Perimeter:" + rect.getPerimeter(),50,55);
       drawPerimeter(g,rect,50,55);                                 //3
       g.drawString("tri Area:" + tri.getArea(),50,75);
```

```
        drawArea (g, tri,50,75);                                    //4
        g.drawString("tri Perimeter:" + tri.getPerimeter(),50,95);
        drawPerimeter(g,tri,50,95);                                 //5
        g.drawOval(cir.x - (int)cir.k/2,cir.y - (int)cir.k/2,cir.k,cir.k);
        g.drawString("circle Area:" + circle.getArea(),50,115);
        drawArea (g, cir,50,115);                                   //6
        g.drawString("circle Perimeter:" + cir.getArea(),50,135);
        drawPerimeter(g,cir,50,135);                                //7
    }
}
```

图 6.5 是程序执行过程的示意图。图中 Rect、Triangle、Circle 分别代表各类的对象，rect、tri、cir 分别是三个具体子类的声明，它们引用各自的对象，s 是抽象类的声明。当程序执行到注释标记为②的代码行时，调用 drawArea 方法，此时发生了 s=rect，s 开始引用 rect 所引用的对象，并向所引用的对象发送 getArea()消息，得到矩形的面积；执行到标记为④的代码行时，s 引用了三角形对象，向其发送 getArea()消息，得到三角形面积；执行到标记为⑥的代码行时，又引用了圆对象，向其发送 getArea()消息，得到圆面积。标记为③、⑤、⑦的代码行处得到各对象周长的方式类似。

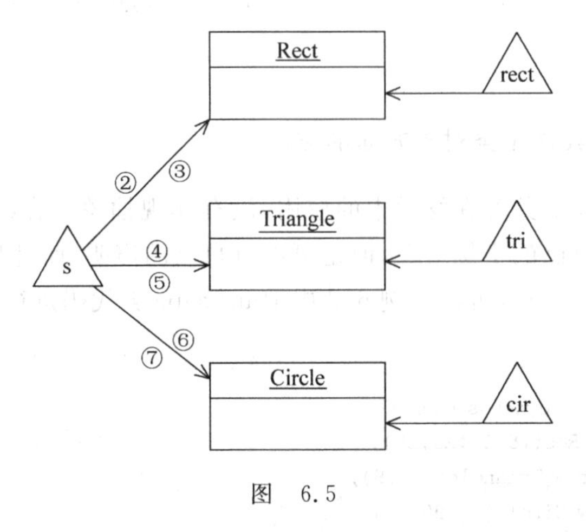

图　6.5

例 6.8 和例 6.9 的输出效果虽然一样，但例 6.9 中各对象的周长和面积值统一由 s 发送消息得到。正因为有抽象类声明 s 能引用所有具体子类对象这一点，才有共享方法 drawArea 和 drawPerimeter 的存在。而共享方法的存在为程序设计带来了很多的优点，例如，要将周长和面积的输出改为中文提示，例 6.8 要改 6 处，而例 6.9 只要改 2 处就可以了。

需要指出的是，s 和具体子类声明引用同一具体子类对象时，二者是有区别的。s 是从抽象类角度看具体子类对象，s 只关心所引用对象的面积和周长，只向其发送面积和周长的消息，而不关心引用对象的具体类别。此外，s 虽然能引用具体子类的对象，但不能使用子类对象特有的方法，只能使用子类从抽象类继承过来的方法。因此在具体类继承抽象类的设计上，一般并不追求具体子类的独特方法，而是实现抽象方法在具体子类当中的特定内容，例如 shapes 所定义的周长和面积的抽象方法。在具体子类当中，一旦形状确定，算法也相应确定，且各具体子类在实现抽象方法时的算法都不一样。

注意：抽象类引用的这种特点并不仅限于抽象类，也适合 Java 中具有父子关系的类，并且这种关系可推广至所有面向对象语言中。

3. 抽象类设计注意事项

抽象类的抽象方法在具体子类当中必定被实现,正是有了这一规则,抽象类的声明才能向所有具体子类对象发送统一的消息。但是在确定抽象类的抽象方法时,一定要确保这些方法就是同类对象共同行为的抽取,否则会因设计不当而经常需要调整、改动抽象方法,为继承这个抽象类的类体系带来不利影响。所以抽象类中的信息应该尽可能简单,尽可能和研究对象的本质相关。

例如,定义一个抽象类 Door:

```
abstract class Door {
    public abstract void open();
    public abstract void close();
    public abstract void alarm();
}
```

报警门子类的代码实现如下:

```
class AlarmDoor extends Door{
    public void open() { … }
    public void close() { … }
    public void alarm() { … }
}
```

但其他类也要继承 Door,由于继承关系,必须实现一个和它不相干的方法 alarm,这为其他子类带来了不稳定性。

6.4 接口

6.4.1 接口的含义

Java 接口有两种含义:一种是可以被引用调用的方法,例如 public 方法或同包类中的 protected 方法;另一种是同"类"概念地位类似的专有概念——interface。本节介绍的就是这个专有概念。

interface 是功能方法说明的集合,其声明格式为:

```
[public] interface 接口名[extends 父接口名列表]
{   //静态常量数据成员声明
    [public][static][final] 域类型 域名 = 常量值
    //抽象方法声明
    [public][abstract]返回值 方法名(参数列表)[throw 异常列表]
}
```

定义接口要注意以下几点:

(1) 接口定义用关键字 interface,而不是用 class。interface 前的修饰符要么为 public,要么为默认。

(2) 接口中定义的数据成员全是 final static,即静态常量。即使没有任何修饰符,其效果完全等效。

(3) 接口没有构造方法,所有成员方法都是抽象方法。即使没有任何修饰符,其效果完全等效。注意,方法前不能修饰为 final。

(4) 接口也具有继承性,可以通过 extends 关键字声明该接口的父接口。

(5) 接口和子接口都不能有自己的实例对象,但可以有自己的声明,可引用那些实现本接口或子接口的类对象。因此,接口中的常量必须定义为 static,以表明其没有对象这一特点。

6.4.2 接口的作用

程序设计中,功能的实现和功能的使用是不可分的两个方面。当功能没有实现和使用前,先定出接口,再进行功能的实现以及使用,可使功能的实现和使用以弱耦合的方式连接起来。使用者按照接口使用,实现者按照接口实现,当实现者内部发生变化时,只要接口不发生变化,使用者就不必更改其代码。从这个意义上讲,接口就相当于一种标准,类似于如图 6.6 所示的产品功能说明书,而洗衣机生产厂家就相当于功能的实现者,洗衣机消费者就相当于功能的使用者,说明书能起到很好的沟通作用。因此,只有理解接口、实现者、使用者三者之间的这种统一关系,才能彻底理解接口的含义和作用。

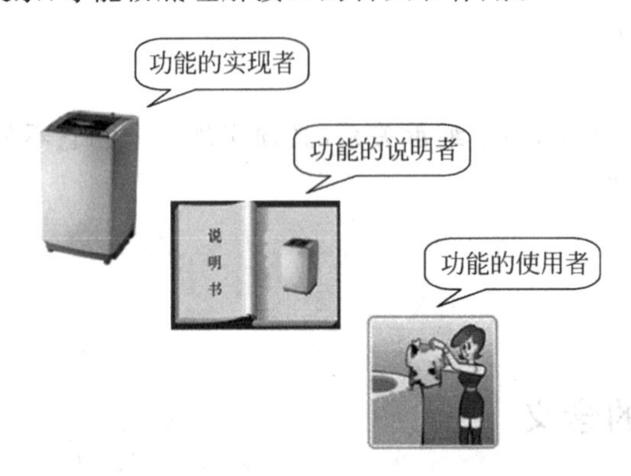

图 6.6

6.4.3 接口实现与使用

一个类在实现接口时须注意以下几点:

(1) implements 关键字用于接口的实现。一个类可以实现多个接口,这时在 implements 后用逗号隔开多个接口的名字。当然,一个接口也可以被多个类来实现。类在实现接口时,实现方法应与接口中的定义完全一致。

(2) 接口的实现者可以继承接口中定义的常量,其效果等效于在这个实现类当中定义了一个静态常量,因此可以使用“类名. 常量”、“引用名. 常量”、“接口名. 常量”来使用这个常量。

(3) 如果实现某接口的类不是抽象类,则它必须实现接口中的所有抽象方法。如果实现某接口的类是抽象类,则它可以不实现接口中的所有方法,但是对于这个抽象类任何一个非抽象的子类而言,接口中的所有抽象方法都必须有实在的方法体。这些方法体可以来自抽象父类的实现(被子类继承),也可以来自子类自身的实现,但是不允许存在未被实现的接口方法。

(4) 接口抽象方法的访问限制符如果为默认(没有修饰符)或 public,则类在实现时必须显式地使用 public 修饰符,否则将被系统警告缩小了接口定义方法的访问控制范围。

现以图 6.6 为例,编写一个接口演示程序。

【例 6.10】

(1) 定义接口:洗衣机都有哪些功能?

```
interface  Washer {
   public abstract void startUp();                     //启动
   public abstract void letWaterIn();                  //进水
   public abstract void washClothes();                 //洗衣
   public abstract void letWaterOut();                 //排水
   public abstract void stop();                        //停止
}
```

(2) 实现接口:假定有一个叫玫瑰牌的洗衣机,实现了所有的接口,而且自己还独有一项功能叫"脱水"。

```
class RoseBrand implements Washer{
   public   void startUp(){ System.out.println("startUp");}
   public   void letWaterIn(){System.out.println("letWaterIn");}
   public   void washClothes(){System.out.println("washClothes");}
   public   void letWaterOut(){System.out.println("letWaterOut");}
   public   void stop(){System.out.println("stop");}
   //脱水
   public   void dehydrate(){System.out.println("dehydrate ");}
}
```

(3) 使用接口。

```
public class Consumer {
   public static void main(String args[]){
      //接口声明引用实现接口的 RoseBrand 类的对象
      Washer  w = new RoseBrand();
      w.startUp();
      w.letWaterIn();
      w.washClothes();
      w.letWaterOut();
      w.stop();
      //当通过接口调用玫瑰牌洗衣机类独有的功能方法,编译会报错
      //w.dehydrate ();
    }
}
```

当 RoseBrand 在启动环节进行了修改,例如:

```
public class RoseBrand implements Washer{
     public   void startUp(){
```

```
        System.out.println("prepare");
        System.out.println("startUp");
    }
    ⋮
}
```

由于接口定义没有发生任何变化,所以 Consumer 中的代码不用变动。

6.4.4 接口的设计用途

Java 接口可被多个类实现,这些类的对象都可被这个接口的声明所引用。例如 java.util 包中有一个集合类接口 Collection,它用来描述一个集合类应该具有的性质,它的直接实现类(这些类还有相应的实现子类)就有 11 个:AbstractCollection、AbstractList、AbstractSet、ArrayList、BeanContextServicesSupport、BeanContextSupport、HashSet、LinkedHashSet、LinkedList、TreeSet、Vector。而集合类 java.util.LinkedList 中的 addAll 方法是将一个集合类对象中的所有对象引用加入到现有集合类对象当中,方法的内容如下:

```
public boolean addAll(int index, Collection c) {
    int numNew = c.size();//方法的首行代码,其他代码行忽略
    ⋮
}
```

当调用此方法时,方法的第二个参数 Collection 接口声明 c 可以引用 11 种实现类对象,但不管引用哪一种,都有"size()"这个接口方法,通过这个共同的接口方法来对传入的 11 种对象进行统一操作。如果没有 Collection 接口,那又将如何呢?JDK 中的 LinkedList 在编写方法时,不得不这样写:

```
public boolean addAll(int index, AbstractCollection c)
public boolean addAll(int index, AbstractList c)
public boolean addAll(int index, AbstractSet c)
public boolean addAll(int index, ArrayList c)
⋮
```

这意味着为加入的每个集合对象编写一个方法,如果又出现一个新集合对象,就不得不又在 LinkedList 中增加一个对应的 addAll 方法,这会造成不同 JDK 版本对 LinkedList 使用上的混乱。

注意:接口声明能引用所有实现类对象,抽象类声明能引用所有具体类对象,因此在面向对象设计当中,应追求面向抽象类和接口编程,而不要面向具体类编程,而这也是各种设计模式的核心思想之一(参见第 18 章)。

6.4.5 接口在 Java 事件处理机制中的应用

在 JDK1.1 以前,Java 事件实现机制和 Visual Basic、Delphi 没有什么不同,都采用层次模型,将事件当成对象的一个特殊方法,事件发生后调用相应的方法进行处理。JDK1.1 后,类型改为委托模型,即事件监听者模式,能将事件发生对象和事件处理对象分开,而接口在这个方式中起到了很大的作用,其基本过程如图 6.7 所示。

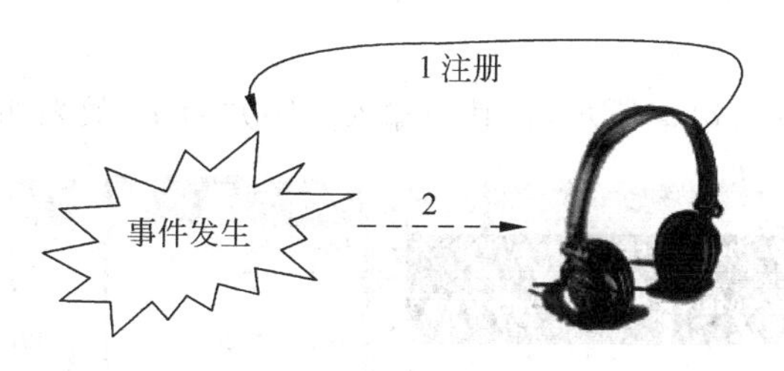

图 6.7

JDK 中定义了一个这样的接口 ActionListener,其唯一方法如表 6.2 所示。

表 6.2

Method Summary		
void	actionPerformed(ActionEvent e)	Invoked when an action occurs

如在 java.awt.TextField 中输入字符串后回车,系统自动产生一个事件 ActionEvent,谁来处理这个事件呢?哪个类实现 ActionListener 接口并在 TextField 进行了注册,哪个类就是监听者。

【例 6.11】

```
import java.applet.*;
import java.awt.*;
import java.awt.event.*;
public class MyApplet extends Applet implements ActionListener{
   private TextField input;
   private double d = 0.0;
   /** 进行初始化工作,产生对象,加入监听者 */
   public void init(){
      input = new TextField(10);
      //MyApplet 是容器,input 是组件,调用 add 使 input 嵌入容器
      //否则对象 input 即使创建,也无法在界面中"看到"
      add(input);
      //本类对象作为监听者身份进行注册,加入 input 当中
      input.addActionListener(this);
   }
   public void paint(Graphics g){
      g.drawString("您输入了数据" + d,10,50);
   }
   public void actionPerformed(ActionEvent e){
      //首先得到 Double 类的对象,之后调用对象方法 doubleValue 得到值
      d = Double.valueOf(input.getText()).doubleValue();
      //进行刷新,调用 paint()方法
      repaint();
   }
}
```

在 myApplet.html 中书写如下代码:

```
<applet code = "MyApplet" width = 150 height = 100 >
```

```
</applet>
```

程序执行结果如图 6.8(a)所示,在其中输入数字并回车,效果如图 6.8(b)所示。

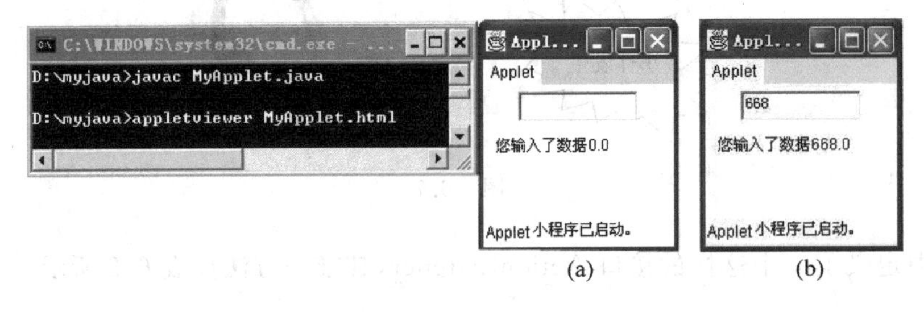

图 6.8

程序说明

(1) MyApplet 和 input 在内存中是两个不同的对象,MyApplet 对象是系统实例化的,而 input 是在 MyApplet 的 init 方法中实例化的。

(2) MyApplet 实现 ActionListener 这个接口,所以它就是监听者,当然还需要告诉事件源 TextField 对象 input(它是接口的使用者),哪个监听者对这个事件感兴趣,这需要调用 input 的 addActionListener 方法进行注册。由于注册的对象就是 MyApplet,所以用 this 来指代。当在 input 中输入数字并回车,系统根据 input 中注册的信息,就像例 6.10 中通过 w 调用接口方法那样,向 MyAoolet 对象发送 actionPerformed 消息,MyApplet 对象收到消息并在方法中进行字符串到数字的转化以及刷新工作。整个过程如图 6.9 所示。

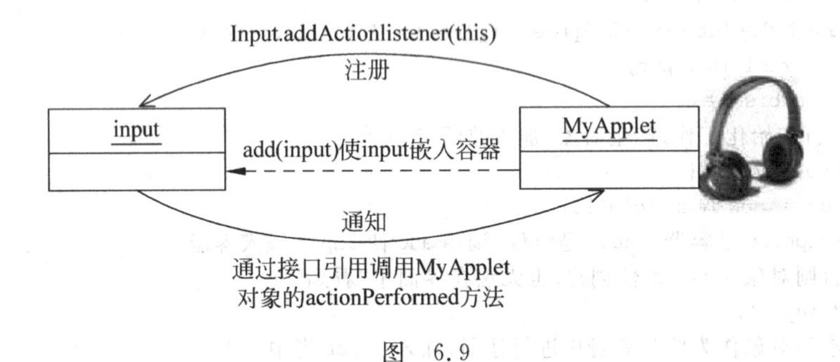

图 6.9

(3) add(input)的作用是在 MyApplet 容器对象当中注册它的子部件,也就是说 input 对象产生后并不能在 MyApplet 当中自动显示,必须调用 add(input)后,MyApplet 在刷新时,才能将 input 绘制出来。

有了接口,Java 在处理事件的方式上体现了相当强的灵活性。JDK 中定义了许多事件监听接口,如鼠标、键盘事件等,如果某个类需要对某个事件作出反应,只要实现该事件的接口就可以了,而且实现方式可以灵活多样,有关内容详见 12.3 节。

【例 6.12】 监听者不是 myApplet 本身的程序代码。

```
import java.applet.*;
import java.awt.*;
import java.awt.event.*;
class Listener implements ActionListener{
```

```
    private myApplet mya;  //myApplet 对象引用
    //通过构造方法得到 myApplet 对象的引用
    public Listener(myApplet a){
        this.mya = a;
    }
    public void actionPerformed(ActionEvent e){
        //改变 myApplet 对象属性 d 的内容
        mya.d = Double.valueOf(mya.input.getText()).doubleValue();
        //调用 myApplet 对象的 refresh()进行刷新
        mya.refresh();
    }
};
public class myApplet extends Applet{
    public TextField input; //修改为 public
    public double d = 0.0;  //修改为 public
    public void init(){
        input = new TextField(10);
        add(input);
        //input 与监听者建立引用关系
        input.addActionListener(new Listener(this));
    }
    public void paint(Graphics g){
        g.drawString("您输入了数据" + d,10,50);
    }
    //增加刷新方法进行刷新
    public void refresh(){
      repaint();
    }
}
```

程序说明

(1) 例 6.12 同例 6.11 之间的区别是：Listener 对象是 input 的监听者，在 MyApplet 的 init()方法中，input.addActionListener(new Listener(this))这句代码使 input 与 Listener 对象之间建立了事件源与监听者的关系，如图 6.10 所示。

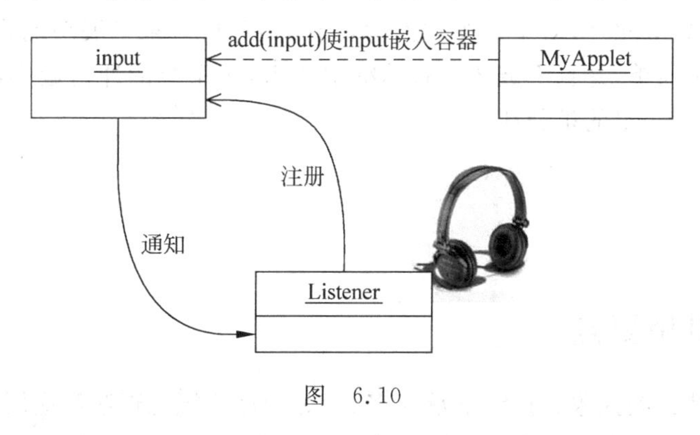

图 6.10

(2) 当在 input 中回车时，系统根据 input 中注册的对象信息，调用 Listener 对象的 actionPerformed 接口方法，完成对 MyApplet 对象数字属性值的更换，并调用 refresh 方法进行刷新。

(3) 为了在actionPerformed方法当中完成对MyApplet对象的属性更换,就必须在Listener对象当中拥有MyApplet对象的引用,new Listener(this)实现了这一点。得到MyApplet对象的引用,就使Listener对象也间接获得了input对象的引用(mya.input.getText())。为了操作上的方便,本例将MyApplet的属性权限改成了public。

6.5 抽象类与接口比较

抽象类和接口是Java对于抽象方法进行支持的两种机制,正是由于这两种机制的存在,才赋予了Java强大的面向对象能力。它们的共同点和不同点如表6.3所示。

表 6.3

<table>
<tr><th colspan="2"></th><th>抽 象 类</th><th>接 口</th></tr>
<tr><td colspan="2">共同点</td><td colspan="2">二者都有抽象方法,都不能实例化。都有自己的声明,并能引用具体子类或实现类对象</td></tr>
<tr><td rowspan="4">不同点</td><td>属性</td><td>可以有域变量</td><td>不能有域变量,只能是静态常量</td></tr>
<tr><td>成员方法</td><td>可以有具体方法,而且具体方法可以调用抽象方法</td><td>如果有方法,则全部是抽象方法</td></tr>
<tr><td>实现策略</td><td>必须有子类继承</td><td>必须有实现类实现</td></tr>
<tr><td>扩展性</td><td>弱</td><td>强</td></tr>
</table>

程序设计经常遇到这样的情况:人们希望发布出去的程序既能保持一定的稳定性,又能具有一定的扩展性,如何处理二者之间看似矛盾的关系呢?接口就能起到平衡矛盾的作用:接口不是类,它需要类去实现,实现类和接口之间不是继承关系,而是实现与被实现的关系。因此当接口需要增加新功能方法时,完全可以通过接口的继承,将变化体现在子接口中,从而保证父接口的稳定,进而稳定父接口实现类和使用类。但是如果在抽象类当中增加新方法,必定会对继承抽象类的所有子类产生影响。如果在抽象类的继承体系中为增加新功能方法而增加新子类,同接口继承相比,会使抽象类的继承体系变得进一步复杂和脆弱(参见第18.3.2节);此外,对于一个类而言,选择实现接口来扩展功能要比继承抽象类扩展功能来得容易和简单,并且不破坏现有的继承关系,对系统的冲击最小,即所谓在保持稳定性的前提下,又有一定的扩展性。

6.6 引用

6.6.1 引用要点

面向对象的特征是抽象、封装、继承与多态,对于这些概念理解和应用的程度都可用“引用”来检验。现将Java中“引用”概念的相关要点总结如下:

(1) 引用的形成:先声明,赋予对象后声明变为引用。

(2) 抽象类声明引用特点:抽象类声明可以引用所有具体子类对象。此概念可以推广到所有具有父子关系的类。

(3) 引用替换规则：父类声明可引用所有具体子类对象就意味着父类声明所引用的对象可以被替换。子类声明不能引用平行级别的其他类对象，也不能引用父类对象。

(4) 父类声明和子类声明都引用同一个子类对象时的区别：父类声明是从父类的角度去引用对象，而子类声明是从子类角度引用对象。父类声明所引用的子类对象可以经过显式的转化(造型 cast)赋值给子类声明，但子类声明所引用的子类对象赋值给父类声明则不需要显式的转化。

(5) 接口声明进行引用有什么特点？只能引用实现类对象的接口方法。

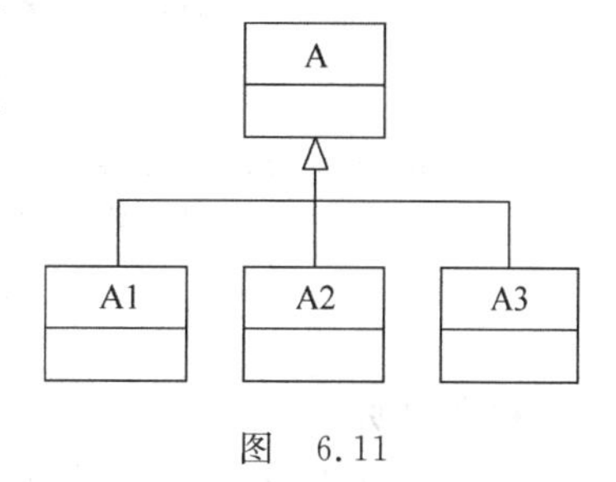

图 6.11

如图 6.11 所示，A1、A2、A3 分别是 A 的子类，A1、A2、A3 之间的关系为平行类(兄弟类)。

根据上面的性质，假定 A 为具体类，有如下关系：

```
A a =   new A();            //a 引用 A 的对象
a = new A1();               //a 又引用 A1 对象,引用被替换
A1 a1 = (A1)a               //通过 a,a1 也应用了 A1 对象,但是需要显式转化
a = new A2();               //a 放弃引用 A1 对象,而引用了 A2 对象
A aa = a1                   //将 A1 对象通过 a1 赋值给父类声明 aa,此时 aa 也引用了 A1 对象
```

程序最后一句，aa 与 a1 共同引用了 A1 对象，但是 aa 只能引用 A1 对象中继承 A 类的属性和方法，而不能引用 A1 类自定义的属性和方法。

注意：上述引用性质是一个和面向对象特征相关的逻辑问题。凡是引用能调用的属性或方法，必定能被继承所传递。由此可得"父类的声明可以引用所有具体子类的对象"，而反过来则不成立；由此也可得"子类的声明不能引用父类的对象"。同理，对于平行类，由于它们之间可能都存在自定义的属性或方法，因此它们之间不能相互引用。下面两条语句为非法：

```
A1  a1 = new A2();          //A1 与 A2 为平行类,不能互相引用
A1  a1 = new A();           //子类声明不能引用父类对象
```

【例 6.13】

```
interface Animal{
    void soundOff();
}
class Elephant implements Animal{
    public void soundOff(){
      System.out.println("Trumpet");
    }
}
class Lion implements Animal{
    public void soundOff(){
         System.out.println("Roar");
    }
}
```

```
class Alpha {
    static Animal get(String choice) {
        if(choice.equalsIgnoreCase( "meat eater" )) {
            return new Lion();
        }else{
            return new Elephant();
        }
    }
    public static void main(String[] args){
        Lion l = (Lion)Alpha.get("meat eater");
    }
}
```

程序说明

Alpha.get("meat eater")的返回对象被接口声明所引用,如果通过这个接口赋给特定的 Lion 对象声明,需要进行显式的转化。需要指出的是,如果 get 方法中的字符不是 meat eater,则会因类型转化错误而在运行时出现异常。

6.6.2 引用比较

1. equals 方法比较

equals 方法是 object 的方法,因此所有类对象都可以利用它进行引用比较,判断是否指向同一对象。

【例 6.14】

```
class Pare{}
class Pare1 extends Pare{}
class Pare2{
    public static void main(String[] args){
        Pare  p  = new Pare();
        Pare1 p1 = new Pare1();
        Pare  pp = p1;
        if(p1.equals(pp))
          {System.out.println("p1 与 pp 引用相同");}
        else
          {System.out.println("p1 与 pp 引用不同");}
        if(p.equals(pp))
          {System.out.println("p 与 pp 引用相同");}
        else
          {System.out.println("p 与 pp 引用不同");}
    }
}
```

其输出结果如图 6.12 所示。

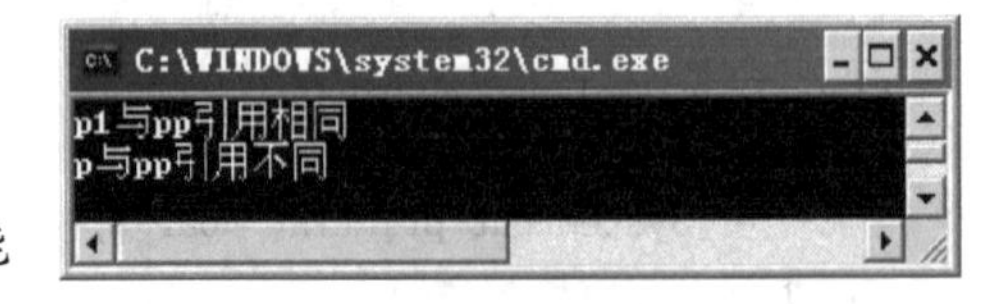

图 6.12

注意:

(1) equals 传入参数必定是对象,对象不能和基本数据类型相比较。

(2) equals一般进行的是引用比较，String、包装类、URL中的类将本方法覆盖，这时虽然传入的参数是对象引用，但比较的是它们所代表的值。

2. 使用"=="进行比较

如果"=="两边是对象引用，则比较的是它们的引用是否相同；如果两边是数值，则比较的是它们的值(如果值类型不同，有可能发生类型转化，例如10==10.0将返回true)；如果一边是引用，一边是值，则编译错误。

3. 使用instanceof比较引用类型

运算符的格式为："a instanceof A"，其中a为对象的引用，A为类。如果a为A的实例或A子类的实例，则返回true；如果a为A父类的实例，则返回false；如果a对象的类和A没有任何关系，则编译不会通过。即instanceof比较的结果有三种：true、false、语法错误(编译不会通过)。

【例6.15】

```
class Uncle{}
class Pare{}
class Pare1 extends Pare{}
class Pare2 extends Pare1{}
class Pare3 {
    public static void main(String[] args){
        Uncle  u  = new Uncle();
        Pare   p  = new Pare();
        Pare1  p1 = new Pare1();
        Pare2  p2 = new Pare2();
        if(p instanceof Pare)
            {System.out.println("p instanceof Pare");}
        if(!(p1 instanceof Pare))
            {System.out.println("p1 not instanceof Pare");}
        else
            {System.out.println("p1  instanceof Pare");}
        if(p2 instanceof Pare)
            {System.out.println("p2 instanceof Pare");}
        if(p1 instanceof Pare1)
            {System.out.println("p1 instanceof Pare1");}
        if(p2 instanceof Pare1)
            {System.out.println("p2 instanceof Pare1");}
        if(p1 instanceof Pare2)
            {System.out.println("p1 instanceof Pare2");}
        else
            {System.out.println("p1 not instanceof Pare2");}
        /* if(p instanceof Uncle)
            {System.out.println("p instanceof Uncle");}
        else
            {System.out.println("p not instanceof Uncle");} */
        if(null instanceof String)
            {System.out.println("null instanceof String");}
```

```
        else
            {System.out.println("null not instanceof String");}
    }
}
```

其输出结果如图 6.13 所示,如果去掉注释符“/ * … * /”,编译会出现问题。

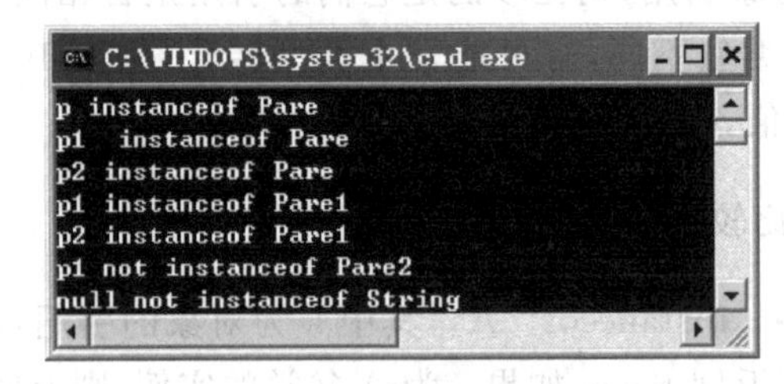

图 6.13

注意:如果对比较结果取反,必须加()号,如本例的 if (!(p1 instanceof Pare))。

6.6.3 引用案例

【例 6.16】

```
class ParentDog{
    public String dogName;
    public ParentDog(String dogName){
        this.dogName = dogName;
    }
}
class SonDog extends ParentDog{
    public  String dogName;
    public SonDog(String dogName,String parentDogName){
        super(parentDogName);
        this.dogName = dogName;
    }
}
public class RunDog{
   public static void main(String args[]){
      ParentDog  pDog;                        //①
      SonDog     sDogA,sDogB;                 //②
      pDog = new ParentDog("Jack");
      System.out.println("pDog 的名字是:" + pDog.dogName);
      sDogA = new SonDog("sonA","JackA");     //③
      sDogB = new SonDog("sonB","JackB");     //④
      pDog = sDogA;                           //⑤
      System.out.println("pDog 的名字是:" + pDog.dogName);
      System.out.println("sDogA 的名字是:" + sDogA.dogName);
      System.out.println("sDogB 的名字是:" + sDogB.dogName);
      pDog = sDogB;                           //⑥
      System.out.println("pDog 的名字是:" + pDog.dogName);
      System.out.println("sDogA 的名字是:" + sDogA.dogName);
      System.out.println("sDogB 的名字是:" + sDogB.dogName);
```

```
    }
}
```

程序说明

(1) sonDog 继承 parentDog,它们都有属性 dogName,因而 sonDog 从 parentDog 继承的 dogName 发生了数据隐藏。RunDog 的执行情况如图 6.14 所示(图中阴影部分表示数据隐藏)。

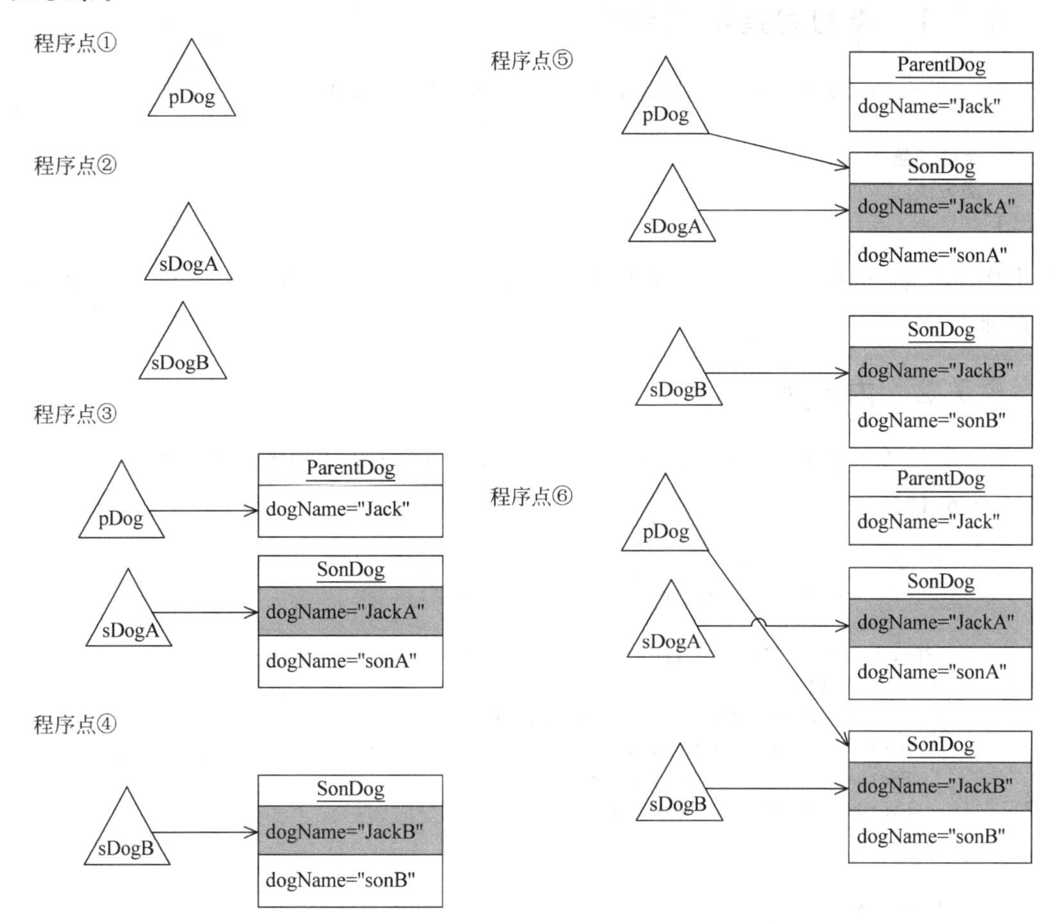

图 6.14

(2) 在程序点⑤,pDog 和 sDogA 引用了同一个子类对象。在程序点⑥时,又和 sDogB 引用了同一个子类对象。

(3) 在发生数据成员隐藏的情况下,虽然父类声明和子类声明引用了同一个子类对象,但是父类引用访问的是隐藏的成员。如果子类没有定义 dogName,则父类引用和子类引用访问的是同一个 dogName;如果父类没有定义 dogName,而子类定义了 dogName,则子类引用可以访问 dogName,而父类引用访问 dogName,则编译不会通过。

(4) 需要注意的是:如果子类覆盖了父类的同名方法,则父类声明引用子类对象时调用的不是父类的方法体内容,而是子类方法体中的内容,因为 Java 方法没有隐藏的概念。但是 C++就不同了,如果发生同名方法被覆盖,父类被覆盖的方法没有关键字 virtual 修饰,则父类声明引用子类对象时调用的是父类方法体中的代码。从这个意义上讲,Java 方法覆盖时,父类中的方法都相当于 C++ 中被 virtual 修饰过的方法。

6.7 类的其他相关内容

6.7.1 类的完整定义形式

```
[修饰符] class 类名 [extends 父类] [implements 接口名1,接口名2]
{
  类域变量;
  类方法;
}
```

其中修饰符为:public、默认(即省略修饰符)、abstract 或 final,但不能被 private、protected 所修饰。

6.7.2 内部类

内部类就是在某个类的内部又定义了一个类,被内部类嵌入的类称为外部类。

【例 6.17】

```
class Outer{
  private String index = "The String is in Outer Class";
  public class Inner{
      String index = "The String is in Inner Class";
      void print(){
        String index = "The String is in print Method";
        System.out.println(index);
        System.out.println(this.index);
        System.out.println(Outer.this.index);
      }
  }
  void print(){
     Inner inner  =  new Inner();
     inner.print();
  }
  Inner getInner(){
     return new Inner();
  }
}
public class TestOuterAndInner{
   public static void main(String[ ] args){
      Outer outer  =  new Outer();                  //先产生外部类对象
      //Outer.Inner inner  =  outer.getInner(); //内部类前没有 public 时的访问方法
      Outer.Inner inner  =  outer.new Inner();  //利用外部类对象引用产生内部类实例
      inner.print();
   }
}
```

输出结果是：

```
The String is in print Method
The String is in Inner Class
The String is in Outer Class
```

注意：内部类如果定义在外部类域的位置，它能被修饰符修饰，也就是内部类的类体前面可以被 protected 或 private 修饰；但如果内部类定义在方法内，则不能被任何修饰符修饰。

内部类相关要点

(1) 内部类可以直接访问外部类中的所有属性，包括修饰符为 private 的属性或方法，因此如果需要将一个类中的一些属性或方法对其他类进行封装，而只对一个类开放时(类似于 C++的友元概念)，则应当想到应用内部类。但是应注意，外部类无法直接访问内部类中的成员。

(2) 内部类对象产生方法：如果内部类的修饰符为 public，则采用本例的代码形式“Outer. Inner inner = outer. new Inner()”来生成内部类的对象；如果内部类前的修饰符为 private，则需要使用外部类的特定接口方法来得到内部类的实例，如上例的 getInner()方法。

(3) 当 static 修饰内部类时，内部类就相当于外部类的一个静态属性，内部类中就可以有 static 属性或方法。static 内部类不能再使用外部类的非 static 的属性或方法，产生对象时也有自己的特点，如例 6.18 中的黑体代码。

【例 6.18】

```
class Outer {
   public static class Inner {
   }
}
public class TestInnerStatic{
   public static void main(String[] args){
       Outer.Inner i = new Outer.Inner();
   }
};
```

内部类也可以为抽象类，如例 6.19 所示。

【例 6.19】

```
public class OuterClass {
  private double d1 = 1.0;
  public abstract class InnerOne {
    public abstract double methoda();
  }
}
```

内部类定义在方法体内时，只能访问方法体内的常量，而不能访问方法体内的局部变量，且方法体内的内部类前不应该有修饰符。

非静态的内部类如果不是定义在静态方法中，就不能在类的静态方法中调用。例如下面的程序,内部类 Inner 不能在 Outer 的静态 main 方法中使用——编译不会通过。

```
public class Outer{
   public String name = "Outer";
   public static void main(String argv[]){
         Inner i = new Inner();
         i.showName();
   }//End of main
   public class Inner{
         String name = new String("Inner");
         void showName(){
           System.out.println(name);
         }
   }//End of Inner class
}
```

对上面程序进行如下正确修改(黑体代码)。

```
public class Outer{
       public String name = "Outer";
       public static void main(String argv[]){
            Outer o = new Outer();
            Outer.Inner i = o.new Inner();
            i.showName();
       }//End of main
       public class Inner{
            String name = new String("Inner");
            void showName(){
                 System.out.println(name);
            }
       }//End of Inner class
}
```

或是将 Inner 类转为静态类——在类前加上修饰符 static。

```
public class Outer{
     public String name = "Outer";
     public static void main(String argv[]){
          Inner i = new Inner();
          i.showName();
     }//End of main
     public static class Inner{
          String name = new String("Inner");
          void showName(){
            System.out.println(name);
          }
     }//End of Inner class
}
```

或是 Inner 类写在 main 方法中,去掉 public 修饰符,且放在 Inner i = new Inner()之前。

```
public class Outer{
    public String name = "Outer";
    public static void main(String argv[]){
        class Inner{
            String name = new String("Inner");
            void showName(){
                System.out.println(name);
            }
        }//End of Inner class
        Inner i = new Inner();
        i.showName();
    }//End of main
}
```

6.7.3 匿名内部类

所谓匿名内部类就是在类中需要实例化这个类的地方(通常为方法内),定义一个没有名称的类,其实例化方式为:

格式一:

```
new 类 A() {
    方法体
}
```

此时产生的是类 A 的子类对象。

格式二:

```
new 接口 A() {
    方法体
}
```

此时产生的是接口 A 的实现类对象。

【例 6.20】

```
public class TestAnonymity {
    public static void main(String[] args) {
        Object obj = new Object() {
            public int hashCode() {
                return 42;
            }
        };
        System.out.println(obj.hashCode());
    }
}
```

输出结果为 42。

程序说明

本例中黑体部分代码定义了一个匿名类,匿名类对 Object 类的 hashCode 方法进行了覆盖。

【例 6.21】

```
abstract class Anonymity{//定义一个抽象类
    abstract public void fun1();
};
public class Outer{
```

```
        public static void main(String[ ] args){
          new Outer().callInner(new Anonymity(){//产生抽象类的匿名具体子类对象
              public void fun1(){
                System.out.println("匿名类测试");
              }
          });
        }
        public void callInner(Anonymity a){
            a.fun1();
        }
}
```

例 6.21 中黑体部分代码如果用有名内部类编写则为:

【例 6.22】

```
abstract class Anonymity{
    abstract public void fun1();
};
public class Outer{
    public void callInner(Anonymity a){
        a.fun1();
    }
    public static void main(String[ ] args){
        class inner extends Anonymity{
            public void fun1(){
                System.out.println("匿名类测试");
            }
        };
        new Outer().callInner(new inner());
    }
}
```

采用匿名内部类的方式产生对象十分简捷,但对于例 6.21 不要将这种写法误以为抽象类可以实例化。同理,匿名内部类也可以实现一个接口,如例 6.23 中的黑体代码。

【例 6.23】

```
public class Outer{
    public static void main(String[ ] args){
        new Thread(new Runnable(){ //产生实现 Runnable 的匿名类对象
            public void run(){
                System.out.println("run");
            }
        }).start();
    }
}
```

程序说明

Runnable 为 JDK 中定义线程执行内容的接口,通过匿名内部类的方式产生了一个实现 Runnable 接口的对象。

1. 匿名内部类的使用规则

(1) 匿名内部类不能有构造方法,但是如果这个匿名内部类继承了一个只含有带参数构造方法的父类,在创建它的对象的时候,在括号当中必须带上这些参数。

(2) 匿名内部类不能定义任何静态成员和方法。

(3) 匿名内部类不能被 public、protected、private、static 修饰。

(4) 只能创建匿名内部类的一个实例。

2. 匿名内部类的使用条件

(1) 只用到类的一个实例。

(2) 类在定义后马上用到。

(3) 类非常小(Sun 推荐是在 4 行代码以下)。

6.7.4 匿名对象

匿名对象就是对象创建时没有显式地为其指定引用的对象。匿名对象方法调用方式为直接调用而不是通过引用,例如:

```
Person p1 = new Person();
p1.shout();
```

如果改为"new Person().shout();",产生的对象就是匿名对象。

匿名对象在两种情况下经常使用:

(1) 如果对一个对象只需要进行一次方法调用。

(2) 将匿名对象作为参数传递给一个方法。

例 6.22 中的 new Outer().callInner(new inner())就很好地体现了上面两点。

6.7.5 特殊的类——类对象

在 java.lang 包中有一个特殊的类——Class(注:同关键字 class 区别的地方是首字母大写),它也继承 Object 类。

任何对象都以类为模板产生,反过来也可以通过对象而得到类的描述信息。在 Object 类中有一个方法 getClass(),通过该方法可得到 Class 对象,进而可以知道类的一些相关特性,如类的名称、类所在的包、类的方法、类的父类等。例 6.2 就是通过对象找到类对象,进而得到类的名称。

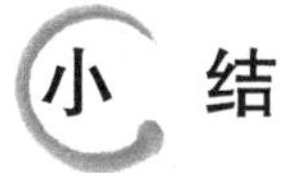

小 结

本章介绍了 this、super、构造方法多态、抽象类、接口、引用、内部类、匿名类、匿名对象等概念。其中重点内容是引用,因为 Java 中的封装、继承、多态、抽象类、接口等概念都和引用相关,对它们的理解程度都可以从引用的角度加以考察。

习 题

1. this 和 super 各有几种用法?

2. 子类对象实例化的具体过程是什么?

3. 类的域变量和方法中定义的局部变量在初始化上有何区别?

4. 模仿形成抽象类的过程,自选角度,形成一个自己的抽象类,并在程序的类继承和引用中体现抽象类的作用。

5. 接口有什么作用? 自己定义一个接口,并给出实现类和使用类。

6. 抽象类与接口的异同点是什么?

7. 引用比较方法有哪些?

8. 内部类的作用是什么? 什么情况下使用匿名内部类?

9. 不上机,判断下面程序的输出结果。

```
class X{
   Y  b = new Y();
   X(){
      System.out.println("X");
   }
 }
class Y{
   Y(){
     System.out.println("Y");
   }
}
public class Z extends X{
   Y y = new Y();
   Z(){
      System.out.println("Z");
   }
   public static void main(String[] args){
      new Z();
   }
}
```

A. Z　　　　B. YZ　　　　C. XYZ　　　　D. YXYZ

10. 什么是数据隐藏? 如何证明子类对父类同名方法进行重新定义,只能是方法的覆盖,而不是方法的隐藏?

11. A1、A2 分别是具体类 A 的子类,A3 为 A1 的子类,A1、A2 之间的关系为平行类,如图 6.15 所示。下面的代码为连续的程序片段,请问哪些是正确的?

```
A a =  new A();
a = new A1();
a = new A2();
a = new A3();
```

```
A1  a1 = new A3();
A3  a3 = a1;
A2  a2 = new A1();
a3  = new A2() ;
```

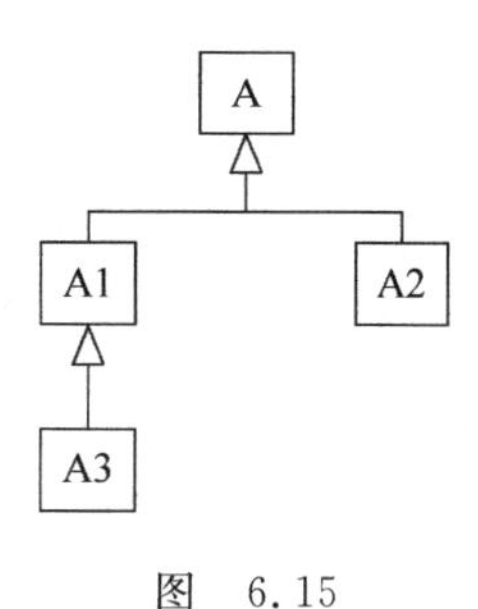

图 6.15

12. 借助 JDK 帮助,编写程序实现这样的功能:Applet 当中的 TextField,每输入任一字符,在一个 label 当中都能动态跟踪刷新。

异常

7.1 异常的含义

异常是正常情况以外的事件，具有不确定性。例如：用户输入错误，除数为0，需要的文件不存在或打不开，数组下标越界，传入参数为空或不符合指定范围等。

下面的例7.1将产生一个除数为0的异常。程序在执行到横虚线位置时，由于b=0而造成除数为0，系统自动产生一个异常对象（为java.lang.ArithmeticException类的一个对象），此时程序将不执行异常点以后的程序，而直接交给系统（Java虚拟机）处理，给出异常提示后退出程序，其过程如图7.1所示。

【例7.1】

```
public class ExampleException
{ public static void main(String[] args)
  { int a,b,c;
    a=67; b=0;
    c=a/b; ------------------------
    System.out.println(a+"/"+b+"="+c);
  }
}
```

除数为0

图 7.1

运行结果：

```
Exception in thread "main" java.lang.ArithmeticException:
/by zero
```

7.2 异常分类

Java采用面向对象的方式进行异常处理，所有异常对象的祖先类都是Exception类，其继承关系如图7.2所示。

图7.2罗列了Java中异常类定义的层次关系（详细内容应见JDK帮助）。显然，异常类和其他类的祖先一样都继承Object，第二个层次是Throwable类，第三个层次是Exception和Error，它们是平行类。Exception是所有异常类的祖先类，而Error类是所有

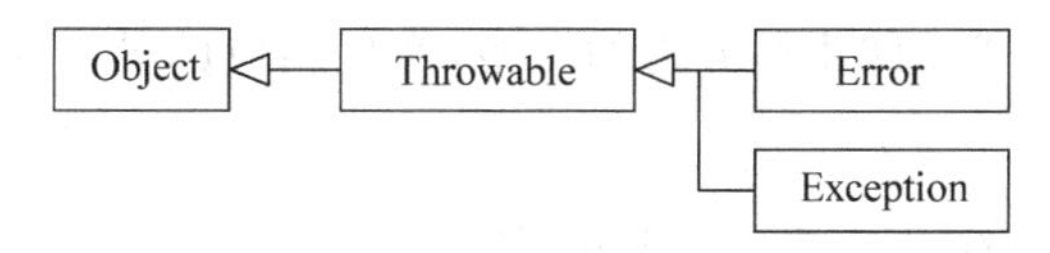

图 7.2

错误类的祖先类。错误和异常的区别是：Error 不是程序需要捕获和进行处理的，例如 OutOfMemoryError（当 Java 虚拟机在为对象分配内存空间时，剩余的空间不够，同时也没有可以释放的内容时，将会发生这样的错误）不由程序进行捕获或处理，当 Error 发生时，程序将会停止。

Exception 有许多子类，这些子类在 JDK 中也是按照包的形式组织的，图 7.3 列出了这些子类在不同包中的一些概要分布。从图中可以看出，除数为 0 异常 ArithmeticException 是 RuntimException 的子类，而 RuntimException 又是 Exception 的子类，它们在 java. lang 包中。EmptyStackException 和 NoSuchElementException 的父类虽然是 RuntimException，但是由 util 包中的类方法触发，所以放到了 util 包中。此外，IOException 的子类也分布在 java. io 包和 java. net 包当中。

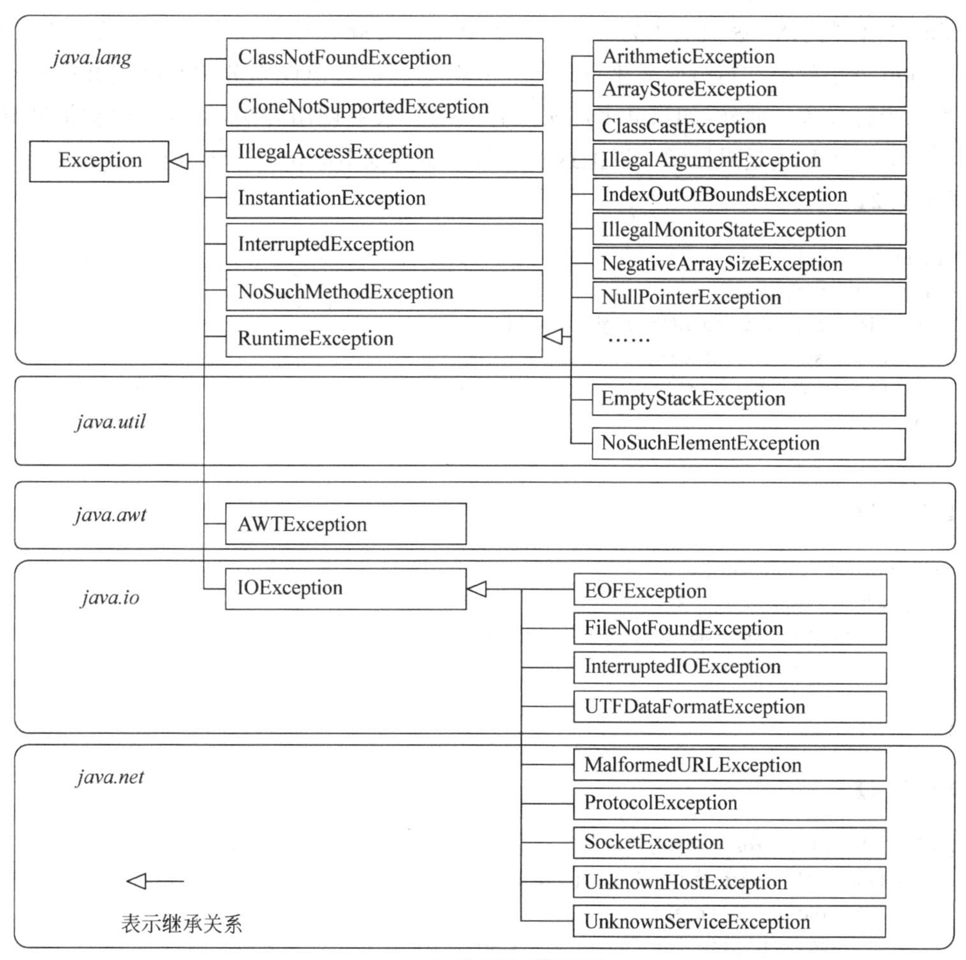

Exception继承体系概要图

图 7.3

当异常发生时,虚拟机系统根据异常的类型,产生相应的异常对象,程序中应对这些异常对象进行相应的处理。

注意:这些异常产生的条件可查看 JDK 帮助。

7.3 异常处理

在 Java 程序中对异常的处理可以归纳如图 7.4 所示。

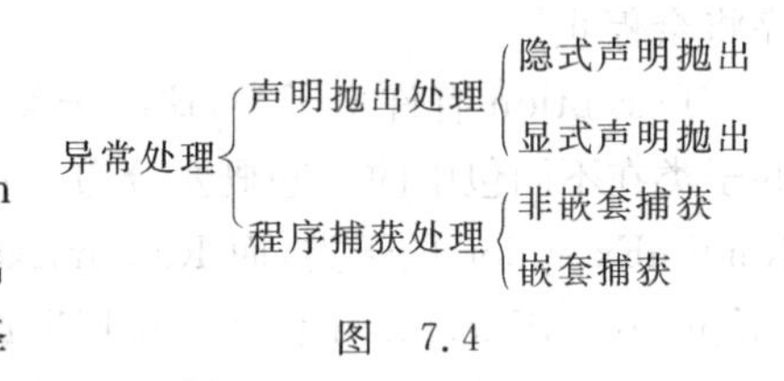

图 7.4

1. 隐式声明抛出

这类异常的特点是:异常类型是 RuntimeException 或是其子类,程序方法可以对异常不作任何声明抛出或处理,直接交给调用该方法的地方处理,程序能编译通过,不会对可能产生异常的代码行给出提示。

例 7.1 中当除数为 0 异常发生时,main()方法没有进行任何声明与处理,而直接交给调用 main()方法的 Java 虚拟机去处理;例 7.2 中栈对象 st 在栈中没有任何对象引用情况下使用了 pop 方法就会在运行时发生空栈异常;例 7.3 中数组尚未分配空间就开始使用,就会发生空指针异常。此外,如果某个声明没有赋以对象就调用方法,也会发生空指针异常。例 7.4 中会发生数组越界异常。以上这些异常类型都是 RuntimeException 的子类。

【例 7.2】

```
import java.util.*;
class TestEmptyStack {
   public static void main(String[] args){
      Stack st = new Stack();
      Object ob = st.pop();
   }
}
```

【例 7.3】

```
public class TestArray {
    private static int[] x;
    public static void main(String[] args) {
       System.out.println(x[0]);
    }
}
```

【例 7.4】

```
public class TestArgs {
    public static void main( String[] args) {
        String foo = args[1];
        System.out.println("foo = " + foo);
    }
}
```

上面这些程序都能编译通过，然而对例 7.5 进行编译，系统会给出如下提示：

```
unreported exception java.io.IOException; must be caught or declared to be thrown
c1 = keyin.readLine();
```

【例 7.5】

```
import java.io.*;
class TestScreenIn{
   public static void main(String[] args) {
    BufferedReader keyin = new BufferedReader(new
                          InputStreamReader(System.in));
    String c1;
    int i = 0;
    String[] e = new String[10];
    while(i<10){
       c1 = keyin.readLine();
       e[i] = c1;
       i++;
    }
   }
}
```

程序说明

(1) readLine()方法有可能发生 IOException 异常，它和 RuntimeException 是平行类，所以不能隐式抛出。

(2) "BufferedReader keyin＝new BufferedReader(new InputStreamReader(System.in));"是将屏幕输入的内容转变为字符流和缓冲流，进而使用缓冲流方法 readline()对输入内容按行读入。

如果让程序编译通过，可对例 7.5 采用两种方法：显式声明抛出和捕获处理。

2. 显式声明抛出

只需将方法进行如下改动就实现了显式声明抛出：

```
public static void main(String args[])修改为
public static void main(String args[]) throws IOException
```

其含义是：如果 main 中 readline()方法处发生异常，main 不负责异常处理，由调用 main 方法的地方去处理异常，而调用 main 方法的是 Java 虚拟机，因此由 Java 虚拟机进行默认处理。

注意：当子类覆盖父类的方法时，子类抛出的异常类应和父类抛出的异常相同或为其子类，不能为其父类。

3. 捕获处理

例 7.5 程序按如下方式修改就是捕获处理(黑体代码所示，示意如图 7.5 所示)。

【例 7.6】

```
public static void main(String args[]){

  try{
     ⋮
    c1 = keyin.readLine();
     ⋮
  }

  catch(IOException e){
    //e.printStackTrace();
    System.out.println("系统IO有错误");
  }
}
```

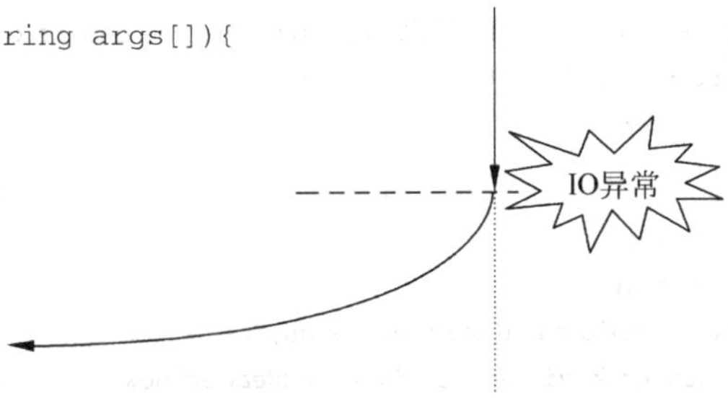

图 7.5

程序说明

当 readLine 发生输入异常的时候(注意此处有可能发生异常,而不是一定能发生异常),产生的异常对象将赋值给 catch 块中的参数 e,如图 7.5 所示。此后可对 e 进行操作,例如通过"e.printStackTrace()"输出异常信息。

捕获处理是由 try-catch-finally 组成的一个异常处理块构成,其格式为:

```
try
   {statements}
catch (ExceptionType1 ExceptionObject)
   {Exception Handling }
catch(ExceptionType2 ExceptionObject)
   {Exception Handling}
  ⋮
finally
   {Finally Handling }
```

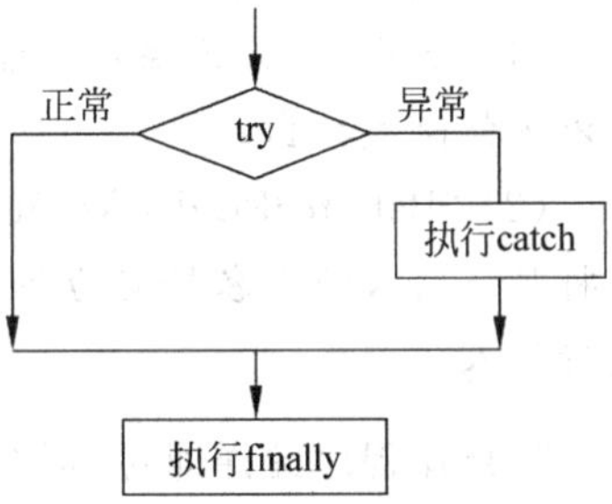

图 7.6

它的执行逻辑过程如图 7.6 所示。

try 语句块含有可能出现异常的程序代码,可能会抛出一个或多个异常,因此,try 后面可跟一个或多个 catch。需要指出的是:当 try 语句块没有异常发生时,紧跟其后的 catch 代码块并不被执行。

catch 用来捕获异常,参数 ExceptionObject 是 ExceptionType 类的对象,ExceptionType 是 Exception 类或其子类,它指出 catch 语句中所要处理的异常类型。catch 在捕获异常的过程中,要和 try 语句抛出的异常类型进行比较。若相同,则在 catch 中进行处理;如果不相同,寻找其他的 catch 块再比较,其执行逻辑如图 7.7 所示。

在多 catch 的情况下,异常类由上到下排布并遵循这样的规则:由子类到父类或为平行关系。执行过程当中相当于"switch case",即一个 catch 执行,其他 catch 就不执行。如果无异常发生,则都不执行。有时如不需要对异常进行细致分类处理,则可统一为一个"catch (Exception e){}",因为 Exception 是所有异常类的共同祖先。

Finally 是这个语句块的统一出口,一般用来进行一些善后操作,如释放资源、关闭文件等。它是可选的部分,但一旦选定,必定执行,如例 7.7 所示。

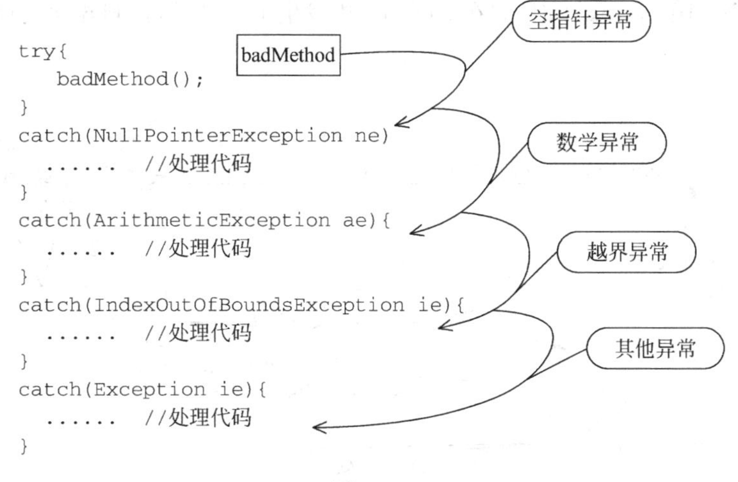

图 7.7

【例 7.7】

```
public class TestFinally {
  public static void main(String[ ] args) {
     try {
         return;
     }
     finally {
         System.out.println( "Finally" );
     }
  }
}
```

输出结果为 Finally。

显式声明抛出和程序捕获处理的联系如下所述：

假设有这样一段程序，main 中有两个方法，method1()和 method2()，methond2 调用 method1。method1()定义为：

```
public void method1() throws IOException{
  ⋮ //程序方法中不对异常进行捕获处理
}
```

而对 method2()方法，可以如下设计：

```
public void method2 (){
  try{
     ⋮
      method1();
     ⋮
  }
  catch(IOException e){
     ⋮
  }
}
```

当 method2 调用 method1 时，如在 method1 中发生了 I/O 异常，则异常处理顺序如图 7.8 所示。

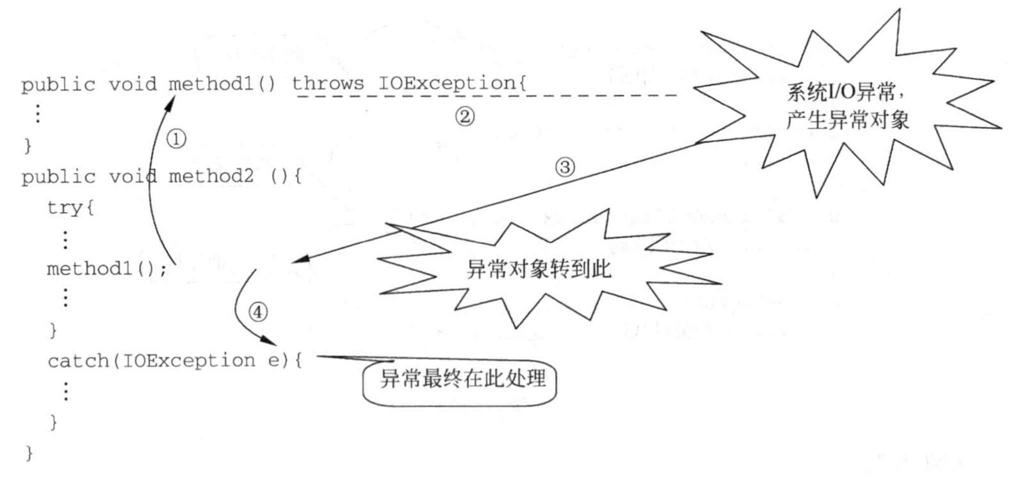

图 7.8

图 7.8 反映了两种异常处理方法的配合关系，但需要强调的是：

(1) method1 抛出的异常如果是 RuntimeException，则可以不写“throws RuntimeException”。

(2) method2 方法后没有必要写“throws IOException”，因为内部已经进行了 IOException 处理。但如果 method2 方法后写上“throws Exception”，则意味着在 try 语句块当中，还有其他语句产生非 IOException 的异常需要从本方法抛出。

4. 异常的嵌套处理

【例 7.8】

```
public class NestingException{
    public static void main(String[ ] args){
        int a,b,c;
        a = 67; b = 0;
        try{
            c = a/b;
            System.out.println(a + "/" + b + " = " + c);
        }
        catch(Exception e){
            e.printStackTrace();
        }
    }
}
```

程序执行后，虽然异常由程序捕获了，但是“c=a/b”语句后的代码无法执行。如果希望还能执行，就得用异常嵌套捕获的方法来解决，嵌套方式如图 7.9 所示。

注意：异常嵌套处理程序中，最内层的 try 产生的异常对象，如果不能被对应的 catch 异常类声明引用，则转交给外层的 catch 去处理。

```
public class NestingException{
  public static void main(String[] args){
      int a,b,c;
      a=67; b=0;
      try{
          try{
              c=a/b;
          }       ①
          catch(ArithmeticException ee){ ------    除零异常
             b=100;                    ②
                  ⋮
          }                      ③
      System.out.println(a+"/"+b+"="+c);
      //此处还有别的代码可能产生异常，由最外层try来处理
      ⋮
      }     ④
      catch(Exception e){
        e.printStackTrace();
      }
   }
}
```

图 7.9

7.4 自定义异常与异常对象的创建

异常发生时，异常对象往往由系统自动产生，但在特殊情况下也可以编程创建异常对象，相应的语句为：

throw new 异常类

new 后面的异常类可以为 JDK 中定义好的异常，也可以是自定义异常类。例 7.9 中的 SelfGenerateException 就是一个自定义异常类，它需要继承 JDK 中的一个异常类。

【例 7.9】

```
public class SelfGenerateException extends Exception{
   SelfGenerateException(String msg){
       super(msg);          //调用 Exception 的构造方法
   }
   static void throwOne() throws SelfGenerateException{
       int a=1;
       if (a==1)           //如果 a 为 1 就认为在特定应用下存在异常,改变执行路径,抛出异常
       {throw new SelfGenerateException("a 为 1");}
   }
   public static void main(String args[]){
       try
       {throwOne();}
       catch(SelfGenerateException e)
       {e.printStackTrace();}
```

```
    }
}
```

输出结果为：

```
SelfGenerateException: a 为 1
    at SelfGenerateException.throwOne(SelfGenerateException.java:10)
    at SelfGenerateException.main(SelfGenerateException.java:15)
```

程序说明

(1) “throw new 异常类”的作用往往是根据程序的需要而定义流程的跳转。如本例 a 为 1 对于 Java 系统来说并不是异常，但对于特定的应用程序，它就是异常，可以通过自定义异常实现流程的跳转。

(2) “throw new 异常类”只是主动产生异常对象，至于这个对象如何处理，需要看当时的环境——声明抛出还是捕获处理。

(3) 例 7.9 执行后出现的异常提示是由 e.printStackTrace()产生的，注意它的提示是按照出现异常所在的代码调用顺序给出的，明确这一点有助于对提示进行判读。如图 7.10 所示，method1 调用 method2，method2 调用 method3，当 method3 中出现异常时，首先输出问题代码行数，之后是 method2 调用处，最后是 method1 调用处。

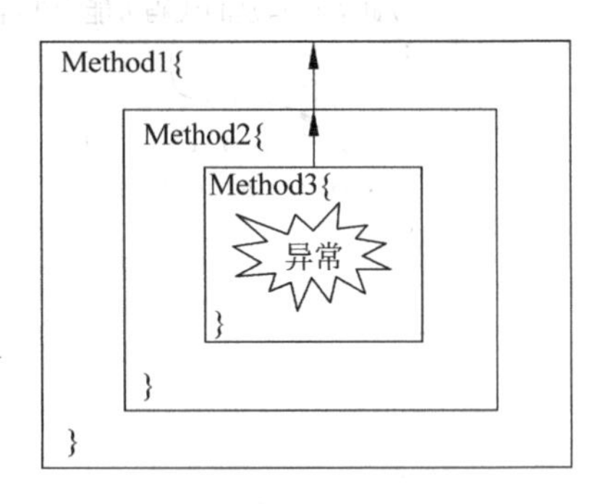

图 7.10

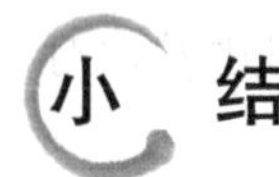

小结

Java 异常采用面向对象的方式进行处理，并有其继承体系。本章对 Java 异常的概念、分类、处理方式、自定义异常、异常对象的创建进行了介绍。其中重点内容是异常的处理，主要采用抛出和捕获两种方式。抛出方式中，对于 RuntimException 异常可以进行隐式抛出，其他异常则采用显式方式抛出；捕获方式中存在嵌套捕获的类型。Java 程序设计需要处理好抛出和捕获的配合关系。

习题

1. “程序中凡是可能出现异常的地方必须进行捕获或抛出”，这句话对吗？

2. 自定义一个异常类，并在程序中主动产生这个异常类对象。

3. 借助 JDK 帮助，请列举发生 NullPointerException 异常的一些情况。

4. 不执行程序，指出下面程序的输出结果；如果将黑体代码去掉，写出输出结果；如果再将斜体代码去掉，写出输出结果。

```
public class Test {
    public static void aMethod() throws Exception {
```

```
        try {
            throw new Exception();
        }
        catch (Exception e) {
            System.out.println("exception000");
        }
        finally {
            System.out.println("finally111");
        }
    }
    public static void main(String args[]) {
        try {
            aMethod();
        }
        catch (Exception e) {
            System.out.println("exception");
        }
            System.out.println("finished");
    }
}
```

5. 不执行程序，指出下面程序的输出结果。

```
public class Test {
    public static String output = "";
    public static void foo(int i) {
        try {
            if(i == 1) {throw new Exception();}
            output += "1";
        }
        catch(Exception e) {
            output += "2";
            return;
        }
        finally {output += "3";}
        output += "4";
    }
    public static void main(String args[]) {
        foo(0);
        foo(1);
        System.out.println(Test.output);
    }
}
```

6. 编写一个程序方法，对空指针异常、除数为零异常给出出错的中文提示。当有新异常发生时，可扩展该方法中的代码进行统一处理。

7. 从屏幕输入10个数，在输入错误的情况下，给出相应的提示，并继续输入。在输入完成的情况下，找到最大最小数。

8. 阅读下面程序,TimedOutException 为自定义异常,完成指定方法后面的部分。

```
public void method()________
{ success = connect();
  if (success ==- 1) {
   throw new TimedOutException();
  }
}
```

第8章 Java常用类库与工具

8.1 Java 类库概述

Java 类库是指 JDK 所拥有的大量已定义好的类，这些类是编程的宝贵资源。Java 程序员水平的高低，一方面体现在面向对象设计能力上，另一方面体现在对 JDK 类库的熟悉和运用程度上，因此了解和掌握 Java 类库就变得十分必要和重要。

JDK 中的类是以包的形式组织的，这些包都存放于 rt.jar 文件当中。在编译和运行时，这个文件不需要在 classpath 中指出，但自定义包以及其他第三方开发的包，必须在 classpath 中指出(在环境变量或命令行开关中设置)。JDK 顶层包有：com、java、javax、org 等，其中 java 包是基础包且最为常用，表 8.1 罗列了 Java 包下的一些常用子包。

表 8.1

包名	含义	包名	含义
Java. lang	语言包	Java. io	输入/输出流包
Java. util	实用包	Java. net	网络功能包
Java. awt	抽象窗口工具包	Java. rmi	远程方法调用功能包
Java. applet	Applet 包	Java. sql	JDBC 接口包
Java. text	文本包		

1. 语言包

语言包 java. lang 提供 Java 语言最基础的类，主要有：

(1) Object 类：它是 Java 的根类，是所有类的共同祖先。因此在 Object 类中定义的方法在任何类中都可以使用。

(2) 数据类型包装类(the data type wrapper)：对应 Java 的 8 个基本数据类型，包装类有 Byte、Short、Integer、Long、Float、Double、Character 和 Boolean。

(3) 字符串类：Java 将字符串作为类来应用，主要有 String 和 StringBuffer 两个类。

(4) 数字型 Math 类：提供一组静态常量和静态方法，包括 E(e)和 PI(π)常数，求绝对值的 abs 方法，计算三角函数的 sin 和 cos 方法，求最值的 min 和 max 方法，求随机数的 random 方法等。

(5) 系统运行时类 System、Runtime：可利用它们访问系统和运行时环境资源。

(6) 类 Class：为类提供运行时信息，如名字、类型以及父类信息。

(7) 错误和异常处理类：Throwable、Exception 和 Error。

(8) 线程类：Thread。

(9) 过程类 Process：得到其他进程控制对象，实现不同进程间的相互通信。

(10) 反射包类：提供方法获得类和对象的反射信息，也就是类或对象的描述信息。

注意：java.lang 包中的类不需要 import 就可使用。

2. 实用包

(1) 日期类：包括 Data、Calendar 类，它们描述日期和时间，提供对日期的操作方法，如获得当前日期，比较两个日期，判断日期的先后等。

(2) 集合类：包括多种集合接口 Collection(无序集合)、Set(不重复集合)、List(有序集合)、Enumeration(集合类枚举操作)、Iterator(集合类迭代操作)，以及表示数据结构的多个类，如 LinkedList(链表)、Vector(向量)、Stack(栈)、Hashtable(散列表)、TreeSet(树)等，参见第 10 章。

3. 抽象窗口工具包

抽象窗口工具包(AWT)用来构建和管理应用程序的图形用户界面(参见第 12 章)。

(1) java.awt 包：是用来构建图形用户界面(GUI)的类库，它包括许多界面元素和资源，主要在三个方面提供界面设计支持：低级绘图操作类 Graphics；图形界面组件和布局管理，如 Checkbox 类、Container 类、LayoutManager 接口等；用户界面交互控制和事件响应，如 Event 类。

(2) java.awt.event 包：定义了许多事件类和监听接口。

(3) java.awt.image 包：用来处理和操纵来自网上的图片。

4. Applet 包

包含用来实现运行于浏览器的 Applet 和一些相关接口，参见第 11 章。

5. 文本包

包中的 Format、DateFormat、SimpleDateFormat 等类提供各种文本或日期格式。

6. 输入/输出流包

包含了实现 Java 程序与操作系统、用户界面以及其他 Java 程序做数据交换所使用的类，如基本输入/输出流、文件输入/输出流、过滤输入/输出流、管道输入/输出流等。凡是需要完成与操作系统有关的、较底层的输入/输出操作都要用到包中的类。详细内容参见第 14 章。

7. 网络功能包

用来实现 Java 的网络功能，主要有低层的网络通信(如实现套接字通信的 Socket 类、ServerSocket 类)和高层的网络通信(如基于 http 应用的 URL 类及 URLConnection)，详细内容参见第 15 章。

8. 远程方法调用功能包

这三个包用来实现远程方法调用(Remote Method Invocation,RMI)功能。利用 RMI,用户程序可以在本地计算机上以代理的方式使用远程计算机上的对象提供的服务,详细内容参见第 20.4 节。

9. JDBC 接口包

提供 JDBC(Java database connection)规范中的主要接口和一些常用类。利用包中的接口以统一的方式访问不同类型的数据库(如 Oracle、Sybase、DB2、SQL Server 等),从而使 Java 程序在具有平台无关性的同时,也具有以相同的逻辑无差异访问异构数据库的能力,详细内容参见第 16 章。

8.2　String 与 StringBuffer

8.2.1　String

String 不是基本数据类型,而是一个类,它被用来表示字符序列。字符本身符合 Unicode 标准,其初始化方式有以下两种。

```
String greeting = "Good Morning! \n";
String greeting = new String("Good Morning! \n");
```

String 的特点是一旦赋值,便不能更改其指向的字符对象。如果更改,则会指向一个新的字符对象。下面从字符串初始化、参数传递、字符串比较、字符编解码四个方面来进行说明。

1. String 初始化

图 8.1 中的程序片段有四个变量被初始化,两个 int 基本数据类型和两个 String 类型。x 的值是 6,这个值被复制到 y,x 和 y 是两个独立的变量,且其中任何一个的进一步变化都不对另外一个构成影响。至于 s 和 t,则共同指向一个 String 对象"Hello",如图 8.1 所示。

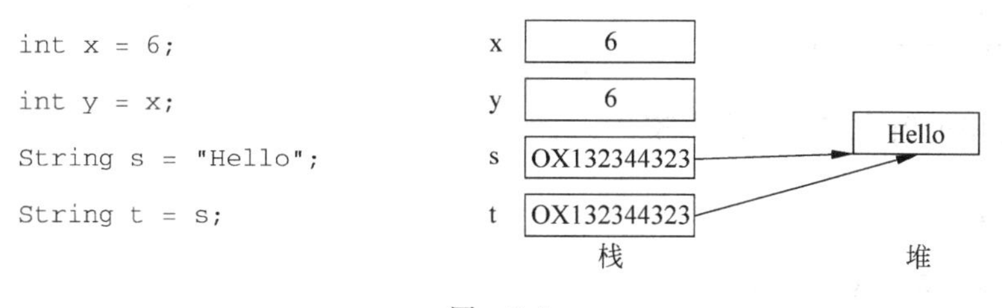

图　8.1

图 8.1 程序片段最后一句如果更改为 String t = "Hello",那么编译器将进行一番优化,使 s 和 t 指向同一个字符对象,它们在内存中的分布情况仍然如图 8.1 所示,而不会分别指向堆中的不同字符对象;但如果代码改为 String t = new String("Hello"),此时 s 和 t 指向内存中的不同字符对象,如图 8.2 所示。如果再增加代码 s = "Hello"+"World",则

此时内存分布情况将如图 8.3 所示。

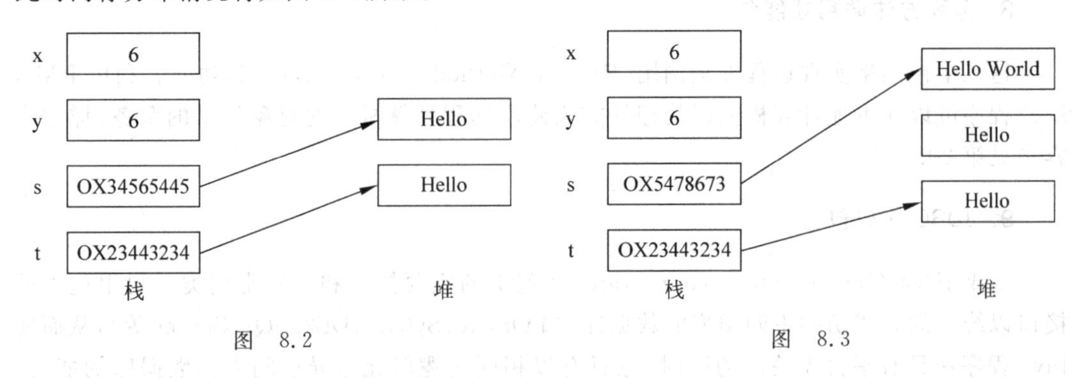

图 8.2

图 8.3

2. String 作为参数传递的特点

下面有两个方法 changePara 和 invoke，invoke 中调用了 changePara，并采用字符串作为传递参数。

```
public void changePara(String s){
  s = s+"a";
}
public void invoke(){
  String s = "b";
  changePara(s);
  System.out.println(s);
}
```

按照对象引用传递的特点，invoke 方法中定义的变量 s 在 changePara 中改变后，invoke 中的 s 应该是"ba"，而实际上却为"b"。原因是 invoke 中的 s 与 changePara 中的 s 不是指向同一个对象。changePara 中的 s 指向一个新字符串"ba"，而 invoke 中的 s 仍然是"b"。同样，下面的代码执行完毕后，输出结果为"abcd"也是同样道理。

```
String a = "ABCD";
String b = a.toLowerCase();
b.replace('a', 'd');
b.replace('b', 'c');
System.out.println(b);
```

3. 字符串的值比较和引用比较

【例 8.1】

```
public class StringEqualTest {
  public static void main(String[] args){
    String s = new String("Hello");
    String t = new String("Hello");
    if(s == t){
      System.out.println("相等");
    }
    else{
```

```
            System.out.println("不相等");
        }
    }
}
```

这段代码执行后,结果是不相等。原因是 s==t 比较的是内存中的引用地址,换句话说是引用比较。如果要进行值比较,应采用如下方法:

【例 8.2】

```
public class StringEqualTest1{
  public static void main(String[] args){
    String s = new String("Hello");
    String t = new String("Hello");
    if(s.equals(t)){
        System.out.println("相等");
    }
    else{
        System.out.println("不相等");
    }
  }
}
```

equals 是值比较,但却严格区分大小写,如果要忽略大小写比较,则应调用方法 equalsIgnoreCase。

4. 字符串的编码和解码

将 unicode 字符集转为本地字符集(如 GB2312 或 GBK)的过程叫编码,反之叫解码。

【例 8.3】 对程序中的含有中文的字符串进行编码。

```
import java.io.*;
public class CharCode{
  public static void printByteArray(String msg,byte[] t){
    System.out.println(msg + "****************");
    for(int i = 0;i < t.length;i++){
      System.out.println(Integer.toHexString(t[i]));
    }
  }
  public static void printCharArray(String msg,char[] c){
    System.out.println(msg + "****************");
    for(int i = 0;i < c.length;i++){
       System.out.println(Integer.toHexString(c[i]));
    }
  }
  public static void main(String[] args){
    try{
        String str = "中文";
        System.out.println(str);
        //unicode 字符集中"中文"二字的对应代码
        printCharArray("unicode:",str.toCharArray());
```

```
            //转为本地字符集 GB2312 对应的代码
            byte[] b = str.getBytes("GB2312");
            printByteArray("GB2312",b);
            //转为 ISO8859 - 1 对应的代码,因为 ISO8859 - 1 是英文字符集,
            //没有对应的汉字代码,所以转化错误
            byte[] m = str.getBytes("ISO8859 - 1");
            printByteArray("ISO8859 - 1",m);
        }
        catch(UnsupportedEncodingException e){
            System.out.println("没有相应的字符集!");
        }
    }
}
```

程序执行结果如图 8.4 所示。

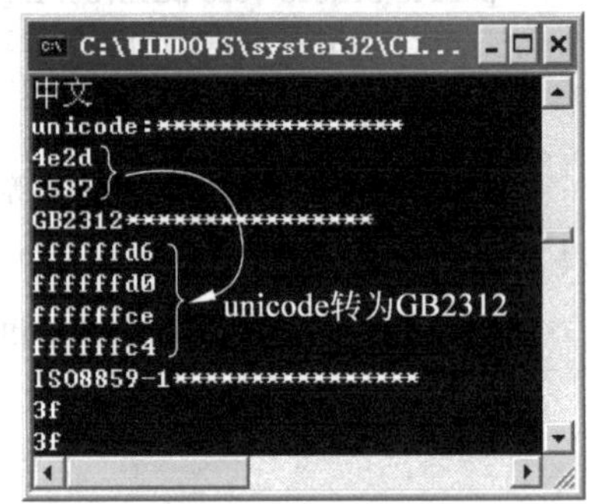

图 8.4

解码的方法是使用如下的 String 构造方法来完成的:

```
String s = new String(b, "GB2312");
```

【例 8.4】 设定从键盘输入相应的字符存入字节数组 b 中,将其解码为 unicode 字符。

```
import java.io.*;
public class Decode{
  public static void printByteArray(String msg,byte[] t){
    System.out.println(msg + "****************");
    for(int i = 0;i < t.length;i++){
      System.out.println(Integer.toHexString(t[i]));
    }
  }
  public static void printCharArray(String msg,char[] c){
    System.out.println(msg + "****************");
    for(int i = 0;i < c.length;i++){
      System.out.println(Integer.toHexString(c[i]));
    }
  }
  public static void main(String[] args){
    byte[] b = new byte[6];
    int t = 0,pos = 0;
    String s;
    try{
      while(t! = '\n'){
        t = System.in.read();              //输入内容按字节读入存放
        b[pos] = (byte)t;
        pos++;
      }
      printByteArray("本地码:",b);
        s = new String(b,"GBK");           //按照 GBK 方式进行解码
```

```
            System.out.println(s);
            printCharArray("unicode 码: ",s.toCharArray());
        }
    catch (Exception e){
        System.out.println(e.getMessage());
    }
  }
}
```

程序执行结果如图 8.5 所示,输出的 d 和 a 分别代表回车符和换行符。

图 8.5

5. String 常用的其他方法

(1) concat(String str)将 str 附加在当前字符串后生成一个新字符串返回。

(2) 静态方法 valueOf 负责将其他基本数据类型转化为 String。

(3) charAt (int index)得到字符串中指定位置的一个字符。

(4) 转为数组方法:转为字节数组 getBytes、转为字符数组 toCharArray、按正则表达式方式分割成数个子字符串数组的方法 split。

(5) 定位字符串或字符方法 indexOf、lastIndexOf。

(6) 求字符串长度方法 length。

(7) 字符串替换(replace 开头)方法,字符串大小写转化方法(toUpperCase、toLowerCase),去空格方法(trim)。

(8) 返回特定的子字符串方法 subString。

(9) 比较方法:equals、equalsIgnoreCase、startsWith、endsWith、compareTo。

(10) 按照正则规则进行串查找的 matches 方法。

注意:(1) String 方法使用前,自身不能为 null,否则将抛出空指针异常。例如:

```
String a = null;a.concat("ab");
```

(2) 字符串变量调用能返回新字符串的方法后,原先的字符串并没有改变。

8.2.2 StringBuffer

StringBuffer 是一个具有对象引用传递特点的字符串对象。

【例 8.5】

```
public class StringBufferPass{
    private static StringBuffer changeStr(StringBuffer s){
        return s.append("World");
    }
```

```
        public static void main(String[ ] args){
          StringBuffer s = new StringBuffer("Hello");
          System.out.println(changeStr(s));
        }
}
```

输出结果是 HelloWorld。

【例 8.6】

```
public class StringBufferModify{
        public static void main (String [ ] args) {
          StringBuffer a = new StringBuffer ("A");
          StringBuffer b = new StringBuffer ("B");
          operate(a,b);
          System.out.println(a + "," + b);
        }
        static void operate(StringBuffer x, StringBuffer y) {
          x.append(y);
          y = x;
        }
}
```

其结果为 AB,B。

程序说明

operate 方法中,x.append(y)改变的是 x 所引用的对象本身,而 y=x 只是让 y 丢掉了最初引用的 b 对象,引用了一个新对象。

StringBuffer 对象可以调用其方法动态地进行增加、插入、修改和删除操作,且不用像数组那样事先指定大小,从而实现多次插入字符,一次整体取出的效果,因而操作字符串灵活方便。

8.2.3 StringBuffer 与 String 的相互转化

StringBuffer 的构造方法可将一个 String 对象转化为 StringBuffer,而其方法 toString()可将一个 StringBuffer 转化成一个 String 对象。

程序代码中经常将若干个字符串拼接起来,例如 s="a"+"b"+"c"。数据库编程时为了拼写 SQL 语句的方便常常这样写。如果没有 StringBuffer,则这种表达式很影响执行效率,因为对象 a 和对象 b 相加后生成新对象 ab,对象 ab 和 c 相加后,又生成新对象 abc。但幸运的是,编译器将上面的过程优化为如下形式,提高了执行的效率。

```
String s = new StringBuffer().append("a").append("b").append("c").toString();
```

【例 8.7】 去除字符串中的汉字。

```
public class RemoveHZ {
  public static String deal(String s){
    //将 s 由 String 转为 StringBuffer 的 sb
    StringBuffer sb = new StringBuffer(s);
```

```
        //se用于存放处理后的结果
        StringBuffer se = new StringBuffer();
        //测出字符串中字符的个数
        int l = sb.length();
        char c;
        //遍历 sb,得到的每个字符
        for(int i = 0;i < l;i++){
            c = sb.charAt(i);
            //如果是 ASCII 码,则保留到 se 当中,实现了去除汉字的操作
            if(c > 40&&c < 127){
                se.append(c);
            }
        }
        return new String(se);          //返回处理后的字符串
    }
    public static void main(String[] args){
        System.out.println(deal(args[0]));
    }
}
```

8.3 系统类与时间类

System 和 Runtime 两个类封装了对系统进行的一些操作；Date 和 Calendar 封装了对日期和时间进行的操作。

8.3.1 System 类

System 类不能被实例化，且有 in、out、err 三个域。标准输入流 in 对应键盘输入或用户指定的输入源；标准输出流 out 对应于显示屏以及用户指定的输出源；标准的错误输出流 err 对应于显示屏以及用户指定的输出源。

System 类成员方法都是静态的，如表 8.2 所示。

表 8.2

类别	方法	备注
标准输入/输出流转向	setln(InputStream in)	重新指定标准的输入流，参数 in 为新的输入流
	setOut(PrintStream out)	重新指定标准的输出流，参数 out 为新的输出流
	setErr(PrintStream err)	重新指定标准的错误输出流，参数 err 为新的错误输出流
垃圾回收	gc()	运行垃圾收集器，该方法会调用 Runtime 类的 gc 方法
	runFinalization()	建议虚拟机回收所有未运行 finalize 方法的垃圾对象，该方法会调用 Runtime 类的同名方法

续表

类　　别	方　　法	备　　注
系统属性	Properties getProperties()	得到当前系统的属性,属性存放在 Properties 对象当中
	setProperties(Properties props)	设置系统的属性
	String getProperty(String key)	得到指定键 key 的系统属性
	String getProperty (String key, String def)	得到指定键 key 的系统属性,如果键 key 的属性值不存在,则返回参数 def 指定的值
	String setProperty (String key, String value)	利用指定的键 key 和值 value 设置系统的属性。如果所设置的系统属性存在,则返回该系统属性值,否则返回 null
安全	setSecurityManage(SecurityManager s)	参数 s 为新的安全管理器
	SecurityManager getSecurityManager()	得到安全管理器引用
其他	public static native long currentTimeMillis()	得到一个类型为 long 的时间
	public static native void arraycopy (Object src, int src_position, Object dst, int dst_position, int length)	从指定的源数组 src 的指定位置 src_position,复制到指定的目的数组 dst 的指定位置 dst_position,复制的长度为 length
	public static void exit(int status)	中断当前运行的 Java 虚拟机,参数 status 为状态码,通常用非 0 的状态码描述非正常的中断

注意:(1) 因为 System 许多方法涉及对系统的设置和对状态的改变,安全管理器的作用就是鉴别这些行为的合法性,而鉴别的依据是安全管理器的 checkPermission 方法,例如 setln 方法。如果安全管理器存在且其上的 checkPermission 方法不允许重新分配标准输入流,则抛出一个 SecurityException 异常。

(2) currentTimeMillis()得到以毫秒为单位的当前时间,可以利用此方法得到代码段的执行时间,例如:

```
long startTime = System.currentTimeMillis();
⋮//代码段
long endTime = System.currentTimeMillis();
//计算二者的时间差
```

(3) Properties 是 util 包中的类,继承于 Hashtable。利用它很容易描述 name 与 value 对,如配置文件中的配置项,数据库中字段名称与值等。

【例 8.8】 得到本机 Java 系统的基本属性。

```
import java.util.*;
public class DemogetProperties{
  public static void main(String[] args){
    Properties sp = System.getProperties();
    Enumeration e = sp.propertyNames();
    while(e.hasMoreElements()){
        String key = (String)e.nextElement();
        System.out.println(key + " = " + sp.getProperty(key));
    }
  }
}
```

程序的运行结果如图 8.6 所示。

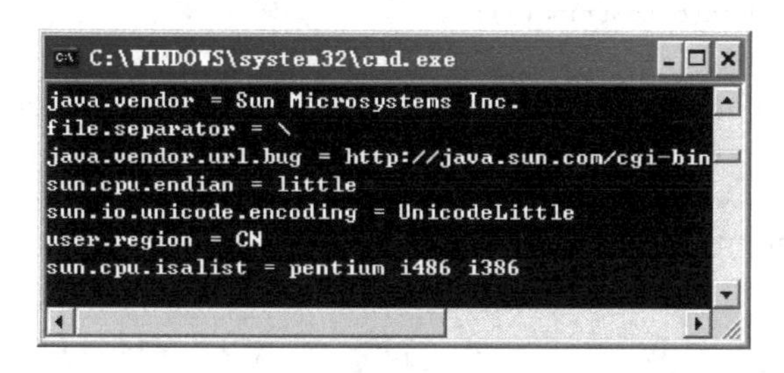

图 8.6

程序说明

“System.getProperties()”一句将当前的 Java 基本环境配置全部读入对象 Properties 当中，之后利用 Enumeration(见第 10.2.2 节介绍)接口进行遍历，得到属性对 key 和 value 的值。

8.3.2 Runtime 类

每一个 Java 应用程序有且只有一个 Runtime 类的实例，允许应用程序与其运行的环境进行交互。要得到该类的实例，不能用 new，只能调用该类的 getRuntime 静态方法。

该类的主要作用有：

(1) 可以通过方法 exec 启动一个进程，并且获得操纵该进程的引用，从而实现与别的进程进行通信的功能。

(2) 得到内存参数：如 freeMemory 方法得到系统的空闲内存数量(单位为字节)；totalMemory 方法得到 Java 虚拟机中的内存总数(单位为字节)。

(3) 它是 System 类许多静态方法如 exit、gc 等的真正执行者。如 System.exit 方法内的实现为 Runtime.getRuntime().exit(n)，n 为整数的状态值；而 System.gc 方法内的实现为 Runtime.getRuntime().gc()。

8.3.3 Date 类

JDK 当中有两个同名的 Date，一个存在于 java.util 包中，一个存在于 java.sql 包中。前者在 JDK1.0 中就已出现，但是逐渐被弃用(被 Calendar 所取代)；而后者是前者的子类，用来描述数据库中的时间字段。

8.3.4 Calendar 类

Calendar 类是对时间操作的主要类。要得到其对象引用，不能使用 new，而要调用其静态方法 getInstance，之后再利用相应的对象方法。

【例 8.9】 得到本机的当前时间。

```
import java.util.*;
public class GetCurrentTime{
  public static void main(String[] args){
    Calendar cd = Calendar.getInstance();
```

```
        Date d = cd.getTime();
        System.out.println(d.toString());
    }
}
```

程序的输出为:

```
Fri Oct 20 00:19:28 CST 2006
```

8.4 格式化类

在C语言中可以使用printf("%d %8.2f\n", 1001, 52.335)对输出进行格式化,可是Java中的System.out.println并没有对应的功能。要格式化输出,必须使用java.text包中的类来实现类似的操作。

8.4.1 格式化数字

格式化数字的类主要有NumberFormat和DecimalFormat,它们位于java.util包中。

1. NumberFormat类

该类提供了格式化4种数字的方法:整数、小数、货币和百分比,通过静态方法getIntegerInstance、getNumberInstance、getCurrencyInstance、getPercentInstance方法获得相应格式化类的实例。

例如,要以字符串形式表示人民币88 888.88元,代码如下:

```
NumberFormat nf = NumberFormat.getCurrencyInstance();
System.out.println(nf.format(88888.88));            //输出为￥88,888.88
```

对于更复杂的要求,Java还提供了DecimalFormat实现定制的格式化。

2. DecimalFormat类

该类提供一个格式化的模式(pattern)——详见JDK帮助,其格式化数字的方式如下:

```
String pattern = …           //给出指定的模式
DecimalFormat df = new DecimalFormat(pattern);
```

或者:

```
DecimalFormat df = new DecimalFormat();
df.applyPattern(pattern);
```

然后就调用它的format方法(将number转为String)或parse方法(将String转为number)。例如:

```
DecimalFormat df1 = new DecimalFormat("000");
System.out.println(df1.format(12345.54));                //输出为: 12346
System.out.println(df1.format(54));                      //输出为: 054
System.out.println(df1.format(12345));                   //输出为: 12345
```

```
DecimalFormat df2 = new DecimalFormat("#,##0");
System.out.println(df2.format(54));                //输出为: 54
System.out.println(df2.format(12345));             //输出为: 12,345

DecimalFormat df3 = new DecimalFormat("0.0#%");
System.out.println(df3.format(4));                 //输出为: 400.0%
System.out.println(df3.format(1.2345));            //输出为: 123.45%

DecimalFormat df4 = new DecimalFormat("This is 0 o''clock");
System.out.println(df4.format(4));                 //输出为: This is 4 o'clock
```

8.4.2 格式化日期

主要是使用SimpleDateFormat,其对象的format方法是将Date转为指定日期格式的String,而parse方法是将String转为Date,例如:

```
SimpleDateFormat sdf1 = new SimpleDateFormat("yyyy-MM-dd HH:mm:ss");
System.out.println(sdf1.format(new Date()));
```

输出为:2005-06-08 16:52:16

```
System.out.println(sdf1.parse("2099-9-3 23:12:12"));
```

输出为:Thu Sep 03 23:12:12 CST 2099

```
SimpleDateFormat sdf2 = new SimpleDateFormat("yy-M-d HH:mm:ss");
System.out.println(sdf2.format(new Date()));
```

输出为:05-6-8 16:52:16

```
SimpleDateFormat sdf3 = new SimpleDateFormat("yy-MMM-d HH:mm:ss");
System.out.println(sdf3.format(new Date()));
```

输出为:05-六月-8 16:52:16

小 结

本章介绍了Java类库的构成以及一些常用的Java类,主要有String、StringBuffer、System、Runtime、Date、Calendar和一些格式化类。重点内容是熟悉Java类库和String的正确使用。Java类库虽然很多,但是了解常用类库的基本功能对于应用十分必要。String是Java当中最常使用也是最容易错的数据类型,掌握好String值比较、引用比较、参数传递的特点、编码与解码等要点是学好Java语言的基本功之一。

习 题

1. Java常用类库有哪些?其基本功能是什么?
2. JDK中哪些包有Date类,它们的区别是什么?

3. String 类型有什么特点?
4. String 什么时候进行值比较,什么时候进行引用比较?
5. String 与 StringBuffer 的区别是什么? 如何相互转化?
6. 如果要在 Java 程序中启动另一个程序,什么包中的类能完成此功能?
7. Calendar 如何得到自己的一个实例?
8. 格式化类的作用是什么? 格式化数字的类有哪些? 格式化日期的类又有哪些?

第9章 线程

9.1 线程的概念

线程是隶属于操作系统的概念，是程序执行中的单个顺序流程。与线程密切相关的另一概念是进程，进程就是一个执行中的程序，是操作系统对其资源(内存和 CPU 时间等)进行分配的基本单位，每一个进程都有自己独立的一块内存空间、一组系统资源，其内部数据和状态都是完全独立的。多线程则指一个进程中可以同时运行多个不同的线程，执行不同的任务。多线程意味着一个程序的多行语句看上去几乎同时运行。

线程与进程的不同点是：同类的多个线程共享一块内存空间和一组系统资源，而线程本身的数据通常只有微处理器的寄存器数据，以及一个供程序执行时使用的堆栈。所以系统在产生一个线程，或者在各个线程之间切换时，负担要比进程小得多，正因如此，线程被称为轻负荷进程(light-weight process)。

Java 当中一切皆对象，线程也不例外，它用类 Thread 来描述。每个程序至少自动拥有一个称为主线程的线程，即 main 静态方法，当程序加载到内存时，启动主线程。

Java 产生线程有两种方法：一种是继承 Thread 类，且覆盖其 run 方法；另一种就是实现 Runnable 接口，并将实现类对象作为参数传递给 Thread 类的构造方法。

9.1.1 Thread 类

Thread 类将 Runnable 接口中的 run 方法实现为空方法，并定义许多用于创建和控制线程的方法。类的定义部分为：

```
public class Thread extends Object implements Runnable
```

1. 构造方法

```
public Thread()
public Thread(String name)
public Thread(Runnable target)
public Thread(Runnable target,String name)
public Thread(ThreadGroup group,Runnable target)
public Thread(ThreadGroup group,String name)
public Thread(ThreadGroup group,Runnable target,String name)
```

2. Thread 类的静态方法

```
//返回当前执行线程的引用对象
public static Thread currentThread()
//返回当前线程组中活动线程个数
public static int activeCount()
//将当前线程组中的活动线程复制到 tarray 数组中
public static int enumerate(Thread[ ] tarray)
```

3. Thread 类的实例方法

```
//返回线程名
public final String getName()
//设置线程的名字为 name
public final void setName(String name)
//启动已创建的线程对象
public void start()
//返回线程是否为启动状态
public final boolean isAlive()
//返回当前线程所属的线程组
public final ThreadGroup getThreadGroup()
```

【例 9.1】 通过继承 Thread 类创建线程,类 MyThread 声明为 Thread 的子类。

```
public class MyThread extends Thread {
    public static void main ( String args[ ] ) {
        Thread a = new MyThread();                       //(1)
        a.start();                                       //(2)
        System.out.println("This is main thread.");      //(3)
    }
    public void run() {
        System.out.println("This is another thread.");   //(4)
    }
}
```

MyThread 继承了 Thread 类,并覆盖了 run 方法。调用 start 方法后,当操作系统分配时间片给这个线程后,线程启动。对应上面的注释点代码行,程序执行流程如图 9.1 所示,此时注释点(3)和(4)代码行是并发执行的。

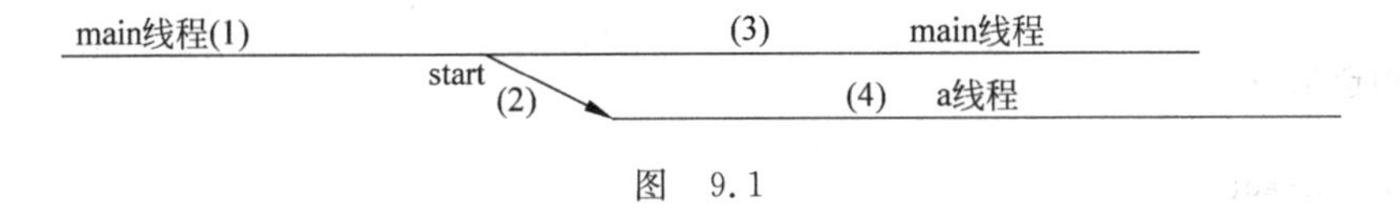

图 9.1

9.1.2 Runnable 接口

Runnable 接口中声明了一个 run 方法:

```
public void run()
```

Runnable 接口中的 run 方法是一个抽象方法,其实现类的 run 方法中定义的内容就是线程执行的任务,因而实现类的 run 方法又称为线程体。

注意: run 方法无参数,并且返回类型为 void。如果一个 run 方法有返回值或参数,则不是线程体。

【例 9.2】 利用 Runnable 接口产生线程。

```
public class MyThread implements Runnable {
  public static void main ( String args[ ] ) {
     MyThread my = new MyThread();                      //(1)
     Thread a = new Thread(my);                         //(2)
     a.start();                                         //(3)
     System.out.println("This is main thread.");        //(4)
  }
  public void run() {
     System.out.println("This is another thread.");     //(5)
  }
}
```

程序说明

(1) 利用接口产生线程,其关系可以描述为:线程对象调用 Runnable 接口实现对象的 run 方法,如图 9.2 所示。

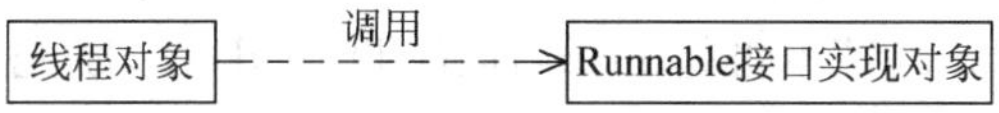

线程对象 - - - 调用 - - -> Runnable接口实现对象

图　9.2

(2) 程序执行过程中,在(4)和(5)处的代码可以看成是并发执行的,如图 9.3 所示。

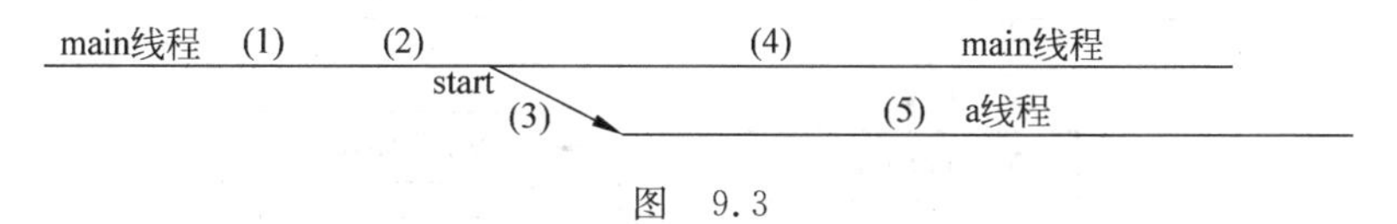

图　9.3

9.1.3　多线程并发效果

【例 9.3】

```
class MyThread extends Thread{
  public void run(){
    while(true){
      System.out.println(Thread.currentThread().getName() + " is running");
    }
  }
}
public class TestMyThread{
  public static void main(String[ ] args){
    new MyThread().run();//new MyThread().start();
    while(true){
      System.out.println("main1 thread is running");
    }
```

```
    }
}
```

程序执行结果如图 9.4 所示。

如果将“new MyThread().run();”一句替换为“new MyThread().start();”，则程序的执行结果如图 9.5 所示。

```
C:\WINDOWS\system32\cmd.exe
main is running
main is running
main is running
main is running
main is running
```

图 9.4

```
C:\WINDOWS\system32\cmd.exe
Thread-0 is running
Thread-0 is running
main1 thread is running
main1 thread is running
main1 thread is running
```

图 9.5

程序的变化可以用图 9.6 进行说明：对于第一种情况，在 main 主线程当中，只是调用了类 MyThread 的对象方法 run(线程对象没有调用 start 方法，因此线程一直没有启动)，由于这个方法是个无限循环，程序一直执行“Thread.currentThread().getName()”，该语句得到字符串 main，“new MyThread().run()”后面的语句没有执行的可能，这种情况如图 9.6(a)所示；对于第二种情况，实际上产生了一个新的线程，新的线程脱离主线程按照自己的流程(即 MyThread 对象方法 run)执行，并且 MyThread 中的内容“Thread.currentThread().getName()”不再是 main 而是 Thread－0，原先的主线程继续执行“new MyThread ().run()”后面的语句，“main1 thread is running”得以输出，该情况如图 9.6(b)所示。

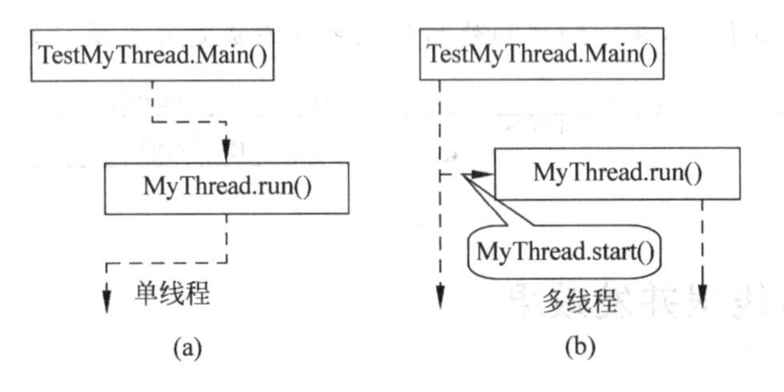

图 9.6

9.1.4 创建线程的两种方法比较

(1) 直接继承线程 Thread 类：该方法编写简单，可以直接操作线程。由于已经继承了 Thread，不能再继承其他类了。

(2) 实现 Runnable 接口：当一个类已继承了另一个类时，就只能用实现 Runnable 接口的方式来创建线程。另外，使用此方法的更多原因是多个线程可共享实现类对象的资源。

【例 9.4】

```
class Resource implements Runnable {
    public int i;
```

```
    public Resource(int _i){
        i = _i;
    }
    public void run(){
        while(true){
            if (i>0){
                i--;
                System.out.println(Thread.currentThread().getName() + " " + i);
            }
            else{
                break;
            }
        }
    }
}
public class TestThread{
    public static void main(String[] args){
        Resource m = new Resource(100);
        Thread t1 = new Thread(m);
        Thread t2 = new Thread(m);
        t1.start();
        t2.start();
    }
}
```

程序的执行结果如图 9.7 所示。

程序说明

例 9.4 当中,Thread—0 和 Thread—1 两个线程并发调用 Resource 中的 run 方法,如图 9.8 所示,i 就成了共享变量,当一个线程对 i 在进行自减时,另一个线程对 i 也在自减。

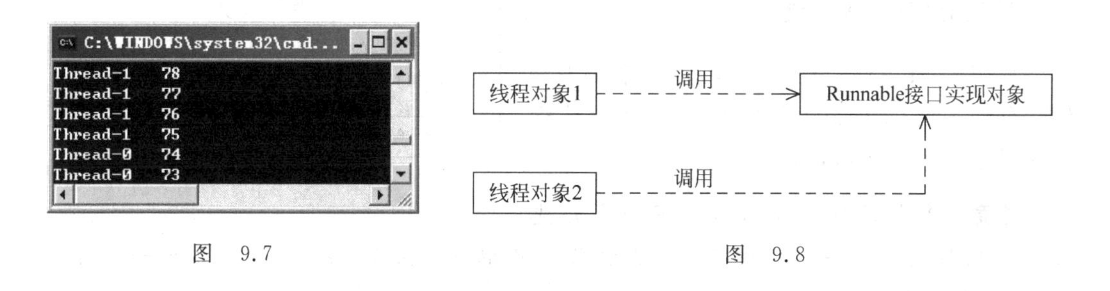

图 9.7　　图 9.8

9.1.5 线程组 ThreadGroup

java.lang 包中的 ThreadGroup 类用来管理一组线程,每个 Java 线程都是某个线程组的成员,且只能属于一个线程组,一旦隶属关系确定就不能改变。当线程产生时,可以指定线程组,如果不指定则由系统将其放入某个默认的线程组内。

线程组提供一种机制,能对它所管理的线程实行统一操作。例如得到线程组中线程的数目、状态以及用一个方法来操作组内的所有线程等。

9.1.6 volatile 修饰符

在 JVM 1.2 之前,Java 总是从主存读取变量,但随着 JVM 的优化,线程可以把主存变量保存在寄存器(工作内存)中操作,线程结束再与主存变量进行同步,然而,当线程没有执行结束就发生了互换这就可能造成一个线程在主存中修改了一个变量的值,而另外一个线程还继续使用它在寄存器中变量值的副本,造成数据的不一致。要解决这个问题,就需要把该变量声明为 volatile(不稳定的),它指示 JVM 这个变量是不稳定的,每次使用它都到主存中进行读取,因此多线程环境下 volatile 关键字的使用变得非常重要。一般说来,多线程环境下各线程间共享的变量都应该加 volatile 修饰。

9.2 线程的控制与调度

9.2.1 线程的生命周期

同进程一样,一个线程也有从创建、运行到消亡的过程,这称为线程的生命周期。用线程的状态表明线程处在生命周期的哪个阶段。线程有创建、可运行(就绪)、运行中、阻塞、死亡五种状态。通过线程的控制与调度可使线程在这几种状态间转化。一个具有生命的线程,总是处于这五种状态之一,如图 9.9 所示。

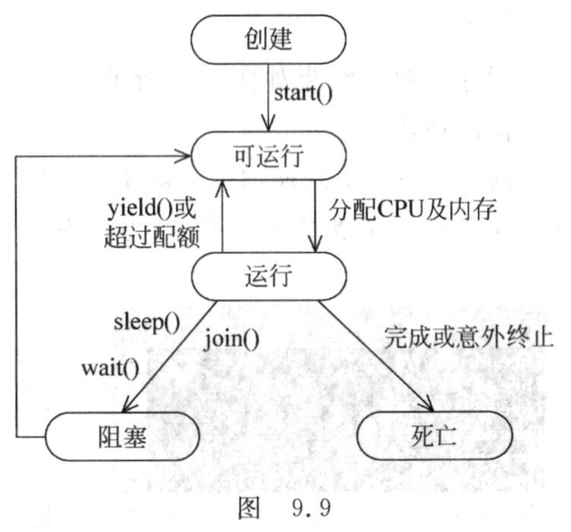

图 9.9

1. 创建状态

使用 new 运算符创建一个线程后,该线程仅仅是一个对象,系统并没有分配活动线程的资源给它,这种状态称为创建状态。

2. 可运行(就绪)状态

使用 start 方法启动一个线程后,系统为该线程分配了除 CPU 以外的所有资源,使该线程处于可运行状态(runnable)。

注意: 多个线程 start 后,并不一定是先 start 的线程先运行,究竟谁运行不取决于程序,而取决于操作系统,因而表现出一定的随机性,除非给它们设置不同优先级。

3. 运行中状态

Java 运行系统通过调度选中一个可运行的线程,使其占有 CPU 并转为运行中状态,此时才真正执行线程体。

4. 阻塞状态

一个正在执行的线程在某些特殊情况下,如执行了 join、sleep、wait 方法,将让出 CPU

并暂时中止自己的执行，进入阻塞状态。阻塞时它不能进入就绪队列，只有当引起阻塞的原因消除后，线程才可以转入就绪状态，重新进到线程队列中排队，等待CPU资源，以便从原来中断的代码处继续运行。

5. 死亡状态

线程结束后是死亡状态，一个线程在下列情况下结束线程：

(1) 线程到达其 run() 方法的末尾。

(2) 线程抛出一个未捕获到的 Exception 或 Error。

例9.4中，当主线程 main 结束时，程序并没有结束，因为两个线程仍在继续执行，例9.4中的这两个线程可称为“前台线程”，只有这两个前台线程都结束时，整个程序才算结束。但是在Java中，如果一个程序只有后台线程运行时，这个程序就会结束。将某个线程转为后台线程的方法就是调用线程对象方法 setDaemon(true)。可以将例9.4中的程序改造如下：

```
public class TestThread{
   public static void main(String[ ] args){
      Resource m = new Resource(100);
      Thread t1 = new Thread(m);
      Thread t2 = new Thread(m);
      t1.setDaemon(true);
      t2.setDaemon(true);
      t1.start();
      t2.start();
   }
}
```

当主线程 main 结束后，两个产生的子线程由于变成了后台线程，所以整个程序立即结束。

9.2.2 线程状态的改变

1. 线程睡眠

```
public static void sleep(long millis)throw InterruptedException
```

当前线程睡眠(停止执行)若干毫秒，线程由运行中的状态进入阻塞状态，睡眠时间过后线程进入可运行状态。

2. 暂停线程

```
public static void yield()
```

yield()暂停当前线程执行，允许其他线程执行。该线程仍处于可运行状态，不转为阻塞状态。此时，系统选择其他同优先级线程执行，若无其他同优先级线程，则选中该线程继续执行。

3. 连接线程

join 方法使当前线程暂停执行,它有以下三种用法:

(1) 等待线程结束。

```
public final void join() throws InterruptedException
```

(2) 最多为线程等待 millis 毫秒。

```
public final void join(long millis) throws InterruptedException
```

(3) 最多为线程等待 millis 毫秒+nanos 纳秒。

```
public final void join(long millis,int nanos) throws InterruptedException
```

如果需要在一个线程中等待,直到另一个线程消失,可以调用 join 方法。如果当前线程被强行中断,join 方法会抛出 InterruptedException 异常。

【例 9.5】 实现 10 000 个随机数相加。

```
import java.util.*;
class Adder extends Thread{
      int[] datas = null;
      public int total = 0;
      Adder(int[] _datas){
         datas = _datas;
      }
      public void run(){
         int sum = 0;
         for (int i = 0;i < datas.length ;i++){
             sum += datas[i];
         }
         total = sum;
      }
};
public class TestJoin {
   public static void main(String args[]) {
      Random rd = new Random();
      int[] datas = new int[10000];
      for(int i = 0; i < 10000; i++) {
          datas[i] = rd.nextInt(Integer.MAX_VALUE);
      }
      Adder a = new Adder(datas);
      a.start();
      try{a.join();}
      catch(InterruptedException it){}
      System.out.println(a.total);
   }
}
```

程序说明

a.join 语句能使 main 线程暂时停止运行,直到 a 线程完成后继续执行。其逻辑关系如

图 9.10 所示。

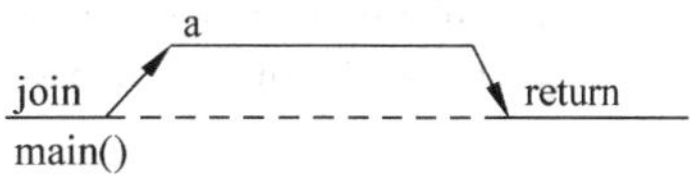

join　a　return
main()

图　9.10

9.2.3　线程调度与优先级

同一时刻如果有多个线程处于可运行状态，而运行的计算机只有一个 CPU 时，虚拟机系统需要引入线程调度机制来决定哪个线程应该执行。

线程产生时，每个线程自动获得一个线程的优先级(priority)，优先级的高低反映线程的重要或紧急程度。线程的优先级用 1～10 的整数来表示，1 优先级最低，默认值是 5。每个优先级对应一个 Thread 类的公用静态常量。如：

```
public static final int NORM_PRIORITY = 5
public static final int MIN_PRIORITY = 1
public static final int MAX_PRIORITY = 10
```

线程调度管理器根据调度算法负责线程排队和 CPU 在线程间的分配。当线程调度管理器选中某个线程时，该线程将获得 CPU 资源并由可运行状态转入运行状态。调度算法首先遵从优先级法，其次为轮转调度。也就是说，多个处于可运行状态的线程如果优先级一样，每个线程轮流获得一个时间片去执行，时间片到时，即使没有执行完也要让出 CPU，重新进入可运行状态，等待下一个时间片的到来，直到所有线程执行完毕。但是，如果多个处于可运行状态的线程中有高优先级的线程，则优先级高的立即执行，即使比它优先级低的线程正处于运行状态，也要转为可运行状态，让出 CPU 资源让优先级高的线程先执行。从而可见：高优先级线程执行时，将采用独占方式调度，除非它执行完毕，或是进入阻塞状态，低优先级的线程才获得执行权。

【例 9.6】

```
class Resource implements Runnable {
  volatile public int i;
  public Resource(int _i){
      i = _i;
  }
  public void run(){
    while(true){
      if (i>0){
        i--;
        System.out.println(Thread.currentThread().getName() + " " + i);
      }
      else{
        System.out.println(Thread.currentThread().getName());
        break;
      }
    }
  }
}
public class TestPriority{
  public static void main(String[] args){
      Resource m = new Resource(100);
      Thread t1 = new Thread(m);
```

```
        Thread t2 = new Thread(m);
        t2.setPriority(Thread.MAX_PRIORITY);
        t1.start();
        try{
            Thread.sleep(5);
        }
        catch(Exception e){}
        t2.start();
    }
}
```

程序说明

让 t1 先运行,5ms 后 t2 运行,由于 t2 具有高优先级,所以 t2 运行结束后,t1 得以执行。如果去掉 t2 的高优先级,可以发现两个线程交替运行。

9.3 线程的同步机制

9.3.1 线程安全问题的提出

【例 9.7】

```
class Resource implements Runnable {
    volatile public int i;
    public Resource(int _i){
      i = _i;
    }
    public void run(){
      while(true){
        if (i>0){
          try{
              Thread.sleep(200);
          }
          catch(Exception e){}
          i--;
          System.out.println(Thread.currentThread().getName() + " " + i);
        }
        else{
          System.out.println(Thread.currentThread().getName());
          break;
        }
      }
    }
}
public class TestSecurity{
    public static void main(String[] args){
      Resource m = new Resource(9);
      Thread t1 = new Thread(m);
      Thread t2 = new Thread(m);
```

```
        t1.start();
        t2.start();
    }
}
```

程序可能的一种输出结果如图 9.11 所示。

例 9.7 中 Resource 中增加适当延迟后(黑体代码部分),出现了－1 的结果。原因是两个线程同时调用一个对象的同一方法,在临界状态下,“Thread－1”执行到 Thread.sleep(200)代码时,i 已经减少到 1,但还没有自减,如果此时系统切换到“Thread－0”执行,由于 i 仍然是 1,因而也进入 if 语句当中,在 i 自减前,也暂时睡眠。之后 Thread－1 由睡眠中苏醒,恢复执行,i 由 1 减到 0。同理,Thread－0 由睡眠苏醒后运行,i 将由 0 减到－1。这个程序通过引入睡眠时间,放大表现了多线程对于共享资源操作时的危害,如果不引入睡眠时间,这种危害依然存在,只是更加随机和隐蔽。这种危害称之为线程的安全性问题。例如对于如下代码:

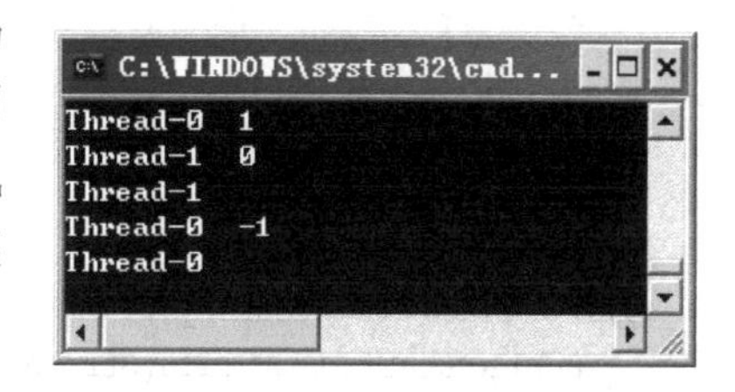

图 9.11

```
public void push(char c){
    data[index] = c;          //(1)
    index++;                  //(2)
}
```

如果有两个线程 A 与 B 同时调用 push 方法,当 A 线程访问到代码(1)时,恰巧切换到 B 线程,又执行代码(1),这样线程 A 所赋的值就被冲掉了,当再切换回线程 A 时,它执行代码(2),这样线程 A 就可能操作线程 B 存入的值了。

9.3.2 线程同步

为解决线程安全问题,Java 引入监视器(monitor)来保证共享数据操作的同步性。任何对象都可作为一个监视器,关键字 synchronized 修饰某个对象后,该对象就成为监视器。

【例 9.8】

```
class Resource implements Runnable {
    volatile public int i;
    volatile public Integer it;
    public Resource(int _i){
        i = _i;
        it = new Integer(i);
    }
    public void run(){
        while(true){
            synchronized(it){
                if(i>0){
                    try{
                        Thread.sleep(200);
                    }
                    catch(Exception e){}
```

```
                i--;
                System.out.println(Thread.currentThread().getName() + " " + i);
            }
            else{
                System.out.println(Thread.currentThread().getName());
                break;
            }
        }
      }
    }
}
public class TestSecurity{
    public static void main(String[] args){
        Resource m = new Resource(9);
        Thread t1 = new Thread(m);
        Thread t2 = new Thread(m);
        t1.start();
        t2.start();
    }
}
```

程序执行后,−1 的情况不再出现,如图 9.12 所示。

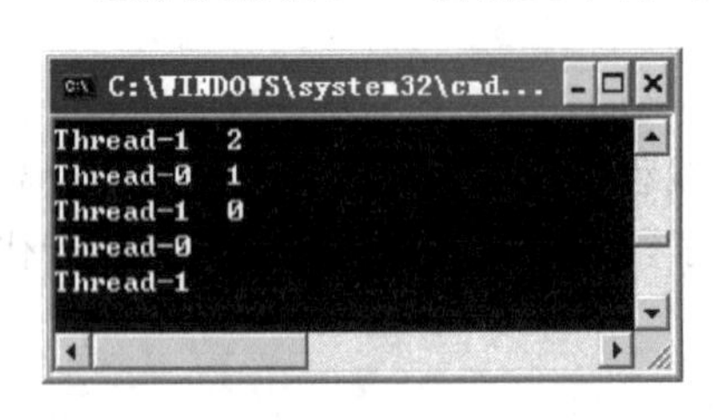

图 9.12

例 9.8 中的代码较例 9.7 进行了适当的变化(黑体代码部分),增加一个 Resource 对象的属性 it,它引用一个对象,这个对象充当监视器,用 synchronized(it)表示,并构成一个同步代码块。当"Thread−1"执行到 synchronized(it)代码块时,它获得了该监视器所有权(简称监视权),而这时如果轮到"Thread−0"执行,但"Thread−1"没有执行完同步代码块,"Thread−0"因无法获得监视权而不能进入同步代码块。"Thread−1"执行完同步代码块后,释放监视权,"Thread−0"获取监视权后得以执行同步代码块,这样就实现了两个线程之间对共享资源操作的同步。由于同步代码块只能有一个线程独占执行,所以不会出现−1 的情况。从而可见,同步代码块的作用是:多个线程对共享资源操作容易引起冲突,这些容易引起冲突的代码块称之为临界区,在临界区通过引入监视器,并用 synchronized 使多个线程在临界区同步起来,从而避免可能引起的冲突。

Synchronized 有如下三种用法:

(1) synchronized 代码块:监视器就是指定的对象。

(2) synchronized 方法:监视器就是 this 对象。

(3) synchronized 静态方法:监视器就是相应的类。

【例 9.9】

```
class Resource implements Runnable {
    volatile public int i;
    public Resource(int _i){
        i = _i;
    }
```

```
    public synchronized void run(){
        while(true){
          if (i>0){
            try{
                Thread.sleep(200);
            }
            catch(Exception e){}
                i--;
                System.out.println(Thread.currentThread().getName() + " " + i);
          }
          else{
            System.out.println(Thread.currentThread().getName());
            break;
          }
        }
    }
}
public class TestSecurity{
    public static void main(String[] args){
        Resource m = new Resource(9);
        Thread t1 = new Thread(m);
        Thread t2 = new Thread(m);
        t1.start();
        t2.start();
    }
}
```

程序输出结果如图 9.13 所示。

程序说明

本例程序只有 Thread-0 完成了 i 的自减过程，原因是 synchronized 关键字加在了 run 方法前，这样监视器就是 Resource 对象。系统调度的结果使 Thread-0 在此刻先获得了 Resource 监视权，在没有完成 Resource 对象 run 方法调用前，Thread-1 线程无法获得该监视器所有权。

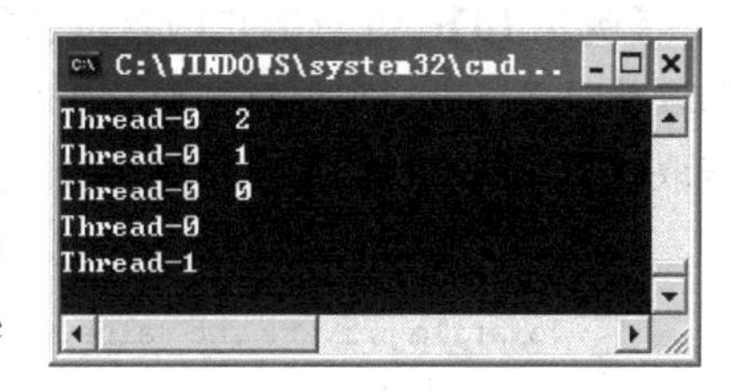

图　9.13

9.3.3　死锁问题

多线程在进行同步时，存在“死锁”的潜在危险。如果多个线程都处于等待状态，彼此需要对方所占用的监视器所有权，就构成死锁(deallock)。由于 Java 既不能发现死锁也不能避免死锁，所以程序员编程时应注意死锁问题，尽量避免。

下面的代码有可能发生死锁。

方法一：

```
{
  Synchronized(A){
    ⋮
```

```
        Synchronized(B){
          ⋮
        }
      }
    }
```

方法二：

```
{
  Synchronized(B){
    ⋮
    Synchronized(A){
      ⋮
    }
  }
}
```

注意：(1) 上面代码发生死锁的可能性很大，但不能说执行中一定会死锁。因为线程之间的执行存在很大的随机性。

(2) 线程方法 suspend()、resume()、stop()由于存在引起死锁的可能，因而逐渐不用(deprecated)。

9.4 线程间的同步通信

9.4.1 同步通信问题的提出和解决

【例 9.10】 银行账户的存取款线程设计。本例涉及银行账户类 Account、存款类 Save 和取款类 Fetch。实现意图是：使存钱和取钱构成一种关系——只有存钱后且账上有钱才能取钱，并且只有取钱后才能存钱。程序如下：

```
class Account{                              //账户类
    volatile private int value;             //账户额
    void put(int i){                        //存入金额
        value = value + i;
        System.out.println("存入" + i + " 账上金额为: " + value);
    }
    int get(int i){                         //取出金额 i,返回实际取到的金额
        if (value > i)
            value = value - i;              //取走时,value 值减少
        else{                               //账户金额不够所取时,取走全部所余金额
            i = value;
            value = 0;
        }
        System.out.println("取走" + i + " 账上金额为: " + value);
        return i;
    }
}
class Save implements Runnable{
```

```
    private Account a1;
    public Save(Account a1){
        this.a1 = a1;
    }
    public void run(){
     while(true){
        a1.put(100);
     }
    }
}
class Fetch implements Runnable{
    private Account a1;
    public Fetch(Account a1)
      {this.a1 = a1 ;}
    public void run(){
     while(true){
        a1.get(100);
     }
    }
}
public class TestCommunicate{
    public static void main(String[] args){
      Account a1 = new Account();
      new Thread(new Save(a1)).start();
      new Thread(new Fetch(a1)).start();
    }
}
```

程序可能的一种运行结果如图 9.14 所示。

程序的结果和原先设想存在很大的差距。对 Accout 类的 put 和 get 方法加入 synchronized 后，情况仍然没有改观，原因在于：synchronized 只能保证同一时刻只能有一个线程要么存要么取，无法保证存和取之间的同步通信关系，从而无法避免多次存后再多次取现象的发生。现对 Account 作如下改动。

图 9.14

【例 9.11】

```
class Account{
    volatile private int value;
    volatile private boolean isMoney = false;
    synchronized void put(int i){
        if(isMoney){
            try{wait();}
            catch(Exception e){}
        }
        value = value + i;
        System.out.println("存入" + i + " 账上金额为: " + value);
        isMoney = true;
        notify();
```

```
    }
    synchronized int get(int i){
        if(!isMoney){
            try{wait();}
            catch(Exception e){}
        }
        if (value>i)
            value = value - i;
        else{
            i = value;
            value = 0;
        }
        System.out.println("取走"+i+"账上金额为: "+value);
        isMoney =false;
        notify();
        return i;
    }
}
```

程序输出结果如图 9.15 所示——正如原先的预期。

程序说明

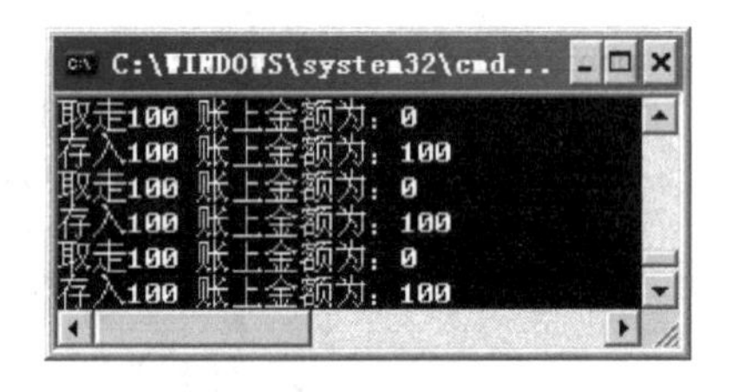

图 9.15

(1) wait()、notify()、notifyAll()是 object 的方法。

(2) 当执行 save 的线程调用了 put 方法时，由于 put 方法前存在的 synchronized 关键字，它拥有了 Account 对象的监视权，如果发现有资金，将执行对象的 wait 方法，使线程暂停并释放该对象监视权(sleep 方法不会释放)，进入一个以此对象监视器为标志的队列当中，这样执行 fetch 的线程就可以获得该对象监视权而执行 get 方法。当 get 方法执行完毕后，调用 notify()释放该对象监视权并唤醒队列中和它拥有同类型对象监视器标签的等待线程(注意：并不唤醒那些和它的对象监视器标志不同的线程)，于是执行 save 的线程就被唤醒得以继续执行。上述过程反之亦然。

(3) 两个线程之间的同步通信，需要方法前的 synchronized、方法中 wait 和 notify、一个布尔型的变量指示器之间配合来实现。

(4) 例子中的对象关系可以用图 9.16 表示。

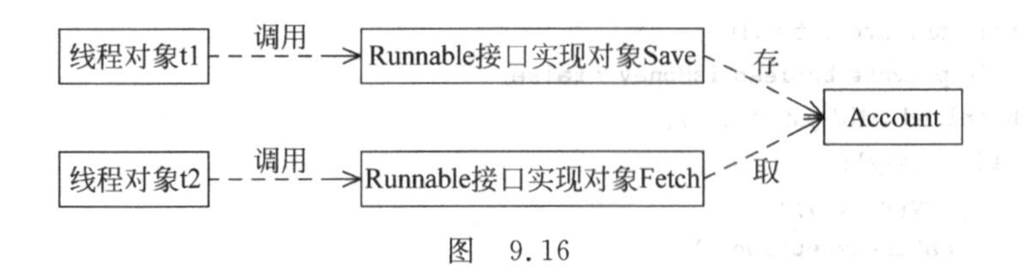

图 9.16

9.4.2 notifyAll()

当有多个线程存、多个线程取时，上面的程序同步通信就会出现问题，原因是 notify 方法无法做到唤醒所有等待的线程,为此需要引入 notifyAll()方法对 Account 类进行如例 9.12 所示的改造。

【例 9.12】

```
class Account{
    volatile private int value;
    volatile private boolean isMoney = false;
    synchronized void put(int i){
        while(isMoney){
            try{wait();}
            catch(Exception e){}
        }
        value = value + i;
        System.out.println("存入" + i + " 账上金额为: " + value);
        isMoney = true;
        notifyAll();
    }
    synchronized int get(int i){
        while(!isMoney){
            try{wait();}
            catch(Exception e){}
        }
        if (value > i)
            value = value - i;
        else{
            i = value;
            value = 0;
        }
        System.out.println("取走" + i + " 账上金额为: " + value);
        isMoney = false;
        notifyAll();
        return i;
    }
}
public class TestCommunicate{
   public static void main(String[] args){
      Account a1 = new Account();
      new Thread(new Save(a1)).start();          //两个线程存
      new Thread(new Save(a1)).start();
      new Thread(new Fetch(a1)).start();         //一个线程取
   }
}
```

程序说明

(1) 当两个存线程处于等待状态时,一个取线程使用 notifyAll 将它们都唤醒,这两个存线程通过竞争来获得监视权,获得对象监视权的线程继续执行。

(2) 相对例 9.11,本例中的布尔变量指示器 isMoney 前的关键字由 if 变为 while,其原因是:当两个存线程中的一个执行完毕调用 notifyAll 时,可能同时会激活取线程和另一个存线程,如果存线程获得了监视权,则会在 while 代码块中重新 wait,从而将监视权让给了取线程。

9.5 线程应用场景

(1) 大多数 Web 服务器处理客户端的服务请求就采用的是多线程模式,每个客户相当于激发该服务的一个处理线程。

(2) 当处理一个执行时间较长的请求时,一般让一个线程进行处理,而另一个线程进行控制。这样,如果用户需要选择“取消”时,可以强迫处理线程停止运行。

(3) 通信时,可以让一个线程负责接收,另一个负责发送,这样可以实现通信的“全双工”。

(4) 对 Web 服务器进行测试时,可以在一个进程中产生多个线程,每个线程相当于一个客户对 Web 服务器进行访问,从而可以编写压力测试工具。但要注意的是,对于一个进程,不要产生过多的线程,否则线程之间的切换将会造成效率非常低下。

小　结

本章介绍了线程的基本概念、产生线程对象的两种基本方法以及它们的区别、线程状态以及状态改变方法、线程同步、线程同步通信等。

多线程的产生很容易,但是多线程的难点在于对共享变量如何处理,如果不注意这个问题,会产生线程安全问题。处理方法就是实现线程对共享变量的同步。当然在这个过程当中还要注意防止线程死锁问题的发生。如果对共享变量处理上有先后次序问题,则需要通过线程同步通信来解决。

习　题

1. 线程和进程的联系和区别是什么?
2. 什么是前台线程,什么是后台线程?
3. 创建线程有几种方法?它们之间的区别是什么?
4. 线程的生命周期有哪些状态?哪些方法可以改变这些状态?
5. 什么是线程安全?为什么会产生线程安全问题?如何解决线程安全问题?
6. 什么是线程的同步通信?同步通信又是如何实现的?
7. 什么是死锁?
8. 如何让某个对象的 A 方法内的一个代码块和另一个方法 B 实现同步?
9. 设计一个程序产生两个线程 A 与 B,B 线程执行 10 秒钟后,被 A 线程中止。

第10章 集合类

10.1 集合类的概念

对象之间可通过组合构成更高级别的对象。集合类框架就是用来描述这种组合关系，它由一系列集合类和接口所组成，主要存在于java.util包中。

集合类用来将一组对象组装成一个对象，例如图10.1中A_1、A_2到A_n等n个对象，都在集合对象当中有它们的引用，而集合对象又被它的引用c_1所引用。

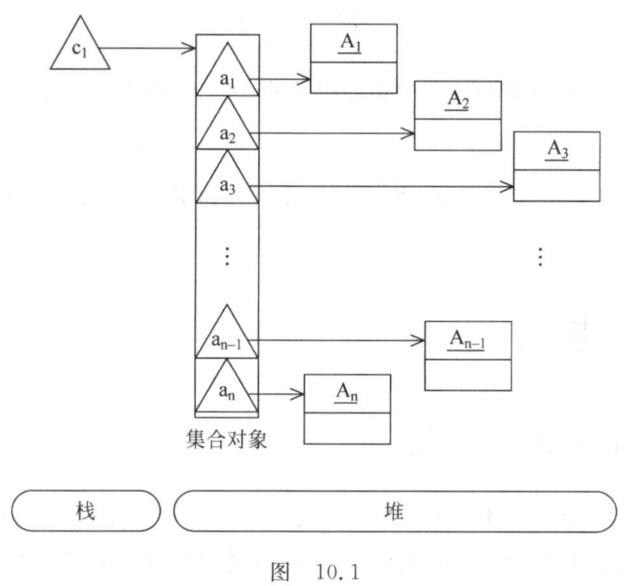

图 10.1

集合类的种类虽然很多，但它们都有类似的操作，如遍历、增加、删除、修改等，如果集合类操作方法各异，使用起来将十分不便，为此需要对这些操作方法进行统一规定，集合接口就是针对集合对象的操作标准进行的统一规定。图10.2展示了Java集合类(图中实线框所示)和相应的集合接口(图中虚线框所示)的关系图。虚线连接的空心箭头表示接口之间的继承或类对接口的实现关系，实线连接的空心箭头表示类之间的继承关系，虚线箭头表示一个接口实现类方法返回的对象被另一个接口的声明引用。例如，Map接口实现者调用接口方法values()返回一个实现collection接口的集合对象的引用，collection接口的实现者又可调用iterator()方法返回一个实现Iterator接口的对象引用。

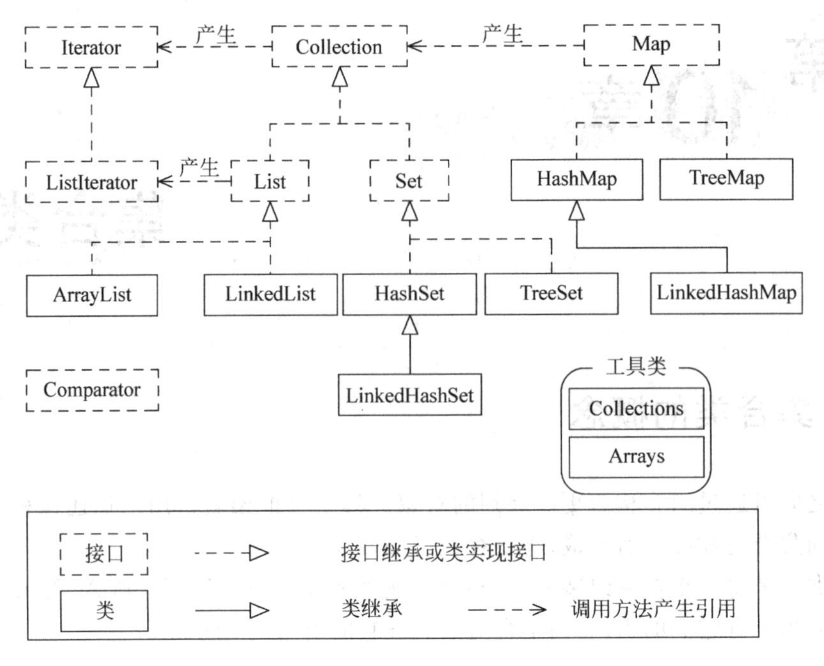

图 10.2

图10.2还展示了集合类框架中的功能类Collections和Array,它们封装有特定的集合操作功能。

注意:有些实用类实现了List、Set、Map接口,但并没有反映在图10.2当中,例如Vector、Hashtable。

10.2 集合类接口

10.2.1 Collection接口

Collection是集合类的基本接口,它用来说明作为一个集合类应有的结构特征属性和共性操作方法。它的子接口有List、Set。List接口规定集合类元素具有可控制的顺序,但并没有定义或限制按什么排序。实现List接口的类有AbstractList、ArrayList、LinkedList和Vector;Set接口规定集合类元素不能重复,它的实现类有AbstractSet、HashSet、LinkedHashSet和TreeSet。

Collection的实现类主要有:AbstractCollection、AbstractList、AbstractSet、ArrayList、BeanContextServicesSupport、BeanContextSupport、HashSet、LinkedHashSet、LinkedList、TreeSet、Vector。

它提供的主要方法如表10.1所示。

表 10.1

接口方法	描述
boolean add(Object c)	向集合类中添加一个新元素，返回值表示集合的内容是否改变了(就是元素有无数量、位置等的变化)，这是由具体类实现的
boolean addAll(Collection c)	将c所引用集合对象中的所有对象引用加入现有集合中
boolean remove(Object o)	从集合类中删除一个指定对象的引用
boolean removeAll(Collection c)	从本集合中删除参数c所引用集合对象中的所有对象
boolean retainAll(Collection c)	保留本集合中参数c所引用集合对象中的所有对象
Iterator iterator()	通过该方法返回一个实现Iterator接口的对象，之后可利用该对象对集合类对象进行遍历
Object[] toArray()	将集合中的所有元素以数组对象引用形式返回
Object[] toArray(Object[] a)	将集合的所有元素以对象数组的形式来描述，且类型与参数a的类型相同。例如，String[] o = (String[]) c.toArray(new String[0])；得到的o实际类型是String[]；如果参数a的大小装不下集合的所有元素，返回的将是一个新的数组；如果参数a的大小能装下集合的所有元素，则返回的还是a，但a的内容用集合的元素来填充；如果填充后a还有剩余，则剩余部分全部被置为null

10.2.2 遍历接口

遍历接口主要有枚举接口Enumeration和迭代器接口Iterator。它们的共同特点是：先验证有没有相应的指向对象，如果有，再返回指向对象的引用。对集合类对象中的对象元素进行遍历常用Iterator，Enumeration仅限于特定类，如Vector、Hashtable等。

1. Enumeration接口

主要接口方法和说明见表10.2。

表 10.2

接口操作	描述
boolean hasMoreElements()	测试当前枚举操作是否包含对象，有返回true，无返回false
Object nextElement()	在hasMoreElements方法为true的条件下，返回一个Object类型的对象引用；如果为false，调用此方法将产生NoSuchElementException异常

2. Iterator接口

Iterator是用于遍历集合类的标准访问方式，表10.3给出其主要方法。

表 10.3

Iterator操作	描述
hasNext()	验证下一次迭代是否有对象，有返回true，无返回false
next()	在hasNext方法为true时进行一次迭代得到一个Object类型的对象引用。若这个方法没有对象返回，则抛出一个NoSuchElementException异常

续表

Iterator 操作	描　述
remove()	在提供迭代器的集合对象中删除由 next 方法得到的一个对象元素。若没有调用 next,或调用 next 后连续两次调用 remove,则会抛出 IllegaStateException 异常。不是所有提供此迭代器的集合对象都支持这个方法,如果不支持情况下调用了该方法,则会抛出 UnsupportedOperation 异常

Iterator 可以把访问逻辑从不同类型的集合类中抽象出来,以统一的方式对各种集合类进行遍历。例如,如果没有 Iterator,遍历一个数组的方法是使用下标。

```
for(int i = 0; i < array.size(); i++) { … get(i) … }
```

而访问一个链表又必须使用其特有方法。

```
while((e = e.next())! = null) { … e.data() … }
```

以上两种方法,调用端都必须事先知道集合类的内部结构,访问代码和集合类是紧耦合的,也就是说,每一种集合类对应一种遍历方法,不同集合类对应的遍历方法都不相同。这样,当集合类由一种更换为另一种后,原来的调用代码必须全部重写。而采用 Iterator 后,总是可用如下的同一种方法来遍历各种集合类。

```
for(Iterator it = c.iterator(); it.hasNext(); ) {
   MyObject o = (MyObject)it.next();
   // 对 o 进行操作…
}
```

上述调用代码中,c 可引用各种集合类对象。这些集合对象,无论是 ArrayList,还是链表 LinkedList 等,都直接或间接地实现了 Collection 接口(Set、List 是 Collection 的子接口,实现二者的类也必然实现了 Collection 接口),而 Collection 接口中定义了方法 iterator(),它返回的对象用 Iterator 接口声明来引用。也就是说,实现 Collection 接口的各集合类,必然都实现方法 iterator(),必然统一返回一个实现了 Iterator 接口的对象,这个对象用于对集合类中的元素进行遍历,从而遍历的方法就统一了起来,都用 hasNext()检索集合类当中是否还有成员对象,在有的前提下,统一用方法 next()返回对象的引用并进行相应的处理。

注意:*在 JDK1.5 以后,可以用更简捷的 For-Each 语句实现对集合类对象的遍历。如上述遍历方法可改写为:*

```
for (MyObject o:c){
    o.myMethod();          //调用 MyObject 定义的 myMethod 方法
}
```

语句中的冒号读作"in",上面的循环读作"for each MyObject in c."。

3. ListIterator 接口

ListIterator 是 Iterator 的子接口。List 和 Set 接口的实现类都有 iterator()方法来取得其迭代器。对 List 实现类来说,也可以通过方法 listIterator 取得其迭代器,两种迭代器在有些时候是不能通用的,主要区别在于:

- 遍历方法：ListIterator 和 Iterator 都有 hasNext()和 next()方法，可以实现顺序向后遍历，但是 ListIterator 还有 hasPrevious()和 previous()方法，可以实现逆向(顺序向前)遍历，Iterator 就不可以。
- 遍历索引定位：ListIterator 可以定位索引位置——nextIndex()和 previousIndex()，而 Iterator 没有此功能。
- 增加集合对象元素方法：ListIterator 有 add 方法，可以向 List 中添加对象，而 Iterator 不能。
- 对象维护：都可实现删除对象，但是 ListIterator 可以调用 set 方法来对集合元素进行修改，而 Iterator 不能修改。

注意：

(1) Enumeration 接口的 nextElement 方法和 Iterator 接口的方法 next()返回的对象用 Object 进行引用，在实际使用中，应根据对象的具体类型进行类型转换(见第 10.3 节)。

(2) 一些集合类，例如 Hashtable、HashMap，它的键和值的加入顺序，与 Iterator 遍历顺序并不一定一致。

10.2.3 Map 接口类型

Map 接口用于将一个键(key)映射到一个值(value)，且不允许有重复的键。例如学生的学号和姓名就可以用 Map 接口来描述。Map 提供了三种主要功能方法，如表 10.4 所示。

表 10.4

Map 操作	描述
Map 改变	允许用户改变当前 Map 的内容，包括关键字/值对的插入、更新和删除
Map 查询	允许用户从 Map 中获取关键字/值对
三种不同的 Map 视图	keySet()方法获取的是映射中关键字集合的一个 Set 引用(因为 key 不允许有重复)；values()方法返回映射中值集合的一个 Collection 引用；entrySet()方法返回一个 Set。Set 中的每一个元素都代表了 Map 中的一个独立的关键字/值对，其操作由 Map. Entry 接口规定

Map 的实现类有：Hashtable、HashMap、TreeMap。

标准的 Map 遍历访问方法如下：

```
Set keys = map.keySet( );
if(keys != null) {
  Iterator iterator = keys.iterator( );
  while(iterator.hasNext( )) {
      Object key = iterator.next( );
      Object value = map.get(key);
      ;...
  ;}
}
```

从 Map 中取得关键字之后，必须每次重复返回到 Map 中取得映射的值，既繁琐又费时。使用 Map. Entry 接口可同时得到二者的值。Map 提供了一个称为 entrySet()的方法，这个方法返回一个实现 Set 接口的集合对象,集合对象中的每个对象元素又都实现了 Map. Entry 接口。Map. Entry 接口又提供了一个 getKey()方法和一个 getValue()方法,因此上面的代码可以被组织如下:

```
Set entries = map.entrySet( );
if(entries != null) {
  Iterator iterator = entries.iterator( );
  while(iterator.hasNext( )) {
    Map.Entry entry = iterator.next( );
    Object key = entry.getKey( );
    Object value = entry.getValue();
    ;...
  }
}
```

这样就省略了许多对 Map 不必要的"get"调用,同时也提供了一个 setValue 方法,可以使用它修改 Map 里面的值。

10.2.4 排序接口 Comparator

哪个类实现了 Comparator 接口,哪个类的对象就可以进行排序.接口方法如下:

```
public interface Comparator {
   int compare(Object o1, Object o2);
   boolean equals(Object obj);
}
```

对这个接口的实现需要注意以下三个方面:

(1) 一般只要实现 compare 方法就行了,因为类都是从 Object 继承而来,可直接默认使用 Object 的 equals 方法。

(2) 基本数据类型的包装类都默认实现了这个接口,因此,它们都可以针对其对象进行排序。如:

```
List list = new ArrayList();
list.add(new Integer(3));
list.add(new Integer(53));
list.add(new Integer(34));
Collections.sort(list);
```

(3) 如果 Comparator 只用一次,一般都作为一个匿名类出现,例如对 Object 对象,按照 hashCode 大小来排序。

```
List list = new ArrayList();
list.add(new Object());
list.add(new Object());
list.add(new Object());
Collections.sort(list,new Comparator(){
                    public int compare(Object o1, Object o2){
                        return (o1.hashCode() - o2.hashCode());
                    }
})
```

10.3 常用集合类

表10.5列出了常用的一些集合类及其特性对比。

表 10.5

集合类	主要功能	实现接口	继承关系	安全性
Vector	可自动增加容量来容纳所需的对象元素。可以通过get方法得到对象元素，也可以通过迭代器遍历对象	Collection，List	从AbstractList派生而来	线程安全
Stack	增加了栈的实现方法	Collection，List	从Vector派生而来	线程安全
ArrayList	规模可变并且能像链表一样被访问，它提供的功能类似Vector	Collection，List	从AbstractList派生而来	线程不安全
LinkedList	实现一个链表，由这个类定义的链表也可以像栈或队列一样被使用	Collection，List	从AbstractList的子类派生而来	线程不安全
HashSet	虽然定义成无序，但可在固定时间内完成集合对象元素的存储和检索，也就是说性能不受存储大小的限制	Collection，Set	从AbstractSet派生而来	线程不安全
TreeSet	在集合中以升序对对象进行排序，这意味着从一个TreeSet对象获得的迭代器将按升序遍历对象	Collection，Set	从AbstractSet派生而来	线程不安全
HashTable	实现key和value之间的映射，通过不重复的key来确定value，效率较高	Map	从Dictionary派生而来	线程安全
HashMap	实现key和value之间的映射，通过不重复的key来确定value，效率高	Map	从AbstractMap派生而来	线程不安全
TreeMap	实现按key升序排列的一个映射，即从TreeMap得到的key的Set集合按照升序进行排列	Map	从AbstractMap派生而来	线程不安全

集合类使用时需要注意以下三个方面。

1. 对象引用造型

对象存入集合类对象后再取出，都是用Object声明来引用，所以必须对取出的对象进行类型转化——造型，如果造型不对将会抛出ClassCastException。例如下面的例子。

用接口声明引用一个集合对象：

```
List listOfEmployeeName = new ArrayList();
```

再向其中添加字符串对象：

```
listOfEmployeeName.add("John");
```

取出对象进行造型：

```
String employeeName = (String) listOfEmployee.get(i);
```

在 JDK1.5 以后,引入一个新的概念叫“泛型”,其目的就是为了减少造型上出现的一些问题。上面产生集合对象的代码可写为:

```
List<String> listOfEmployeeName = new ArrayList<String>();
```

这样当试图通过 List 接口向 ArrayList 对象当中加入一个非 String 类型的对象,将会在编译时就会发现并且得到修正,而不是等到取出造型时才发现。从集合中取出对象元素的写法为:

```
String employeeName = listOfEmployee.get(i);
```

也就是说,引入“泛型”后,就不再需要进行造型了。

2. 集合类选择

选择何种集合类,应综合考虑三个因素:是否有线程安全问题,集合类中的元素数量是否很大(很大应选择 Hash 开头的类,便于快速检索),哪种集合类结构方便当前使用。

3. 集合类内部结构存放的是对象引用而非对象本身

集合类方法 add(Object o)中的 o 是对象的引用,同理集合类方法 remove(Object o),只是将引用从集合中删除。

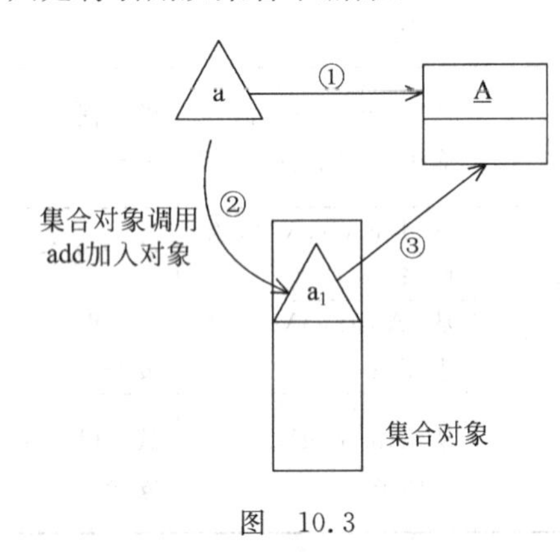

图 10.3

图 10.3 中,原先 a 引用了 A 对象,通过 add 方法加入集合对象后,集合对象中也拥有了 A 对象的引用。当从集合当中删除 a1,只是删除了引用 a1,并没有对 A 对象产生影响,如果此时 a 引用存在,A 对象就不会变为垃圾。

JDK1.5 以前,基本数据类型不能直接加入集合类当中,如果要加入须将基本数据类型转为包装类对象再加入;JDK1.5 以后,出现了“入箱”、“出箱”的概念,基本数据也可以作为 add 的参数直接加入集合类当中——其实质是内部完成了将基本数据类型自动转化为对应的包装类(入箱)。反过来,如果集合类当中存放的是数据包装类对象,从集合中取出时,可以不用造型就使用,其实质也是内部完成了从包装类对象到基本数据类型的自动转化(出箱)。

10.3.1 常用集合类比较

1. Vector 和 ArrayList(见表 10.6)

表 10.6

	Vector	ArrayList
共同点	都是用来存储一组数量可变的对象集合	
不同点	方法是同步的(synchronized),是线程安全的(thread-safe) 当 Vector 中的元素超过它的初始大小时,Vector 会将它的容量翻倍	ArrayList 的方法不是同步的,但性能很好(线程的同步必然要影响性能) 当 ArrayList 中的元素超过它的初始大小时,ArrayList 只增加 50%的大小

2. ArrayList 和 LinkedList(见表 10.7)

表 10.7

	LinkedList	ArrayList
共同点	都是用来存储一组数量可变的对象集合	
不同点	内部实现是基于一组连接的记录,所以它更像一个链表结构 访问链表中的某个元素时,就必须从链表的一端开始沿着连接方向一个一个元素地去查找,直到找到所需的元素为止,所以效率较低 当在集合的前面或中间添加或删除对象元素,并且按照顺序访问其中的对象元素时,就应该使用 LinkedList	ArrayList 的内部实现是基于内部数组 Object[],所以对它进行查找能直接定位,效率较高 在 ArrayList 的前面或中间插入数据时,必须将其后的所有对象元素进行后移,这样必然要花费较多时间,所以当在集合的后面添加对象元素而不是在前面或中间添加,使用 ArrayList 会提供比较好的性能

3. Hashtable 和 HashMap (见表 10.8)

表 10.8

	Hashtable	HashMap
共同点	都可以实现多组 key 和 value 之间的映射	
不同点	Hashtable 是同步的——线程安全的;Hashtable 不允许 key 和 value 的值为 null	HashMap 是异步的——效率很高(为了快速访问);HashMap 允许使用 null 关键字和 null 值,由于键 key 必须是唯一的,当然只能有一个 null

4. TreeMap 和 HashMap(见表 10.9)

表 10.9

	TreeMap	HashMap
共同点	都可实现多组 key 和 value 之间的映射	
不同点	TreeMap 在操作上需要比 HashMap 更多一些的开销,这是由于树的结构造成的——它返回排序的关键字	如果没有按照关键字顺序提取 Map 对象元素的需求,那么 HashMap 是更实用的结构

10.3.2 特殊集合类 StringTokenizer 与 Bitset

1. StringTokenizer 类

它是以 token 为分隔标志的字符串集合,并且实现了 Enumeration 接口,对其集合进行遍历采用 Enumeration 提供的方法。另外也可采用它自定义的方法,参见如下程序片段。

```
StringTokenizer st = new StringTokenizer("this is a test");
while (st.hasMoreTokens()) {
      System.out.print(st.nextToken() + "\t");
}
```

输出结果是:

```
this is a test
```

程序说明

在本例中,以空格为标志,将字符串分为标记(token)集合,进而对其进行遍历。因而将一个字符串以某种标志为分隔符,分解成 token 的集合,应该想到用 StringTokenizer。默认情况下,StringTokenizer 用空格、制表符“\t”、回车符、换行符、分页符为标志进行 token 区分,如果区分标志不是以上所列,则在构造方法中指出,如:

public StringTokenizer(String str,String delim)——delim 指出分割标志。

public StringTokenizer(String str,String delim,boolean returnDelims)——本方法不仅指出分割标志,当 returnDelims 为 true 时,分隔符也是 token 的组成部分。

2. Bitset 类

它是由“二进制位”构成的一个集合,这个集合中的元素都是 false 或 true,默认值都为 false。如果希望高效率地保存大量的“开-关”信息,就应使用 BitSet。两个 Bitset 类对象可以进行逻辑的与、或、异或等运算。

10.3.3 集合类初始容量设置

Java 集合框架中的大部分类的容量是可以随着元素个数的增加而相应增加的,似乎不用关心它的初始大小,但如果考虑类的性能问题时,就一定要尽可能地设置好集合对象的初始大小。例如 Hashtable 默认的初始大小为 101,载入因子为 0.75,即如果其中的元素个数超过 75 个,它就必须增加大小并重新组织元素。所以如果在创建一个新的 Hashtable 对象时就知道元素的确切数目,如 110,那么就应将其初始大小设为 147,这样就可以避免重新组织内存而带来的消耗。

10.3.4 Collections 类

该类通过一些静态方法,完成集合类的一些操作功能。主要有:

- 建立一个 Set 集合,集合中的对象元素只有对象参数一个。

```
Set singleton(Object o)
```

- 建立一个 List 集合,集合中的对象元素只有对象参数一个。

```
List singletonList(Object element)
```

- 建立一个 Map 集合,集合中只有一个键/值对。

```
Map singletonMap(Object key, Object value)
```

- 填充集合。

```
List fullOfNullList = Collections.nCopies(10, null);
```

- 复制集合。

```
void copy(List dest, List src)
```

• 查找替换。

```
boolean replaceAll(List list, Object oldVal, Object newVal)
```

• 集合排序。

```
void sort(List list)
```

注意：Collections 和 Collection 是两个不同的概念，前者是类，后者是集合接口。

10.3.5 枚举类

JDK1.5 以后加入了一个全新类型的类——枚举类，可以把它看成一个特殊的集合类。定义枚举类使用 JDK1.5 后引入的一个新关键字 enum，例如：

```
public enum Color{
  Red,
  White,
  Blue
}
```

使用方法为：Color myColor = Color.Red。另外枚举类型还提供了两个有用的静态方法 values()和 valueOf()，可以方便地使用它们遍历枚举类中的内容。

```
for (Color c : Color.values()){
    System.out.println(c);
}
```

10.4 集合类与集合接口应用

1. Vector 类与 Enumeration 和 Iterator 接口应用

【例 10.1】 从屏幕输入整数，以回车或换行为结束，将这些数相加并给出结果。

```
import java.util.*;           //用到的 Vector 类和 Enumeration 接口都在此包中
public class TestVector{
    public static void main(String[] args){
         int b = 0;
         Vector v = new Vector();
         System.out.println("Please Enter Number:");
         while (true){
           try{
             b = System.in.read();
           }
           catch (Exception e){
             System.out.println(e.getMessage());
           }
           if (b== '\r' || b== '\n'){
               break;
           }
```

```
            else{
                int num = b- '0';
                v.addElement(new Integer(num));
            }
        }
        int sum = 0;
        Enumeration e = v.elements();
        while (e.hasMoreElements()){
            Integer intObj = (Integer)e.nextElement();
            sum += intObj.intValue();
        }
        System.out.println(sum);
    }
}
```

程序运行后,当输入"32"并回车,输出为"5"。

程序说明

(1) 在本例中,因为不能预先确定输入数字序列的位数,所以不能使用数组。因此选择Vector类来保存输入数字,但Vector类addElements方法的参数只能为对象,所以先用Integer类将整数包装成对象后放入Vector,最后遍历Vector结构中的所有整数对象并转化为普通整数类型进行相加。

(2) 对Vector中的对象进行遍历时,首先必须通过elements方法返回一个实现Enumeration接口的对象,再调用相应方法进行遍历。

(3) 对Vector集合中的对象进行遍历,可使用Enumeration接口方法,也可使用Iterator。

上面黑体部分的代码也可用Interator接口实现如下:

```
Iterator itr = v.iterator();
while (itr.hasNext()){
  Integer intObj = (Integer)itr.next();
  sum += intObj.intValue();
}
```

2. LinkedList对象应用

【例10.2】 将10个数字顺序加入链表当中,然后倒序输出。

```
import java.util.*;
public class IntObjectLink{
   public static void main(String args[ ]){
      Integer tem;
      try{
         LinkedList lst = new LinkedList();
         for (int i=1 ;i<11 ;i++){
          lst.addFirst(new Integer(i));
         }
         for (int i=1 ;i<11 ;i++){
          tem = (Integer) lst.removeFirst();
```

```
            System.out.println(tem.intValue());
          }
        }
        catch(Exception e){
          System.out.println("有错误");
        }
    }
}
```

程序说明

链表对象方法 removeFirst()将链表中的第一个对象从链表中剔除并返回。

3. Stack 类应用

【例 10.3】

```
import java.util.*;
public class Stacks{
    static String[] months = {"January","February","March","April","May","June","July","
August","September","October","November","December"};
    public static void main(String[] args){
            Stack stk = new Stack();
            for(int i = 0;i<months.length;i++)
                {stk.push(months[i] + " ");}
            System.out.println("stk = " + stk);
            stk.addElement("The last line");
            System.out.println("element 5 = " + stk.elementAt(5));
            System.out.println("popping elements:");
            while(!stk.empty())
                {System.out.println(stk.pop());}
    }
}
```

其运行结果如下：

```
stk = [January,February,March,April,May,June,July,August,September, October,November,December]
element 5 = June
popping elements:
The last line
December
November
October
September
August
July
June
May
April
March
February
January
```

4. List 接口和其实现类应用

由于在 List 接口中,对象之间有指定的顺序,因此可以对 List 接口的对象进行排序。

【例 10.4】

```
import java.util. * ;
public class TestSort{
    public static void main(String[ ] args){
        List al = new ArrayList();
        al.add(new Integer(1));
        al.add(new Integer(3));
        al.add(new Integer(2));
        System.out.println(al);          //排序前
        Collections.sort(al);            //用 Collections 类的静态方法排序
        System.out.println(al);          //排序后
    }
}
```

运行结果:

```
[1, 3, 2]
[1, 2, 3]
```

5. Map 接口及其实现类应用

【例 10.5】 用 Hashtable 来检查随机数的随机性。

下面是一个应用散列表的一个例子,用它检验 Java 的 Math.random()方法的随机性。在理想情况下,它应该产生一系列随机分布数字。但为了验证这一点,需要生成数量众多的随机数字,然后计算落在不同范围内的数字量。散列表可以极大地简化这一工作,因为它能将两个对象关联起来。下面的程序将随机整数对应在 0~20 之间,然后生成 10 000 个随机数,看它们在 0~20 之间的分布情况。

```
import java.util. * ;
class Counter{
    int i = 1;
    public String toString(){
        return Integer.toString(i);
    }
}
public class Statistics{
    public static void main(String[ ] args){
        Hashtable ht = new Hashtable();
        for(int i = 0;i < 10000;i++){
            Integer r = new Integer((int)(Math.random() * 20));
            if(ht.containsKey(r)){
                ((Counter)ht.get(r)).i++;
            }
            else{
                ht.put(r,new Counter());
```

```
            }
        }
        System.out.println(ht);
    }
}
```

程序某一次运行的结果如下：

```
{19 = 520,18 = 501,17 = 520,16 = 493,15 = 464,14 = 517,13 = 502,12 = 502,11 = 499,10 = 516,9 =
504,8 = 526,7 = 488,6 = 488,5 = 489,4 = 471,3 = 514,2 = 495,1 = 493,0 = 498}
```

程序说明

虽然每次运行结果都不同，但0～20之间的随机数产生的概率基本一样。这个程序建立一个Hashtable表ht，其中的“键-值”对是对象r与Counter对象。

【例10.6】 HashMap应用。

```
import java.util.*;
public class ExampleHashMap {
    //用Map声明引用HashMap对象
    Map calendar = new HashMap();
    //将元素对加入到Map引用的对象当中
    public ExampleHashMap(String d[], String i[]){
        for (int x = 0; x < d.length; x++) {
            calendar.put(d[x], i[x]);
        }
    }
    public static void main(String args[]) {
        //待加入的数据
        String[] dates = {"10/31/01", "01/01/01", "03/05/01", "02/04/01"};
        String[] items = {"Halloween", "New Years", "Birthday", "Anniversary"};
        //创建对象实例
        ExampleHashMap example = new ExampleHashMap(dates, items);
        //输出Map引用对象中的key和value对
        System.out.println("map= " + example.calendar);
        //将Map中的key/value对映射成set集合
        Set mappings = example.calendar.entrySet();
        System.out.println("object \t\t\tkey\t\tvalue");
        //通过set集合对元素进行遍历,得到key和value
        for (Iterator i = mappings.iterator(); i.hasNext();) {
            Map.Entry me = (Map.Entry)i.next();
            Object ok = me.getKey();
            Object ov = me.getValue();
            System.out.print(me + "\t");
            System.out.print(ok + "\t");
            System.out.println(ov);
        }
    }
}
```

HashMap的输出（不同的编译器会有不同顺序的输出）：

```
map = {01/01/01 = New Years, 03/05/01 = Birthday,
      02/04/01 = Anniversary, 10/31/01 = Halloween}
object                   key         value
01/01/01 = New Years     01/01/01    New Years
03/05/01 = Birthday      03/05/01    Birthday
02/04/01 = Anniversary   02/04/01    Anniversary
10/31/01 = Halloween     10/31/01    Halloween[/pre]
```

注意：HashMap 对象的遍历顺序与加入对象元素的顺序并不一致。

【例 10.7】 TreeMap 应用。

```
import java.util.*;
public class ExampleTreeMap {
    Map calendar = new TreeMap();
    public ExampleTreeMap(String d[], String i[]){
        for (int x = 0; x < d.length; x++)
            calendar.put(d[x], i[x]);
    }
    public static void main(String args[]) {
        String [] dates = {"10/31/01", "01/01/01", "03/05/01", "02/04/01"};
        String [] items = {"Halloween", "New Years", "Birthday", "Anniversary"};
        ExampleTreeMap example = new ExampleTreeMap(dates, items);
        System.out.println("map = " + example.calendar);
        Set mappings = example.calendar.entrySet();
        System.out.println("object \t\t\tkey\t\tvalue");
        for (Iterator i = mappings.iterator(); i.hasNext();) {
            Map.Entry me = (Map.Entry)i.next();
            Object ok = me.getKey();
            Object ov = me.getValue();
            System.out.print(me + "\t");
            System.out.print(ok + "\t");
            System.out.println(ov);
        }
    }
}
```

TreeMap 的输出：

```
map = {01/01/01 = New Years, 02/04/01 = Anniversary,
      03/05/01 = Birthday, 10/31/01 = Halloween}
object                   key         value
01/01/01 = New Years     01/01/01    New Years
02/04/01 = Anniversary   02/04/01    Anniversary
03/05/01 = Birthday      03/05/01    Birthday
10/31/01 = Halloween     10/31/01    Halloween[/pre]
```

程序说明

TreeMap 的输出比 HashMap 更加具有可预言性，它的映像以关键字的字母顺序存储，这点不同于 HashMap，但这也同时是 TreeMap 数据结构的一个缺点——当在 TreeMap 结构中“put”或“remove”元素时，因为需要排序，存在一些开销，这会影响到程序的性能。一种平衡的方法是：可以先使用 HashMap，在需要顺序输出时，通过把 HashMap 对象作为参数传入，构造一个 TreeMap，在获得高性能的同时也满足排序的需要。

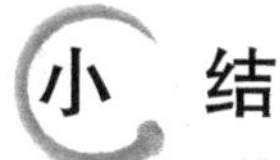

小结

集合类和集合接口是 Java 工程应用中需要重点考察和掌握的内容，它是用 Java 语言构成系统及实现算法的重要手段，其中重点是掌握各种集合类与集合接口的异同点，明晰它们的继承关系和依赖关系。

习题

1. Collection、list、Set 之间的联系和区别是什么？

2. 遍历一个集合对象都有哪些方法？

3. 同数组相比，Vector 有何特点？

4. Vector 与 ArrayList、LinkedList 与 ArrayList、Hashtable 与 HashMap、TreeMap 与 HashMap 之间的共同点和区别是什么？

5. Map、Collection、Iterator 之间的关系如何？

6. Collection 和 Collections 各自的功能是什么？

7. 现需要选择集合类，它存储的对象集合可以被多个线程维护(增加、删除)，请问应该选择什么样的集合类，为什么？如果多个线程只是读取，而不维护，应该选择什么样的集合类，为什么？

8. 如何实现集合对象排序？定义一个复数类并按照复数的实部大小对复数对象进行排序。

9. 集合类对象调用 remove 方法将某个对象删除，这个对象是否就一定是垃圾对象了？

10. 对第 7 章第 6 题进行适当改造，将异常类型与中文提示存储在一种集合类当中，从而实现相应的功能。

第11章 Applet程序

11.1 Applet 基本概念

1. Applet 需要嵌入浏览器运行

Java 程序分为两大类：Application 和 Applet。Applet 又称为小应用程序，它不能独立运行，必须嵌入到浏览器中运行，这需要为 Applet 建立一个 HTML 文件，并在其中加入<applet>标记指定运行的 Applet 应用程序名，之后在本地或从网络上打开该 HTML 文件就可以运行 Applet 程序了。

2. Applet 的安全性

Applet 的运行机制是从网络上将 Applet 字节码文件从服务器端下载到客户端，并由客户端浏览器解释执行(实际由浏览器的 Java 插件完成)。这就意味着如果代码中含有恶意代码的话，将会对客户端造成损害。为了防止这样的问题出现，Java 对 Applet 的安全性行为进行了如下限定：

- 禁止运行任何一个本地可执行程序。
- 禁止与除服务器外的任何一台主机通信。
- 禁止读写本地计算机的文件系统。
- 禁止访问用户名、电子邮件地址等与本地计算机相关的信息。

11.2 Applet 类

1. Applet 的创建

Applet 类在 java. applet 包中。下面的语句构建一个 Applet 的子类 MyApplet。

```
import. java.applet. * ;
public class MyApplet extends Applet
{
   ⋮

}
```

注意：

(1) 新定义的类必须是Applet的子类，只有这样新定义的类才能在浏览器中执行，并且可在不同类型的浏览器(IE、NetScape…)中执行。

(2) Applet的实例化不由程序本身决定，而由系统决定，系统会调用Applet的无参数构造方法将其实例化。

2. Applet的生命周期

Applet的生命周期中有四个状态：初始态、运行态、停止态和消亡态，涉及四个方法：init()、start()、stop()和destroy()，它们的关系如图11.1所示。

在初始状态，系统调用Applet类的无参数构造方法完成了对象的构造过程，之后调用init()方法，Applet程序就进入了初始态(执行init方法中的代码)；接着执行start()方法，Applet程序进入运行态；当Applet程序所在的浏览器载入其他页面时，Applet程序马上执行stop()方法，进入停止态；在停止态中，如果浏览器又重新装载该Applet程序所在的页面，则Applet程序马上调用start()方法，进入运行态；如果在停止态时浏览器被关闭，则Applet程序调用destroy()方法，进入消亡态。消亡状态将转入最终状态——Applet对象成为垃圾对象。

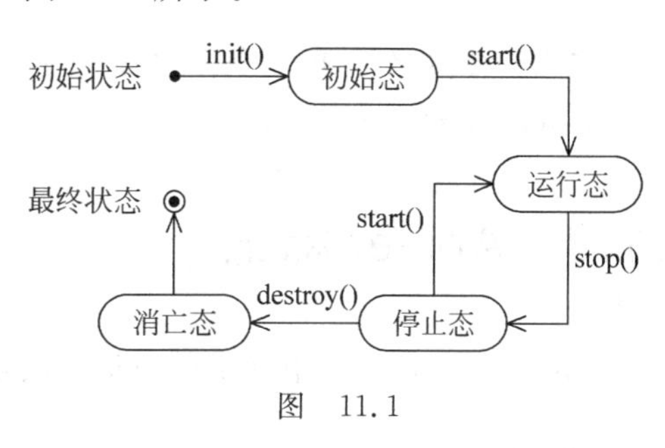

图 11.1

注意：从图11.1可见，Applet的执行的入口不是main方法。如果在Applet当中存在静态main方法，其地位只是Applet当中的一个普通静态方法而已。

(1) init( )方法。当Applet第一次被支持Java的浏览器加载时，便执行该方法，且只执行一次，因此可以在其中加入一些只执行一次的初始化操作，如处理由浏览器传递进来的参数、添加用户接口组件、加载图像和声音文件等。

注意：虽然Applet的无参数构造方法也可进行一些初始化操作，但一般在init()方法中执行所有的初始化操作，因为Applet的一些初始化操作仅当其对象创建完成后才适于进行。

(2) start( )方法。该方法在Applet的生命周期中多次被调用，在其中可以执行一些需要重复执行的任务或者重新激活一个线程，例如开始动画或播放声音等。

(3) stop( )方法。该方法在生命周期中多次被调用，该方法的调用可以停止一些耗用系统资源的工作(如中断一个线程)，以免影响系统的运行速度，且并不需要人为地去调用该方法。

(4) destroy( )方法。该方法用来释放资源，回收任何一个与系统无关的内存资源。在stop( )方法执行后，浏览器正常关闭前，Java自动调用这个方法。如果Applet正处于活动状态时浏览器被关闭，Java会在调用destroy()之前调用stop()方法。

注意：destroy()与finalize()功能类似，都是进行相关资源的释放，但finalize()是当Applet成为垃圾对象时由系统调用，也就是说，destroy()在finalize()之前调用。

3. Applet 的显示与刷新

Applet 是一个容器,可以在其上绘图,此时会涉及三个方法:paint、repaint 和 update。Applet 的显示和刷新由一个独立的 AWT 线程控制,分为如下两种情况。

(1) 自动执行 paint 方法绘图。程序中覆盖了 paint 方法,当浏览器运行时,如果浏览器由隐藏或被覆盖转为显示,AWT 线程将自动调用 paint 方法中的代码。

(2) 调用 repaint 方法重新绘图。程序中如果需要重新绘图,可以调用 repaint 方法,此时 AWT 线程会被激活并调用 update 方法,将当前画面清空,然后再由 paint 方法重新绘制图形。

注意: 要准确理解三个方法之间的关系,需要从 Component 开始。因为 Applet 从 Component 继承而来,详见第 12.4.1 节。

11.3 Applet 标记

Applet 在 HTML 中标记的完整语法是:

```
< applet
      code = 编译后的字节码文件名(.class)
      [whide = 宽度][height = 高度]
      [codebase = Applet 的 URL]
      [alt = 替换文本]
      [name = Applet 名]
      [align = 对齐方式]
      [vspace = 水平间距][hspace = 垂直间距>]
      [< param name = 参数名 1 value = 参数值>]
      [< param name = 参数名 2 value = 参数值>]
</applet >
```

其中汉字部分应设置相应的值,含义如下:

(1) code 指定要运行的 Applet 程序文件名,此处文件名前不能加路径名。

(2) width 和 height 指定 Applet 显示区域的初始宽度和高度,单位是像素。

(3) codebase 指定当前 Applet 所在的相对于 HTML 文件的路径(URL)。省略时表示 Applet 与 HTML 文件在同一目录下。

(4) alt 指定一段替换文本,它的作用是当浏览器不能运行 Applet 程序时,将显示替换文本。省略时则显示默认的出错信息。

(5) name 是为 Applet 指定一个名字,使得同一个浏览器窗口中运行的其他 Applet 能够通过这个名字识别该 Applet 并进行通信。

(6) align 指定 Applet 的对齐方式,取值有 left(左对齐)、right(右对齐)、top(上对齐)、texttop(文本上对齐)、middle(居中)、absmiddle(绝对居中)、baseline(基线对齐)、bottom(底线对齐)、absbottom(绝对底线对齐)。默认值是 left。

(7) vspace 和 hspace 指定 Applet 与周围文本的垂直间距和水平间距,单位是像素。

(8) "param name=参数名 value=参数值"为 Applet 指定 HTML 页面的传入参数,在

name 后设置参数名，value 之后设置参数值。

【例 11.1】 在 Applet 中获取参数。本例将 HTML 文件放在 D:\myjava 下，而 Applet 文件放在 D:\myjava\applet 下，并在 HTML 文件中设置 Applet 文件的相对路径 codebase。

程序如下：

```
import java.applet. * ;
import java.awt. * ;
public class AppletPara extends Applet{
   private String text;
   private int size,color;
   public void init(){
      text = getParameter("text");                          //获得文本参数
      size = Integer.parseInt(getParameter("size"));        //获得字体大小
      color = Integer.parseInt(getParameter("color"),16);   //获得颜色值
   }
   public void paint(Graphics g){
      Color c = new Color(color);
      g.setColor(c);
      Font f = new Font("",1,size);
      g.setFont(f);
      g.drawString(text, 10, 50);                           //显示指定大小颜色的字符串
   }
}
```

HTML 中的内容如下：

```
<HTML><HEAD></HEAD>
<BODY>
<APPLET CODE = "AppletPara" codebase = "./applet" width = 500 height = 100>
  <param name = text value = "this is a applet">
  <param name = size value = 13>
  <param name = color value = 200>
</APPLET>
</BODY></HTML>
```

程序说明

“./applet”表示 AppletPara 在 HTML 所在目录的子目录 applet 下。

11.4 Applet 其他功能

1. 标识网络上的资源

URL 称为统一资源定位地址，用于确定和获得网络上的资源。Applet 类中有两个方法可以获取 URL 对象：

getDocumentBase()：返回当前 Applet 所在的 HTML 文件的 URL。

getCodeBase()：返回当前 Applet 的 URL。

例如,设 HTML 文件在 http://localhost/myjava 中,而 Applet 文件在 http://localhost/myjava/applet 中,则 getDocumentBase()返回 http://localhost/myjava,getCodeBase()返回 http://localhost/myjava/applet。

2. 显示图像

Applet 可显示图像文件,分装载图像和显示图像两个步骤。

(1) 装载图像文件。网络上的图像文件需要用 URL 的形式来描述。

URL picurl= new URL ("http://www.chd.edu.cn/Applet/img1.gif");

在 Applet 中提供了两个方法来载入图像对象:

```
public Image getImage(URL url)
public Image getImage(URL url, String name)
```

例如:

```
Image img1 = getImage(http://localhost/images/img1.gif);
Image img2 = getImage(getCodeBase(),"img2.gif");
```

(2) 显示图像是通过类 Graphics 的方法来实现的。

```
public abstract boolean drawImage(Image img, int x, int y, ImageObserver obs)
public abstract boolean drawImage(Image img, int x, int y,
                                  int width, int height, ImageObserver obs)
public abstract boolean drawImage(Image img, int x, int y,
                                  Color bgcolor, ImageObserver obs)
public abstract boolean drawImage(Image img, int x, int y,
                  int width, int height, Color bgcolor, ImageObserver obs)
```

所有的组件都实现了接口 ImageObserver。在显示图像时,会调用接口方法"imageUpdate()"以判断图像的载入情况并作相应的处理,而方法"drawImage()"在显示了已经载入的图像数据后立即返回。

3. 播放声音

为了丰富页面,Applet 提供了播放声音文件的方法,可以播放常用的 wav、au 等声音文件格式。

```
public void play(URL url1,String filename)
public void play(URL url2)
```

【例 11.2】 Applet 显示图像和播放声音。设 HTML 和 Applet 在一个目录下,现有一个图像文件 fruit.jpg 和一个声音文件 sound.wav 分别存放在当前目录下的子目录 Images 和 Wav 中。程序如下:

```
import java.awt.*;
import java.applet.*;
public class DispGraph extends Applet{
    int g_width,g_height;                          //图像的大小
    Image img;                                     //定义一个图像对象
```

```
    public void init(){                                   //装载图像并产生图像对象
        img = getImage(getDocumentBase(),"Images/fruit.jpg");
        g_width = Integer.parseInt(getParameter("g_width"));//获得参数
        g_height = Integer.parseInt(getParameter("g_height"));
    }
    public void paint(Graphics g){
        g.drawImage(img,0,0,g_width,g_height,this);       //绘制 Image 对象
        play(getDocumentBase(),"Wav/Sound.wav");           //播放声音文件
    }
}
```

HTML 页面内容如下：

```
<APPLET CODE = "DispGraph" width = 200 height = 200 >
    <param name = g_width value = "180">
    <param name = g_height value = "180">
</APPLET >
```

小　结

本章介绍了 Applet 的安全性、对象的创立、生命周期、显示与刷新、Applet 标记、Applet 中显示图像及播放声音等概念。掌握这些概念对于理解 J2ME 当中的 MIDlet 也有着触类旁通的效果。

习　题

1. 为什么要对 Applet 的安全性作限制？
2. Applet 有哪几种状态，状态切换需要什么条件？
3. 如何刷新一个 Applet？
4. Applet 如何获得 Image 资源，如何显示图像？
5. Applet 程序当中，如果书写了一个含参数的构造方法，将会发生什么现象，如何解释？

第12章 AWT图形用户界面

12.1 AWT 基本元素

Java 图形用户界面(Graphics User Interface,GUI)的基本元素由抽象窗口工具集(Abstract Window Toolkit,AWT)提供,可用于 Java 的 Applet 和 Applications 界面设计,主要包括用户界面组件(Component)、菜单组件(MenuComponent)、事件处理模型(Event)、图形(形状、颜色和字体)和图像工具、布局管理器等,它们都在 java.awt 包中定义,其继承关系如图 12.1 所示。

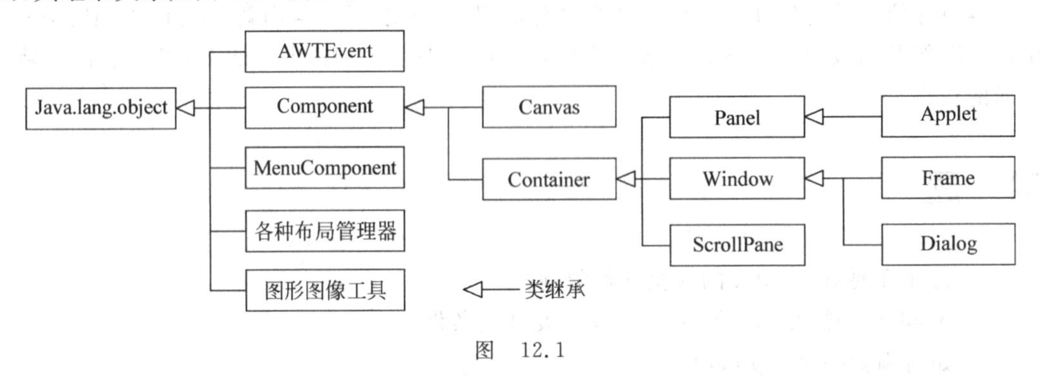

图 12.1

12.1.1 容器

容器(Container)是 Component 的子类,因此容器本身也是一个组件,具有组件的所有性质,但是它的主要功能是容纳其他组件和容器(通过其 add 方法将组件对象加入到容器当中),它的两个重要子类是窗口与面板(Window 与 Panel)。

1. **面板**(Panel)

面板类是 Container 类的子类,是一种没有标题的容器,并且实例化后必须装入到 Window 对象中(其子类 Applet 例外)。面板类的主要作用是集成多个组件,使它们构成一个新的组合对象。

构造方法:

```
public Panel()
public Panel(LayoutManager layout)
```

2. 框架(Frame)

框架类 Frame 是 Window 类(没有边框和菜单条,很少直接使用)的子类,是一种带标题框并且可以改变大小的窗口。框架类的许多方法是从它的父类 Window 或更上层的类 Container 和 Component 继承过来的。

构造方法:

```
public Frame()                    //构造一个没有标题的窗口
public Frame(string title)        //构造一个给定标题的窗口
```

框架类方法:

```
public void setTitle(string title)
public String getTitle()
public void setBackground(Color c)
```

注意: 窗口对象创建后,如果让其可视,必须调用 Component 类中的 setVisible(true)后,才能在屏幕上显示出来。设置窗口的大小可以使用 setSize 方法。

【例 12.1】

```
import java.awt. * ;
class TestFrame {
  public static void main(String arg[ ]){
    Frame f = new Frame("A Test Window");
    f.setSize(250,150);
    f.setVisible(true);
  }
}
```

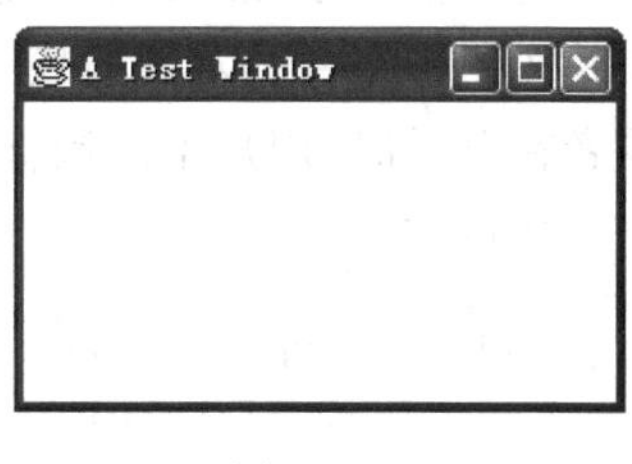

图 12.2

程序执行结果如图 12.2 所示。

【例 12.2】 创建一个 Frame 窗口,设置标题、大小及背景颜色,并在其中加入一个按钮。

```
import java.awt. * ;
public class Login{
  public static void main(String arg[ ]){
    Frame f = new Frame("User Login");          //创建窗口并设置标题
    f.setSize(280,150);                         //窗口大小
    f.setLayout(null);                          //不用布局管理器来确定组件位置
    Button b = new Button("login");
    //b 在 f 当中的坐标位置
    b.setBounds((f.getWidth() - 100)/2,(f.getHeight() - 50)/2,100,50);
    f.add(b);                                   //添加一个按钮
    f.setBackground(Color.lightGray);           //设置窗口背景色
    f.setVisible(true);                         //显示窗口
  }
}
```

窗口(如图 12.3 所示)启动时的初始位置在屏幕的左上角。该窗口可以移动、改变大小、

最大化,但不能关闭,只能使用Ctrl+C强制关闭窗口(要实现退出,详见第12.3节中的内容)。

图 12.3

注意:

(1) 本例main主线程结束时,程序并没有结束,原因是Frame对象产生时,创建了一个AWT线程,它是一个前台线程。

(2) setSize方法用来设定窗口的宽度和高度。调用b.setBounds来确定按钮在Frame中的相对位置、宽度及高度——也可调用setLocation(int x,int y)来确定组件在窗口中的相对位置。

(3) add方法的作用是使Frame对象和Button对象建立了引用关系。

(4) setVisible(true)的含义是使Frame可见。如果要让窗口不可见则调用setVisible(false)。需要注意的是:用add方法所加的组件,一定要在本方法之前,否则界面中将无法看到所加的组件。

(5) f.setLayout(null)的含义是不用布局管理器,而用坐标方式来排列组件。

3. 对话框类(Dialog)

对话框用于显示提示信息或接收用户输入。对话框没有菜单,但可向其中增加输入框以及按钮等组件。对话框模式分为模式对话框(modal)和非模式对话框(non-modal)两类,前者在显示时,用户不能操作其他窗口,直到对话框被关闭;后者则可操作其他窗口。

构造方法:

```
public Dialog(Frame owner)
public Dialog(Frame owner,boolean modal)
public Dialog(Frame owner,String title)
public Dialog(Frame owner,String title, boolean modal)
```

显示一个对话框的代码片段如下所示(效果如图12.4所示):

```
Dialog dl = new Dialog(window, "Change Title", true);
dl.setLayout(new FlowLayout(FlowLayout.CENTER));
TextField tf = new TextField(window.getTitle(), 25);
dl.add(tf);
dl.add(new Button("OK"));
dl.setSize(200,75);
dl.setVisible(true);
```

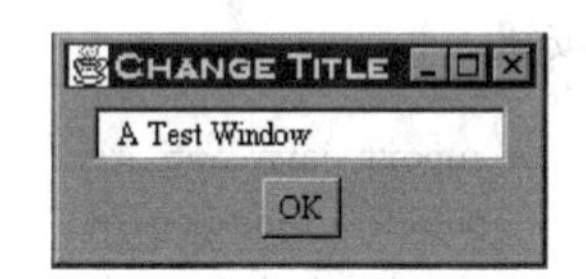

图 12.4

Dialog有一个直接子类FileDialog,用于Application类型的程序对文件进行读取和存储时指定路径和文件名,但由于安全性限制原因而不能应用于Applet程序。

构造方法:

```
FileDialog(Frame, String)构造一个读文件对话框
//Frame类型参数代表文件对话框的拥有者,String类型参数作为文件对话框的标题
FileDialog(Frame, String, int)
```

第二个构造方法的int类型参数确定是读文件对话框还是写文件对话框,它的值可以

是 FileDialog.LOAD 或 FileDialog.SAVE。构造完一个文件对话框之后,它仍是非可视的,需要使用 setVisible 方法使其可视。下面的片段代码用于产生 FileDialog 并让其显示,效果如图 12.5 所示。

```
FileDialog fd = new FileDialog(window, "Open File", FileDialog.SAVE);
fd.setVisible(true);
```

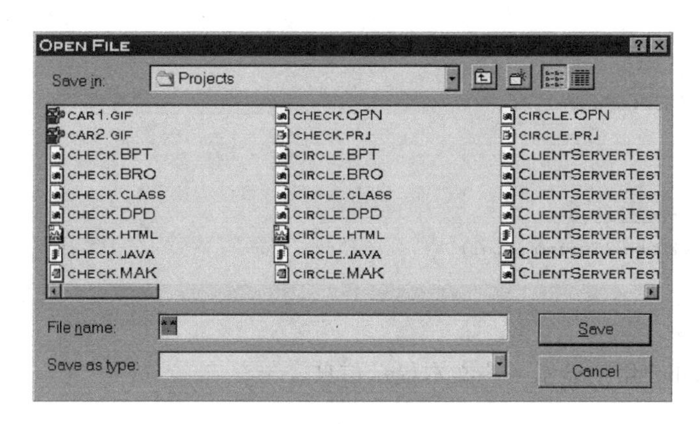

图 12.5

4. 滚动面板(ScrollPanel)

当需要在一个较小的容器中看到一个较大的组件时,需要用到滚动面板——通过滚动条查看。它是个容器,不能单独使用,需要调用 add 方法添加到一个 Window 对象当中。滚动面板自身只能添加一个组件,当组件多时,可将它们先添加到一个 Panel 中,再添加到滚动面板中。

【例 12.3】 为一个没有滚动条的 TextArea 对象添加自定义的滚动条,其效果如图 12.6 所示。

图 12.6

```
import java.awt.*;
import java.awt.event.*;
public class ScrollDemo {
   public static void main(String args[]){
      Frame f = new Frame("ScrollPanel");         //创建一个标题是 ScrollPanel 的窗口
      //生成一个 TextArea 的对象,没有滚动条
      TextArea t = new TextArea("",10,50,TextArea.SCROLLBARS_NONE);
      ScrollPane sp = new ScrollPane();           //生成一个滚动面板 sp
      sp.add(t);                                  //将 t 加入到 sp 中
      f.add(sp);                                  //将 sp 加入到 f 中
      f.pack();                                   //调整窗口的大小适应 sp
      f.setVisible(true);                         //将窗口设为可见
   }
}
```

12.1.2 组件

组件是 Java 图形用户界面的基本单元,是一个以图形化的方式显示在屏幕上并能与用户进行交互的对象,例如一个按钮,一个标签等。组件不能独立显示,必须放在特定的容器

中。java.awt.Component是所有组件类的祖先类,它封装了组件通用的方法和属性,如组件大小、显示位置、前景色、背景色、边界、可见性等。

1. 按钮

按钮 Button 是最常用的一个组件。

构造方法:

```
public Button()
public Button(String label)
```

对象方法:

```
public String getLabel()
public void setLabel(String label)
```

2. 标签

标签组件 Label 用于显示一些文本提示信息。

构造方法:

```
public Label()
public Label(string test)
public Label(string test, int alignment)
```

3. 文本框

文本框 Textfield 是一个单行的文本输入框,由于它可以进行文字的输入,因此是信息输入的主要组件。

构造方法:

```
public Textfield()                          //构造一个新的单行文本框
public Textfield(String text)               //指定显示文字
public Textfield(int columns)               //指定显示初始列数,输入文字可以超过此列值
public Textfield(String text, int columns)  //指定显示文字和列数
```

下面的代码片段产生一个 TextField 对象,加入容器并为其配备一个 Label 标签,效果如图 12.7 所示。

```
add(new Label("Your name: "));
add(new TextField(30));
```

Your name:

图 12.7

注意:在某种情况下,用户可能希望自己的输入不被别人看到,这时可以用 TextField 类中 setEchoCharacter 方法设置回显字符,使用户的输入全部以某个特殊字符显示在屏幕上。

4. 文本域

文本域 TextArea 是一个多行的文本框。

构造方法：

```
public TextArea()
public TextArea(String text)                       //指定显示文字
public TextArea(int rows,int columns)              //指定显示行数和列数
public TextArea(string text,int rows,int columns)
public TextArea(String text,int rows,int columns,int scrollbars)
```

scrollbars 取下列的常数：

```
TextArea.SCROLLBARS_BOTH,
TextArea.SCROLLBARS_VERTICAL_ONLY,
TextArea.SCROLLBARS_HORIZONTAL_ONLY,
TextArea.SCROLLBARS_NONE.
```

下面的代码片段产生一个 TextArea 对象，加入容器并为其配备一个 Label 标签，效果如图 12.8 所示。

```
add(new Label("What's your opnion of eating fruit: "));
add(new TextArea("I think ",3,60));
```

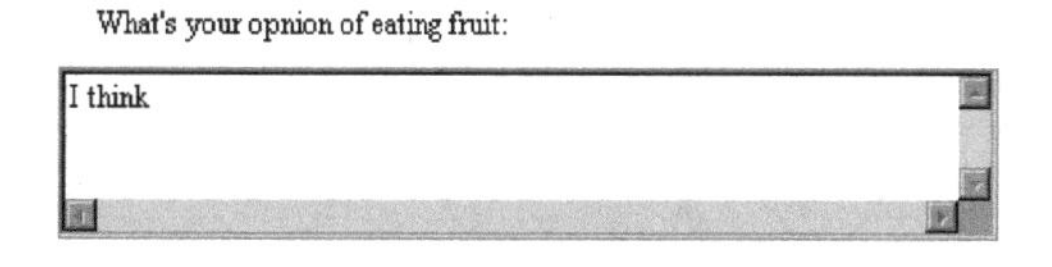

图　12.8

5. 复选框

Checkbox 类提供简单的 on/off 开关，旁边显示文本标签。一般不需要定义相应的操作，它只是用来让用户设置某些选项。Checkbox 类可以有两种使用方式，一种是一次可以选择多项，即复选框；另一种是一次只能选择一项，即单选按钮。其构造方法如下：

```
Checkbox()                    //构造一个空的未被选中的复选框
Checkbox(String)              //构造一个以 String 为标识的未被选中的复选框
Checkbox(String, CheckboxGroup, boolean)
```

最后一个方法构造一个以 String 为标识的复选框。CheckboxGroup 参数是条目组，只有单选按钮才需要它，对于 Checkbox 可以设为 null。boolean 参数是设置复选框是否预先被选中，true 是选中，false 是未选中。下面的代码片段产生多个 Checkbox 对象并加入容器，效果如图 12.9 所示。

```
add(new Label("What are you like: "));
add(new Checkbox("Apple "));
add(new Checkbox("orange "));
add(new Checkbox("Strawberry "));
add(new Checkbox("Peach "));
```

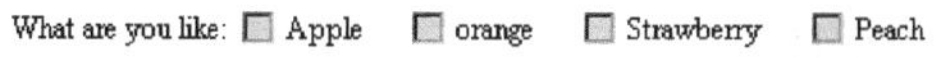

What are you like: ☐ Apple ☐ orange ☐ Strawberry ☐ Peach

图　12.9

6. 单选按钮

单选按钮的使用方法与复选框基本相同,不同之处在于单选按钮必须属于一个条目组,在同一条目组中,一次只能选择一个单选按钮。下面的代码片段产生两个单选按钮,这两个单选按钮属于一个条目组,因而具有互斥的选择效果,如图12.10所示。

```
add(new Label("Sex: "));
CheckboxGroup cbg = new CheckboxGroup();        //引入一个组对象,使按钮对象成为单选
add(new Checkbox("Male ", cbg, true));
add(new Checkbox("Female ", cbg, false));
```

Sex: ◉ Male ○ Female

图 12.10

7. 下拉列表

下拉列表Choice有一个下拉式菜单,其中有若干选项,用户可以在菜单条目中选择其中的一项。

构造方法:

```
public Choice()
```

下拉列表方法:

```
public void addItem(String item)          //菜单中加入一个条目
public String getSelectedItem()           //得到选择的条目
public int getSelectedIndex()             //得到选择条目的索引
```

下拉列表对象产生后,用addItem方法加入菜单条目。条目在菜单中的位置由条目添加的顺序决定,并用整数索引来表示以便于检索。下面的代码片段效果如图12.11所示。

```
add(new Label("How much do you eat them per week: "));
Choice c = new Choice();
c.addItem("less than 1kg ");
c.addItem("1kg to 3kg");
c.addItem("more than 3kg");
add(c);
```

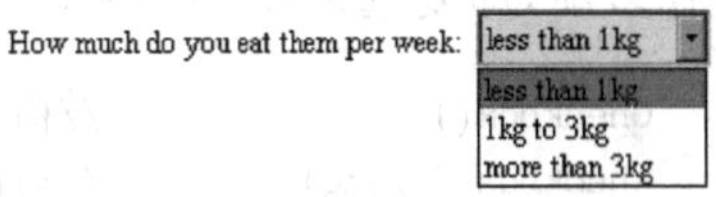

How much do you eat them per week: less than 1kg
less than 1kg
1kg to 3kg
more than 3kg

图 12.11

8. 列表

列表List提供一系列可选项供用户选择。列表与下拉列表的区别之处在于:列表条目的数量超过列表显示行数会自动出现滚动条;另外列表可以单选也可以多选。

构造方法:

```
public List()
public List(int rows)                          //指定显示行数
public List(int rows,boolean multipleMode) //参数为 true 多选,false 为单选
```

下面的代码片段效果如图12.12所示。

```
add(new Label("What are you like: "));
List list = new List(5,true);
list.addItem("Apple");
list.addItem("Banana");
list.addItem("Grape");
list.addItem("Orange");
list.addItem("Peach");
list.addItem("Pear");
list.addItem("Strawberry");
add(list);
```

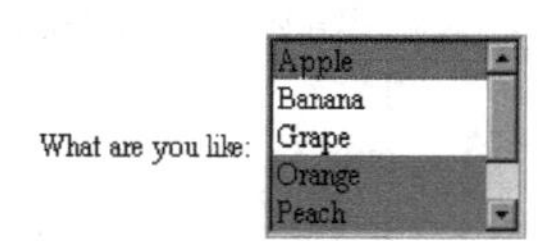

图 12.12

9. 滚动条(Scrollbar)

列表和文本域会根据需要自动加入滚动条。但在某些情况下,特别是关于数字操作时,需要单独使用滚动条。滚动条是由 Scrollbar 类来实现。

构造方法有三种。

```
Scrollbar()                          //构造一个垂直方向的滚动条
Scrollbar(int)                       //构造一个指定方向的滚动条
Scrollbar(int, int, int, int, int)
```

第三个构造方法根据给定参数构造一个滚动条。其中第一个参数指定滚动条的方向,第二个参数指定滑动块的初始位置,第三个参数指定滚动条的宽度,第四、第五个参数是滚动条的最小值和最大值。在 Scrollbar 类中,定义了两个静态常量 HORIZONTAL 和 VERTICAL,在指定滚动条的方向时可以使用这两个常量。

【例 12.4】 综合运用以上组件对象,构造一个个人爱好问卷表单。

```
import java.awt. * ;
public class Ui extends java.applet.Applet {
   public void init() {
      add(new Label("Your name: "));
      add(new TextField(30));
      add(new Label("Sex: "));
      CheckboxGroup cbg = new CheckboxGroup();
      add(new Checkbox("Male ", cbg, true));
      add(new Checkbox("Female ", cbg, false));
      add(new Label("What are you like: "));
      add(new Checkbox("Apple "));
      add(new Checkbox("orange "));
      add(new Checkbox("Strawberry "));
      add(new Checkbox("Peach "));
      add(new Label("How much do you eat them per week: "));
      Choice c = new Choice();
      c.addItem("less than 1kg ");
      c.addItem("1kg to 3kg");
      c.addItem("more than 3kg");
      add(c);
      add(new Label("What's your opnion of eating fruit: "));
      add(new TextArea("I think ",3,60));
      add(new Button(" OK "));
```

```
        add(new Button("Clear "));
    }
    public void paint(Graphics g) {
    }
}
```

其效果如图 12.13 所示。

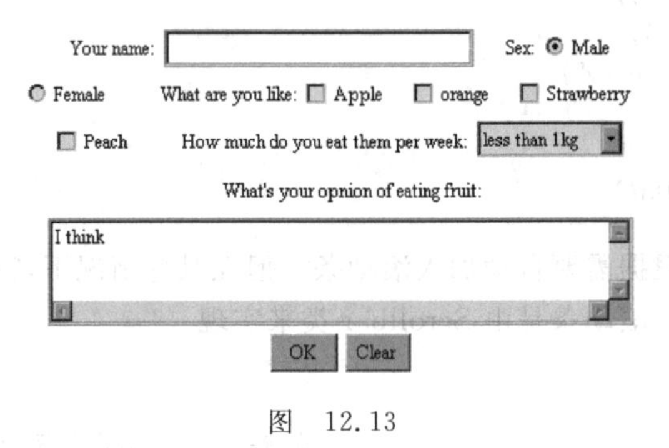

图 12.13

12.1.3 MenuComponent

MenuComponent 类是 AWT 中菜单对象的父类,其子类继承关系如图 12.14 所示。

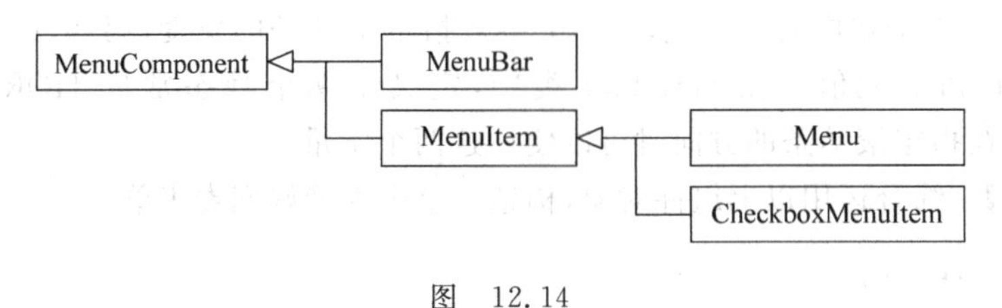

图 12.14

当窗口建立后,就要考虑给窗口添加菜单。为此需要用到 MenuBar(菜单条)、Menu(菜单)和 MenuItem(菜单项)。

1. MenuBar

构造方法:

```
MenuBar()
```

菜单条对象产生后,需要通过 window 对象的 setMenuBar 方法进行设置。

```
MenuBar mb = new MenuBar();
window.setMenuBar(mb);
```

2. Menu

菜单条中可添加菜单对象,菜单 Menu 类的构造方法有两种:

```
Menu(String)          //用给定的标识构造一个菜单
Menu(String, boolean)
```

第二个构造方法,如果布尔值为 false,那么释放鼠标按钮后,菜单项会消失;如果布尔值为 true,那么释放鼠标按钮后,菜单项仍将显示。菜单对象产生后,使用 MenuBar 类的 add 方法添加到菜单条中,MenuBar 类根据 Menu 添加的顺序从左到右显示,并建立整数索引。下面是一个在菜单条中加入菜单的简单,效果如图 12.15 所示。

```
MenuBar mb = new MenuBar();
window.setMenuBar(mb);
Menu fm = new Menu("FILE");
mb.add(fm);
Menu help = new Menu("HELP");
mb.add(help);
mb.setHelpMenu(help);
Menu opt = new Menu("OPTION");
mb.add(opt);
```

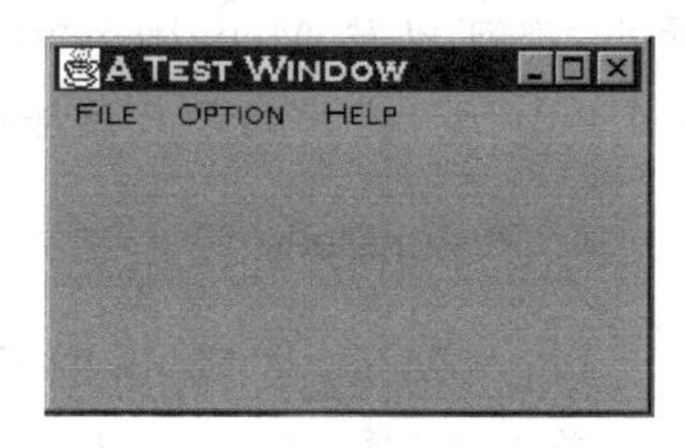

图 12.15

注意:在某种情况下,需要阻止用户选择某个菜单,这时可以使用 disable 方法使这个菜单处于不可选状态,需要时还可使用 enable 方法使它成为可选。另外,setHelpMenu 可以使 help 菜单放置在 bar 中的最右边。

3. MenuItem

菜单中需要添加菜单内容,充当菜单内容的有菜单项(MenuItem)、菜单选项(CheckboxMenuItem)、子菜单和分隔符。

MenuItem 类和 CheckboxMenuItem 类的构造方法分别是:MenuItem(String)构造一个指定标识的菜单项;CheckboxMenuItem(String)构造一个指定标识的菜单选项。

下面的代码与前面的代码组合在一起:

```
MenuBar mb = new MenuBar();
window.setMenuBar(mb);
Menu fm = new Menu("FILE");
mb.add(fm);
Menu help = new Menu("HELP");
mb.add(help);
mb.setHelpMenu(help);
Menu opt = new Menu("OPTION");
mb.add(opt);
opt.add(new MenuItem("CHANGE TITLE"));
Menu change = new Menu ("CHANGE COLOR");
opt.add(change);                //加入一个子菜单
change.add(new MenuItem("BLUE"));
change.add(new MenuItem("GREEN"));
change.add(new MenuItem("RED"));
change.add(new MenuItem("YELLOW"));
opt.add(new MenuItem("-"));     //加入一个分割线
CheckboxMenuItem show = new CheckboxMenuItem ("SHOW TITLE");
opt.add(show);
```

其效果如图 12.16 所示。

注意:menu 和 CheckboxMenuItem 是 menuItem 的子类,而 menu 的一个重要方法是

public MenuItem add(MenuItem mi),这样的表示方法意味着这样一个事实:menu可以加入的内容有MenuItem、CheckboxMenuItem以及menu类自身的对象,因为CheckboxMenuItem及menu作为MenuItem的子类,都可以被MenuItem的声明来引用,都符合add(MenuItem mi)中的参数条件。

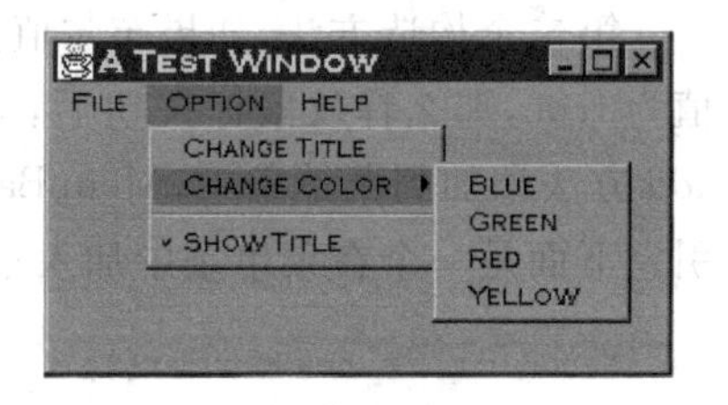

图　12.16

4. PopupMenu

PopupMenu是Menu的子类,用于建立弹出式菜单,主要步骤如下:

首先,需要产生一个PopupMenu对象。

```
PopupMenu popupMenu1 = new PopupMenu();
```

然后新建一些子菜单,这里建立三个菜单项:

```
MenuItem menuItem1 = new MenuItem();
MenuItem menuItem2 = new MenuItem();
MenuItem menuItem3 = new MenuItem();
```

再初始化:

```
menuItem1.setLabel("菜单 1");
menuItem2.setLabel("菜单 2");
menuItem3.setLabel("菜单 3");
```

加入到弹出式菜单对象:

```
popupMenu1.add(menuItem1);
popupMenu1.add(menuItem2);
popupMenu1.add(menuItem3);
```

最后在容器中加入popupMenu1:

```
add(popupMenu1);
```

12.2　组件在容器中位置的确定

组件在容器的位置可采用两种方式确定,第一种用容器坐标系来确定,第二种用容器布局管理器来确定。

12.2.1　容器坐标系方式确定组件位置

容器界面上的坐标系是一个二维网格,它可以标识容器界面上每个点的坐标位置。坐标单位用像素来度量,一个像素是一台显示器的最小分辨单位。坐标系由一个x坐标(水平坐标)和一个y坐标(垂直坐标)组成。在默认状态下原点(0,0)为容器界面左上角坐标,因此,x坐标是从左向右移动的水平距离,y坐标是从上向下移动的垂直距离。图12.17中的坐标(x,y)表示点与原点的水平距离是x,垂直距离是y。

容器默认采用布局管理器进行组件布局，如选用坐标方式布局组件，首先需要调用容器方法“setLayout(null)”进行设置。之后对要布局的组件，调用其祖先类Component的setLocation或setBounds方法来确定在容器中的位置。当容器整体移动或调整尺寸时，嵌入容器的组件在容器中的相对位置和尺寸并不改变。

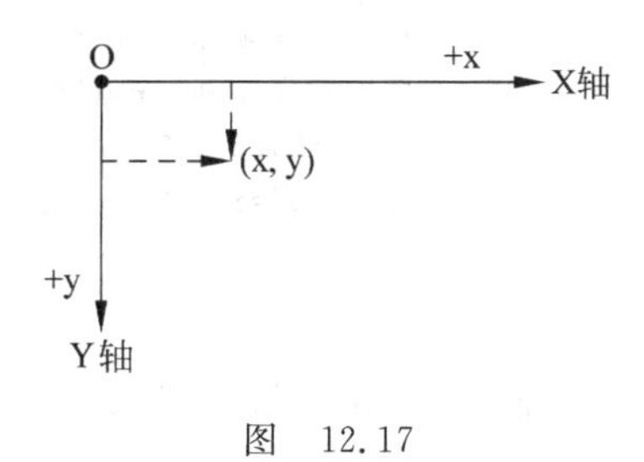

图 12.17

12.2.2 布局管理器方式确定组件位置

组件在容器中的位置也可采用布局管理器的方式指定，默认情况下容器采用布局管理器来对组件进行位置布局。布局管理器负责管理组件在容器中的显示属性，例如排列顺序，组件的大小、位置，当窗口移动或调整尺寸后，组件如何变化等。不同的布局管理器使用不同的算法和策略，容器可以通过选择不同的布局管理器来决定布局。布局管理器的类型主要有FlowLayout、BorderLayout、GridLayout、CardLayout和GridBagLayout。

1. FlowLayout

FlowLayout是Panel、Applet容器的默认布局管理器，其对组件布局的规律是从上到下、从左到右。如果容器足够宽，第一个组件先添加到容器第一行的最左边，后续的组件依次添加到上一个组件的右边。如果当前行已放置不下组件，则放置到下一行的最左边。当容器尺寸改变时，组件的尺寸不会变动。FlowLayout的构造方法为：

```
public FlowLayout()
public FlowLayout(int align)
public FlowLayout(int align, int hgap, int vgap)
```

align参数的含义为：设置版面的对齐方式，可以是居中、靠左或靠右，默认是居中。可以使用FlowLayout类的静态常量LEFT、CENTER和RIGHT来进行如下设置：

```
setLayout (new FlowLayout(FlowLayout.LEFT));
```

hgap和vgap参数的含义：设置横向和纵向的间隔，默认是三个像素。代码如下：

```
setLayout (new FlowLayout(FlowLayout.CENTER, 5, 5));
```

代码执行后，将横向和纵向间隔各设置成5个像素。

【例12.5】 使用FlowLayout添加按钮组件。

```
import java.awt.*;
public class FlowLayoutDemo extends Frame {
    public FlowLayoutDemo(String title){
        super(title);
    }
    public static void main(String[] args) {
        FlowLayoutDemo fs = new FlowLayoutDemo("Border Layout Simple");
        fs.setLayout(new FlowLayout());
        fs.add(new Button("one"));
        fs.add(new Button("two"));
```

```
            fs.add(new Button("three"));
            fs.add(new Button("four"));
            fs.setSize(200, 200);
            fs.setVisible(true);
        }
    }
```

程序的输出结果如图 12.18 所示。

2. BorderLayout

BorderLayout 是 Window、Frame 和 Dialog 的默认布局管理器。BorderLayout 布局管理器把容器分成五个区域：North、South、East、West 和 Center，每个区域只能放置一个组件。各个区域的布局如图 12.19 所示。

图 12.18

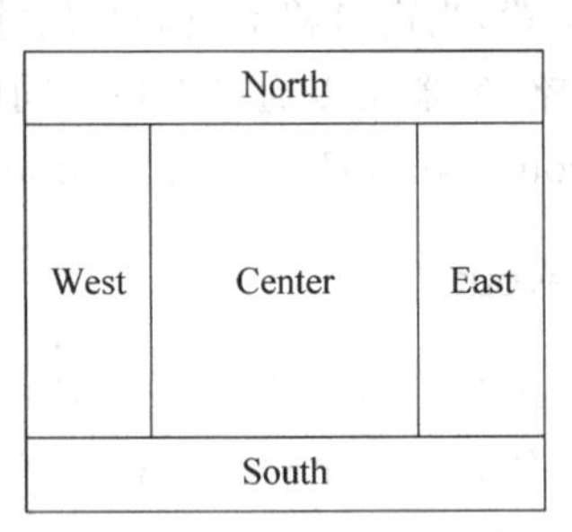

图 12.19

在使用 BorderLayout 的时候，如果容器的尺寸发生变化，组件的变化规律为：组件相对位置不变，大小发生变化。例如容器变高了，North、South 区域不变，West、Center、East 区域变高；如果容器变宽了，West、East 区域不变，North、Center、South 区域变宽。不一定所有的区域都有组件，如果四周的区域（West、East、North、South 区域）没有组件，则由 Center 区域去补充，但是如果 Center 区域没有组件，则保持空白，其效果如图 12.20(a)和图 12.20(b)所示。

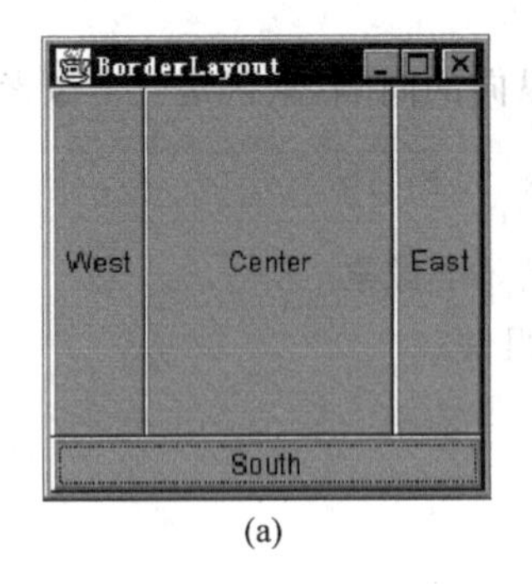

(a)

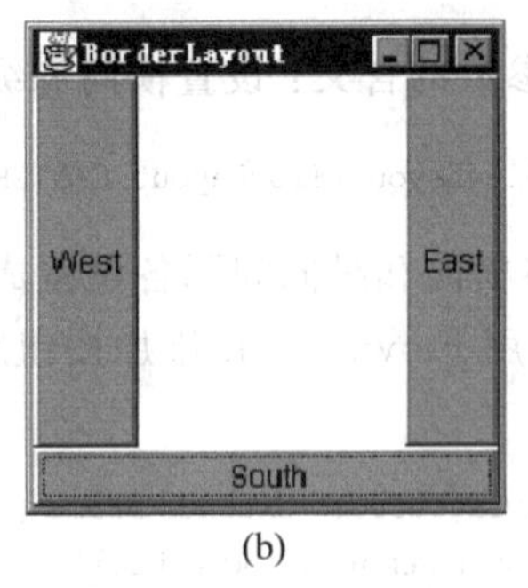

(b)

图 12.20

【例 12.6】 使用 BorderLayout 添加按钮组件。

```
import java.awt.*;
public class BorderSimple extends Frame{
    public BorderSimple(String title) {
```

```
        super(title);
    }
    public static void main(String[ ] args) {
        BorderSimple fs = new BorderSimple("Border Layout Simple");
        Button north = new Button("North");
        Button south = new Button("South");
        Button west = new Button("West");
        Button east = new Button("East");
        Button center = new Button("Center");
        fs.add(north, BorderLayout.NORTH);
        fs.add(south, BorderLayout.SOUTH);
        fs.add(west, BorderLayout.WEST);
        fs.add(east, BorderLayout.EAST);
        fs.add(center, BorderLayout.CENTER);
        fs.setSize(400, 400);
        fs.setVisible(true);
    }
}
```

【例 12.7】

```
import java.awt.*;
public class Login1{
    public static void main(String arg[ ]){
        Frame f = new Frame("User Login");
        f.setSize(280,150);
        Button b = new Button("login");
        f.add(b);
        f.setBackground(Color.lightGray);
        f.setVisible(true);
    }
}
```

程序效果如图 12.21 所示。

程序说明

本例指出了 Frame 对象大小后，并没有指出 Button 对象的大小，但是由于默认布局管理器 BorderLayout 的作用，按钮按照布局指定的区域进行了自动的排列。当改变 Frame 对象的大小时，按钮 Login 自动进行调整。

如果本例没有 f.setSize(280,150)；一句，则图像如图 12.22 所示，此时没有显示 Login 按钮的原因是：Frame 没有大小。

图 12.21

图 12.22

也可以对代码改造如下。

【例 12.8】

```
import java.awt.*;
public class Login1{
    public static void main(String arg[ ]){
        Frame f = new Frame("User Login");
        Button b = new Button("login");
        f.add(b);
        f.setBackground(Color.lightGray);
        f.setVisible(true);
        f.pack();
    }
}
```

图 12.23

此时,login 又重新显示出来,如图 12.23 所示。但是可以看到,此时 Frame 对象的大小是依据 login 按钮的大小进行设置的。这是因为 login 按钮有默认大小,Frame 大小不确定,调用 Frame 对象的 pack 方法,使得 Frame 按照组件的当前合适尺寸(preferred size)进行相应的调整。

3. GridLayOut

GridLayOut 使容器中各个组件呈网格状布局,平均占据容器的空间。GridLayOut 的特点是:将容器界面分成若干行和列,每个格大小一致,再调用容器方法 add 加入组件,按从左到右、从上到下顺序进行组件布局。因而当容器尺寸改变时,组件尺寸也相应调整。

【例 12.9】

```
import java.awt.*;
import java.awt.event.*;
public class GridLayOutDemo{
    public static void main(String args[ ]){
        Frame f = new Frame("GridLayOutDemo");
        f.setLayout(new GridLayout(2,3));          //布局有 2 行 3 列
        f.add(new Button("1"));
        f.add(new Button("2"));
        f.add(new Button("3"));
        f.add(new Button("4"));
        f.add(new Button("5"));
        f.add(new Button("6"));
        f.pack();
        f.setVisible(true);
    }
}
```

程序效果如图 12.24 所示。

图 12.24

4. CardLayout

CardLayout 布局管理器能够处理两个以上组件共享同一显示空间的

情况。它把容器分成许多层,每层的显示空间占据整个容器的大小,但是每层只允许放置一个组件,如果要放置多个组件,则先加入一个 Panel 对象,再将 Panel 对象加入层中。CardLayout 就像一副叠得整整齐齐的扑克牌,但一次只能看见最上面的一张牌,每一张牌就相当于布局管理器中的一层。

【例 12.10】

```
import java.awt. * ;
public class CardLayoutDemo{
   static Frame frm = new Frame("Card layout");
   public static void main(String args[ ]){
      CardLayout card = new CardLayout();
      frm.setLayout(card);
      frm.setSize(200,150);
      frm.add(new Button("Button 1"),"c1");       //用字符串 c1 作为本层的索引标识
      frm.add(new Button("Button 2"),"c2");       //用字符串 c2 作为本层的索引标识
      frm.add(new Button("Button 3"),"c3");       //用字符串 c3 作为本层的索引标识
      card.show(frm,"c3");
      frm.setVisible(true);
   }
}
```

程序说明

card 成为 frm 的布局管理器后,需要让哪个层显示时,调用 card 的 show 方法,完成指定层的显示。

5. GridBagLayout

GridBagLayout 一改其他的外观管理器的死板模样,具有很多的灵活性。GridBagLayout 通过类 GridBagConstraints 的帮助,按照设计的意图,改变组件的大小,把它们摆在设计者希望摆放的位置上。在 GridBagLayout 中,每个组件都有一个 GridBagConstraints 对象来给出它的大小和摆放位置。在使用 GridBagLayout 的时候,最重要的就是学会类 GridBagConstraints 的使用方法,学会如何设置组件的大小、位置等限制条件。

【例 12.11】

```
import java.awt. * ;
public class GridBagLayoutDemo extends Frame {
   public static void main(String[ ] args){
      Frame gd  =  new Frame("GridBagLayoutDemo");
      gd.setSize(300,100);                            //设置窗口的大小
      //使用类 GridBagConstriants
      GridBagConstraints gbc = new GridBagConstraints();
      //设定外观管理器为 GridBagLayout 外观管理器
      gd.setLayout(new GridBagLayout());
      //所有的按钮都会把分配的剩余空间填满
      gbc.fill = GridBagConstraints.BOTH;
      gbc.gridwidth = 1;                              //设置第一个按钮显示属性
      gbc.gridheight = 1;
      Button button1 = new Button("东");
```

```
        ((GridBagLayout)gd.getLayout()).setConstraints(button1,gbc);
        gd.add(button1);
        //设置第二个按钮的 gridwidth,gridheight 保持不变
        gbc.gridwidth = GridBagConstraints.REMAINDER;
        Button button2 = new Button("西");
        ((GridBagLayout)gd.getLayout()).setConstraints(button2,gbc);
        gd.add(button2);
        gbc.gridheight = 4;                               //设置第三个按钮显示属性
        gbc.gridwidth = 1;
        Button button3 = new Button("南");
        ((GridBagLayout)gd.getLayout()).setConstraints(button3,gbc);
        gd.add(button3);
        gbc.gridheight = 2;                               //设置第四个按钮显示属性
        gbc.gridwidth = 1;
        Button button4 = new Button("北");
        ((GridBagLayout)gd.getLayout()).setConstraints(button4,gbc);
        gd.add(button4);
        gbc.gridwidth = GridBagConstraints.REMAINDER;  //设置第五个按钮
        Button button5 = new Button("中");
        ((GridBagLayout)gd.getLayout()).setConstraints(button5,gbc);
        gd.add(button5);
        gbc.insets = new Insets(5,6,7,8);                 //设置第六个按钮
        Button button6 = new Button("GridBagLayoutDemo");
        ((GridBagLayout)gd.getLayout()).setConstraints(button6,gbc);
        gd.add(button6);
        gd.setVisible(true);
    }
}
```

程序效果如图 12.25 所示。

(1) gbc.gridwidth=1;和 gbc.gridheight=1;

gridwidth 和 gridheight 主要负责确定组件的相对位置,可以将“gbc.gridwidth=1;和 gbc.gridheight=1;”理解为第一行第一列,至于有多少行多少列,则看所有的组件的相对设置。本例中各个组件设置的结果,造成行列排布为 5 行 3 列,如图 12.26 所示。

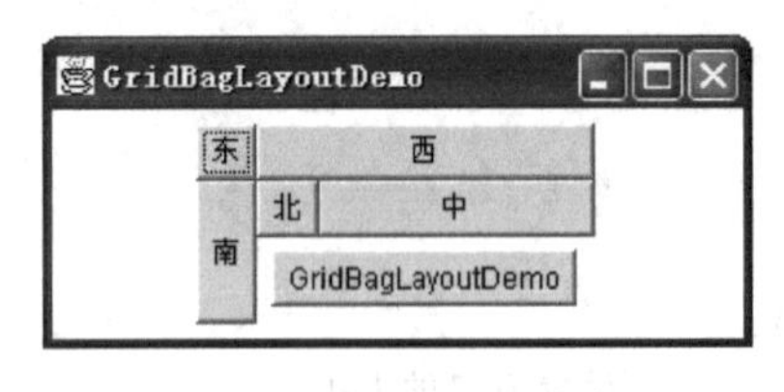

图 12.25

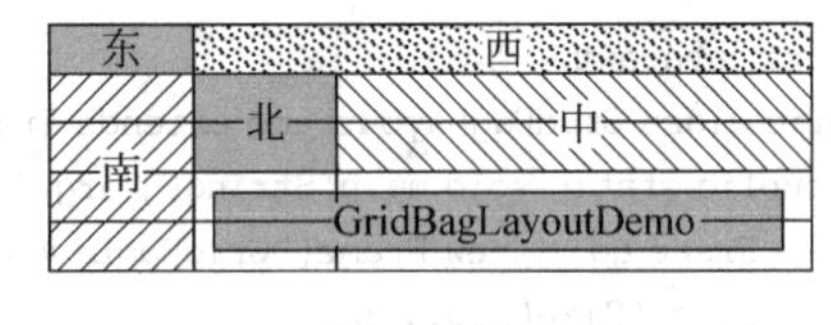

图 12.26

而使用“gbc.gridwidth=GridBagConstraints.REMAINDER;”就可以通知外观管理器让组件占据本行的所有列空间。

(2) gbc.fill=GridBagConstraints.BOTH;

每个组件有一定的原始大小,例如在 FlowLayout 外观管理器的管理之下显示的就都是组件的原始大小。如果分配给一个组件的空间比它原本所需要的空间大时,就需要一定的方式来指明如何处理这一部分多余空间,这时就用到了 fill 值。fill 可以取四种不同的

值，它们分别代表了四种不同的剩余空间处理方式。

- GridBagConstraints. NONE：不理睬剩余空间的存在，让它空着。
- GridBagConstraints. BOTH：不让一点剩余空间存在，改变组件的大小，让它填满分配给它的整个空间。
- GridBagConstraints. HORIZONTAL：调整组件的大小，把水平方向的空间填满，让垂直方向空间空着。
- GridBagConstraints. VERTICAL：调整组件的大小，把垂直方向的空间填满，让水平方向的空间空着。

(3) gbc. insets＝new Insets(5,6,7,8)；

insets(小写的 i)是类 GridBagConstraints 的一个限定条件。Insets(大写的 I)是 AWT 里面一个类的名字，它的用途是用来定义分配给组件空间的四个页边界大小，它有四个参数：Insets(参数 1，参数 2，参数 3，参数 4)，第一个参数代表与上边界的距离，第二个参数代表与左边界的距离，第三个参数代表与下边界的距离，第四个参数代表与右边界的距离，如图 12.27 所示。

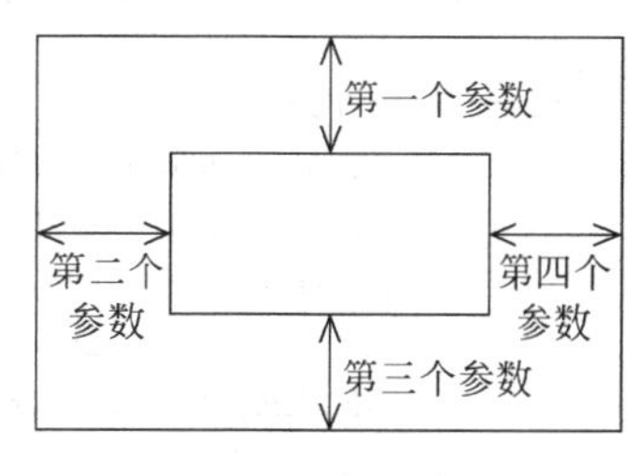

图 12.27

12.3 AWT 事件模型

当 Java 程序运行时，用户在界面上进行某种操作，如敲击键盘、单击鼠标、双击鼠标、对界面大小的改变，焦点的转移等，系统会捕获这些操作，产生相应的事件对象(event)并交由事件程序进行处理。

事件处理模型指事件产生后事件对象的传递和处理方式。Java 的事件处理模型有两种：一种是 JDK1.0 的层次事件模型，另一种是 JDK1.1 以后的委托事件模型。

12.3.1 层次事件模型

Component 类中保留着 keyup、kedown、mouseup、mousedown 等事件方法(但标明 Deprecated，表示将逐渐被淘汰，建议不要使用)。在子类组件中，编写代码对这些方法进行覆盖，就能对相应感兴趣的事件进行处理，这就是层次事件模型的基本含义。这种模型在 JDK1.1 以后被舍弃，因为它没有委托事件模型优越。

12.3.2 委托事件模型

委托事件模型的基本含义是将事件源和事件处理者(监听者)分开。用委托事件模型对例 12.1 进行改造，让系统的关闭按钮起作用。

【例 12.12】

```
import java.awt. * ;
import java.awt.event. * ;
class MyWindowListener implements WindowListener{
```

```
    public void windowClosing(WindowEvent e){
        System.out.println("我退出了!");
        e.getWindow().setVisible(false);              //变为不显示
        ((Window)e.getComponent()).dispose();         //释放窗口资源
        System.exit(0);                               //退出系统
    }
    public void windowActivated(WindowEvent e){}
    public void windowClosed(WindowEvent e){}
    public void windowDeactivated(WindowEvent e){}
    public void windowDeiconified(WindowEvent e){}
    public void windowIconified(WindowEvent e){}
    public void windowOpened(WindowEvent e){}
};
class TestFrame {
    public static void main(String arg[ ]){
        Frame f = new Frame("A Test Window");
        f.setSize(250,150);
        f.setVisible(true);
        f.addWindowListener(new MyWindowListener());
    }
}
```

程序运行时,单击窗口系统提供的“×”按钮,会关闭窗口,并在DOS窗口中给出“我退出了!”的提示。

程序说明

用户单击窗口系统提供的“×”按钮,则该按钮就是事件源,虚拟机系统会生成WindowEvent类的对象e,该对象中描述了事件发生时的一些信息。之后事件监听者对象(MyWindowListener)将接收由虚拟机系统传递过来的消息(消息参数中含有事件对象的引用),激活事件监听者对象当中的方法windowClosing进行处理。

通过上面的程序,可以将委托模型的内容用图12.28简要描述。

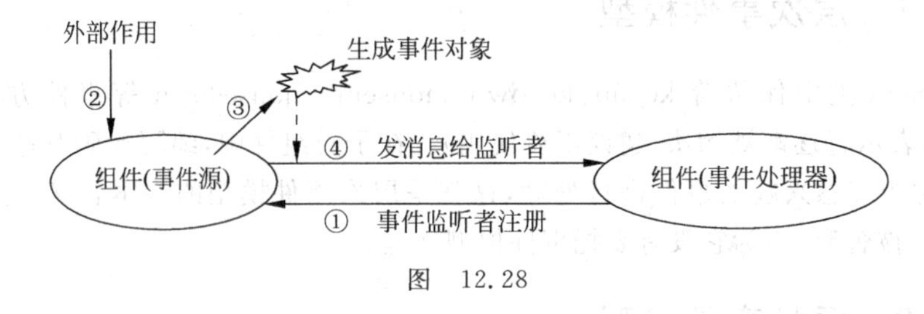

图 12.28

看上去,委托型事件模型比层次型模型要复杂一些,但是为什么能取代层次型模型呢?原因是委托型模型有如下的优点:

(1) 多个监听者可以对同一个事件源对象中的同一事件进行处理,如图12.29所示。

(2) 一个事件源中的多个事件可以分别被不同的监听者进行处理,如图12.30所示。

(3) 一个监听者可以注册到多个事件源中,对同类事件进行处理,如图12.31所示。

这些都增加了Java事件处理上的灵活性,是层次型模型不具备的。采用委托模型处理事件后,需要注意一些问题,例如都有哪些事件类型?如何规定事件源和事件监听者之间的

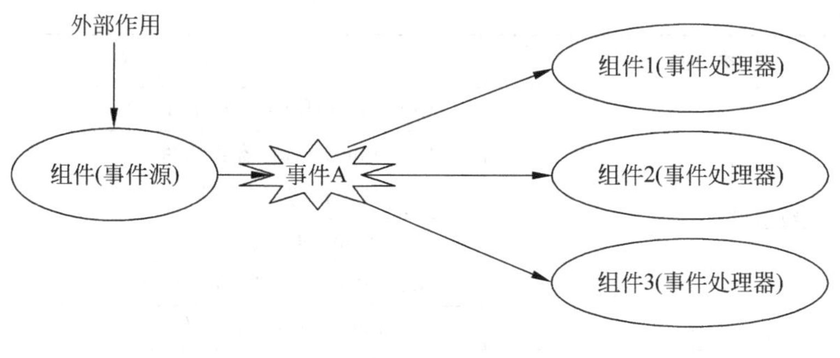

图　12.29

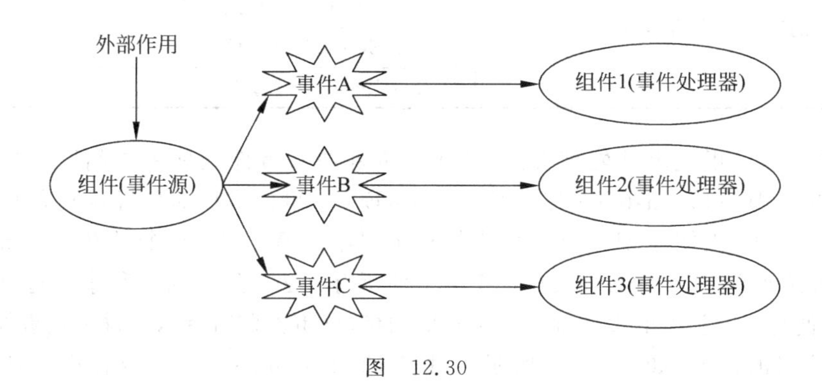

图　12.30

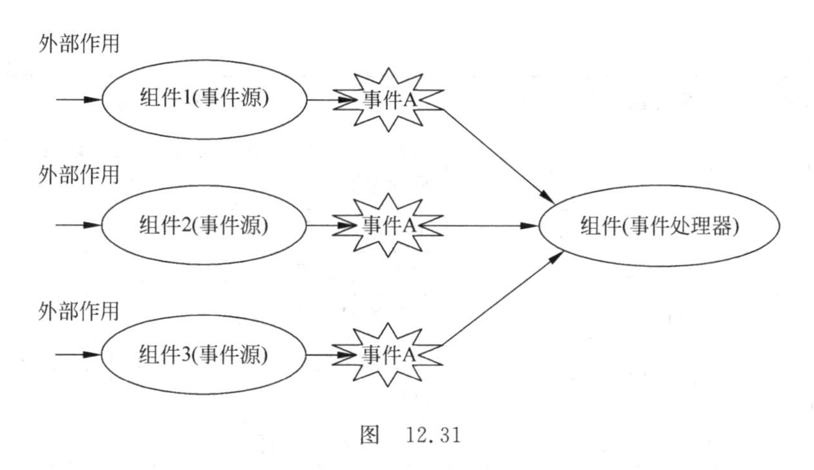

图　12.31

关系？每种组件都能引起哪些类型的事件？JDK1.1 以后所采用的委托模型，对于解决这些问题给出的具体方法是：

(1) 将所有事件都封装在 java.awt.event 包当中，与 AWT 有关的所有事件类都由 java.awt.AWTEvent 类派生(它的父类是 EventObject)。根据事件类型的不同，分为低级事件和高级事件。低级事件是指基于组件和容器的事件，如鼠标的单击、拖放、单击窗口关闭按钮等。高级事件是基于语义的事件，如 ActionEvent(见表 12.2 的相关介绍)。高级事件的发生往往也伴随着低级事件的发生，例如 TextField 中按了回车键，将发生 KeyEvent，同时也发生 ActionEvent，究竟进行什么样的处理，则看应用的具体需要，可以同时进行事件处理，也可能选择高级事件处理而忽略低级事件。表 12.1 列出了一些低级和高级事件类型。

表 12.1

事件类型	含义
AWT 中的低级事件	ComponentEvent(组件事件)
	ContainerEvent(容器事件)
	FocusEvent(焦点事件)
	KeyEvent(键盘事件)
	MouseEvent(鼠标事件)
	WindowEvent(窗口事件)
AWT 中的高级事件(语义事件)	ActionEvent(动作事件)
	AdjustmentEvent(调节事件)
	ItemEvent(项目事件)
	TextEvent(文本事件)

(2) 采用接口规范事件处理方式,并作为事件源和事件处理者之间联系的桥梁。如例 12.12 当中,WindowListener 接口对 WindowEvent 事件发生时的几种可能情况进行了规定,如窗口打开、关闭、激活、不活动、最小化、非最小化等。如果某个对象对 WindowEvent 的这些内容感兴趣,那么就必须实现这个接口的所有方法。Java 对各种事件进行了相应的接口规定,使每一个类型的事件都有一个对应的接口(事件监听者),不过个别事件也存在着对应多个接口的情况,如表 12.2 所示。对表 12.2 中事件接口的内容进行细分可得到表 12.3。

表 12.2

事件(Event)	事件监听者(Listener)	说明
ComponentEvent	ComponentListener	主要处理组件大小的改变、位置的改变及可见与不可见状态等
ContainerEvent	ContainerListener	主要处理组件加入或移出容器
FocusEvent	FocusListener	主要处理取得焦点或移开焦点等操作
KeyEvent	KeyListener	主要处理键盘的操作
MouseEvent	MouseListener	主要处理鼠标是否在某个组件上、是否按下鼠标等操作
	MouseMotionListener	主要追踪鼠标的位置
WindowEvent	WindowListener	处理窗口的打开、关闭、最大、最小化等
	WindowFocusListener	窗口获得焦点
	WindowStateListener	窗口大小改变
ActionEvent	ActionListener	选菜单、按钮按下、List 中双击项目、TextField 中回车都会触发本事件
AdjustmentEvent	AdjustmentListener	在滚动条上移动滑块以调节数值
ItemEvent	ItemListener	在 Choice 或 List 中选择某一项目
TextEvent	TextListener	对文本内容的改变进行处理

表 12.3

AWT 事件监听者	成员方法
ComponentListener	componentHidden(ComponentEvent e)
	componentMoved(ComponentEvent e)
	componentResized(ComponentEvent e)
	componentShown(ComponentEvent e)
ContainerListener	componentAdded(ContainerEvent e)
	componentRemoved(ContainerEvent e)
FocusListener	focusGained(FocusEvent e)
	focusLost(FocusEvent e)
KeyListener	keyPressed(KeyEvent e)
	keyReleased(KeyEvent e)
	keyTyped(KeyEvent e)
MouseListener	mouseClicked(MouseEvent e)
	mouseEntered(MouseEvent e)
	mouseExited(MouseEvent e)
	mousePressed(MouseEvent e)
	mouseReleased(MouseEvent e)
MouseMotionListener	mouseDragged(MouseEvent e)
	mouseMoved(MouseEvent e)
WindowListener	windowActivated(WindowEvent e)
	windowClosed(WindowEvent e)
	windowClosing(WindowEvent e)
	windowDeactivated(WindowEvent e)
	windowDeiconified(WindowEvent e)
	windowIconified(WindowEvent e)
	windowOpened(WindowEvent e)
WindowFocusListener	windowGainedFocus(WindowEvent e)
	windowLostFocus(WindowEvent e)
WindowStateListener	windowStateChanged(WindowEvent e)
ActionListener	actionPerformed(ActionEvent e)
AdjustmentListener	adjustmentValueChanged(AdjustmentEvent e)
ItemListener	itemStateChanged(ItemEvent e)
TextListener	textValueChanged(TextEvent e)

注意：高级事件对应的监听接口只有一个方法。

(3) AWT 中常用组件可能引起的事件类型由各组件的注册监听者方法来反映，如表 12.4 所示。

表 12.4

组件类型	监听者添加方法	说明
Component	addComponentListener(ComponentListener l) addFocusListener(FocusListener l) addKeyListener(KeyListener l) addMouseListener(MouseListener l) addMouseMotionListener(MouseMotionListener l)	继承 Component 的所有组件都具有这些方法
Container	addContainerListener(ContainerListener l)	继承 Container 的所有容器都具有本方法
Window	addWindowListener(WindowListener l) addWindowFocusListener(WindowFocusListener l) addWindowStateListener(WindowStateListener l)	Frame 和 Dialog 都具有这些方法
Button List MenuItem TextField	addActionListener(ActionListener l)	这四个组件同时具有 Component 中的监听者添加方法
Scrollbar	addAdjustmentListener(AdjustmentListener l)	这个组件同时具有 Component 中的监听者添加方法
Checkbox CheckboxMenuItem Choice List	addItemListener(ItemListener l)	这四个组件同时具有 Component 中的监听者添加方法
TextField TextAre	addTextListener(TextListener l)	具有 Component 中的监听者添加方法

12.3.3 监听接口实现的四种方式

AWT 监听接口的实现有很多方式,现以事件源即监听者这种情况为例,说明监听接口的四种实现方式。

(1) 在实现者当中给出接口的每个方法实现,如例 12.13 中的黑体代码。

【例 12.13】

```
import java.awt.*;
import java.awt.event.*;
class TestFrame extends Frame implements WindowListener{
    public TestFrame(String s){
        super(s);
    }
    public void windowClosing(WindowEvent e){
        System.out.println("我退出了!");
        e.getWindow().setVisible(false);
        ((Window)e.getComponent()).dispose();
        System.exit(0);
    }
```

```
    public void windowActivated(WindowEvent e){}
    public void windowClosed(WindowEvent e){}
    public void windowDeactivated(WindowEvent e){}
    public void windowDeiconified(WindowEvent e){}
    public void windowIconified(WindowEvent e){}
    public void windowOpened(WindowEvent e){}

    public static void main(String arg[]){
        TestFrame f = new TestFrame("A Test Window");
        f.setSize(250,150);
        f.setVisible(true);
        f.addWindowListener(f);
    }
}
```

程序说明

TestFrame 对象是事件源,同时又是监听者,所以 TestFrame 必须对 WindowListener 接口给出全部实现,并且将其自身加入到监听者之中。

(2) 采用接口形式产生匿名对象给出实现,见例 12.14 中的黑体代码。

【例 12.14】

```
import java.awt.*;
import java.awt.event.*;

class TestFrame {
    public static void main(String arg[]){
        Frame f = new Frame("A Test Window");
        f.setSize(250,150);
        f.setVisible(true);
        f.addWindowListener(new WindowListener(){
            public void windowClosing(WindowEvent e){
                System.out.println("我退出了!");
                e.getWindow().setVisible(false);
                ((Window)e.getComponent()).dispose();
                System.exit(0);
            }
            public void windowActivated(WindowEvent e){}
            public void windowClosed(WindowEvent e){}
            public void windowDeactivated(WindowEvent e){}
            public void windowDeiconified(WindowEvent e){}
            public void windowIconified(WindowEvent e){}
            public void windowOpened(WindowEvent e){}
        });
    }
}
```

(3) 采用事件适配器方式。事件适配器就是针对特定的监听接口给出的默认实现,见例 12.15 中的黑体代码。

【例 12.15】

```
import java.awt.*;
import java.awt.event.*;
class TestFrame extends WindowAdapter {
    public static void main(String arg[]){
        Frame f = new Frame("A Test Window");
        f.setSize(250,150);
        f.setVisible(true);
        f.addWindowListener(new TestFrame ());
    }
    public void windowClosing(WindowEvent e){
        System.out.println("我退出了!");
        e.getWindow().setVisible(false);
        ((Window)e.getComponent()).dispose();
        System.exit(0);
    }
}
```

程序说明

WindowAdapter 是个类，它对 WindowListener 中定义的接口方法给出了默认的实现。它的作用在于：MyWindowListener 继承了 WindowAdapter，只对感兴趣的 windowClosing 方法给出实现，省略了其他不感兴趣方法的编写，简化了程序。

一般在 java.awt.event 中，常用的接口都有相应的适配器，见表 12.5。

表 12.5

AWT 事件监听者	监听接口适配器
ComponentListener	ComponentAdapter
ContainerListener	ContainerAdapter
FocusListener	FocusAdapter
KeyListener	KeyAdapter
MouseListener	MouseAdapter
MouseMotionListener	MouseMotionAdapter
WindowListener	WindowAdapter
WindowFocusListener	
WindowStateListener	
ActionListener	没有适配器(因为只有一个方法，不需要适配器)
AdjustmentListener	
ItemListener	
TextListener	

(4) 采用适配器形式产生匿名对象给出实现。

【例 12.16】

```
import java.awt.*;
import java.awt.event.*;
```

```
class TestFrame {
    public static void main(String arg[ ]){
        Frame f = new Frame("A Test Window");
        f.setSize(250,150);
        f.setVisible(true);
        f.addWindowListener(new WindowAdapter(){
            public void windowClosing(WindowEvent e){
                System.out.println("我退出了!");
                e.getWindow().setVisible(false);
                ((Window)e.getComponent()).dispose();
                System.exit(0);
            }
        });
    }
}
```

程序说明

在编程上适配器形式产生的匿名对象比接口形式产生的匿名对象更方便。

12.3.4 事件对象

可利用事件对象提供的方法得到事件源对象信息，例12.17通过一个计算器窗口给出此方面的内容演示。

【例12.17】

```
import java.awt.*;
import java.awt.event.*;
public class Calc1 implements ActionListener{
     Frame f;
     TextField tf1;
     Button b1,b2,b3,b4;
     public void display(){
        f = new Frame("Calculation");
        f.setSize(260,150);
        f.setLocation(320,240);                        //设置窗口初始位置
        f.setBackground(Color.lightGray);
        f.setLayout(new FlowLayout(FlowLayout.LEFT));  //改变布局且左对齐
        tf1 = new TextField(30);
        tf1.setEditable(false);                        //只能显示,不允许编辑
        f.add(tf1);
        b1 = new Button("1");
        b2 = new Button("2");
        b3 = new Button("+");
        b4 = new Button("C");
        f.add(b1);
        f.add(b2);
        f.add(b3);
        f.add(b4);
        b1.addActionListener(this);                    //为按钮b1注册事件监听程序
        b2.addActionListener(this);
```

```
            b3.addActionListener(this);
            b4.addActionListener(this);
            f.addWindowListener(new WinClose());          //为 f 注册事件监听程序
            f.setVisible(true);
        }
        public void actionPerformed(ActionEvent e){          //实现 ActionListener 接口
            if (e.getSource() == b4){                    //判断事件源
                tf1.setText("");
            }
            else{                                        //获取按钮标签,重新设置文本内容
                tf1.setText(tf1.getText() + e.getActionCommand());
            }
        }
    public static void main(String arg[]){
            (new Calc1()).display();
    }
}
class WinClose extends WindowAdapter{
    public void windowClosing(WindowEvent e){
            //覆盖 WindowAdapter 类中同名方法
            System.exit(0);
    }
}
```

程序界面如图 12.32 所示。

程序说明

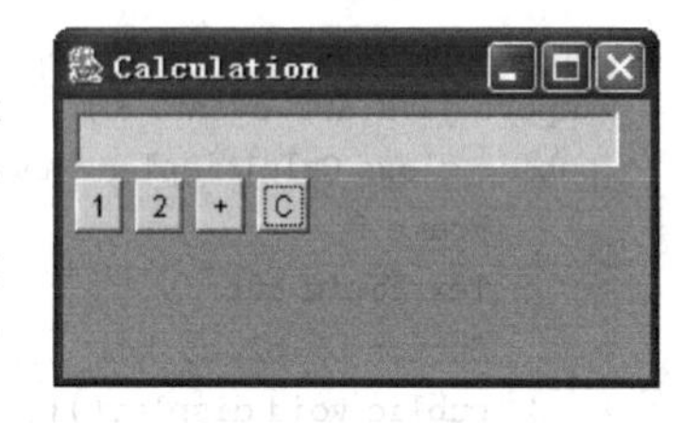

图 12.32

当单击四个按钮中的任一个时,将发生 ActionEvent 事件,然而它们的处理方法只有一个 actionPerformed,即多个事件源在一个方法中处理。如何区分事件源呢?关键是依靠 ActionEvent,它的对象 e 有方法 getSource,能返回事件源对象的引用,从而能判断是哪个按钮被按下。当然,也可以通过 getActionCommand 方法得到事件源对象的标签,通过标签来判断哪个按钮对象被按下。

其他事件对象,例如 MouseEvent 能返回鼠标的当前坐标信息,KeyEvent 能判断哪个键被按下等。

12.3.5 事件触发原理

默认情况下,组件屏蔽了对所有事件的响应。只有在一个组件上注册某种事件的监听者后,组件才可以对这种事件作出响应,此时系统会通过组件的 processEvent 方法来决定调用什么类型的 processXxxEvent 方法(Xxx 代表某种事件类型,如 Focus、Key、Mouse 等)。

如果没有注册相应的监听者,仍然要进行事件响应,可通过 Component 定义的 enableEvent 方法使这一事件类型使能,之后覆盖 processXxxEvent 方法。

【例 12.18】

```
import java.awt.*;
```

```
import java.awt.event.*;
class MyButton extends Button{
    MyButton(String s){
        super(s);
        enableEvents(AWTEvent.ACTION_EVENT_MASK);
    }
    protected void processActionEvent(ActionEvent e){
        System.out.println("按钮" + e.getActionCommand() + "按下!");
    }
};
public class TestEvent{
    public static void main(String arg[ ]){
        Frame f = new Frame("TestEvent");
        MyButton b = new MyButton("login");
        b.setSize(100,100);
        f.add(b);
        f.setBackground(Color.lightGray);
        f.setVisible(true);
        f.pack();
    }
}
```

程序执行后，单击按钮，则会输出“按钮 login 按下!”。

程序说明

enableEvents(AWTEvent.ACTION_EVENT_MASK)一句使 Button 在没有监听者注册的情况下，单击仍能产生 ActionEvent 事件，并在方法 processActionEvent 进行处理。其他类型的事件处理类似。

12.4 AWT 图形图像处理

12.4.1 概述

Java 图形图像程序设计经常涉及一个方法(paint)和两个对象(Canvas 和 Graphics)。“paint(Graphics g)”是 Component 的一个方法，负责接收系统发送的刷新消息；而 Graphics 能进行图形、文本、图像的绘制，Graphics 对象不由用户创建，只能由系统发送 paint 消息时自动传入；Canvas 是 Component 的一个子类，代表屏幕上的一块空白的矩形区域，程序能够在这个组件表面绘图。同 Container 相比，Canvas 是一个低级用户界面，因为它在构成界面时，没有 Container 来得容易，但可以进行一些更加灵活的操作。

设计能进行图形图像绘制的程序，需要自定义一个继承 Canvas 的类，并在类中覆盖 paint 方法。

组件重绘

组件的绘制需要调用 paint 方法。根据调用来源不同，可分为两种情况：

(1) AWT 线程自动调用：当组件最小化后重新显示时；当组件被其他组件挡住后重新再现时；当组件拖动时，AWT 线程将自动调用组件的 paint 方法进行重新绘制，如图 12.33 标号1所示。

(2) 程序调用：调用 repaint 方法，通知 AWT 线程进行刷新。它的主要过程如图 12.33 标号2所示。

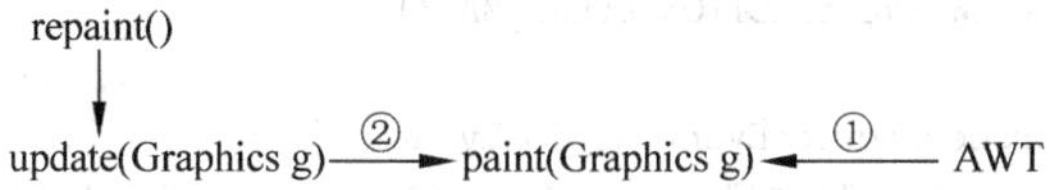

repaint()

update(Graphics g) —②→ paint(Graphics g) ←①— AWT

图 12.33

注意：

(1) 不能在程序中直接调用“paint(g)”，必须通过“repaint()”间接调用“paint(Graphics g)”方法。原因是：paint 方法中的“g”只能由系统提供；另外这种方式为编程提供了灵活性，当编程者有特殊绘制要求时，可以用如下方式覆盖 update 方法。

```
public void update(Graphics g){
  super(g);        //调用父类的代码
     ⋮             //进行特殊要求的代码编写
}
```

(2) 这些方法都是组件方法。

12.4.2 Graphics 对象

Graphics 对象由系统产生，程序只能引用而不能创建。要得到 Graphics 对象的引用，可采用下面两种方式：

(1) 在 paint 方法当中，由其参数得到该对象的引用。

(2) 调用 Component 的 getGraphics 方法得到该组件对象的 Graphics 引用。

如表 12.6 所示，Graphics 对象的方法主要分为文字绘制、图形绘制、图像绘制三个方面，同时还有一些绘制设置方法，详细的内容参见 JDK 帮助。

表 12.6

绘制类别	主要方法
文字绘制	drawString、drawChars、drawBytes
图形绘制	drawLine、drawRect、fillRect 等
图像绘制	drawImage 的多个重载方法

绘制文本时，可以通过调用 setFont 和 setColor 来设置字体的大小和颜色，之后就会按照新设置的字体和颜色进行文本绘制。

图形的绘制需要注意两点：

(1) 绘制椭圆实际上是绘制椭圆外嵌的矩形，如图 12.34 所示。

(2) setXORMode 设置绘图模式。绘图模式分为覆盖模式和异或模式两种。覆盖模式如图 12.35 所示，正方形左上角圆的颜色完全覆盖了正方形的颜色；异或模式亦如图 12.35 所示，正方形右下角圆的颜色和正方形的颜色进行了异或。

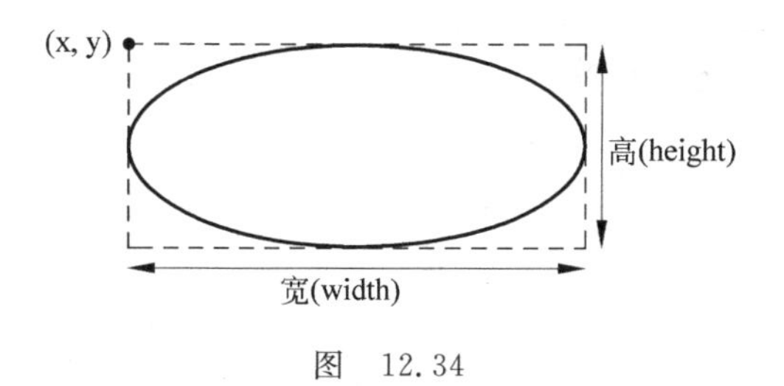

图 12.34

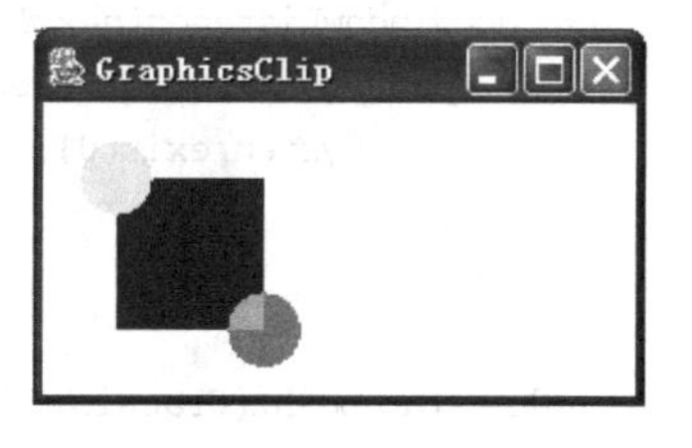

图 12.35

进行图像绘制需要首先得到图像对象引用。Applet 是直接通过 URL 得到图形对象引用,而 Application 则与 Applet 不同,它通过如下方式获得。

```
Image img1 = Toolkit.getDefaultToolkit().getImage(图片的 URL 路径及名称);
Image img2 = 组件引用.getToolkit().getImage(图片的 URL 路径及名称);
```

【例 12.19】

```
import java.awt.*;
import java.awt.event.*;
public class GraphicImageDemo{
    public static void main(String arg[]){
        Frame f = new Frame("GraphicsText");
        f.setBounds(100,100,230,230);
        Image img = f.getToolkit().getImage("earth.jpg");
        f.setVisible(true);
        f.addWindowListener(new WindowAdapter(){
            public void windowClosing(WindowEvent e){
                System.exit(0);
            }
        });
        // f.getGraphics()一句一定要放到 setVisible 语句后,
        //因为只有到这一句后,才建立了绘图对象
        f.getGraphics().drawImage(img,0,0,f);
    }
}
```

程序执行完毕后,并没有输出相应的图像,原因是 setVisible 后需要调用窗口的 paint 方法,而这个方法的调用是 AWT 线程管理的,比 f.getGraphics().drawImage(img,0,0,f) 代码滞后,所以图像输出后,“paint()”又将图像清空了。为了能让图像显现,需要将图像绘制代码写到 paint 方法中,为此将例 12.19 修改如例 12.20 所示。

【例 12.20】

```
import java.awt.*;
import java.awt.event.*;
public class GraphicImageDemo extends Frame{
    private Image img;
    public void init(){
        setBounds(100,100,230,230);
        img = getToolkit().getImage("earth.jpg");
        setVisible(true);
```

```
        addWindowListener(new WindowAdapter(){
            public void windowClosing(WindowEvent e){
                System.exit(0);
            }
        });
    }
    public void paint(Graphics g){
        if (img! = null){
            g.drawImage(img,40,40,this);
        }
    }
    public static void main(String arg[]){
        GraphicImageDemo f = new GraphicImageDemo();
        f.init();
    }
}
```

程序的输出结果如图 12.36 所示。

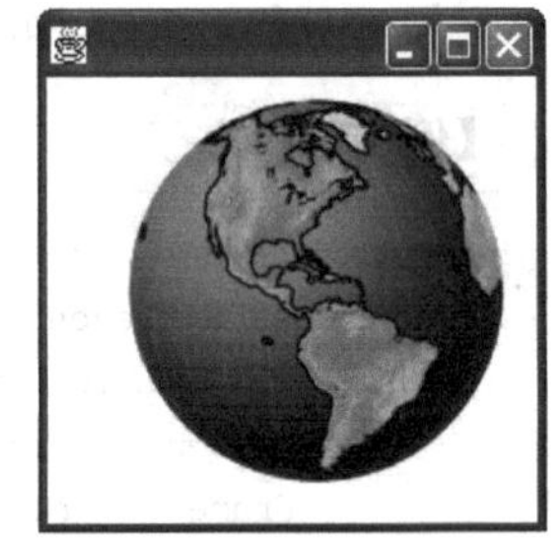

图 12.36

程序说明

“img = getToolkit().getImage("earth.jpg")”代码一定要放到 setVisible(true)前，因为图像装载比较费时，如果放到其后，paint 调用后，img 因为没有装载完成，其引用可能是 null，虽然有 if 语句的判断，不会发生 NullPointerException，但会造成初始情况下图像不显示的问题。

使用 Graphics 对象时，还应注意以下几个方面。

1. Graphics 绘制区域的设置

Graphics 对象用方法 setClip 或 clipRect 设置一个绘制区域，所有超出这个区域的绘制都将不显示。图 12.37 中设置了绘制区域(图中虚线框所示范围)，这时即使调用 Graphics 对象绘制图 12.37(a)中的扇形，也不会在图中显示，如图 12.37(b)所示。这种方法对于一些应用，例如游戏设计非常有用。

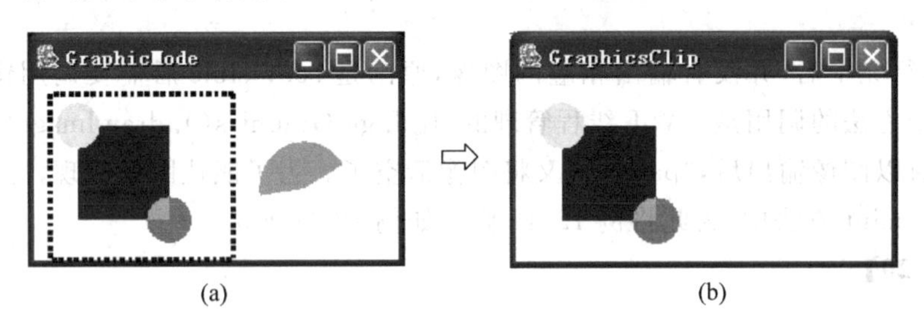

图 12.37

setClip 与 clipRect 的区别在于：前者设置后，clip 区域就是它，而后者设置后，要和已经存在的 clip 区域求交集，多次应用后者可使 clip 区域变小。如果再要变大，则调用前者。如果组件也设置了绘制区域，例如调用 repaint(int,init,int,int)方法，则有效区域是组件的绘制区域和 Graphics 对象的绘制区域的交集。

2. 相对坐标系的使用

Graphics 的 translate 方法可将绘制时的坐标系原点转移到指定位置。坐标系原点相对转移的目的是为了绘制上的方便。例如，如果绘制一个组合图形，组合图形之间可能用到的是相对坐标，因此将坐标原点转移到相应位置后，用相对坐标进行绘制，避免了每次坐标的换算，绘制完成之后，可再调用 translate 将坐标原点移回原处。

3. Graphics2D

它是 Graphics 的一个子类，能对几何形状、文本布局、坐标转换、颜色管理提供更为复杂的控制。

12.4.3 双缓存技术

在 Component 及其子类的 paint 方法中进行图形图像绘制时，如果绘制内容复杂且频繁时，往往比较费时，常常出现绘制界面的抖动。为了解决这个问题，可以先将绘制的内容保留在一个 Image 对象当中，如果需要重新显示绘制的内容，例如界面最小化后重新浮现，仅仅简单地将这个 Image 内容再现就行了，这个技术就是双缓存技术。

【例 12.21】

```
import java.awt.*;
import java.awt.event.*;
class MyCanvas extends Canvas {
    private Image img;
    private Graphics og;
    public void init(){
       Dimension d = getSize();
       img = createImage(d.width,d.height);
       og = img.getGraphics();
       og.setColor(Color.blue);
       og.fillRect(30,30,60,60);
       og.setColor(Color.yellow);
       og.fillOval(15,15,30,30);
       og.setXORMode(Color.red);
       og.fillOval(75,75,30,30);
       og.setPaintMode();
       og.setColor(Color.green);
       og.fillArc(150,40,60,60,30,160);
    }
    public void paint(Graphics g){
       if (img != null){
         g.drawImage(img,20,20,this);
       }
    }
}
public class DoubleBufferDemo{
    public static void main(String arg[]){
```

```
        Frame f = new Frame("DoubleBufferDemo");
        f.setBounds(100,100,250,200);
        MyCanvas mc = new MyCanvas();
        f.add(mc);
        f.setVisible(true);
        mc.init();
        mc.repaint();
        f.addWindowListener(new WindowAdapter(){
                    public void windowClosing(WindowEvent e)
                {System.exit(0);}
        });
    }
};
```

程序说明

(1) img 起到缓存的作用,og 在其上进行绘制。

(2) createImage 必须在 MyCanvas 显示后才能调用,所以"mc.init()"一句要放在"f.setVisible(true)"之后。

(3) 当窗口缩小、移动等情况发生后,只针对 img 进行绘制操作,不再进行每个细节的绘制。

(4) "mc.repaint()"的作用是使绘制的缓存对象在初始情况下显示。如果没有这一句,因为"mc.init()"一句在"f.setVisible(true)"之后,当缓存对象建立后,Canvas 对象绘制已经完成了,不会将缓存对象显示出来。

(5) Dimension 是 java.awt 包中的一个表示长宽尺寸的类。

小 结

本章介绍了 AWT 容器、组件、组件在容器中的两种布局方式(坐标与布局管理器)、AWT 委托事件模型、AWT 图形图像处理等内容。

虽然 AWT 在 Java 界面设计中的地位被 Swing 逐渐取代,但作为 Swing 理解和应用的基础,AWT 仍然十分重要。掌握 AWT 的关键是以面向对象的思维来理解 Java 的图形图像设计,掌握本章的一些重要概念,如 AWT 中容器与组件的继承体系,委托事件模型当中的接口、监听者、事件对象、事件源对象之间的关系,Canvas 与 Graphics 对象,paint、update、repaint 方法之间的关系等。

习 题

1. AWT 常用容器有哪些?如何将一个组件加入到容器当中?
2. AWT 容器对象或组件对象产生后,是否能立即显示?
3. AWT 中如何产生单选按钮和复选框?
4. 如何实现在界面中让一组组件的位置相对固定?
5. Menu 类中可以加入 MenuItem,但为什么 Menu 是 MenuItem 的子类?

6. AWT 都有几种布局管理器？Panel、Applet 默认的布局管理器是什么？Window、Frame 和 Dialog 默认的布局管理器是什么？使用什么方法设置容器的布局管理器？

7. 容器尺寸变化时，不同的布局管理器对组件的大小、位置有何影响？

8. AWT 中都有什么方法设置组件在容器中的位置？

9. Java 委托事件模型比层次型模型有哪些优点？

10. 事件对象在编程中的作用是什么？

11. 应用程序如何得到一个图像的引用？

12. 当产生一个 AWT 界面时，main 主程序已经完成，界面为什么不消失？

13. 组件重绘有哪些方式？

14. Graphics 对象都能进行什么类型的绘制？

15. 双缓存技术解决的问题是什么？解决的方法是什么？

第13章 Swing图形用户界面

13.1 Swing 简介

Swing 是在 AWT 基础上开发出的图形用户界面，它所有的类都位于 javax 包当中。虽然 Swing 比 AWT 更优越，但 AWT 是 Swing 的基础。

1. AWT 是重量级组件，Swing 是轻量级组件

AWT 的组件都有一个 peer（同位体）组件，在这个 peer 组件中封装了和特定操作系统相关的内容，因此，AWT 组件被称为重量级组件。而 Swing 的大部分组件都继承于 JComponent，都和它一样有一个委托组件（JComponent 的委托组件是 ComponentUI）。委托组件都是用纯 Java 实现的，和具体操作系统没有关系，因此，Swing 组件被称为轻量级组件。

2. Swing 采用了 MVC（Model-View-Controller）的设计模式

MVC 中的 M 代表数据状态，V 是数据显式形式，C 表示用来接收用户的输入并改变模型。Swing 组件相当于 M，封装了它应有的数据状态。而委托组件则是 V 和 C 的合成，负责界面的外观和感觉行为（Look and Feel，L&F），这使得 Swing 组件在一个操作系统上运行时能够有多种外观风格供用户选择。所有组件的外观都由 UIManager 统一设置，当组件外观变化时，并不影响组件的数据状态，如图 13.1 所示。

3. 新的组件、管理器、监听接口和事件的引入

Swing 保留了 AWT 中大多数对应名称的组件，此外还提供了更多新的组件，如 JTable、JTree、JComboBox，提供了新的布局管理器 BoxLayOut，提供了新的事件（如 ListSelection Event、MenuEvent、PopupMenuEvent 等）和其监听接口（ListSelectionListener、MenuListener、PopupMenuListener 等）定义。

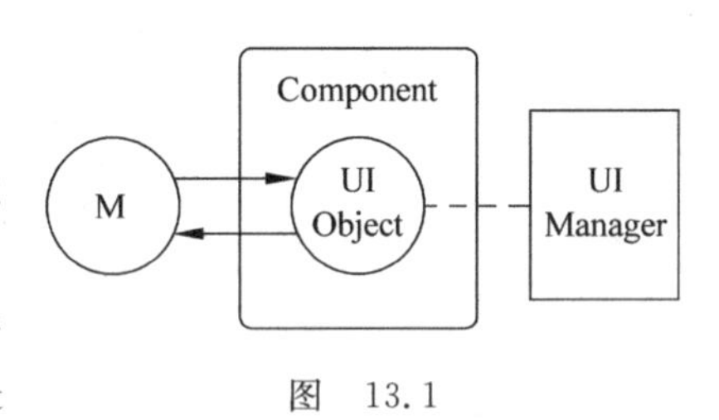

图 13.1

4. 组件功能的提高

支持键盘操作、设置边框等功能。

13.2 Swing 组件与容器

13.2.1 JComponent 组件及其子类

JComponent 继承于 Container，用于定义所有 Swing 子类组件的一般方法。下面列出了它们的一些继承关系(缩进层次代表了继承的关系)。

```
java.lang.Object
     java.awt.Component
         java.awt.Container
           javax.swing.JComponent
                      javax.swing.JComboBox
                      javax.swing.JLabel
                      javax.swing.JTextField
                              javax.swing.JPasswordField
                      javax.swing.JTextArea
                      javax.swing.JList
                      javax.swing.JSlider
                      javax.swing.JProgressBar
                      javax.swing.JSeparator
                      javax.swing.JSpinner
                      javax.swing.JTree
                      javax.swing.JTable
                      javax.swing.JColorChooser
                      javax.swing.JFileChooser
                      javax.swing.JMenuBar
                      javax.swing.JPopupMenu
                      javax.swing.JToolBar
                      javax.swing.JToolTip
                      javax.swing.JScrollBar
                      javax.swing.JPanel
                      javax.swing.JScrollPane
                      javax.swing.JTabbedPane
                      javax.swing.JDesktopPane
                      javax.swing.JSplitPane
                      javax.swing.JRootPane
                      javax.swing.JLayeredPane
                      javax.swing.JInternalFrame
                      javax.swing.JViewport
                      javax.swing.AbstractButton
                          javax.swing.JMenuItem
                                 javax.swing.JCheckBoxMenuItem
                          javax.swing.JMenu
                                 javax.swing.JRadioButtonMenuItem
                          javax.swing.JButton
                          javax.swing.JToggleButton
                                 javax.swing.JCheckbox
                                 javax.swing.JRadioButton
```

注意：大多数AWT组件只要在其前加上“J”就是Swing中对应的组件。例外情况是：没有JMenuComponent，而JMenuBar继承JComponent，JMenuItem继承于新增的AbstractButton。另外，复选框(JCheckbox)和单选按钮(JRadioButton)用不同的类来表示。

继承JComponent的组件按照界面功用可分为：

(1) 实现人机交互的基本组件，如JButton、JComboBox、JList、JMenu、JSlider、JTextField等。

(2) 不可编辑信息的组件，如JLabel、JProgressBar、JToolTip等。

与AWT不同的JComponent功能：

(1) 边框设置：使用setBorder方法可以设置组件边框。

(2) 双缓冲区：使用双缓冲技术能改进频繁变化的组件的显示效果。与AWT组件不同，JComponent组件默认双缓冲区，不必自己写代码。如果想关闭双缓冲区，可以在组件上施加setDoubleBuffered(false)方法。

(3) 提示信息：使用setToolTipText方法为组件设置对用户有帮助的提示信息。

(4) 键盘导航：使用registerKeyboardAction方法使键盘代替鼠标来驱动组件。

(5) 用UIManager.setLookAndFeel方法可以设置组件的外观风格。

(6) 支持组件布局功能的提高：可设置组件最大、最小、推荐尺寸，增加了一个新的布局管理器BoxLayout。

(7) 使用图标方法的改变：在Swing的应用程序中使用图标，不需要Toolkit，直接可以写成如下形式。

```
Icon ic = new ImageIcon("d:\\myjava\\local.gif");
```

其中Icon是个接口，ImageIcon是它的实现类。许多使用图标的地方，都是通过接口来使用图标对象，例如AbstractButton和JLabel都用如下方法来设置图标。

```
public void setIcon(Icon icon)
```

13.2.2 Swing容器

Swing容器是特殊的组件，大致可分为三类。

1. 顶层容器

JFrame、JApplet、JDialog、JWindow是顶层容器，Swing中只有它们是继承AWT中相应组件而构成的，而其他的Swing组件都继承于JComponent类。

2. 中间容器

JPanel、JScrollPane、JSplitPane、JToolBar、JOptionPane、JTabbedPane、JDesktopPane、JInternalFrame是中间容器，它们都直接继承于Jcomponent，其作用在于容纳Swing组件。

3. 特殊容器

在图形用户界面上起特殊作用的中间层，如JLayeredPane(容纳内部框架)、JRootPane，它们的祖先类也是 JComponent。

几种容器的关系是：各种顶层容器由一个玻璃面板(glass pane)、一个可由中间容器替换的内容面板(content pane)和一个可选择的菜单条(menu bar)、一个分层面板(layered pane)、一个根面板(root pane)组成，如图 13.2 所示。

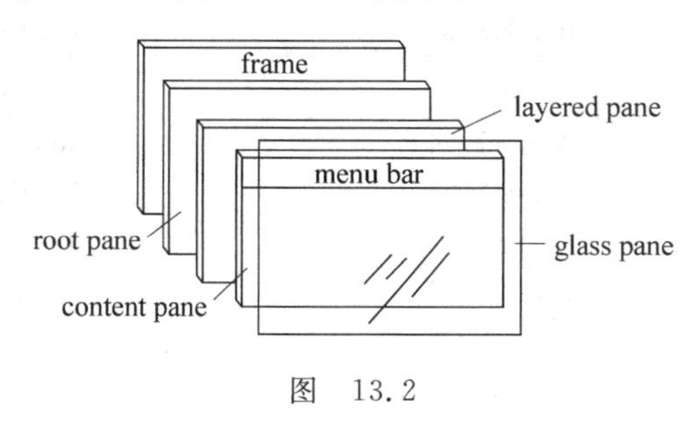

图 13.2

内容面板和可选择的菜单条放在同一分层。玻璃面板是完全透明的，默认值为不可见，为接收鼠标事件和在所有组件上绘图提供方便。顶层容器对这些面板进行相应的控制并为此提供如下方法：

```
Container getContentPane();           //获得内容面板
setContentPane(Container);            //设置内容面板
JMenuBar getMenuBar( );               //获得菜单条
setMenuBar(JMenuBar);                 //设置菜单条
JLayeredPane getLayeredPane();        //获得分层面板
setLayeredPane(JLayeredPane);         //设置分层面板
Component getGlassPane();             //获得玻璃面板
setGlassPane(Component);              //设置玻璃面板
```

与 AWT 组件不同，不能直接调用顶层容器的 add 方法添加 Swing 组件(同时应避免在 Swing 环境当中使用 AWT 的重量级组件)，Swing 组件必须添加到一个与 Swing 顶层容器相关联的内容面板上。以 JFrame 为例，假定 frame 是 JFrame 的实例对象，加入组件的基本方法有两种：

(1) 用 getContentPane 方法获得其内容面板，再加入组件。

```
frame.getContentPane().add(childComponent)
```

(2) 建立一个 Jpanel 或 JDesktopPane 之类的中间容器，把组件添加到容器中，用 setContentPane 方法把该容器置为 JFrame 的内容面板，如：

```
Jpanel contentPane = new Jpanel();
```

之后把其他组件添加到 contentPane 中，再把 contentPane 对象设置成为 frame 的内容面板。

```
frame.setContentPane(contentPane);
```

13.2.3 Swing 事件处理

Swing 组件、事件及监听接口之间的对应关系如表 13.1 所示。

表 13.1

组 件	可激发的事件(Event)	事件监听接口
AbstractButton(JButton, JToggleButton, JCheckBox,JRadioButton)	ActionEvent ChangeEvent ItemEvent	ActionListener ChangeListener ItemListener
JFileChooser	ActionEvent	ActionListener
JTextField JPasswordField	ActionEvent CaretEvent DocumentEvent UndoableEvent	ActionListener CaretListener DocumentListener UndoableListener
JTextArea	CaretEvent DocumentEvent UndoableEvent	CaretListener DocumentListener UndoableListener
JTextPane JEditorPane	CaretEvent DocumentEvent UndoableEvent HyperlinkEvent	CaretListener DocumentListener UndoableListener HyperlinkListener
JComboBox	ActionEvent ItemEvent	ActionListener ItemListener
JList	ListSelectionEvent ListDataEvent	ListSelectionListener ListDataListener
JMenuItem	ActionEvent ChangeEvent ItemEvent MenuKeyEvent MenuDragMouseEvent	ActionListener ChangeListener ItemListener MenuKeyListener MenuDragMouseListener
JMenu	MenuEvent	MenuListener
JPopupMenu	PopupMenuEvent	PopupMenuListener
JProgressBar	ChangeEvent	ChangeListener
JSlider	ChangeEvent	ChangeListener
JScrollBar	AdjustmentEvent	AdjustmentListener
JTable	ListSelectionEvent TableModeEvent TableColumnModelEvent CellEditorEvent	ListSelectionListener TableModeListener TableColumnModelListener CellEditorListener
JTabbedPane	ChangeEvent	ChangeListener
JTree	TreeSelectionEvent TreeExpansionEvent TreeWillExpandEvent TreeModeEvent	TreeselectionListener TreeExpansionListener TreeWillExpandListener TreeModeListener
JTimer	ActionEvent	ActionListener

Swing 特有的各监听接口与成员方法如表 13.2 所示。

表 13.2

事件监听接口	成 员 方 法
CaretListener	caretUpdate(CaretEvent e)
CellEditorListener	editingCanceled(ChangeEvent e) editingStopped(ChangeEvent e)
ChangeListener	stateChanged(ChangeEvent e)
DocumentListener	changedUpdate(DocumentEvent e) insertUpdate(DocumentEvent e) removeUpdate(DocumentEvent e)
HyperlinkListener	hyperlinkUpdate(HyperlinkEvent e)
ListDataListener	contentsChanged(ListDataEvent e) intervalAdded(ListDataEvent e) intervalRemoved(ListDataEvent e)
ListSelectionListener	valueChanged(ListSelectionEvent e)
MenuDragMouseListener	menuDragMouseDragged(MenuDragMouseEvent e) menuDragMouseEntered(MenuDragMouseEvent e) menuDragMouseExited(MenuDragMouseEvent e) menuDragMouseReleased(MenuDragMouseEvent e)
MenuKeyListener	menuKeyPressed(MenuKeyEvent e) menuKeyReleased(MenuKeyEvent e) menuKeyTyped(MenuKeyEvent e)
MenuListener	menuCanceled(MenuEvent e) menuDeselected(MenuEvent e) menuSelected(MenuEvent e)
PopupMenuListener	popupMenuCanceled(PopupMenuEvent e) popupMenuWillBecomeInvisible(PopupMenuEvent e) popupMenuWillBecomeVisible(PopupMenuEvent e)
TableColumnModelListener	columnAdded(TableColumnModelEvent e) columnMarginChanged(ChangeEvent e) columnMoved(TableColumnModelEvent e) columnRemoved(TableColumnModelEvent e) columnSelectionChanged(ListSelectionEvent e)
TableModelListener	tableChanged(TableModelEvent e)

13.2.4 Swing 程序案例

编写 Swing 程序的步骤是：引入 Swing 包；选择外观和感觉；设置顶层容器；设置 Swing 组件(产生组件、得到内容面板并向其中添加 Swing 组件，进行 Swing 组件的装饰，如周围添加边框等)；进行事件处理。

【例 13.1】 Swing 程序代码界面风格设计。

```
import java.awt.*;
import java.awt.event.*;
import javax.swing.*;
import javax.swing.UIManager.LookAndFeelInfo;
public class JFrameDemo extends JFrame {
    Container ct;
    JButton jButton1 = new JButton();
    public JFrameDemo(){
        jbInit();
    }
    private void jbInit(){
        ct = getContentPane();                          //得到内容面板
        this.setSize(new Dimension(200,100));           //设定窗口的宽度为 200,高度为 100
        this.setTitle("Frame Title");                   //设定窗口的标题
        jButton1.setText("connect");                    //设定按钮的标签
        Icon ic = new ImageIcon("local.gif");
        jButton1.setIcon(ic);
        //jButton1.setBorder(BorderFactory.createLineBorder(Color.red));
        ct.add(jButton1,"Center");                      //将按钮加入内容面板
        this.setVisible(true) ;                         //显示窗口
    }
    public static void main(String [ ]arg)throws ClassNotFoundException,
            InstantiationException, IllegalAccessException,
            UnsupportedLookAndFeelException{
        //默认风格
        System.out.println("default" +
            UIManager.getLookAndFeel().getName());
        LookAndFeelInfo[ ] lAndF =
            UIManager.getInstalledLookAndFeels();
        //遍历 L&F 风格种类
        for(int j = 0;j < lAndF.length;j++){
            System.out.println("feel is " + lAndF[j].getClassName());
        }
        //设置 Windows 风格
        UIManager.setLookAndFeel("com.sun.java.swing.plaf.windows.WindowsLookAndFeel");
        //设置 Motif 风格
        //UIManager.setLookAndFeel("com.sun.java.swing.plaf.motif.MotifLookAndFeel");
        //设置 Metal 风格
        //UIManager.setLookAndFeel("javax.swing.plaf.metal.MetalLookAndFeel");
        JFrameDemo jf = new JFrameDemo();
        jf.addWindowListener(new WindowAdapter() {     //匿名类用于注册监听者
            public void windowClosing(WindowEvent e) {
                System.exit(0);
            }
        });
    }
}
```

程序输出结果为 Windows 风格(图 13.3)。如果去掉 Motif 和 Metal 风格相关代码前

的注释符，将依次显示 Motif 风格（图 13.4）和 Metal 风格（图 13.5）。

图 13.3

图 13.4

图 13.5

程序说明

添加边框是 JComponent 的功能，方法是调用 BorderFactory 的 createLineBorder 方法，它返回 Border 接口的实现对象，之后利用该对象为组件添加边框。程序中去掉“jButton1. setBorder (BorderFactory. createLineBorder(Color. red));”代码前的注释，将会为按钮添加一个红色的边框。

【例 13.2】 JTable 的例子。

```
import java.awt.*;
import javax.swing.*;
public class TableDemoMVC extends JFrame{
   TableDemoMVC(){
     init();
   }
   protected void init(){
     Container ct;
     final String[] columnNames = {"姓名","职位","电话","月薪","婚否"};
     //表格中各行的内容保存在二维数组 data 中
     final Object[][] data = {
      {"王东", "总经理","01068790231", new Integer(5000), new Boolean(false)},
      {"李宏", "秘书","01069785321", new Integer(3500), new Boolean(true)},
      {"李瑞", "开发","01065498732", new Integer(4500), new Boolean(false)},
      {"赵新", "保卫","01062796879", new Integer(2000), new Boolean(true)},
      {"陈理", "销售","01063541298", new Integer(4000), new Boolean(false)}
     };
     //创建表格
     JTable table = new JTable(data,columnNames);
     //将表格加入滚动窗口
     this.setSize(new Dimension(400,130));          //设定窗口的宽度为 400,高度为 130
     JScrollPane jp = new JScrollPane(table);
     ct = getContentPane();
     ct.add(jp, BorderLayout.CENTER);               //将 Jtable 对象加入到内容面板中
   }
   public static void main(String[] args)throws ClassNotFoundException,
                        InstantiationException,
                        IllegalAccessException,
                        UnsupportedLookAndFeelException {
     UIManager.setLookAndFeel(
      "com.sun.java.swing.plaf.windows.WindowsLookAndFeel");
```

```
        TableDemoMVC frame = new TableDemoMVC();
        //frame.pack();
        frame.setVisible(true);
    }
}
```

程序执行的结果如图 13.6 所示。

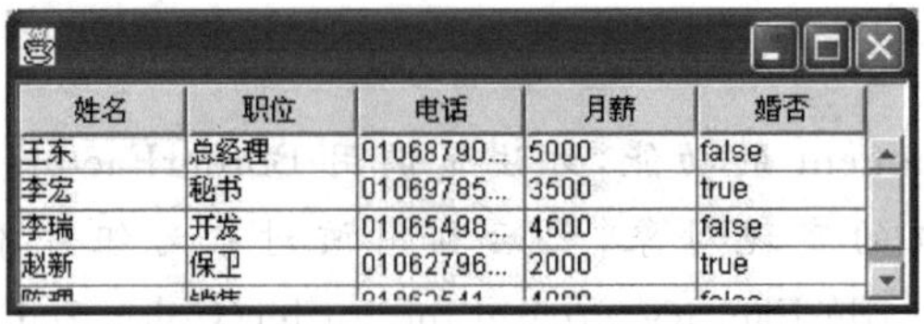

姓名	职位	电话	月薪	婚否
王东	总经理	01068790...	5000	false
李宏	秘书	01069785...	3500	true
李瑞	开发	01065498...	4500	false
赵新	保卫	01062796...	2000	true

图 13.6

程序说明

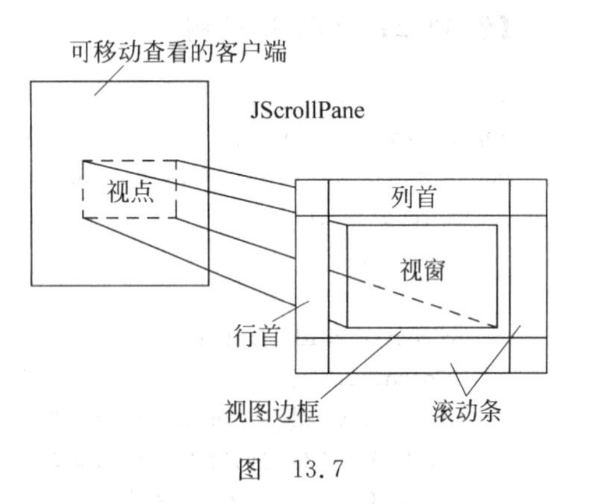

图 13.7

(1) JScrollPane 和 JTable 之间的关系如图 13.7 所示,JScrollPane 相当于提供了一个浏览的透明窗口,这个窗口处于 BorderLayout 布局管理器的中央,而 JTable 相当于浏览的内容。

(2) 程序当中如果去掉了对 frame. pack() 的注释,则 this. setSize 方法失效,原因是 pack 语句要求窗口适应组件尺寸。

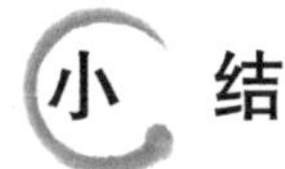

小 结

本章对 Swing 用户界面设计给出了简要的介绍,重点是 Swing 与 AWT 之间的区别,主要有组件设计上的区别、容器类型上的区别、容器加入组件上的区别以及 Swing 所增加的组件、事件、监听接口。明确这些区别并掌握 AWT 的要点,就可逐渐熟悉 Swing,并用它进行用户界面设计。

习 题

1. Swing 与 AWT 有什么区别?
2. Swing 容器有几类?
3. 组件加入 Swing 顶层容器与加入 AWT 容器有什么不同?
4. Swing 中的许多容器和组件都是继承于 JComponent 的,有哪些例外?
5. 模仿例 13.1,编写 Swing 程序,并让外观呈现 Motif 风格。

第14章 I/O输入/输出

14.1 数据流的基本概念

Java 输入/输出(I/O)操作的主要方式是"流"(stream),用流来表示数据的来源和目标,并提供数据处理的方法。

14.1.1 流的分类

流从流动方向上看：一般分为输入流(InputStream)和输出流(OutputStream)两类。程序可以用输出流向文件写数据,用输入流从文件中读数据。而针对键盘只有输入流,针对屏幕只有输出流。

从读取类型上分：一般分为字节流和字符流。字节流是从 InputStream 和 OutputStream 派生出来的一系列类,它以字节(byte)为基本处理单位。它们的继承关系如下(缩进的层次表示继承关系)：

```
java.io.InputStream
    java.io.FileInputStream
    java.io.PipedInputStream
    java.io.ObjectInputStream
    java.io.ByteArrayInputStream
    java.io.SequenceInputStream
    java.io.FilterInputStream
        java.io.DataInputStream
        java.io.BufferedInputStream
        java.io.PushbackInputStream

java.io.OutputStream
    java.io.FileOutputStream
    java.io.PipedOutputStream
    java.io.ObjectOutputStream
    java.io.ByteArrayOutputStream
    java.io.FilterOutputStream
        java.io.DataOutputStream
        java.io.BufferedOutputStream
        java.io.PrintStream
```

字符流是从Reader和Writer派生出的一系列类,它以16位的Unicode码表示的字符为基本处理单位。它们的继承关系如下(缩进的层次表示继承关系):

```
java.io. Reader
    java.io.InputStreamReader
    java.io.FileReader
    java.io.CharArrayReader
    java.io.PipedReader
    java.io.BufferedReader
    java.io.StringReader
    java.io.FilterReader
java.io. Writer
    java.io. OutputStreamWriter
    java.io. FileWriter
    java.io. CharArrayWriter
    java.io. PipedWriter
    java.io. BufferedWriter
    java.io. StringWriter
    java.io. FilterWriter
    java.io. PrintWriter
```

流从发生的源头可以分为节点流和过滤流。用于直接操作目标设备对应的流叫节点流(文件流、字节数组流、标准输入/输出流等)。程序可以通过过滤流(继承带有关键字Filter的流)去操作节点流,以更加灵活方便地读写各种类型的数据。

注意:

(1) 流的特点是:写入流的数据顺序排列,对于读取流中数据的操作来说,不管数据是分段写入的,还是作为一个整体写入的,读取的效果完全一致。

(2) 字节流与字符流不要混用,例如下面两行代码用字节流引用了字符流。

```
InputStream in = new FileReader("file.txt");
FileInputStream in = new FileReader(new File("file.txt"));
```

正确的是:

```
InputStream in = new FileInputStream("file.txt");
FileInputStream in = new FileInputStream(new File("file.txt"));
```

14.1.2 Java标准输入/输出流

标准输入/输出指:

- 标准输入:对象是键盘,Java对应类是System.in。
- 标准输出:对象是屏幕,Java对应类是System.out。
- 标准错误输出:对象也是屏幕,Java对应类是System.err。

标准输入/输出流可通过重新定义而改变(转向),详见表8.2 System类的静态方法。

【例 14.1】 从键盘输入字符,并对字符数目进行统计。

```
import java.io.*;
public class Input1{
   public static void sumChar(byte[] b){              //字母统计
         int n = 0;
         for (int i = 0;i < b.length ;i++){
            if(b[i]> = 'a'&&b[i]< = 'z') n++;
         }
         System.out.println("char count = " + n);
   }
   public static void main(String args[]) throws IOException{
         System.out.println("Input: ");
         byte buffer[] = new byte[512];              //输入缓冲区
         //读取标准输入流放入 buffer,并返回读取数
         int count = System.in.read(buffer);
         System.out.println("Output: ");
         for (int i = 0;i < count;i++){              //输出 buffer 元素值
            System.out.print(" " + buffer[i]);
         }
         System.out.println();
         for (int i = 0;i < count;i++){              //按字符方式输出 buffer
            System.out.print((char) buffer[i]);
         }
         System.out.println("count = " + count);   //buffer 实际长度
         sumChar(buffer);
   }
}
```

程序说明

(1) 本例用 System.in.read(buffer)从键盘输入一串字符(以回车换行符为结束标志),存储在缓冲区 buffer 中,count 保存实际读入的字节个数,再以整数和字符两种方式输出 buffer 中的值。

(2) 因为从标准输入可能引起 IOException 异常,main 方法采用显式抛出方式进行处理。

14.2 字节流与字符流

14.2.1 字节流

所有字节流的父类都是 InputStream(输入流)和 OutputStream(输出流),它们都是抽象类。理解它们定义的方法,对于理解字节流非常必要。表 14.1 列举了抽象输入字节流定义的主要方法,表 14.2 列举了抽象输出字节流定义的主要方法。

1. InputStream(见表 14.1)

表 14.1

方　法	说　明
read()抽象方法	从流中读入数据,需要子类覆盖,而本类中的其他带参数的 read 方法不是抽象方法,它们都调用 read()。对于不支持 mark 方法的流(PushbackInputStream 除外),调用 read()方法后,只能向后读入数据,指针自动维护,不能后退
int read(byte b[])	读多个字节到数组中——缓冲区。每调用本方法一次,就从流中读取相应的数据到缓冲区,同时返回读到的字节数目,如果读完则返回－1
int read(byte b[], int off, int len)	从输入流中读取长度为 len 的数据,写入数组 b 中从索引 off 开始的位置,并返回读取的字节数,如果读完则返回－1
skip(long n)	跳过流中若干字节数
available()	返回流中不阻塞情况下还可用的字节数。此方法通常需要子类覆盖,如果子类不覆盖,默认返回字节总为 0。一般具有缓冲区的流都覆盖了本方法
mark()	在流中标记一个位置,可调用 reset 重新定向到此位,进而再读。本方法适用范围只是具有缓冲区的流,例如 BufferedInputStream
reset()	返回标记过的位置
markSupported()	是否支持标记和复位操作,如果子类支持,则返回 true,否则返回 false
close()	关闭流并释放相关的系统资源

2. OutputStream(见表 14.2)

表 14.2

方　法	说　明
write(int b) 抽象类	将一个整数输出到流中(只输出低 8 位字节,其他 24 位忽略)
write(byte b[])	将字节数组中的数据输出到流中
write(byte b[], int off, int len)	将数组 b 中从 off 指定的位置开始,长度为 len 的数据输出到流中
flush()	刷空输出流,并将缓冲区中的数据强制送出,只有 BufferedOutput Stream 给出真正实现。当需要建立一个输出缓冲区,多次写入,一次写出,一定要用 BufferedOutputStream,否则写入流的数据没有缓存功能
close()	关闭流并释放相关的系统资源

注意:输入/输出流调用 close 方法的目的是要关闭流并释放相关的系统资源。例如,如果输入流的源头是个文件,则调用此方法可通知操作系统释放相应的文件句柄,这是仅让输入流(或输出流)的引用为 null 达不到的效果。

3. 一些常用的字节流

(1) 文件流 FileInputStream 和 FileOutputStream。

FileInputStream 的作用在于通过指定文件路径的方式,将一个文件中的内容作为其他流的数据源,从而可使用流的方式对文件进行读操作;FileOutputStream 的作用在于通过指定文件路径的方式，将一个文件作为其他流的输出目的地，从而可使用流的方式对文件进行写操作。

(2) 字节数组流 ByteArrayInputStream 和 ByteArrayOutputStream。

字节数组流的作用是在字节数组和流之间搭建桥梁。ByteArrayInputStream 的构造方法 ByteArrayInputStream(byte[] buf)可以将字节数组构造成字节数组流的数据源，从而可以通过流的方式来读字节数组；ByteArrayOutputStream 的作用在于可以将任意多字节的内容多次写入流中，最后整体转为一个字节数组。

(3) 管道流 PipedInputStream 和 PipedOutputStream。

管道用来把一个程序、线程和代码块的输出连接到另一个程序、线程和代码块的输入。管道输入流作为一个通信管道的接收端，管道输出流则作为发送端。管道流必须输入/输出并用，即在使用管道前，两者必须进行连接。连接方式有两种。

- 在构造方法中进行连接。

```
PipedInputStream(PipedOutputStream pos);
PipedOutputStream(PipedInputStream pis);
```

- 通过各自的 connect()方法连接。

```
类 PipedInputStream:
connect(PipedOutputStream pos) ;
类 PipedOutputStream:
connect(PipedInputStream pis) ;
```

如图 14.1 所示，可以先建立 PipedOutputStream 和 PipedInputStream 流对象，之后将它们连接起来，随后将它们的引用传给线程 A 和 B。在线程 A 当中写入数据，线程 B 将能得到相应的数据，从而实现线程之间的通信。

(4) 对象流 ObjectOutputStream 和 ObjectInputStream。

能够输入/输出对象的流称为对象流(见第 14.4 节中的对象串行化)。

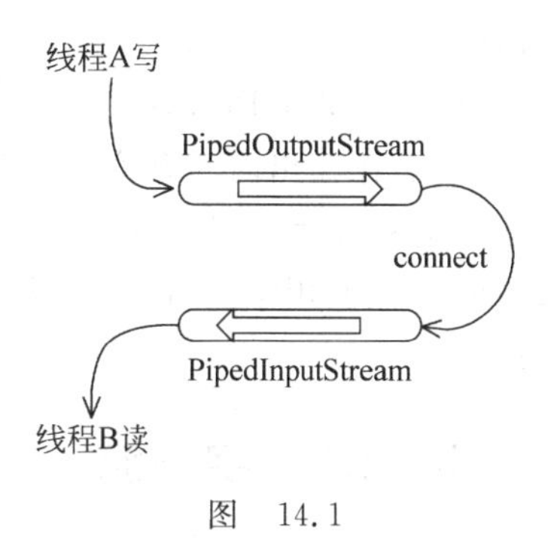

图 14.1

(5) 过滤流 FilterInputStream 和 FilterOutputStream。

FilterInputStream 和 FilterOutputStream 是两个抽象类，分别重写了父类 InputStream 和 OutputStream 的所有方法，对其他输入/输出流进行特殊处理，使得它们在读写数据的同时还可以对数据进行特殊处理。此外还提供了同步机制，使得某一时刻只有一个线程可以访问一个输入与输出流。要使用过滤流，首先必须把它连接到某个输入/输出节点流上，通常在构造方法的参数中指定所要连接的节点流：

```
FilterInputStream(InputStream in);
FilterOutputStream(OutputStream out);
```

(6) 缓冲流 BufferedInputStream 和 BufferedOutputStream。

这两个类分别是 FilterInputStream 和 FilterOutputStream 的子类，实现了带缓冲的过滤流，它提供了缓冲机制(如图 14.2 所示)，把节点流“捆绑”到缓冲流上，可以提高读写效

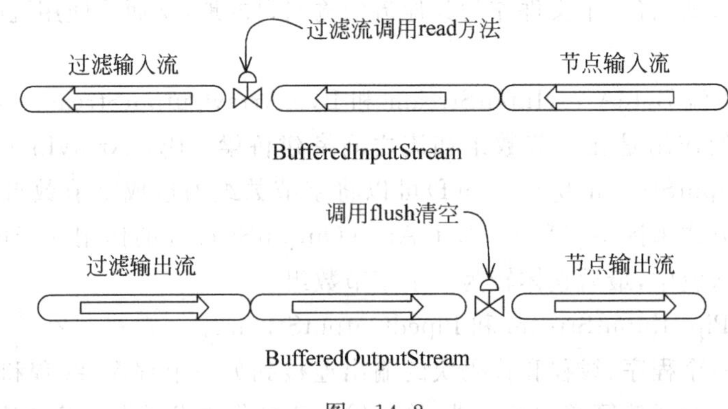

图 14.2

率。在初始化时,除了要指定所连接的节点流之外,还可以指定缓冲区的大小。默认大小的缓冲区适合于通常的情形,最优的缓冲区大小常依赖于主机操作系统、可使用的内存空间以及计算机的配置等。一般缓冲区的大小为内存页或磁盘块等的整数倍。

```
BufferedInputStream(InputStream in[, int size])
BufferedOutputStream(OutputStream out[, int size])
```

注意:计算机设备需要解决高速的内存和低速设备之间的匹配问题。为了解决这个问题,基本思路就是引入缓冲区。引入缓冲流也有类似的考虑,同时也具有多次写入缓冲区一次写出,一次从缓冲区读入一批数据的优点。

(7) 数据流 DataInputStream 和 DataOutputStream。

这两个类分别是 FilterInputStream 和 FilterOutputStream 的子类,它们以统一方式读出或写入 boolean、int、long、double 等基本数据类型。此外,还提供了字符串读写的方法。

(8) 打印流 PrintStream。

它能在输出时自动完成两项功能:如果输出字符串,则完成字符的编码过程,如果有汉字,能将汉字自动转化为操作系统本身的字符集 GBK;另外,如果其输出路径上接有缓冲流,当调用 println 方法或输出字符串中有换行标志时,则自动调用缓冲流的 flush 方法。

14.2.2 字符流

在 JDK1.1 之前,java.io 包中的流只有普通的字节流(以 byte 为基本处理单位的流),这种流对于 16 位的 Unicode 码表示的字符流处理很不方便。从 JDK1.1 开始,java.io 包中加入了专门用于字符流处理的类,它们是以 Reader 和 Writer 为基础派生的一系列类。

同类 InputStream 和 OutputStream 一样,Reader 和 Writer 也是抽象类,定义了一系列用于字符流处理的方法,这些方法与类 InputStream 和 OutputStream 相似,只不过其中的参数换成了字符或字符数组。

14.2.3 字节流与字符流的相互转化

输入的字节流有时需要转化为字符流，输出的字符流有时需要转化为字节流，转化过程也叫流的装配过程。转化的方法是：

(1) 输入字节流转为字符流需要用到 InputStreamReader 的构造方法：

```
InputStreamReader(InputStream in)
```

其使用方法为：

```
InputStreamReader ins = new InputStreamReader(new
FileInputStream("c:\\text.txt"));
```

之后通过 ins 的方法就可以从字符角度来读取文件 text.txt。

(2) 输出字符流转为字节流要用到 OutputStreamWriter 或 PrintWriter 的构造方法：

```
OutputStreamWriter(OutputStream out)
PrintWriter(OutputStream out)
```

其使用方法为：

```
OutputStreamWriter outs = new OutputStreamWriter(new
    FileOutputStream("c:\\text.txt")) ;
```

之后通过 outs 就可以直接输出字符到 text.txt 文件中。

这种转化过程并没有改变流的内容，只是改变了"看"流的角度。例如上面输入流还可以再进行装配。查阅 JDK 帮助文档，可发现缓冲输入字符流的构造方法如下：

```
BufferedReader(Reader in)
```

其参数说明只要是 Reader 的子类都可以作为 BufferedReader 的参数，因此可写成：

```
BufferedReader br = new BufferedReader(new InputStreamReader(new
    FileInputStream("c:\\text.txt")));
```

虽然流中的内容是一样的，但是 br 和 ins 的角度不同，ins 是一个一个字符地读，而 br 就可以一行一行地读。

14.3 文件操作

1. 文件操作相关类或接口

文件操作是 I/O 操作的重要形式，Java 当中对文件操作给出了相应的类和接口，如表 14.3 所示。

2. File 类

File 类不仅指系统中的文件，也指目录，因为目录也是特殊的文件。它的主要方法类型和说明见表 14.4。

表 14.3

名　称	类　型	说　明
File	类	表示一个文件对象(含有路径名)
FileDescriptor	类	代表一个打开文件的文件描述
FileFilter & FilenameFilter	接口	列出满足条件的文件,用于: File. list(FilenameFilter fnf) File. listFiles(FileFilter ff) FileDialog. setFilenameFilter(FilenameFilter fnf) FileDialog 是 java. awt 包中的类
FileInputStream	类	以字节流的形式顺序读文件
FileReader	类	以字符流的形式顺序读文件
FileOutputStream	类	以字节流的形式顺序写文件
FileWriter	类	以字符流的形式顺序写文件
RandomAccessFile	类	提供对文件的随机访问支持

表 14.4

类　型	名　称	说　明
构造方法	public File(String pathname)	根据字符串路径建立文件对象
	public File(File parent,String child)	根据父路径对象和子路径字符串建立文件对象
	public File(String parent,String child)	根据父路径字符串和子路径字符串建立文件对象
文件名的处理	String getName( );	得到一个文件的名称(不包括路径)
	String getPath( );	得到一个文件的路径名
	String getAbsolutePath( );	得到一个文件的绝对路径名
	String getParent( );	得到一个文件的上一级目录名
	String renameTo(File newName);	将当前文件更名为参数 File 所代表路径下的文件
文件属性测试	boolean exists( )	测试当前 File 对象所代表的文件是否存在
	boolean canWrite( )	测试当前 File 对象所代表的文件是否可写
	boolean canRead( )	测试当前 File 对象所代表的文件是否可读
	boolean isFile( )	测试当前 File 对象是否是文件
	boolean isDirectory( )	测试当前 File 对象是否是目录
文件信息和文件删除	long lastModified( )	得到文件最近一次修改的时间
	long length( )	得到文件的长度,以字节为单位
	boolean delete( )	删除当前文件
目录操作	boolean mkdir( )	生成当前 File 对象所代表的目录
	String list( )	列出当前目录下的文件

注意:File 的含义和提供的方法很容易使其应用于递归程序;此外 File 所代表的文件或路径不一定存在,因此才有 exists()和 mkdir()方法的存在;另外,当 File 代表绝对路径时,getPath()和 getAbsolutePath()没有什么不同,但是,“File rf = new File("");File r = new File(rf,"new");”两句代码后,调用 r 的这两个方法结果会不一样。“getPath()”得到相对路径“\new”,而“getAbsolutePath()”则得到一个绝对路径。

【例 14.2】 读取文件。

```
import java.io.*;
public class OpenFile{
    public static void main(String args[]) throws IOException{
        try{
            //创建文件输入流对象
            FileInputStream rf = new FileInputStream("OpenFile.java");
            int n = 512,c = 0;
            byte buffer[] = new byte[n];
            while ((c = rf.read(buffer,0,n))! =- 1){           //读取输入流
                System.out.print(new String(buffer,0,c));
            }
            System.out.println();
            rf.close();                                        //关闭输入流
    }
    catch (IOException ioe){
            System.out.println(ioe);
    }
    catch (Exception e){
            System.out.println(e);
        }
    }
}
```

程序说明

本例每次从源程序文件 OpenFile.java 中读取 512B 字节并存储在缓冲区 buffer 中，再根据 buffer 中实际读到的字节数量将它们构造成字符串显示在屏幕上。

【例 14.3】 写入文件。

```
import java.io.*;
public class Write1{
    public static void main(String args[]){
        try{
            System.out.print("Input: ");
            int count,n = 512;
            byte buffer[] = new byte[n];
            count = System.in.read(buffer);            //读取标准输入流
            //创建文件输出流对象
            FileOutputStream wf = new FileOutputStream("Write1.txt");
            wf.write(buffer,0,count);                  //写入输出流
            wf.close();                                //关闭输出流
            System.out.println("Save to Write1.txt!");
        }
        catch (IOException ioe){
            System.out.println(ioe);
        }
        catch (Exception e){
            System.out.println(e);
        }
```

```
    }
}
```

程序说明

本例用 System.in.read(buffer)从键盘输入一串字符存储在缓冲区 buffer 中，之后通过 FileOutputStream 的 write(buffer)方法，将 buffer 中的内容写入文件 Write1.txt 中；写入文件时，有两种方式，一种是覆盖，一种是追加，在 FileOutputStream 的构造方法中指出，默认为覆盖。

【例 14.4】 自动备份文件。

```
import java.io.*;
import java.util.Date;
import java.text.SimpleDateFormat;
public class UpdateFile{
   public static void main(String args[]) throws IOException{
      String fname = "Write1.txt";           //待复制的文件名
      String childdir = "backup";            //备份子目录名
      new UpdateFile().update(fname,childdir);
   }
   public void update(String fname,String childdir) throws IOException{
      File f1,f2,child;
      f1 = new File(fname);                  //建立文件对象 f1
      child = new File(childdir);            //建立目录对象 child
      if (f1.exists()){
        if (!child.exists()){                //备份子目录不存在时创建
           child.mkdir();
        }
        f2 = new File(child,fname);          //建立文件对象 f2
        //f2 不存在时或存在但日期较早时
        if (!f2.exists() ||
           f2.exists()&&(f1.lastModified() > f2.lastModified())){
          copy(f1,f2);                       //复制 f1 到 f2
        }
        getinfo(f1);
        getinfo(child);
      }
      else{
        System.out.println(f1.getName() + " file not found!");
      }
   }
   public void copy(File f1,File f2) throws IOException{
      //创建文件输入流对象
      FileInputStream rf = new FileInputStream(f1);
      FileOutputStream wf = new FileOutputStream(f2);
      //创建文件输出流对象
      int count,n = 512;
```

```
        byte buffer[ ] = new byte[n];
        count = rf.read(buffer,0,n);                //读取输入流
        while (count != -1){
            wf.write(buffer,0,count);               //写入输出流
            count = rf.read(buffer,0,n);            //继续从文件中读取数据到缓冲区
        }
        System.out.println("CopyFile " + f2.getName() + " !");
        rf.close();                                 //关闭输入流
        wf.close();                                 //关闭输出流
    }
    public static void getinfo(File f1) throws IOException{
        SimpleDateFormat sdf;
        sdf = new SimpleDateFormat("yyyy年MM月dd日hh时mm分");
        if (f1.isFile()){
            System.out.println("<File>\t" + f1.getAbsolutePath() + "\t" +
              f1.length() + "\t" + sdf.format(new Date(f1.lastModified())));
        }
        else{
            System.out.println("<Dir>\t" + f1.getAbsolutePath());
            File[] files = f1.listFiles();
            for (int i = 0;i<files.length;i++){
              getinfo(files[i]);
            }
        }
    }
}
```

程序运行的一种结果(因所存放的路径不同而不同)如下:

```
<File>D:\myjava\Write1.txt          6      2010年12月11日02时18分
 <Dir>D:\myjava\backup
 <File>D:\myjava\backup\Write1.txt  6      2010年12月31日05时13分
```

程序说明

f1.lastModified()返回一个表示日期的长整型,其值为从1970年1月1日零时开始计算的毫秒数,并以此长整型构造一个日期对象,再按指定格式输出日期。

3. 文件过滤器接口

【例14.5】 列出当前目录中带过滤器的文件名清单。

```
import java.io.*;
public class DirFilter implements FilenameFilter{
    private String prefix = "",suffix = "";              //文件名的前缀、后缀
    public DirFilter(String filterstr){
        filterstr = filterstr.toLowerCase();
        int i = filterstr.indexOf('*');
        int j = filterstr.indexOf('.');
        if (i>0){
```

```
                prefix = filterstr.substring(0,i);
            }
            if (j>0){
                suffix = filterstr.substring(j+1);
            }
        }
        public static void main(String args[]){               //创建带通配符的文件名过滤器对象
            FilenameFilter filter = new DirFilter("w*.txt");
            File f1 = new File("");
            File curdir = new File(f1.getAbsolutePath());     //建立当前目录对象
            System.out.println(curdir.getAbsolutePath());
            String[] str = curdir.list(filter);               //列出带过滤器的文件名清单
            for (int i=0;i<str.length;i++){
                System.out.println("\t" + str[i]);
            }
        }
        //实现接口中定义的方法,在 File 的 list 方法内部调用
        public boolean accept(File dir, String filename){
            boolean yes = true;
            try{
                filename = filename.toLowerCase();
                yes = (filename.startsWith(prefix)) &
                    (filename.endsWith(suffix));
            }
            catch(NullPointerException e){
            }
            return yes;
        }
    }
```

程序运行时,列出当前目录中符合过滤条件"w*.txt"的文件名清单。结果如下:

```
D:\myjava
Write1.txt
Write2.txt
```

程序说明

本例实现 FilenameFilter 接口中的 accept 方法,在当前目录中列出带过滤器的文件名。

4. 随机文件操作

对 InputStream 和 OutputStream 来说,它们的具体子类实例都是顺序访问流,也就是说,只能对文件顺序地读与写。随机访问文件则允许对文件内容进行随机读与写。在 Java 中,类 RandomAccessFile 提供了随机访问文件的方法,允许对文件内容同时进行读和写操作,它直接继承 Object。

构造方法:

```
RandomAccessFile(File file, String mode)
RandomAccessFile(String name, String mode)
```

mode 的取值如表 14.5 所示。

表 14.5

标 识	含 义	说 明
r	只读	任何写操作都将抛出 IOException
rw	读写	文件不存在时会创建该文件；文件存在时，通过写操作改变文件内容
rws	同步读写	可读写文件，修改的内容都被同步地写入物理文件，包括文件内容和文件属性
rwd	同步读写	可读写文件，修改的内容都被同步地写入物理文件，但不包括文件属性内容的修改

RandomAccessFile 的对象方法主要类型有：

- 实现 DataInput 和 DataOutput 接口中定义的方法：readInt()、writeDouble()等。
- int skipBytes(int n)：将指针向下移动若干字节。
- long getFilePointer()：返回指针当前位置。
- void seek(long pos)：将指针调到所需位置。
- length()：返回文件长度。
- void setLength(long newLength)：设定文件长度。

【例 14.6】 随机文件操作。本例对一个二进制整数文件实现访问操作，当以可读写方式“rw”打开一个文件 prinmes. bin 时，如果文件不存在，将创建一个新文件。先将 2 作为最小素数写入文件，再依次测试 100 以内的奇数，将每次产生的一个素数写入文件尾。

```
import java.io.*;
public class PrimesFile{
  RandomAccessFile raf;
  public static void main(String args[]) throws IOException{
      (new PrimesFile()).createprime(100);
  }
  public void createprime(int max) throws IOException{
      raf = new RandomAccessFile("primes.bin","rw");         //创建文件对象
      raf.seek(0);                                           //文件指针为0
      raf.writeInt(2);
      int k = 3;
      while (k <= max){
          if (isPrime(k))
             {raf.writeInt(k);}
          k  =  k + 2;
      }
      output(max);
      raf.close();                                           //关闭文件
  }
  //从文件中得到所有素数，如果当前的奇数k都不能被文件中的素数整除，说明k为素数
  public boolean isPrime(int k) throws IOException{
      int i = 0,j;
      boolean yes  =  true;
```

```
        try{
            raf.seek(0);
            //返回文件字节长度,一个 int 占用四个字节
            int count = (int)(raf.length()/4);
            while ((i<=count) && yes){
                if (k % raf.readInt() == 0)
                    {yes = false;}
                else
                    {i++;}
                raf.seek(i*4);                                    //移动文件指针
            }
        }
        catch(EOFException e) {                                   //捕获到达文件尾异常
        }
        return yes;
    }
    //输出文件当中 max 数下的所有素数
    public void output(int max) throws IOException{
        try{
            raf.seek(0);
            System.out.println("[2.." + max + "]中有 " +
                                    (raf.length()/4) + " 个素数:");
            for (int i = 0;i<(int)(raf.length()/4);i++){
                raf.seek(i*4);
                System.out.print(raf.readInt() + " ");
                if ((i+1) % 10 == 0) System.out.println();        //每 10 个数换行
            }
        }
        catch(EOFException e){
        }
        System.out.println();
    }
}
```

程序运行时创建文件“primes.bin”,并将素数写入其中。结果如下:

```
[2..100]中有 25 个素数:
2 3 5 7 11 13 17 19 23 29
31 37 41 43 47 53 59 61 67 71
73 79 83 89 97
```

14.4 流的装配与串行化

1. 流的装配

图 14.3 反映了对文件进行读写操作的一种装配方式。

对于从磁盘上读文件,可以装配如下:

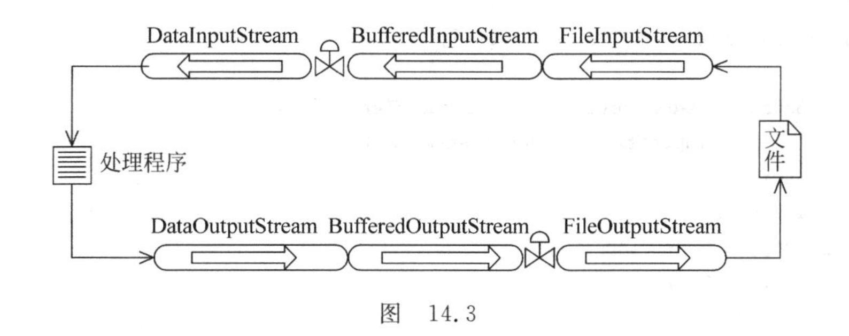

图 14.3

```
DataInputStream di = new DataInputStream(new BufferedInputStream(new FileInputStream(f)));
//f 为 File 的实例
```

之后可以利用 DataInputStream 对象方法进行读操作。如果有从内存向文件中写内容的需要，可以装配如下：

```
DataOutputStream do = new DataOutputStream(new BufferedOutputStream(new FileOutputStream
(f))); //f 为 File 的实例
```

之后可以利用 DataOutputStream 对象方法向文件中写内容。当内容写完后，可调用其 flush 方法（它的 flush 方法又调用 BufferedOutputStream 的 flush 方法），将多次写入的数据一次性输出到节点流 FileOutputStream 上（写入文件）；如果用 PrintStream 取代现在 DataOutputStream 的位置，则当调用其 println 方法或在其写入的字符中含有换行时，会自动调用 BufferedOutputStream 的 flush 方法将缓冲区中的内容写入到节点流中。

注意：

（1）对流进行装配时，可参照上面的方法进行"套用"。例如 ObjectOutputStream、PrintStream 可处于 DataOutputStream 的位置，ObjectInputStream、PushbackInputStream 可处于输入流的 DataInputStream 的位置；处于文件输入/输出流位置的节点流还有：标准输入、输出、错误流、网络流（servletinputstream、servletoutputstream、socket 输入/输出流、HttpURLConnection 得到的流）、PipedInputStream 和 PipedOutputStream、ByteArrayInputStream、ByteArrayOutputStream。

（2）字符流也可仿照上述关系进行装配。

【例 14.7】 将程序中的字符串用流装配的方式输出到屏幕上。

```
import java.io.*;
public class PrintScreen{
    public static void main(String[] args) throws Exception {
        PrintWriter out = new PrintWriter(new
        OutputStreamWriter(System.out), true);          //true 表示自动调用 flush
        out.println("Hello");
    }
}
```

【例 14.8】 从屏幕输入 10 个数字字符串的处理方式。

```
import java.io.*;
public class inDataSortMaxMinIn{
```

```
    public static void main(String args[]){
      try{
          BufferedReader keyin = new BufferedReader(new
                  InputStreamReader(System.in));
          String c1;
          int i = 0;
          int[] e = new int[10];
          while(i<10){
              try{
                  c1 = keyin.readLine();
                  e[i] = Integer.parseInt(c1);
                  i++;
              }
              catch(NumberFormatException ee){
                  System.out.println("请输入正确的数字!");
              }
          }
      }
      catch(Exception e){
          System.out.println("系统有错误");
      }
    }
}
```

2. 对象串行化与持久化

对象的串行化(Serialization)又称序列化,是将内存中的动态对象表达成为可以传输的串形式,而与之相反的过程则称为反串行化或反序列化。对象串行化的目的是为了便于网络传输和介质存储。例如对象通过网络从A机传输到B机,之后在B机上再生,这样在B机上就可使用该对象的属性和方法了;另外,内存中的对象也需要保存到硬盘介质上(又称对象持久化),在必要的时候,根据硬盘介质上的内容在内存中再生该对象。对象持久性也涉及对象的串行化或反串行化。可见,对象串行化和反串行化实质上是要解决对象在内存和物理存储之间如何进行映射,或者对象如何从一台计算机的内存映射到另一台计算机的内存上的问题。

在分布式通信中,A机向B机发送调用请求,请求包括方法名、传入参数和返回参数,而参数中可能同时含有对象和各种基本数据类型,参数在传送前必须进行(Marshaling)编列。编列就是将参数转化为可以传输的形式,而与此相反的概念就是反编列(Unmarshing)。可见对象只有串行化后才能进行编列,而反编列后才能反串行化。

Serializable接口中没有任何方法,Java类只有实现Serializable接口才能够被串行化。当一个类声明实现Serializable接口时,只是表明该类加入对象串行化协议,也就是说Serializable接口仅是对象串行化的一个标志而已。对象被串行化后可用于Java的分布式对象技术当中(如20.4的RMI)或者进行对象的持久化存储。如类ObjectOutputStream和ObjectInputStream分别实现了接口ObjectOutput和ObjectInput,将数据流功能扩展到可以读写对象,前者用writeObject()方法可以直接将对象保存到输出流中,而后者用readObject()方法可以直接从输入流中读取一个对象。

【例 14.9】

```
import java.io.*;
public class Student implements Serializable{ //串行化
    int number = 1;
    String name;
    Student(int number,String n1) {
        this.number = number;
        this.name = n1;
    }
    Student(){
        this(0,"");
    }
    void save(String fname){
        try{
            FileOutputStream fout = new FileOutputStream(fname);
            ObjectOutputStream out = new ObjectOutputStream(fout);
            out.writeObject(this);                         //写入对象
            out.close();
        }
        catch(FileNotFoundException fe){}
        catch(IOException ioe){}
    }
    void display(String fname){
        try{
            FileInputStream fin = new FileInputStream(fname);
            ObjectInputStream in = new ObjectInputStream(fin);
            Student u1 = (Student)in.readObject();       //读取对象
            System.out.println(u1.getClass().getName() + " " +
                            u1.getClass().getInterfaces()[0]);
            System.out.println(" " + u1.number + " " + u1.name);
            in.close();
        }
        catch(FileNotFoundException fe){}
        catch(IOException ioe){}
        catch(ClassNotFoundException ioe) {}
    }
    public static void main(String arg[]){
        String fname = "student.obj";                      //文件名
        Student s1 = new Student(1,"Wang");
        s1.save(fname);
        s1.display(fname);
    }
}
```

程序运行结果如下：

```
Student interface java.io.Serializable
1  Wang
```

程序说明

本例声明 Student 为串行化的类,该类的 save 方法创建对象输出流 out,并向文件直接写入当前对象。在 display 方法中,创建对象输入流 in,从文件中直接读取一个对象,获得该对象的类名、接口名等属性,并显示其中的域变量值。

u1.getClass().getName()是得到该对象类的类名;u1.getClass().getInterfaces()[0]是得到该对象类的第一个实现接口。

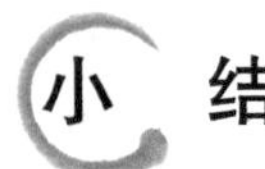

小 结

Java I/O 处理的基本方式是使用流。本章首先从不同角度对流进行了分类,主要有输入/输出流、字节流与字符流、节点流与过滤流。此外还对一些重点内容,如抽象字节流 InputStream 和 OutputStream 的常用方法、一些常用字节流的特点、字节流与字符流的转化方法、文件操作相关类与接口、流的装配与对象串行化等进行了介绍。

本章的难点是对各种类型的流的熟悉,并根据应用对流进行灵活装配。

习 题

1. 流有哪些分类?
2. 常用的文件类和接口有哪些?
3. 完成下面方法中的代码,要求建立一个缓冲区,将字节输入流中的内容转为字符串。

```
static String loadStream(InputStream in) throws IOException {
    ⋮
}
```

4. 编写程序,将一个字符串转为字节数组输入流,将这个流中所有小写字母换成大写字母并写入字节数组输出流中,再将数组输出流转为字符串。
5. 完成下面方法中的代码,方法中的参数为一个文本文件的名称,要求将文件中的内容转为字符串。

```
static public String loadFile(String filename) {
    ⋮
}
```

6. 完成下面方法中的代码,将字符串 contents 中的内容写入文件 filename 中。

```
static public boolean saveFile(
    String filename, String contents) {
}
```

7. socket 套接字有一个方法 getInputStream(),其含义是得到从网络上传过来的数据流。现要求编写一段程序,将接收的数据存入文件。
8. 编写程序实现文件查找功能。提供两个参数,第一个参数为查找的起始路径,第二个参数为要查找的文件名称。如果找到,则给出文件的完整路径,否则提示文件不存在。

第15章 Java网络通信

15.1 网络编程基本概念

15.1.1 网络通信协议

计算机网络形式多样，内容繁杂，网络上的计算机要互相通信必须遵循一定的协议。网络编程就是基于这些协议实现分布于网络中的各个计算机上的应用软件系统相互通信。

网络协议具有不同的层次，每个层次解决一定的问题。物理层通过物理电气接口实现互联设备间的比特形式的信息传输；数据链路层是网络相邻节点设备间二进制信息传输的数据通道，是一种点到点的通信。数据链路层负责数据通道的建立与拆除，当物理层受到干扰而发生传输错误时，链路层可以对数据进行检错和纠错；网络层解决跨越多个链路甚至不同网络设备间的通信问题(路由选择、流量控制、传输确认、中断、差错及故障恢复等)，是一种端到端的通信；传输层解决处于不同网络设备间的通信连接、通信管理，对上层需要通信的数据信息分解为标准的适于传输的数据单元，这些数据单元到达终端后能对这些数据单元进行重新排序和整合；会话层、表示层和应用层属于面向用户提供应用服务的高层通信协议，会话层是为用户交互信息而按特定规律建立的连接，提供会话地址和会话管理服务；表示层可以将会话层得到的数据转化为应用层可以理解的表达形式，或者将应用层数据转为会话层可以传输的形式；应用层则是面向特定的网络应用提供服务，例如网页传输、文件传送、邮件收发、终端控制、网络设备管理等，网络各层对应的协议如表15.1所示。

表 15.1

网络层次	执行的协议	
应用、表示、会话层	HTTP,FTP,Telnet,SMTP,NNTP,…	TFTP,RTP,Real Audio,…
传输层	TCP	UDP
网络层	IP,ICMP,IGMP	
数据链路层	HDLC,PPP,SLIP,Ethernet,X.25,FDDI,TokenRing	
物理层	RS-232,V.35,10Base,FiberOptic	

虽然从数据链路层以上都可进行网络程序设计，但对于解释性的具有平台移植性的高级语言Java，因数据链路层编程和通信与设备紧密关联，网络层编程和操作系统紧密关联，所以Java网络编程从传输层开始，并根据编程使用协议的层次分为高层次网络编程(基于

应用层)和低层次网络编程(基于传输层)。

15.1.2 网络应用定位

能面向网络提供通信和一定功能服务的应用称为网络应用,Java 网络编程就是要提供网络应用或者与网络中现有的应用能进行通信。在网络上定位一个应用需要用到如下四个概念:

(1) IP 地址:标识计算机等网络设备的网络地址,由四个 8 位的二进制数组成,中间以小数点分隔,如 166.111.136.3、166.111.52.80。

(2) 域名:网络地址的助记名,如 www.chd.edu.cn、www.sina.com.cn。域名在使用时,需要完成从域名到 IP 地址的转化过程(域名解析),网络应用层的高级服务协议如 HTTP、E-mail 使用 DNS(Domain Name Server)来进行域名解析。

(3) 服务类型:指应用层提供的网络服务,是标准化的应用,如 http、telnet、ftp、smtp 等。

(4) 端口号(port number):是网络服务的标识号,例如 http 端口号为 80,ftp 端口号为 21 等,端口号范围为 0～65 535,其中 1～1024 为系统保留的端口号。

可以用图 15.1 来描述上述概念的关系:客户端应用通过 Internet 访问某主机上的网络应用(即对网络应用进行定位),为此首先需要通过 IP 地址先定位主机,由于 IP 地址很难被记忆,所以引入容易记忆的域名。借助 DNS 的域名解析,可以对提供网络服务的主机进行定位,再通过端口号完成对主机上的某项网络服务的定位。当主机上的网络应用使用该网络服务进行通信时,客户端和主机上的网络应用就建立了通信联系。

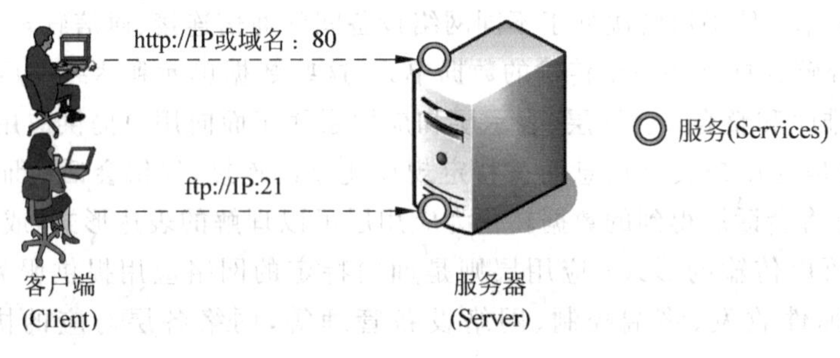

图 15.1

15.1.3 TCP 和 UDP 比较

Java 低层次网络编程是基于传输层的,而传输层提供面向应用的可靠(TCP)或非可靠的(UDP)两种数据传输机制(尽管一般仅使用 TCP/IP 协议的名称),因而有必要对这两种协议的差异进行简单介绍。

TCP 是 Transfer Control Protocol 的简称,是一种面向连接的保证可靠传输的协议。通过 TCP 协议传输,得到的是一个顺序的无差错的数据流。连接过程为:设主机 A 与主机 B 建立 TCP 连接,主机 A 先发送一个特殊的"连接请求消息段(connection request segment)"给主机 B。主机 B 接收到这个消息段之后就分配相应的资源(接收缓存和发送缓存)给这个 TCP 连接,然后给主机 A 回送一个"允许连接消息段(connection-granted segment)"。

主机 A 接收到这个回送消息段之后也分配相应的资源(接收缓存和发送缓存),然后给主机 B 回送“确认消息段(acknowledgement segment)”,这时主机 A 和主机 B 之间就建立了 TCP 连接,它们就可在这个连接上相互传送数据了。由于主机 A 和主机 B 之间的连接要连续交换 3 次消息,因此把这种 TCP 连接建立的方法称为三次握手(three-way handshake)法,如图 15.2 所示。

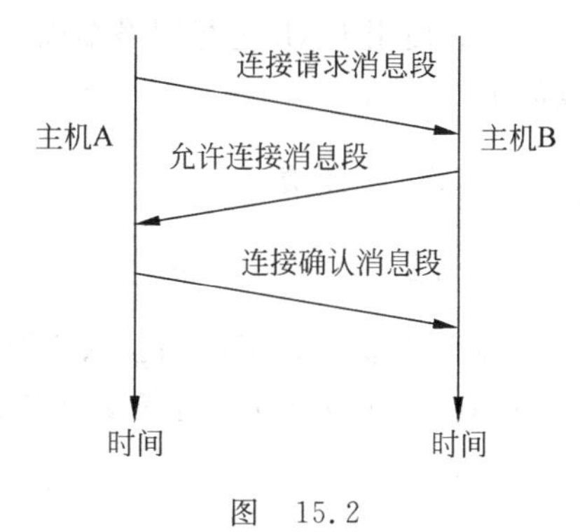

图 15.2

UDP 是 User Datagram Protocol 的简称,是一种无连接的协议(没有三次握手过程),每个数据报都是一个独立的信息,包括完整的源地址或目的地址,它在网络上以任何可能的路径传往目的地,能否到达目的地,到达的时间以及内容的正确性都不能被保证。表 15.2 对这两种协议的差异性进行了比较。

表 15.2

	TCP	**UDP**
通信方式	进行数据传输之前必然要建立连接,所以在 TCP 中多了一个连接建立的时间	每个数据报中都给出了完整的地址信息,因此无须建立发送方和接收方的连接
传输数据量	一旦连接建立起来,双方的 socket 就可以按统一的格式传输大量的数据	传输数据时有大小限制,每个被传输的数据报必须在 64KB 之内
传输数据可靠性	TCP 是一个可靠的协议,它能确保接收方完全正确地获取发送方所发送的全部数据	UDP 是一个不可靠的协议,发送方所发送的数据报并不一定以相同的次序到达接收方,也不能保证接收方一定能收到
各自特点	TCP 传输量大,可靠性强。例如远程连接(Telnet)和文件传输(FTP)都需要不定长度的数据被可靠地传输	UDP 操作简单,传输效率高

既然有了保证可靠传输的 TCP 协议,UDP 协议还有存在的必要吗?

UDP 存在的原因主要有两个:一是可靠的传输是要付出代价的,对数据内容正确性的检验必然占用计算机的处理时间和网络的带宽,因此 TCP 传输的效率不如 UDP 高;二是在许多应用中并不需要保证严格的传输可靠性,比如网络游戏、视频会议系统,并不要求音频、视频数据时时刻刻正确,只要保证连贯性就可以了,这种情况下使用 UDP 显然会更合适一些。

注意:UDP 不能保证传输的可靠性,但并不意味着利用 UDP 进行编程不能保证应用通信的可靠性。如 A 端利用 UDP 协议向 B 端发送数据,在 A 端收到 B 端的确认数据包后,A 再向 B 发送其他数据包,从而在应用层保证了通信的可靠性。

15.2 基于 URL 的高层次 Java 网络编程

1. URL 的概念

URL(Uniform Resource Locator)是统一资源定位地址的简称,它表示 Internet 上某一

资源的地址。通过 URL 可以访问 Internet 上的各种网络资源，比如最常见的 WWW 和 FTP 站点。浏览器通过给定的 URL 可以在网络上查找相应的文件或其他资源。

URL 是最为直观的一种网络定位方法，它符合人们的语言习惯，容易记忆，所以应用十分广泛。使用 URL 进行网络编程，不需要对协议本身有太多的了解，功能虽弱，但相对比较简单。

2. URL 的组成

```
protocol://resourceName
```

协议名(protocol)指明获取资源所使用的传输协议，如 http、ftp、gopher、file 等，资源名(resourceName)则应该是资源的完整地址，包括域名、端口号、文件名或文件内部的一个锚点。例如：

```
http://www.sun.com/                            协议名://域名
http://home.netscape.com/welcome.html          协议名://域名+文件名
http://www.gamelan.com:80/network.html#BOTTOM  协议名://域名+端口号+文件名+锚点
```

注意：如果某个协议使用其默认的端口号，则端口号可以省略，例如上面的 http 协议，可以省去 80 端口号。

3. 创建一个 URL 对象

为了表示 URL，java.net 包中定义了类 URL。可以通过下面的构造方法来初始化一个 URL 对象。

- public URL (String spec)通过一个表示 URL 地址的字符串构造一个 URL 对象，例如：

```
URL urlBase = new URL("http://www.263.net/")
```

- public URL(URL context, String spec)通过一个已有的 URL 和参数 spec 构造一个新的 URL 对象，例如：

```
URL net263 = new URL ("http://www.263.net/");
URL index263 = new URL(net263, "index.html");
```

- public URL(String protocol, String host, String file)通过协议、主机、文件构造一个 URL 对象，例如：

```
new URL("http", "www.gamelan.com", "/pages/Gamelan.net.html")
```

- public URL(String protocol, String host, int port, String file) 通过协议、主机、端口、文件构造一个 URL 对象，例如：

```
URL gamelan = new URL("http", "www.gamelan.com", 80, "Pages/Gamelan.network.html")
```

注意：类 URL 的构造方法都声明抛出非运行时异常(MalformedURLException)，因此生成 URL 对象时，必须对这一例外进行处理。可使用抛出或 try-catch 语句进行捕获，捕获语句格式如下：

```
try{
    URL myURL = new URL( … )
}catch (MalformedURLException e){
…//exception handler code here
}
```

4. 解析一个 URL 对象

一个 URL 对象生成后，其属性是不能被改变的，只能由 URL 类所提供的方法来获取这些属性(见表 15.3)。

表 15.3

方 法	含 义
public String getProtocol()	获取该 URL 的协议名
public String getHost()	获取该 URL 的域名
public int getPort()	获取该 URL 的端口号，如果没有设置端口，返回-1
public String getFile()	获取该 URL 的文件名
public String getPath()	获取该 URL 的路径
public String getRef()	获得该 URL 的锚
public String getQuery()	获取该 URL 的查询信息
public String getUserInfo()	获得使用者的信息
public String getAuthority()	获取该 URL 的权限信息

【例 15.1】 生成一个 URL 对象，并获取它的各个属性。

```
import java.net. * ;
import java.io. * ;
public class ParseURL{
   public static void main (String [ ] args) throws Exception{
      URL Aurl = new URL("http://java.sun.com:80/docs/books/");
      URL tuto = new URL(Aurl,"tutorial.intro.html#DOWNLOADING");
      System.out.println("protocol = " + tuto.getProtocol());
      System.out.println("host  = " + tuto.getHost());
      System.out.println("filename = " + tuto.getFile());
      System.out.println("port = " + tuto.getPort());
      System.out.println("ref = " + tuto.getRef());
      System.out.println("query = " + tuto.getQuery());
      System.out.println("path = " + tuto.getPath());
      System.out.println("UserInfo = " + tuto.getUserInfo());
      System.out.println("Authority = " + tuto.getAuthority());
   }
}
```

执行结果为：

```
protocol = http
host  = java.sun.com
filename = /docs/books/tutorial.intro.html
port = 80
```

```
ref = DOWNLOADING
query = null
path = /docs/books/tutorial.intro.html
UserInfo = null
Authority = java.sun.com:80
```

注意：如果把 tutorial.intro.html#DOWNLOADING 换成 tutorial.intro.jsp?id=3，则输出的 query 为 query=id=3；如果去掉端口 80，则 tuto.getPort()返回-1。

5. 从 URL 读取 WWW 网络资源

当得到一个 URL 对象后，就可以通过它的方法 openStream()读取指定的 WWW 资源。这个方法与 URL 代表的服务资源建立连接并返回 InputStream 类的对象，进而读取数据。

【例 15.2】 用 URL 访问 WWW 资源。

```
import java.net.*;
import java.io.*;
public class URLReader {                                //声明抛出所有例外
  public static void main(String[] args) throws Exception {
     URL tirc = new URL("http://www.chd.edu.cn/");      //构建一 URL 对象
     //使用 openStream 得到一输入流并由此构造一个 BufferedReader 对象
     BufferedReader in = new BufferedReader(
        new InputStreamReader(tirc.openStream()));
     String inputLine;
     //从输入流不断地读数据,直到读完为止
     while ((inputLine = in.readLine()) != null){
        System.out.println(inputLine);                  //把读入的数据输出到屏幕上
     }
     in.close();                                        //关闭输入流
  }
}
```

其结果是在屏幕上显示出该网站首页中的 HTML 内容。

6. 通过 URLConnetction 连接 WWW 网络资源

URL 的方法 openStream()只能从网络上读取数据，如果同时还想输出数据，例如向服务器端发送一些数据，这时就要用到类 URLConnection 了。类 URLConnection 也在包 java.net 中定义，它表示 URL 在网络上的通信连接。当一个 URL 对象与 WWW 资源建立连接时，通过方法 openConnection()可生成 URLConnection 对象。

例如，下面的程序首先生成一个指向地址 http://www.chd.edu.cn/的对象，然后用 openConnection()打开该 URL 对象上的一个连接，返回一个 URLConnection 对象的引用。如果连接过程失败，将产生 IOException。

```
try{
   URL url = new URL ("http://www.chd.edu.cn/");
   URLConnection con = url.openConnection();
}catch(MalformedURLException e){ //创建 URL()对象失败
```

```
…
}catch (IOException e){ //openConnection()失败
…
}
```

类 URLConnection 提供了很多方法来设置或获取连接参数,最常使用的方法是:

```
getInputStream()和 getOutputStream(),其定义为:
InputStream getInputSteram();
OutputStream getOutputStream();
```

通过返回的输入/输出流可以与远程对象进行通信,如下面的例子:

第一步:创建 URL 对象。

```
URL url = new URL ("http://www.chd.edu.cn/");
```

第二步:由 URL 对象获取 URLConnection 对象。

```
URLConnection con = url.openConnection();
```

第三步:对输入/输出流进行装配,并调用过滤流类(DataInputStream、PrintSteam)的方法进行通信。

```
DataInputStream dis = new DataInputStream (con.getInputStream());
PrintStream ps = new PrintStream(con.getOutputStream());
con.setDoOutput(true);           //可以向服务器端写相应的信息
String line = dis.readLine();    //从服务器读入一行
ps.println("client…");           //向服务器发送字符串"client…"
```

注意:实际上,类 URL 的方法 openStream()是通过 URLConnection 来实现的。它等价于"openConnection().getInputStream();"。

15.3 基于 Socket 套接字的低层次 Java 网络编程

15.3.1 Socket 通信的基本概念

网络上的两个程序通过一个双向的通信连接实现数据的交换,这个双向链路的一端称为一个 Socket。Socket 通常用来实现客户方和服务方的连接。Socket 是 TCP/IP 协议的一个十分流行的编程接口,一个 Socket 由一个 IP 地址和一个端口号唯一确定。

可以操作 TCP/IP 协议的接口不止 Socket 一个,Socket 所支持的协议种类也不光 TCP/IP 一种,因此两者之间没有必然联系。但在 Java 下 Socket 编程主要指基于 TCP/IP 协议的网络编程。

注意:Socket 是低层次的网络编程,但这并不表示它编程功能不强,与 URL 相比,只是应用场合不同。URL 因为使用 http 协议可跨越网络防火墙,所以适用于面向 Internet 的通信,而 Socket 则面向内部网络通信。

15.3.2 Socket 通信结构

Socket 通信结构是一种"客户机/服务器"(Client/Server,C/S)结构,这种通信结构的连接过程如图 15.3 所示。

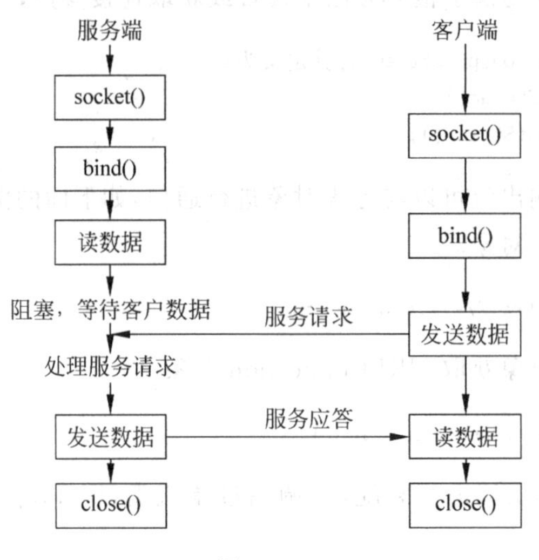

图 15.3

第一步,客户端和服务器端都建立相应的 Socket 对象(一般在创建时指明发送的目的 IP 地址和端口号),客户端的 Socket 对象是显式地调用 new 完成的,而服务器端的 Socket 是调用 ServerSocket 的 Accept 方法产生的。

第二步,进行绑定操作——获得 Socket 所在机器的一个 IP 地址和端口号(如果不在程序中显式地绑定,系统会默认绑定本机一个可用的 IP 地址和端口),从而对于任意一端的 Socket,到了这个阶段,都指明了本机地址、本机端口号和发送目的地址、目的端口号,具备了基本通信的条件。

第三步,进行通信。通信方式以流的形式进行,即打开并连接到两端 Socket 的输入与输出流,并按照一定的约定协议对 Socket 进行读与写操作: Server 端 Socket 监听某个端口是否有请求,Client 端向 Server 端发出请求,Server 端接收请求信息,并向 Client 端发出相应的回应消息。

第四步,当通信完成时关闭 Socket。

1. Socket 的创建

Java 在包 java.net 中提供了 Socket 和 ServerSocket 两个类,分别用来表示双向连接的客户端和服务器端,其构造方法如下:

```
Socket(InetAddress address, int port);
Socket(String host, int port);
Socket(SocketImpl impl)
Socket(String host, int port, InetAddress localAddr, int localPort)
Socket(InetAddress address, int port, InetAddress localAddr, int localPort)
ServerSocket(int port);
ServerSocket(int port, int backlog);
```

```
ServerSocket(int port, int backlog, InetAddress bindAddr)
```

例如：

```
Socket client = new Socket("127.0.0.1", 80);
ServerSocket server = new ServerSocket(80);
```

Socket 中的 address、host 和 port 是服务方的 IP 地址(address 是 IP 地址的对象形式)、域名和端口号，localAddr 与 localPort 分别表示本地主机的地址和端口号，impl 是 Socket 的父类，既可以用来创建 ServerSocket 又可以用来创建 Socket；ServerSocket 中的 port 是服务器端监听端口，bindAddr 是 ServerSocket 的服务器端地址。

注意：

(1) Socket 通信中的端口需要进行自定义。应注意的是：每一个端口对应一种网络服务，只有给出正确的端口，才能获得相应的服务。0～1023 的端口号为系统所保留，例如 http 服务的端口号为 80，telnet 服务的端口号为 23，ftp 服务的端口号为 21，所以自定义端口号最好选择一个大于 1023 的数，以防止发生冲突。

(2) 在创建 Socket 时如果发生错误，将产生 IOException，在程序中必须做出处理。所以在创建 Socket 或 ServerSocket 时必须捕获或抛出异常。

(3) 127.0.0.1 是 TCP/IP 协议中默认的本机地址。

2. 客户端 Socket

下面是一个创建客户端 Socket 的典型过程。

```
try{
   Socket socket = new Socket("127.0.0.1",4700);
}catch(IOException e){
   System.out.println("Error:" + e);
}
```

这是在客户端创建一个 Socket 的程序片段，也是使用 Socket 进行网络通信的第一步。

3. 服务器端的 ServerSocket

下面是一个创建 Server 端 ServerSocket 的典型过程。

```
ServerSocket server = null;
try {
    //创建一个在端口 4700 监听客户请求的 ServerSocket
    server = new ServerSocket(4700);
}catch(IOException e){
    System.out.println("can not listen to :" + e);
}
Socket socket = null;
try {
    socket = server.accept();
}catch(IOException e){
    System.out.println("Error:" + e);
}
```

程序说明

以上的程序是 Server 的典型工作模式，只不过在这里 Server 只能接收一个请求，接收完后 Server 就退出了。在实际的应用中总是让它不停地循环接收，一旦有客户请求，Server 总是会创建一个服务线程来服务新来的客户，而自己继续监听。程序中 accept()是一个阻塞方法。所谓阻塞性方法就是该方法被调用后，将等待客户的请求，直到有一个客户启动并请求连接到相同的端口，然后 accept()返回一个与客户通信的 Socket，接下来就是由各个 Socket 分别打开各自的输入/输出流。

4. 打开输入/输出流

类 Socket 提供了方法 getInputStream()和 getOutStream()来得到对应的输入/输出流以进行读写操作，这两个方法分别返回 InputStream 和 OutputSteam 类型对象，为了便于读写数据，可以在返回的输入/输出流对象基础上用过滤流进行装配，如 DataInputStream、DataOutputStream 或 PrintStream 类对象，对于文本方式的流对象，可以采用 InputStream Reader 和 OutputStreamWriter、PrintWirter 等处理。例如：

```
PrintStream os = new PrintStream(new
BufferedOutputStreem(socket.getOutputStream()));
DataInputStream is = new DataInputStream(socket.getInputStream());
```

或

```
PrintWriter out = new PrintWriter(socket.getOutStream(),true);
BufferedReader in = new ButfferedReader(new
InputSteramReader(Socket.getInputStream()));
```

5. 关闭 Socket

每一个 Socket 存在时，都将占用一定的资源，Socket 对象使用完毕后应该关闭。关闭 Socket 可以调用 Socket 的 close()方法。在关闭 Socket 之前，应将与 Socket 相关的所有输入/输出流关闭以释放相关资源，例如：

```
os.close();
is.close();
socket.close();
```

注意：让 socket=null 只是让 Socket 对象成为垃圾对象，但是 Socket 对象还使用了一些操作系统的资源并没有释放，而 close 方法就能起到释放相关资源的作用。

15.3.3 Socket 通信案例

1. 基于 Client/Server 的简单 Socket 程序设计

【例 15.3】 只能响应一个客户端的 Socket 通信。

(1) 客户端程序。

```
import java.io.*;
import java.net.*;
```

```
public class TalkClient {
  public static void main(String args[]) {
      try{
         //向本机的 4700 端口发出客户请求
         Socket socket = new Socket("127.0.0.1",4700);
         //由系统标准输入设备构造 BufferedReader 对象
         BufferedReader sin = new BufferedReader(new
                InputStreamReader(System.in));
         //由 Socket 对象得到输出流,并构造 PrintWriter 对象
         PrintWriter os = new PrintWriter(socket.getOutputStream());
         //由 Socket 对象得到输入流,并构造相应的 BufferedReader 对象
         BufferedReader is = new BufferedReader(new
                InputStreamReader(socket.getInputStream()));
         String readline;
         readline = sin.readLine();                //从系统标准输入上读入一字符串
         //若读入的字符串为 bye 则停止循环
         while(!readline.equals("byc")){
            //将读入的字符串输出到 Server
            os.println(readline);
            os.flush();                            //刷新输出流,使 Server 马上收到该字符串
            //在显示屏上输出读入的字符串
            System.out.println("Client:" + readline);
            //从 Server 读入一字符串,并输出到显示屏上
            System.out.println("Server:" + is.readLine());
            readline = sin.readLine();             //从系统标准输入读入下一字符串
         } //继续循环
         os.close();                               //关闭 Socket 输出流
         is.close();                               //关闭 Socket 输入流
         socket.close();                           //关闭 Socket
      }catch(Exception e) {
         System.out.println("Error" + e);          //在显示屏上输出错误信息
      }
  }
}
```

(2) 服务器端程序。

```
import java.io.*;
import java.net.*;
public class TalkServer{
   public static void main(String args[]) {
    try{
        ServerSocket server = null;
        try{
           //创建一个 ServerSocket 在端口 4700 监听客户请求
           server = new ServerSocket(4700);
        }catch(Exception e) {
           System.out.println("can not listen to:" + e);
        }
        Socket socket = null;
        try{
```

```
            socket = server.accept();
        }catch(Exception e){
            System.out.println("Error." + e);
        }
        String line;
        //由 Socket 对象得到输入流,并构造相应的 BufferedReader 对象
        BufferedReader is = new BufferedReader(new
            InputStreamReader(socket.getInputStream()));
        //由 Socket 对象得到输出流,并构造 PrintWriter 对象
        PrintWriter os = new PrintWriter(socket.getOutputStream());
        //由系统标准输入设备构造 BufferedReader 对象
        BufferedReader sin = new BufferedReader(new
            InputStreamReader(System.in));
        //在显示屏上输出客户端读入的字符串
        System.out.println("Client:" + is.readLine());
        line = sin.readLine();//从标准输入读入一字符串
        while(!line.equals("bye")){                //如果该字符串为 bye,则停止循环
          os.println(line);                        //向客户端输出该字符串
          os.flush();                              //刷新输出流,使 Client 马上收到该字符串
          System.out.println("Server:" + line);    //在显示屏上输出读入的字符串
          //从 Client 读入一字符串,并输出到显示屏上
          System.out.println("Client:" + is.readLine());
          line = sin.readLine();                   //从系统标准输入读入一字符串
        }                                          //继续循环
        os.close();                                //关闭 Socket 输出流
        is.close();                                //关闭 Socket 输入流
        socket.close();                            //关闭 Socket
        server.close();                            //关闭 ServerSocket
    }catch(Exception e){
        System.out.println("Error:" + e);
    }
  }
}
```

程序说明

上面的两个程序中反映了 socket 通信的四个步骤。

(1) 创建 Socket。注意:bind()方法没有调用,系统会自动绑定本地地址和一个可用的端口。

(2) 打开连接到 Socket 的输入/输出流。

(3) 按照一定的协议对 Socket 进行读写操作:先启动服务器端,再启动客户端,客户端向服务器端发送字符串之后处于阻塞等待状态;服务器端收到客户端发送的字符串后显示并回送信息,之后处于等待客户端发送字符状态。当任何一端输入字符串"bye"后,退出程序,通信中断。

(4) 关闭 Socket(先关闭流)。

2. 基于 Client/Server 的支持多客户的 Socket 程序设计

上面的程序只能实现 Server 和一个 Client 的对话。在实际应用中,往往是在服务器上运行一个永久的程序,它可以接收多个客户端的请求。为了实现服务器能响应多个客户的

请求，需要对上面的程序进行改造——利用多线程实现多客户机制。服务器总是在指定的端口上监听是否有客户请求，一旦监听到客户请求，服务器就会启动一个专门的服务线程来响应该客户的请求，而服务器本身在启动完线程之后马上又进入监听状态，等待下一个客户的到来。

【例 15.4】 可响应多个客户端的服务器端程序，客户端程序不变，服务器端程序为“MultiTalkServer.java”和“ServerThread.java”。

```
// MultiTalkServer.java ====================================
import java.io.*;
import java.net.*;
import ServerThread;
public class MultiTalkServer{
  static int clientnum = 0;                       //静态成员变量，记录当前客户的个数
  public static void main(String args[]) throws IOException {
      ServerSocket serverSocket = null;
      boolean listening = true;
      try{
          //创建一个 ServerSocket 在端口 4700 监听客户请求
          serverSocket = new ServerSocket(4700);
      }catch(IOException e) {
          System.out.println("Could not listen on port:4700.");
          System.exit(-1);                        //退出
      }
      while(listening){                           //循环监听
        //监听到客户请求，根据得到的 Socket 对象和客户计数创建并启动服务线程
        new ServerThread(serverSocket.accept(),clientnum).start();
        clientnum++;                              //增加客户计数
      }
      serverSocket.close();                       //关闭 ServerSocket
  }
}
// ServerThread.java ======================================
import java.io.*;
import java.net.*;
public class ServerThread extends Thread{
  Socket socket = null;                           //保存与本线程相关的 Socket 对象
  int clientnum;                                  //保存本线程的客户计数
  public ServerThread(Socket socket, int num) {   //构造方法
    this.socket = socket;                         //初始化 socket 变量
    clientnum = num + 1;                          //初始化 clientnum 变量
  }
  public void run() {                             //线程主体
     try{
      String line;
      //由 Socket 对象得到输入流，并构造相应的 BufferedReader 对象
      BufferedReader is = new BufferedReader(new
      InputStreamReader(socket.getInputStream()));
      //由 Socket 对象得到输出流，并构造 PrintWriter 对象
      PrintWriter os = new PrintWriter(socket.getOutputStream());
```

```
            //由系统标准输入设备构造 BufferedReader 对象
            BufferedReader sin = new BufferedReader(new
              InputStreamReader(System.in));
            //在显示屏上输出从客户端读入的字符串
            System.out.println("Client:" + clientnum + is.readLine());
            //从标准输入读入一字符串
            line = sin.readLine();
            while(!line.equals("bye")){                //如果该字符串为 bye,则停止循环
              os.println(line);                        //向客户端输出该字符串
              os.flush();                              //刷新输出流,使 Client 马上收到该字符串
              //在显示屏上输出该字符串
              System.out.println("Server:" + line);
              //从 Client 读入一字符串,并输出到显示屏上
              System.out.println("Client:" + clientnum + is.readLine());
              line = sin.readLine();                   //从系统标准输入读入一字符串
            }//继续循环
            os.close();                                //关闭 Socket 输出流
            is.close();                                //关闭 Socket 输入流
            socket.close();                            //关闭 Socket
          }catch(Exception e){
            System.out.println("Error:" + e);          //在显示屏上输出错误信息
          }
        }
      }
```

程序说明

程序展示了网络应用中最为典型的C/S结构,可以用图15.4来描述这种模型:服务器端的serverSocket一直处于监听状态,当客户端socket发出请求后,服务器端serverSocket的accept()方法从阻塞状态中苏醒,产生一个对应这个请求客户端的新线程以及socket,之后这个线程就利用socket和请求的客户端进行通信。

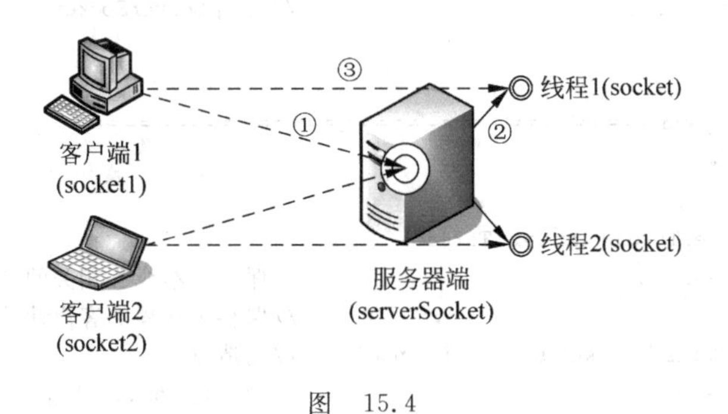

图 15.4

15.4 基于数据报的低层次 Java 网络编程

15.4.1 数据报通信的基本概念

数据报(Datagram)是一种完备的、独立的数据实体,该实体携带有能从源计算机经网络正确路由到目的计算机的信息。不同数据报之间的通信信息相互独立,也就是说,一个数

据报与之前和之后发出的数据报没有逻辑联系。采用数据报协议(UDP)的两台计算机之间不用建立直接的连接,因而发送数据报的源计算机虽然不能保证数据报一定到达目的计算机,但数据传送效率高(差错控制开销小)。

15.4.2 数据报通信对象

java.net 包中提供了 DatagramSocket 和 DatagramPacket 两个类来支持数据报通信, DatagramSocket 用于在程序之间建立传送数据报的通信连接,DatagramPacket 则用来表示一个数据报。DatagramSocket 的构造方法如下:

```
DatagramSocket();
DatagramSocket(int port);
DatagramSocket(int port, InetAddress laddr)
```

其中,port 指明 DatagramSocket 所使用的本地端口号,如果未指明端口号,则连接到本地主机上一个可用的端口。laddr 指明一个可用的本地地址。给出端口号时要保证不发生端口冲突,否则会生成 SocketException 异常。上述两个构造方法都声明抛出非运行时异常 SocketException,程序中必须进行处理,或者捕获,或者声明抛出。

注意: DatagramSocket 与 Socket 构造方法参数虽然都有 IP 地址和端口号,但是含义不一样。Socket 中的地址和端口号是目的机器的地址和端口号,而 DatagramSocket 则是本机的地址和端口号。

用数据报方式编写 Client/Server 程序时,无论在客户方还是服务方,首先都要建立一个 DatagramSocket 对象,用来接收或发送数据报,然后使用 DatagramPacket 类对象作为传输数据的载体。下面是 DatagramPacket 的构造方法:

```
DatagramPacket(byte buf[],int length) ;
DatagramPacket(byte buf[], int length, InetAddress addr, int port);
DatagramPacket(byte[] buf, int offset, int length) ;
DatagramPacket(byte[] buf, int offset, int length,
                InetAddress address, int port) ;
```

其中,buf 中存放数据报数据,length 为数据报中数据的长度,addr 和 port 为目的地址,offset 指明了数据报的位移量。在接收数据前,应该采用上面的第一种或第三种方法生成一个 DatagramPacket 对象,给出接收数据的缓冲区及其长度,然后调用 DatagramSocket 的方法 rcceive 等待数据报的到来。receive 将一直等待,直到收到一个数据报为止。

```
DatagramPacket packet = new DatagramPacket(buf, 256);
Socket.receive (packet);
```

发送数据前,也要先生成一个新的 DatagramPacket 对象,这时要使用上面的第二或第四种构造方法,在给出存放发送数据的缓冲区的同时,还要给出完整的目的地址,包括 IP 地址和端口号。发送数据是通过 DatagramSocket 的 send 方法实现的。send 方法根据数据报的目的地址来寻址以传递数据报。

```
DatagramPacket packet = new DatagramPacket(buf, length, address, port);
Socket.send(packet);
```

在构造数据报时,要给出 InetAddress 类参数。类 InetAddress 在包 java.net 中定义,用来表示一个 Internet 地址,通过它提供的静态方法 getByName,以一个表示域名的字符串为参数,得到该类的一个实例对象。

15.4.3 数据报通信案例

【例 15.5】 构建一个基于 UDP 的 C/S 网络传输程序。

(1) 客户方程序 QuoteClient.java。

```
import java.io.*;
import java.net.*;
import java.util.*;
public class QuoteClient {
   public static void main(String[] args) throws IOException{
      if(args.length! = 1){
        //如果启动时没有给出 Server 的名字,那么输出错误信息并退出
        System.out.println("Usage:java QuoteClient <hostname>");
        return;
      }
      DatagramSocket socket = new DatagramSocket();          //创建数据报套接字
      byte[] buf = new byte[256];                            //创建缓冲区
      //由命令行给出的第一个参数默认为 Server 的域名,通过它得到 Server 的 IP 信息
      InetAddress address = InetAddress.getByName(args[0]);
      //创建 DatagramPacket 对象
      DatagramPacket packet =
          new DatagramPacket(buf, buf.length, address, 4445);
      socket.send(packet);                                   //发送
      //创建新的 DatagramPacket 对象,用来接收数据报
      packet = new DatagramPacket(buf,buf.length);
      socket.receive(packet);                                //接收
      //根据接收到的字节数组生成相应的字符串
      String received = new String(packet.getData());
      //输出生成的字符串
      System.out.println("Quote of the Moment:" + received );
      socket.close();                                        //关闭数据报套接字
   }
}
```

(2) 服务器方程序 QuoteServer.java。

```
public class QuoteServer{
  public static void main(String args[]) throws java.io.IOException{
    new QuoteServerThread().start();     //启动一个 QuoteServerThread 线程
  }
}
```

(3) 程序 QuoteServerThread.java。

```
import java.io.*;
import java.net.*;
import java.util.*;
public class QuoteServerThread extends Thread{          //服务器线程
   protected DatagramSocket socket = null;
   protected BufferedReader in = null;
   protected boolean moreQuotes = true;                  //标志变量,是否继续操作
   public QuoteServerThread() throws IOException {
     this("QuoteServerThread");
   }
   public QuoteServerThread(String name) throws IOException {
     super(name);
     socket = new DatagramSocket(4445);                  //创建数据报套接字并绑定端口 4445
     in =  new BufferedReader(new InputStreamReader(System.in));
   }
   public void run(){                                    //线程主体
     while(moreQuotes) {
        try{
           byte[] buf = new byte[256];                   //创建缓冲区
           DatagramPacket packet = new DatagramPacket(buf,buf.length);
           //由缓冲区构造 DatagramPacket 对象
           socket.receive(packet);                       //接收数据报
           //输出客户端发送的内容
           System.out.println(new String(packet.getData()));
           //从屏幕获取输入内容,作为发送给客户端的内容
           String dString =  in.readLine();
           //如果是 bye,则向客户端发完消息后退出
           if(dString.equals("bye")){moreQuotes = false;}
           buf = dString.getBytes();                     //把 String 转换成字节数组,以便传送
           //从 Client 端传来的 Packet 中得到 Client 地址
           InetAddress address = packet.getAddress();
           int port = packet.getPort();                  //端口号
           //根据客户端信息构建 DatagramPacket
           packet = new DatagramPacket(buf,buf.length,address,port);
           socket.send(packet);                          //发送数据报
        }catch(IOException e) {                          //异常处理
           e.printStackTrace();                          //输出异常栈信息
           moreQuotes = false;                           //标志变量置 false,以结束循环
        }
     }
     socket.close();                                     //关闭数据报套接字
   }
}
```

小 结

本章首先介绍了网络通信协议、网络应用定位、TCP 和 UDP 异同点等网络编程所需的基本概念,在此基础上对应网络协议的不同层次,重点介绍了基于 HTTP 协议的 URL 高层

次网络编程、基于 TCP 协议的 Socket 套接字低层次网络编程、基于 UDP 协议的数据报低层次网络编程。

习 题

1. 网络通信协议分几层？各层解决的问题是什么？

2. TCP 和 UPD 协议有什么不同,为什么称 TCP 是面向连接的可靠的协议？

3. 在 Java 语言当中,网络编程是从协议的什么层次开始的？程序设计时,什么情况下选择 Java 高层次网络编程,什么情况下选择低层次网络编程？

4. Socket 编程时,目的地址和端口号需要在什么地方指出？使用数据报时,又在什么地方指出？

5. 利用 URLConnetction 对象编写程序返回某网站的首页,并将首页内容存放到文件当中。

6. 利用串行化技术和 Socket 通信,将一个客户端构造的对象传送到服务器端,并输出该对象的属性值。

第16章 JDBC

16.1 JDBC 基本概念

JDBC 全称为 Java DataBase Connectivity，它是 Java 面向对象应用程序访问数据库的接口(API)规范，它的出现使 Java 应用程序对各种关系数据库的访问方法得到统一。

如果没有 JDBC，各数据库厂商就会针对自己的数据库产品，如 Oracle、DB2、Sybase、SQLServer、MySQL 等，提供各自独立的数据库 API 调用接口，这就为程序的编写带来了麻烦。例如，当为某个用户进行应用程序开发时，可能选用的是 Oracle，但应用到另外一个用户那里时，他可能拥有 SQLServer 数据库且不想更换，这时针对 Oracle 设计的程序就会因 SQLServer 数据库 API 接口的不同而需要重新开发。然而数据库的主要作用是存储数据，同一个应用程序对存储到数据库中的数据使用逻辑往往都是一样的，如果仅因 API 接口的不同而重新开发显然是一个很大的浪费。

如同 Java 语言的跨平台特点给编程带来很大方便一样，在进行数据库编程时，程序员也希望程序能够做到一次编程可适用于所有数据库。为了达到这种目的，就必须制定出一个通用的数据库访问标准。这方面最早出现的标准是 ODBC(Open DataBase Connectivity)，在 Java 领域则是 JDBC。

如何理解 JDBC 是一种标准呢？在 Java. sql 包中，定义了很多接口，如与数据库的连接(connection)、数据操作(Statement)、结果集(Resultset)操作等。对数据库进行操作，实际上就是针对这些接口进行调用，而这些接口的定义与数据库无关，这些接口引用的对象类，就在各数据库厂商提供的 JDBC driver 中定义。换句话说，先有这些接口的定义，之后各数据库厂商按照接口定义来做它们的驱动程序，从而在 Java 中实现了对数据库进行无差别的操作。

JDBC 使用前首先要选择合适的 JDBC 驱动类型。当前常见的 JDBC 驱动类型有三类，如图 16.1 所示。

对于第一类：能将 JDBC 调用转换为数据库直接使用的网络协议，这种类型的 JDBC 驱动不需要安装数据库客户端软件，它是 100%的 Java 程序。它使用 Java sockets 来连接数据库，驱动的实现由各数据库厂商提供。

对于第二类：安装数据库客户端，之后能将 JDBC 调用转换为特定的数据库客户端调用。驱动的实现由各数据库厂商提供。与前一类驱动相比，第二类驱动的优点是效率较高，缺点是需要安装数据库客户端。

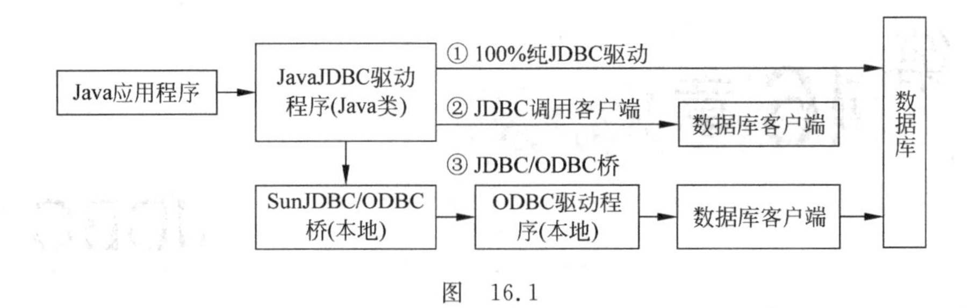

图 16.1

对于第三类：安装数据库客户端并配置ODBC数据源，驱动的实现由Sun公司负责，驱动程序在rt.jar文件当中。具体实现类为sun.jdbc.odbc包中的JdbcOdbcDriver.class。

对于不同数据库，数据库客户端的配置有所不同。下面仅就Access数据库ODBC的配置方法给出介绍。

(1) 在Windows的"控制面板"中找到【数据源(ODBC)】图标双击之，弹出如图16.2所示的【ODBC数据源管理器】对话框，然后单击【添加】按钮，弹出如图16.3所示的"创建新数据源"对话框。

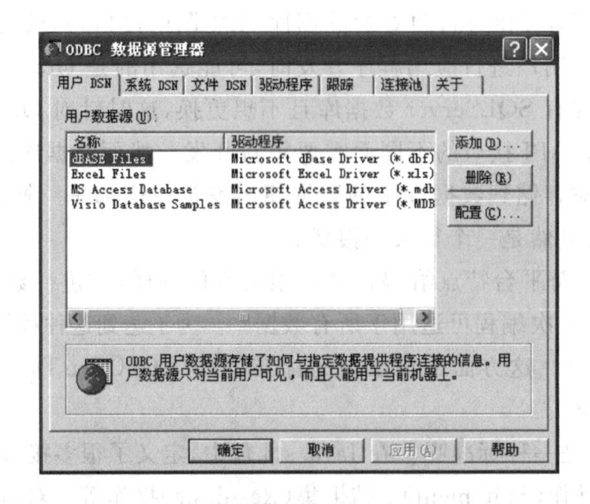

图 16.2

图 16.3

(2) 在图 16.3 中，选中 Microsoft Access Driver 项，然后单击【完成】按钮，弹出如图 16.4 所示的“ODBC Microsoft Access 安装”对话框。在此对话框中，输入数据源名称后，单击【选择】按钮，指出创建好的 Access 数据库的存放路径。

(3) 在图 16.4 的对话框中单击【确定】按钮，返回“ODBC 数据源管理器”对话框，新添加的用户数据源将出现在此对话框中，如图 16.5 所示。单击【确定】按钮，新用户数据源创建完成。创建好用户数据源后，便可对这个数据源进行数据表的创建、修改，记录的添加、修改、删除等数据库操作。

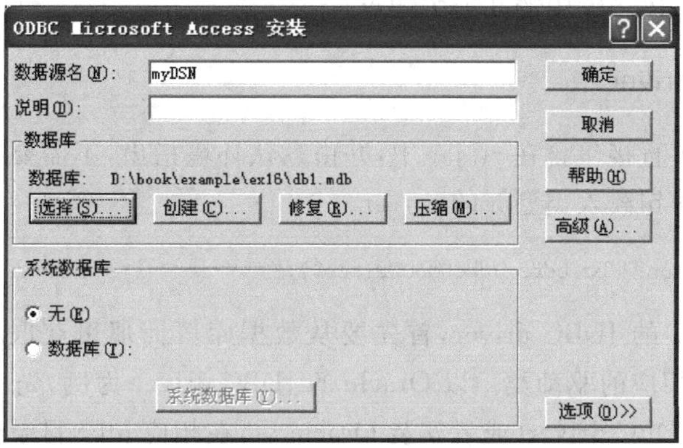

ODBC Microsoft Access 安装

数据源名(N): myDSN 确定

说明(D): 取消

数据库

数据库: D:\book\example\ex16\db1.mdb 帮助(H)

选择(S)... 创建(C)... 修复(R)... 压缩(M)... 高级(A)...

系统数据库

无(E)

数据库(T):

系统数据库(Y)... 选项(O)>>

图 16.4

ODBC 数据源管理器

用户 DSN | 系统 DSN | 文件 DSN | 驱动程序 | 跟踪 | 连接池 | 关于

用户数据源(U):

名称	驱动程序
dBASE Files	Microsoft dBase Driver (*.dbf)
Excel Files	Microsoft Excel Driver (*.xls)
MS Access Database	Microsoft Access Driver (*.mdb
myDSN	Microsoft Access Driver (*.mdb
Visio Database Samples	Microsoft Access Driver (*.MDB

添加(D)... 删除(R) 配置(C)...

ODBC 用户数据源存储了如何与指定数据提供程序连接的信息。用户数据源只对当前用户可见，而且只能用于当前机器上。

确定 取消 应用(A) 帮助

图 16.5

注意：由于 Access 是单机版数据库，所以配置 ODBC 时，没有安装数据库客户端这一环节。其他网络数据库则需要先安装数据库客户端，然后再配置。

16.2 使用 JDBC 操作数据库

JDBC API 作为 Java 核心类库的一个部分，直接包含在 JDK 软件包中，其对应的包为 java.sql。要使用 JDBC，必须在程序开始使用“import java.sql. * ;”语句。使用 JDBC 操作数据库通常包含以下几个步骤：

(1) 载入 JDBC driver。

(2) 得到数据库的 Connection 对象。

(3) 根据连接对象得到 Statement 进行查询或数据更新。

(4) 如果执行查询则对返回的记录集 ResultSet 进行遍历操作；如果执行更新则根据成功与否的返回结果进行数据库事务操作。

(5) 操作结束后，依次对 ResultSet、Statement、Connection 执行关闭操作。

下面简要说明上述步骤中的几处关键点。

1. 载入 JDBC driver

类型 3 的 driver 直接包含在 rt.jar 中，并由默认环境指出，不需要在 classpath 中设置。程序中可使用下列语句载入类型 3 的 driver。

```
Class.forName ("sun.jdbc.odbc.JdbcOdbcDriver");
```

对于类型 1 和 2 的 JDBC driver，首先要从数据库厂商那里获取相应数据库的 JDBC driver 类库，再载入相应的驱动类。以 Oracle 的 JDBC driver 为例，先从 Oracle 的网站下载指定数据库版本的 JDBC driver(或者安装 Oracle 后，在相应 jdbc 目录中得到驱动类库)，然后将该 driver 类库的路径加入 CLASSPATH，最后在程序中使用以下语句载入驱动类。

```
Class.forName("oracle.jdbc.driver.OracleDriver");
```

注意：Class.forName 的等效方法可采用 DriverManager 类将它登记到系统中：

```
DriverManager.registerDriver(new oracle.jdbc.driver.OracleDriver());
```

2. 得到与数据库的 Connection 连接对象

使用 JDBC DriverManager 类的 getConnection 方法可以与指定的数据库建立连接，如：

```
Connection con = DriverManager.getConnection (url, db_username, db_password);
```

其中的 db_username 和 db_password 分别对应所连接数据库的用户名和口令。url 与 WWW 的 URL 有所不同，它给出了所要连接数据库的相关信息。不同类型的 JDBC driver 对应不同格式的 url，即使同一厂家的 JDBC driver，其格式也因驱动类型不同而不同。例如，Oracle 同时提供了类型 1 和类型 2 的 JDBC driver，Oracle 类型 2 的 JDBC driver 又称为“Oracle OCI driver”，而类型 1 的 JDBC driver 又称为“Oracle thin driver”。

(1) 类型 1 的“Oracle driver(thin driver)” 的 url 格式。

```
jdbc:oracle:thin@database_name:port_no:sid
```

其中，database_name 为数据库服务器的名字或 IP 地址；port_no 为数据库监听服务器端口号，Oracle 默认为 1521；sid 为数据库的服务名(安装 Oracle 时由用户指定)。下面是一个完整的 url 例子：

```
String url = "jdbc:oracle:thin:@192.168.0.150:1521:ora816";
```

(2) 类型 2 的“Oracle driver (OCI driver)” 的 url 格式。

```
jdbc:oracle:oci8@database_name
```

database_name 是用 Oracle 配置工具配置的客户端连接串。

(3) 类型 3 的 JDBC 驱动的 url 的格式。

```
jdbc:odbc:dsn_name
```

其中,dsn_name 为数据库对应的 ODBC driver 的 DSN 名。

注意:数据连接对象必须通过 DriveManager 的方法得到,不能通过“new Connection()”来产生,因为 Connection 是接口。

3. 建立 Statement 对象

用 Connection 接口所引用对象的 createStatement 方法得到一个实现 Statement 接口的对象,如:

```
Statement stmt = conn.createStatement ();
```

注意:得到 Statement 引用对象,必须通过连接对象的 createStatement 方法,而不能使用 new,因为 Statement 是接口。

4. 执行查询语句

一旦得到了 Statement 类型对象,就可以利用该对象的 executeQuery 方法执行查询 SQL 语句,执行结果放在一个实现 ResultSet 接口的对象中。如:

```
ResultSet rset = stmt.executeQuery ("SELECT ename from emp where empno = 79");
```

注意:得到 ResultSet 引用的对象,不能用 new,因为 ResultSet 是接口。

5. 对结果集 ResultSet 进行遍历操作

调用 ResultSet 的 next 方法指向结果集中的一条记录,使之成为当前记录。如果 ResultSet 中的记录多于一行,可用如下方法进行遍历:

```
 ⋮
boolean more = rset.next();
while (more) {
   String ename = rset.getString("ename"))          //得到当前记录中“ename”字段值
   System.out.println(ename);
   more = rset.next();                               //指向下一条记录
}
```

注意:ResultSet 的 getXXX()方法用于获取当前记录中指定列的值(xxx 为数据类型)。如 rset 中当前记录第一列的列名为 ename,其数据库中的数据类型为 VARCHAR,就可以用 rset.getString("ename")获得当前记录列对应的值。如果类型为 INTEGER、FLOAT、NUMBER 等数值类型,则可使用 getInt()、getFloat()等方法。另外,getXXX()方法的参数也可以是列号,例如本例 ename 为 ResultSet 中的第一列,则 getString(1)与

getString("ename")的调用结果等效。

6. 更新数据库操作

上面介绍的 executeQuery 方法主要用于执行查询 SQL 语句,而对数据库的更新操作需要使用 executeUpdate 方法,它通常用来执行 CREATE、INSERT、UPDATE 或 DELETE 等操作。该方法的返回值类型为 int,代表数据库中已更新的行数。

(1) 创建表。

```
String createTableCoffees = "CREATE TABLE COFFEES " +
    "(COF_NAME VARCHAR(32), SUP_ID INTEGER, PRICE FLOAT, " +
    "SALES INTEGER, TOTAL INTEGER)";
stmt.executeUpdate(createTableCoffees);
```

(2) 在表中插入记录。

```
stmt.executeUpdate("INSERT INTO COFFEES " +
    "VALUES ('Colombian', 101, 7.99, 0, 0)");
```

(3) 更新记录。

```
String updateString = "UPDATE COFFEES " + "SET SALES = 75 "
                    + "WHERE COF_NAME LIKE 'Colombian'";
stmt.executeUpdate(updateString);
```

此外,更新数据库也可用 prepareStatement 来完成,如上例可修改为:

```
registerStatement = conn.prepareStatement
 ("INSERT INTO COFFEES " + "VALUES (?,?,?,?,?)");
registerStatement.setString(1, "Colombian");
registerStatement.setInt(2, 101);
registerStatement.setFloat(3, 7.99);
registerStatement.setInt(4, 0);
registerStatement.setInt(5, 0);
```

注意:

(1) 语句中"?"占位符可以循环替换,因此当插入或更新多条记录时,使用 prepareStatement 比较方便。

(2) 涉及多条记录更新时,需要引入事务的概念。事务由 Connection 接口所引用对象来控制。默认情况下,事务为自动方式(提交后立即 Commit)。如果需要多个提交构成一个事务,则首先设为非自动提交模式,即 setAutoCommit(false),之后提交多个语句。如果全部成功,则用 commit(),否则 rollback()。

7. 执行关闭操作

对数据库操作结束后,通常要依次关闭打开的 ResultSet、Statement(或 prepareStatement)和 Connection 所引用的对象。如:

```
rset.close();
stmt.close();
```

```
conn.close();
```

注意：与文件对象类似，不要使用 rset=null 的方法来释放 rset 所引用对象，而应调用该对象的 close 方法。

8. JDBC 异常处理

由于 JDBC 接口的实现需要与数据库系统进行动态交互，所以几乎所有的 JDBC 接口方法都有可能抛出异常，这些异常统一由 SQLEexception 来引用，通常采用异常捕获方式进行处理。

注意：由于 JDBC 操作时可能发生异常，因而 ResultSet、Statement（或 prepareStatement）和 Connection 调用 close 方法应在异常处理的 finally 语句块中进行。

【例 16.1】 设在 Access 数据库中有一张名为 equipment 的表，表包含两个字段，一个字段为编号 id，另一字段为名称 name，类型都为字符串。设在 Windows 控制面板的 ODBC 数据源中已经配好了连接该数据库名称为 myDSN 的数据源，设计一个 Java 程序将该表的数据内容读出并显示。

```
import java.sql.*;
class Dbtest {
  public static void main (String args[]) {
      String url = "jdbc:odbc:myDSN";
      String query = "SELECT * FROM equipment";
      Connection con = null;
      Statement stmt = null;
      ResultSet rs = null;
      try {
          //装载 JdbcOdbcDriver
          Class.forName("sun.jdbc.odbc.JdbcOdbcDriver");
          //获得连接对象，如果连接失败，则抛出异常
          con = DriverManager.getConnection (url, "", "");
          //程序执行到此，意味着连接成功，创建一个 Statement 对象
          stmt = con.createStatement();
          //向数据库提交查询语句，获得一个被 rs 引用的结果集
          rs = stmt.executeQuery(query);
          //对结果集进行遍历，显示其内容
          while (rs.next()) {
              System.out.println("id:" + rs.getString(1)
                          + ",name:" + rs.getString(2));
          }
      }
      catch (SQLException ex) {System.out.println("发生 SQL 异常");}
      catch (Exception ex) {ex.printStackTrace ();}
      finally{
          try{
              if (rs! = null) {rs.close();}
              if (stmt! = null) {stmt.close();}
              if (con! = null) {con.close();}
          }
```

```
            catch (SQLException ex) {}
        }
    }
}
```

程序说明

在 finally 当中对有关接口引用对象进行关闭,其接口声明必须在 try 外,并且在 finally 当中也要进行异常捕获。

16.3 不同数据库 JDBC 的连接方法

例 16.1 当中的数据库类型是 Access,如果选择 Oracle 或 SQLServer,则程序如例 16.2 所示。

【例 16.2】

```
import java.sql.*;
class Dbtest {
    public static void main (String args[]) {
        String url = null;
        String query = "SELECT * FROM equipment";
        Connection con = null;
        Statement stmt = null;
        ResultSet rs = null;

        try {
        //通过 JDBC - ODBC 桥连接 Access,当然也可以用相同方法连接 Oracle 或 SQLServer
        url = "jdbc:odbc:myDSN";
        Class.forName("sun.jdbc.odbc.JdbcOdbcDriver");
        con = DriverManager.getConnection (url, "sa", "");
        /* 通过 Oracle 的"Oracle thin driver"专用引擎获得连接对象
        //localhost 为 IP 地址,1521 为端口号,ora8i 为安装 Oracle 时的数据库服务名
        url = "jdbc:oracle:thin:@localhost:1521:ora8i";
        Class.forName("oracle.jdbc.driver.OracleDriver");
        Connection con = DriverManager.getConnection(url,"sa","sa");
        */
        /* 通过 SQLServer 专用引擎获得连接对象
        //localhost 为 IP 地址,1433 为端口号,DatabaseName 为安装的一个数据库名
        url = "jdbc:microsoft:sqlserver://localhost:1433;DatabaseName = pub";
        Class.forName("com.microsoft.jdbc.sqlserver.SQLServerDriver");
        Connection con = DriverManager.getConnection(url,"sa","sa");
        */
        //-------------------------------------------------------
        stmt = con.createStatement ();
        //向数据库提交查询语句,获得一个被 rs 引用的结果集
        rs = stmt.executeQuery (query);
        //对结果集进行遍历,显示其内容
        while (rs.next()) {
            System.out.println("id:" + rs.getString(1)
```

```
                        + ",name:" + rs.getString(2));
            }
          }
          catch (SQLException ex) {
              System.out.println ("发生 SQL 异常");
          }
          catch (Exception ex) {
              ex.printStackTrace ();
          }
          finally{
            try{
                if (rs! = null) {rs.close();}
                if (stmt! = null) {stmt.close();}
                if (con! = null) {con.close();}
            }
            catch (SQLException ex) {}
          }
        }
      }
```

程序说明

(1) 代码块“/ * … * /”中的注释部分列举了如何选用 Oracle 或 SQLServer 的连接方法。

(2) 代码行“//——”以后，不同的连接方法对这部分的程序没有影响，也就是说这部分的代码对所有数据库操作都保持一致，这体现了 JDBC 接口规范的作用。

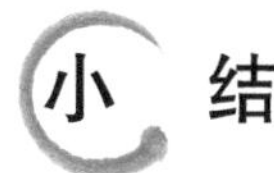

小 结

本章介绍了 JDBC 的基本概念、三类常见的 JDBC 驱动类型、利用 JDBC 访问数据库的步骤及注意事项、不同数据库 JDBC 驱动的连接方法。其中重点内容是理解 JDBC 接口规范的作用，在此基础上，熟练运用 JDBC 进行数据库编程设计。

习 题

1. 使用 JDBC 来操作数据库通常包含哪几个步骤?

2. 如何载入 JDBC driver?

3. java. sql 包中的主要接口 Connection、Statement 和 ResultSet 之间是什么关系?

4. 数据库使用完毕后，要进行哪些关闭操作?

5. 对第 10 章第 10 题进行改造，使 HashTable 中的异常类型与中文提示均来源于数据库。

6. 现有代码如下，ExeSql 类当中有三个方法，其中 getConnection 方法是得到数据库连接对象，本方法假定已经实现。现编写两个重载方法 execSql，第一个方法的参数为字符串，用来执行数据操作语句(插入、修改、删除)，如果执行成功则返回 true，失败返回 false;

第二个方法为一个字符串数组,每个单元存放一条数据操作语句,如果所有语句执行成功,则返回 true,有一条失败,返回 false,并输出出错的语句。请将这两个方法给出相应的实现。

```
public class ExeSql{
    public boolean execSql(String sqlStr){
    }
    public boolean execSql(String[ ] sql){
    }
    private Connection getConnection() {
    //得到同数据库相连接的各种方法
    }
}
```

第17章 UML简介

17.1 UML 的含义

UML(Unified Modeling Language)的含义为统一建模语言，是用来表达面向对象程序设计的语言。

17.1.1 UML“统一”的含义

UML 在出现之前，人们用各种符号来表达设计，许多符号虽然面貌各异，但是却表达着相同的设计概念，这为交流带来了障碍，这种情形非常类似于我国战国时代“马”字有不同的写法(如图 17.1 所示)。正如秦始皇统一文字一样，建模符号也需要统一(Unified)，这个过程由世界著名的面向对象技术专家 G. Booch、J. Rumbaugh、I. Jacobson 发起(如图 17.2 所示)，在 Booch 方法、OMT 方法和 OOSE 方法基础上，广泛征求意见，集众家之长，几经修改而完成的。1997 年被 OMG(Object Management Group)采纳为业界标准。

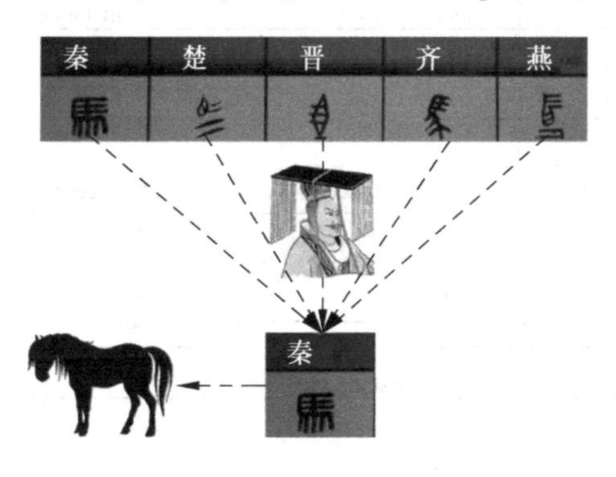

图 17.1

Booch

Rumbaugh

Jacobson

图 17.2

注意：UML的统一性使软件设计人员通过统一的符号来进行沟通和交流，避免了鲁迅先生小说人物中孔乙己以“回字有六种写法”为荣的尴尬境地。

17.1.2 UML“建模”的含义

模型是系统的抽象概括，强调系统设计特定的重要方面，同时忽略大量底层的实现细节。而建模(Modeling)就是为了捕捉、描述系统的核心。例如去某地旅游，旅游的时间、景点、线路和去目的地的交通方式的选择可看做旅游建模的要素，而如何购票、如何购物虽然也是旅游的组成部分，但不是旅游建模的要素。

建模的益处：

(1) 理解和认识系统的结构和行为，掌握系统的本质特征。

(2) 在创建系统之前，了解系统的风险并进行化解。

(3) 是开发团队沟通的重要形式，也为使用系统的人提供帮助。

注意：不同系统分析员针对同一研究对象建立的模型可能同样好或同样差，换句话说模型没有标准答案。

UML是一个四层的模型体系结构，如图17.3所示，由低到高的顺序为运行实例层、Model模型层、元模型层、元元模型层。高层用于描述低层。如元模型是描述模型的模型。对系统建模而言，主要用到的是运行实例层和Model模型层。

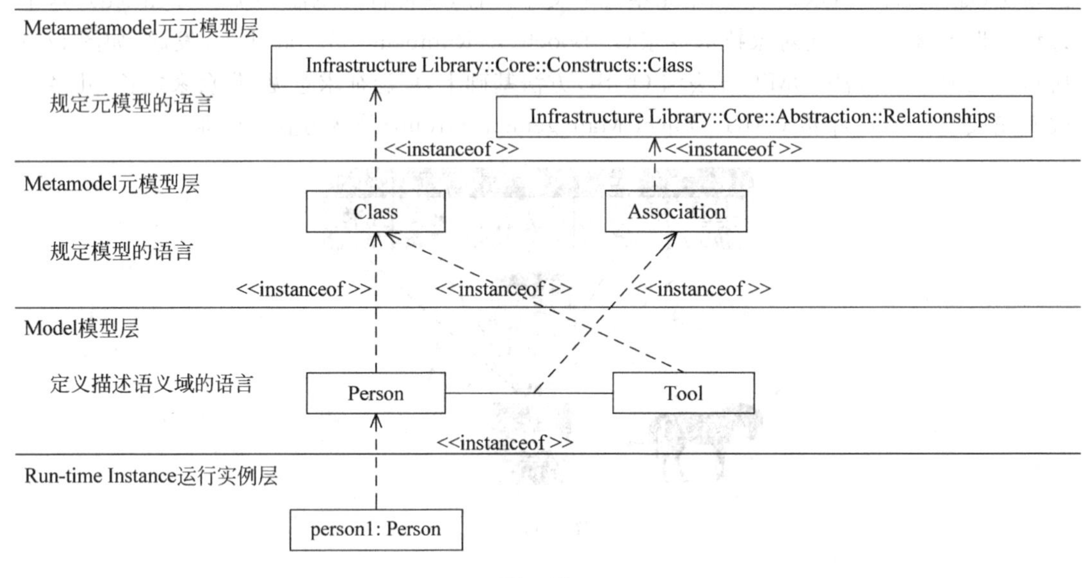

图 17.3

17.1.3 UML“语言”的含义

UML是一种可视化的拥有独特语法和语义的建模语言，用它表达软件设计可有效消除自然语言存在歧义的缺陷。需要指出的是，UML作为语言(Language)同编程语言有着明显的区别。UML用于表达面向对象设计而非用于面向对象编程，图17.4说明了二者之间的联系和区别，即UML模型是源代码的抽象，动态的对象结构是可执行程序的抽象，而动态的对象结构又是UML模型的具体细化。

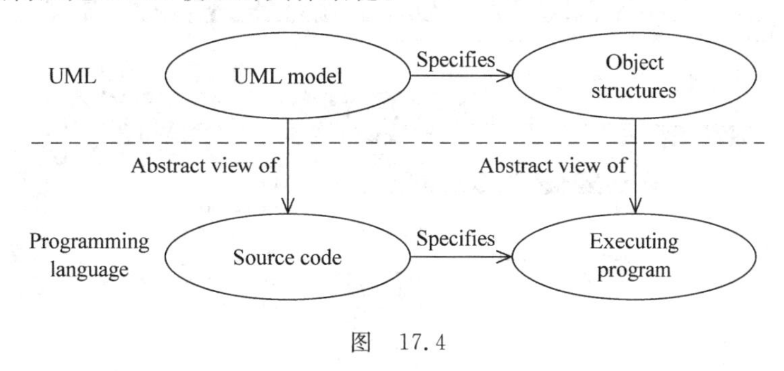

图 17.4

注意：学好UML的关键在于将UML模型和对应代码联系起来。

17.1.4 UML特点

(1) 建模设计上的标准化与可视化的结合。模型元素大多是图形表达，而且语法语义被业界广泛认可。

(2) 建模设计上的语言无关性。UML用于表达面向对象程序设计，用它建立的模型可被当今流行的面向对象语言C++、Java、C#实现，这就是模型设计上的语言无关性。换句话说，UML表达的模型是具体编程代码的抽象。

(3) 在建模设计上标准性与扩展性的统一。UML模型在面向对象抽象设计的许多表达方式上实现了标准化，但是并不能囊括所有设计表达，因为面向对象语言在实现上是有差异的。为此UML还提供了用“<<关键词>>”符号代表的构造型、用“{标记名=标记值}”代表的标记、用“{关键词}”来代表的约束等扩展机制。

17.1.5 UML建模工具

用UML进行设计需要工具的支持，主要的建模工具有IBM公司的Rational Rose和Sybase公司的PowerDesigner。它们具有如下特点：

(1) 构造模型并进行详细说明，可以检查模型语法正确与否。

(2) 可同时进行正向工程(根据UML模型生成代码和文档)和逆向工程(根据代码生成UML模型)。

(3) 便于团队对模型的共享访问与安全管理。

(4) 对模型文档的版本管理。

现以PowerDesigner的安装和使用为例进行说明。具体步骤为：

(1) 安装PowerDesigner 15。

(2) 建立面向对象模型：如图17.5所示，右击Workspace，选择New|Object-Oriented Model(或执行工具菜单File|New Model)。

在弹出的界面(图17.6)中选定“图”类型(如Class Diagram)，为模型命名，指定模型未来生成代码的目标语言，单击OK按钮后，出现如图17.7所示的界面。界面中的“模型管理区”用于管理建立的各种图以及图中使用的模型元素；“图编辑区”可以进行建模，“工具栏”为选定图下对应的模型元素或操作快捷工具。

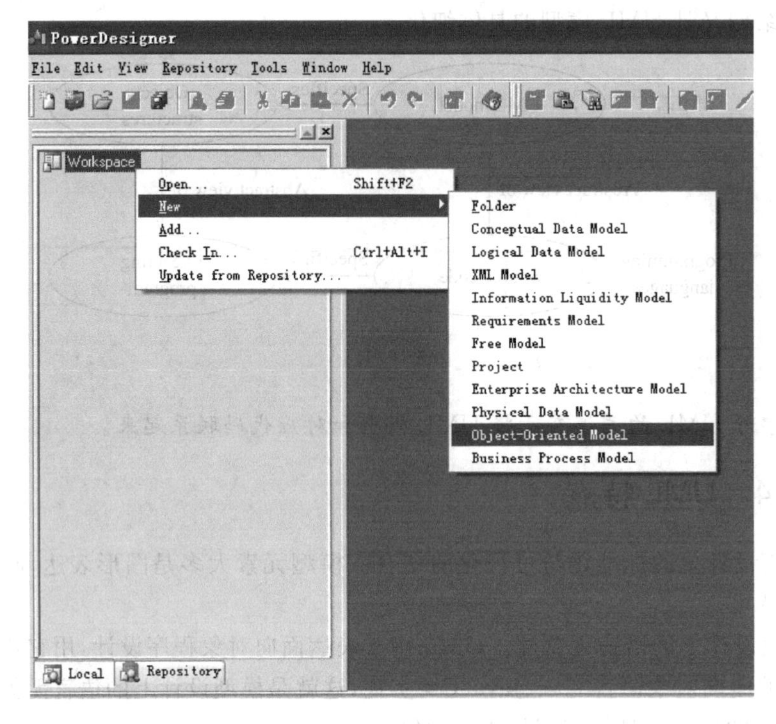
PowerDesigner
File Edit View Repository Tools Window Help
Workspace
Open... Shift+F2
New
Add...
Check In... Ctrl+Alt+I
Update from Repository...
Folder
Conceptual Data Model
Logical Data Model
XML Model
Information Liquidity Model
Requirements Model
Free Model
Project
Enterprise Architecture Model
Physical Data Model
Object-Oriented Model
Business Process Model
Local
Repository

图 17.5

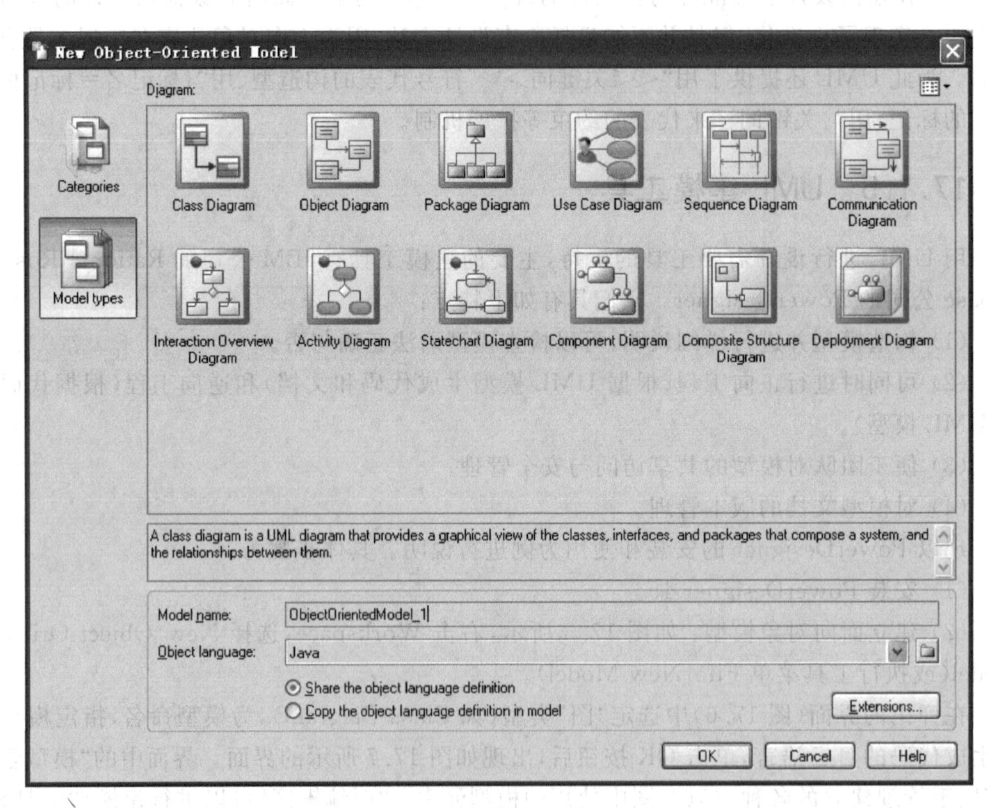
New Object-Oriented Model
Diagram:
Categories
Model types
Class Diagram
Object Diagram
Package Diagram
Use Case Diagram
Sequence Diagram
Communication Diagram
Interaction Overview Diagram
Activity Diagram
Statechart Diagram
Component Diagram
Composite Structure Diagram
Deployment Diagram
A class diagram is a UML diagram that provides a graphical view of the classes, interfaces, and packages that compose a system, and the relationships between them.
Model name:
ObjectOrientedModel_1
Object language:
Java
Share the object language definition
Copy the object language definition in model
Extensions...
OK
Cancel
Help

图 17.6

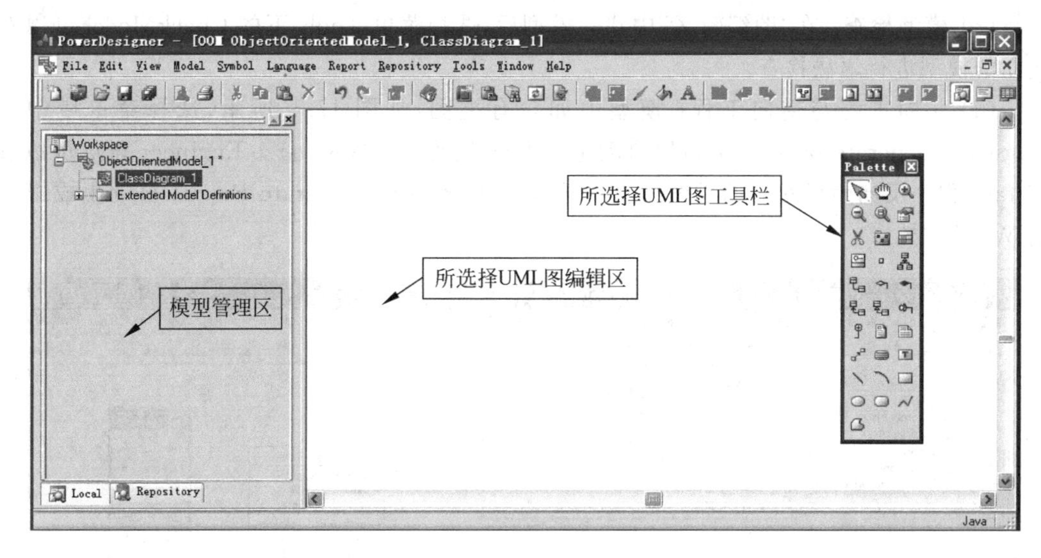

图 17.7

在模型管理区选择模型名称并右击,如图 17.8 所示,选择 New,在弹出菜单中可增加新"图",也可在当前"图"下选择允许添加的模型元素。

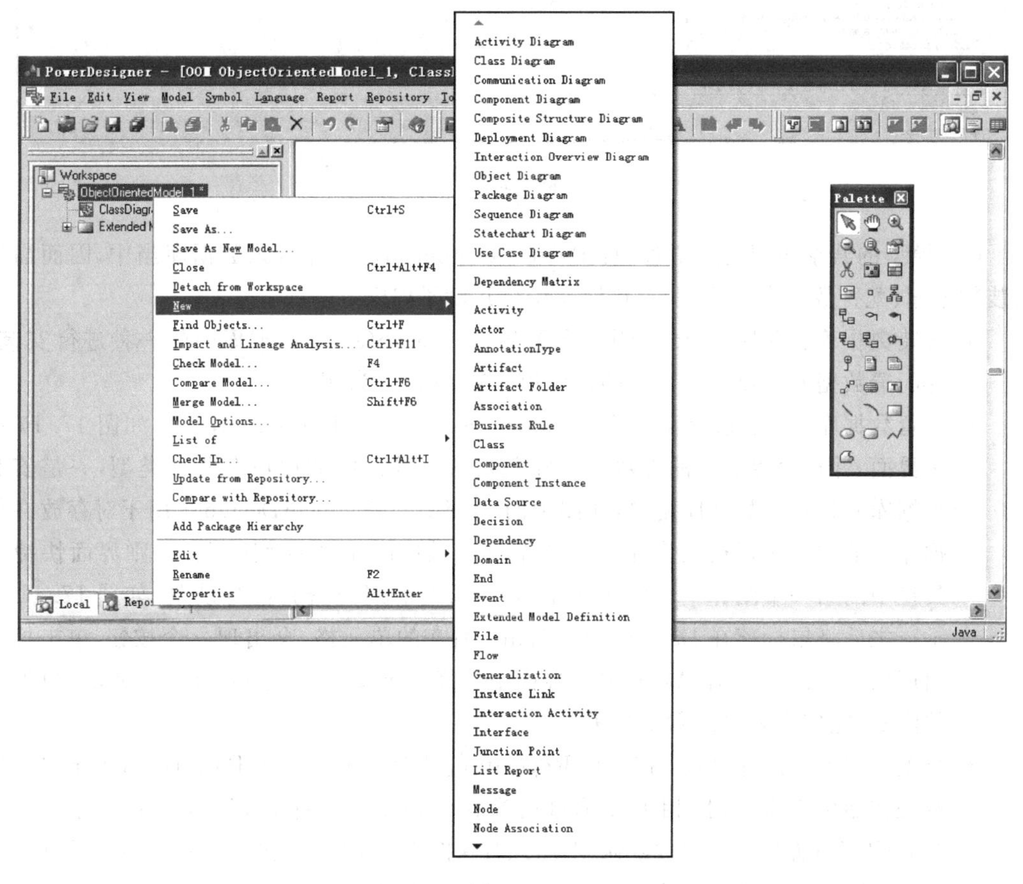

图 17.8

(3) 模型检查：在“图编辑区”中建立模型后，选择菜单 Tools 下的 CheckModel 可以对建立的模型进行语法检查。

(4) 正向工程与逆向工程：模型中如含有类图，如图 17.9 所示，选择菜单栏中的 language|Generate Java Code 可以自动生成 Java 代码；选择 Reverse Engineer Java 可以选定 Java 程序反向生成对应的类图模型。选择菜单 Report|Generate Report 自动生成模型的 Word 文档。

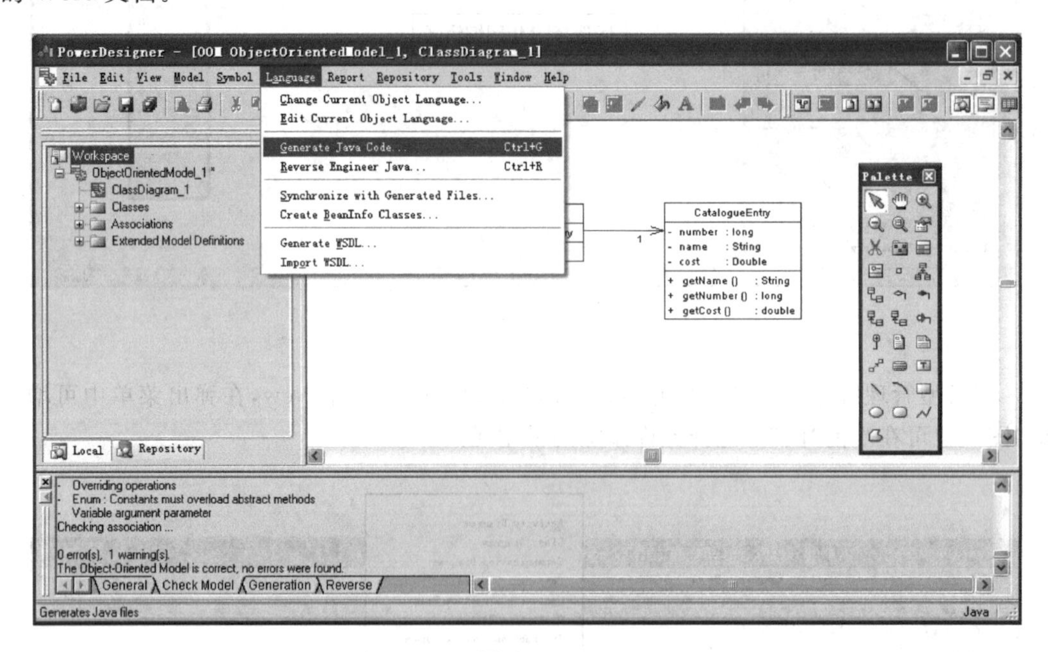

图 17.9

(5) 模型的共享访问与安全管理：PowerDesigner 可将模型存入数据库当中，因而需要安装数据库、配置数据库连接、配置存储库用户并赋予权限。

- 安装数据库：选择 Oracle、DB2、SQLServer、MySQL 等数据库中的一种进行安装，并配置数据库客户端。下面的说明以安装 Oracle 为例。
- 配置数据库连接：选择菜单 Repository|Repository Defination，出现如图 17.10 所示界面，并按照界面中的参数进行相关设置。界面中的用户有两种类型，一是安装数据库时设置的数据库用户，如图中的“pd”；二是 PowerDesigner 用于对存放在数据库中的内容进行权限管理的存储库用户，如图中的“ADMIN”。选则界面快捷工具栏中的第一个图标——属性图标，对这两类的用户密码进行设置，如图 17.11 所示。之后将鼠标落在 Data Source Name 所在的单元格，会出现一个按钮，单击按钮出现如图 17.12 所示的界面，在该界面中选择 Configure 进行 Oracle 的 ODBC 数据源的配置，完成之后单击 OK 按钮。
- 配置存储库用户并赋权：在菜单 Repository 下选择 Connect，PowerDesigner 将进行有关初始化工作，按照相关提示进行操作。初始化工作结束后，一个没有密码的“ADMIN”存储库用户将被默认创建，此时在图 17.11 中设置的 ADMIN 的密码并没有存入数据库(只是保存在 PowerDesigner 中)，为此需要单击 Repository|Administrator|

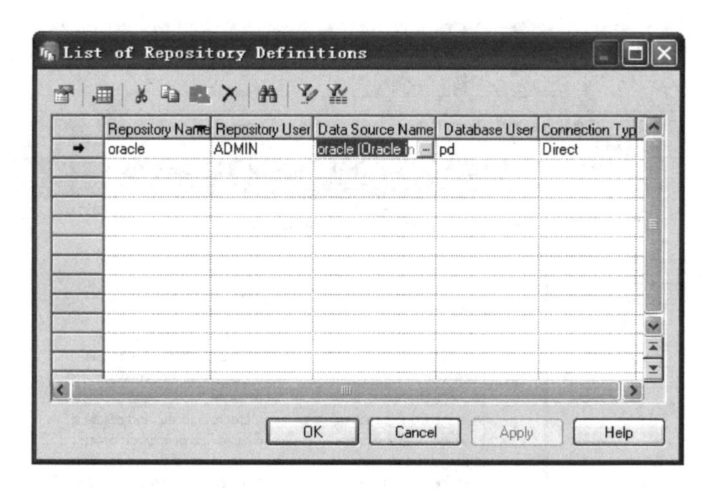

图 17.10

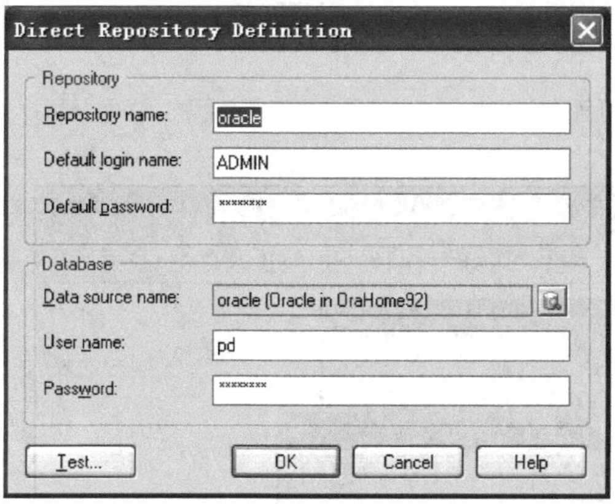

图 17.11

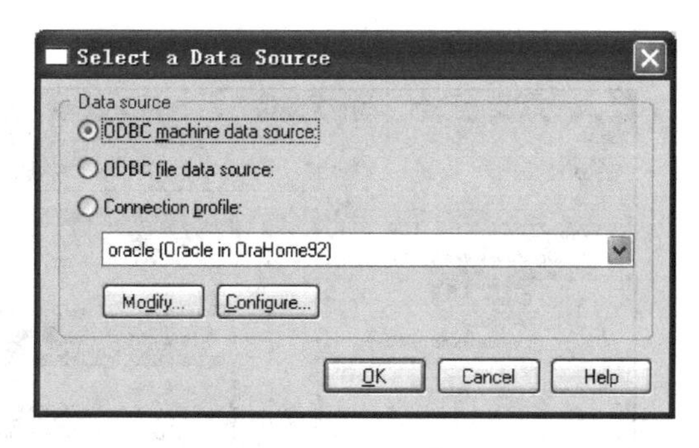

图 17.12

user，在图 17.13 中，选择"ADMIN"用户，点击图标工具栏中的第一个图标，设置"ADMIN"用户密码，设置成功后该密码将保存在数据库中。另外，在该界面中还可增加新的用户并为其赋予相应的权限。当下一次进入 PowerDesigner 中时，选择 Repository|Connect 进行数据库连接，如果设置了多个存储库用户，此时连接数据库所使用的存储库用户名和密码就是图 17.11 中设置的用户名和密码。

注意：*存储库用户名和密码只有在与数据库连接成功状态下才能新增和进行授权，因为这些结果最终都要保存到数据库中。*

配置完成后，PowerDesigner 可将模型文件保存到服务器的数据库中，相应方法是：在菜单 Repository 下选择 Check in，加入需要保存到数据库的模型文件"ObjectOrientedModel_1"，如图 17.14 所示，保存成功后，模型管理区 Local 标签页的文件图标发生变化，表明处于"Check in"状态。

(6) 模型文档的版本管理。当模型文件每次保存到数据库中时，PowerDesigner 会自动

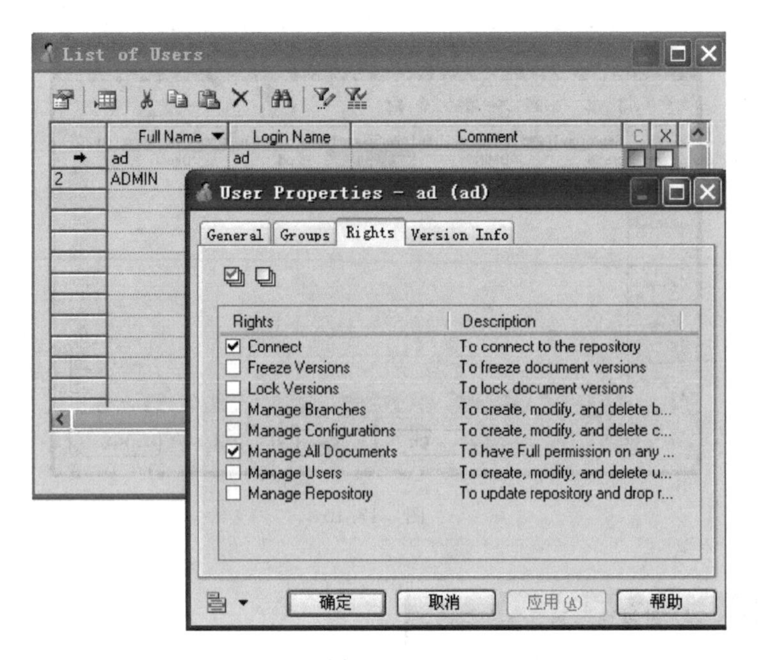

图 17.13

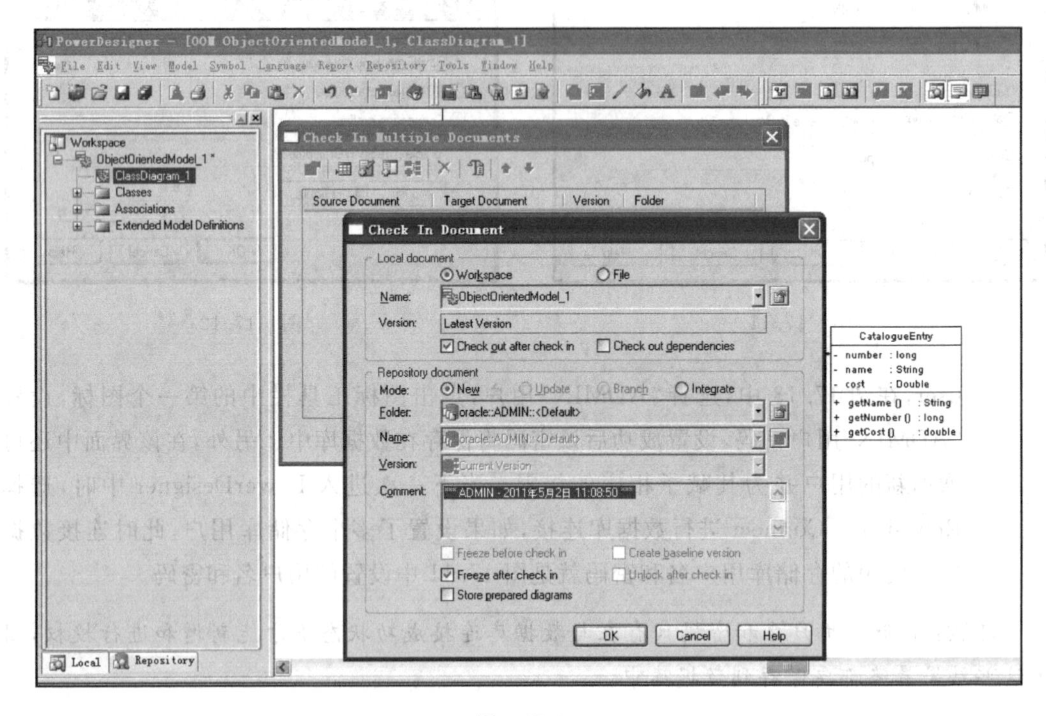

图 17.14

管理模型文件的版本，并在 Repository 标签页中所显示的模型节点标记上给出相应提示。在图 17.15 中可以对不同版本的模型进行调取(Check Out)和比较(Compare)操作。

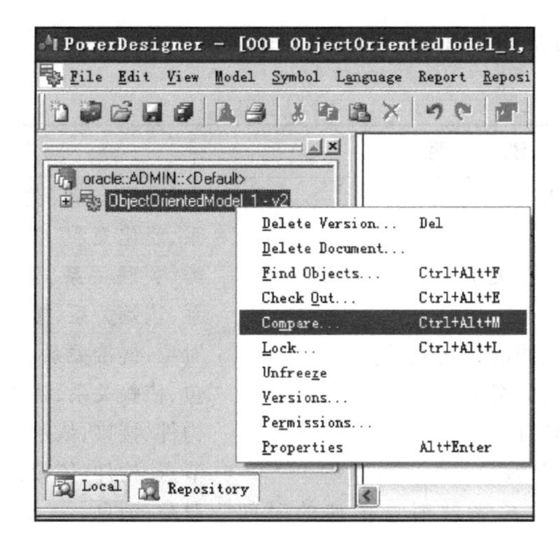

图 17.15

17.2 UML 视图(View)

UML 利用视图从不同角度描述一个系统。UML 的视图是一种 4+1 的结构,如图 17.16 所示。

用例视图表达需求,即系统从外部可见的功能,其地位处于整个视图的中心;逻辑视图定义系统的静态结构和动态行为;构件视图表达系统物理构件;进程视图表达系统的并发行为;部署视图表达构件在计算机和服务器上的物理分布。系统的不同利益相关方对这些视图有着不同的关心角度,如表 17.1 所示。

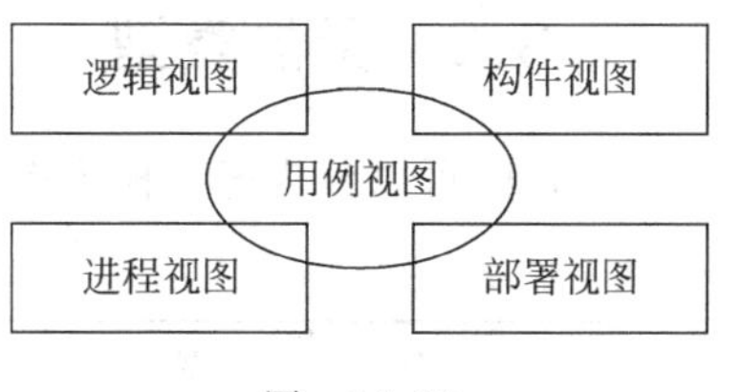

图 17.16

表 17.1

利益相关方	所关心的视图
客户	用例视图
分析者	用例视图、逻辑视图
设计者	用例视图、逻辑视图、构件视图
开发者	用例视图、逻辑视图、构件视图、进程视图、部署视图
测试者	用例视图、部署视图
系统集成者	进程视图、部署视图

17.3 UML 图

17.3.1 UML 图的基本概念

UML 图(Diagram)用于表达设计模型。UML 图由若干模型元素组成,也就是说图是模型元素的集合;模型元素是用特定的图形符号来表示建模过程中涉及的一些基本概念。

表17.2列出了UML图及图中用到的主要模型元素。

表 17.2

图	说　明	主要模型元素
用例图	系统的功能需求	用例、参与者、关联关系、扩展关系、包含关系、泛化关系
类图	类及类之间的相互关系	类、关联关系、聚合关系、组合关系、泛化关系、依赖关系、接口、包
对象图	对象以及对象之间的相互关系	对象、链接关系
包图	对系统设计进行分组划分	包、依赖关系、泛化关系
构件图	构件及其相互依赖关系	构件、接口、依赖关系
部署图	构件的物理配置情况	节点、构件、依赖关系、关联关系
顺序图	对象间动态交互关系及消息传递的时间顺序	对象、消息
协作图	相互合作的对象的交互关系和连接关系	类元、链接关系、消息
状态图	系统或类可能有的不同状态及其引起状态迁移的事件	状态、迁移、起始状态、终止状态、判定
活动图	用例或类方法内的工作流程或并行过程	活动、迁移、起始活动、终止活动、分支与合并、分叉与汇合

17.3.2 图的类型

UML图可以分为静态模型图、动态模型图两个大类,如表17.3所示。

表 17.3

<table>
<tr><th colspan="3">类　型</th><th>图</th></tr>
<tr><td colspan="3">静态模型图(状态模型)</td><td>用例图、类图、对象图、构件图、配置图、包图</td></tr>
<tr><td rowspan="4">动态
模型图</td><td rowspan="3">行为模型</td><td rowspan="2">交互图</td><td>顺序图</td></tr>
<tr><td>协作图(通信图)</td></tr>
<tr><td></td><td>活动图</td></tr>
<tr><td colspan="2">状态变化模型</td><td>状态图</td></tr>
</table>

其中静态模型图表达系统的结构、对象的属性状态(对象中的数据);动态模型图表达系统的动态行为,是模型功能需求的规格说明,它又可细分为行为模型和状态变化模型。在行为模型中,又将表达对象之间相互作用的顺序图和协作图统称为交互图。

17.3.3 UML视图与图

UML视图由若干图进行描述,表17.4展示了视图和图的这种对应关系。这种对应关系可以从以下两个方面理解:

(1) 视图可以看成图的一种划分角度,这也是Rational Rose工具对图的一种管理组织方式,而PowerDesigner却并不采用这种方式。

(2) 用例视图是对需求的规格说明,逻辑视图是对设计的规格说明。对象图、顺序图、协作图、活动图则横跨两个视图,也就是说,这四个图不仅在设计中出现,必要时也可能和用例图一样,用来表达用户的需求。但需要说明的是,表达需求的对象图、顺序图、协作图中的对象都是用户提出的或可以理解的,而表达设计的对象图中的对象有可能是现实中不存在的对象(由设计抽象而产生);活动图在表达需求上是对特定用例的细化,而在表达设计上是功能方法的细化。

表 17.4

图	视　图	图	视　图
用例图	用例视图	类图	逻辑视图
对象图	用例视图和逻辑视图	包图	逻辑视图
顺序图	用例视图和逻辑视图	状态图	逻辑视图
协作图	用例视图和逻辑视图	构件图	构件视图
活动图	用例视图和逻辑视图	部署图	部署视图

17.3.4 UML图的演化逻辑关系

软件设计是一个由表及里、由浅入深、从外到内的一个逐渐深化的过程,而UML的各种图则反映了人对软件系统的这种认识规律,体现出它们之间的内在演化逻辑关系,如图17.17所示。

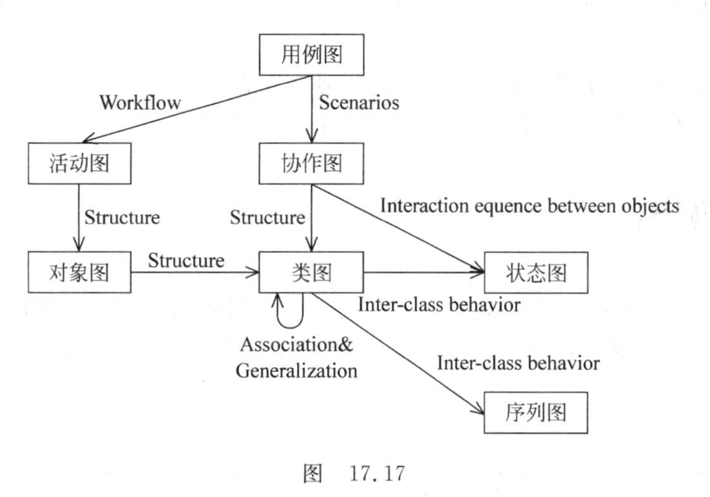

图 17.17

从图中可以看出:

(1) 用例图是其他图的基础,因为用例图表达用户的需求,设计必须反映需求。

(2) 演化路径1:用例图中的功能用例如存在明显的活动流程关系,则用活动图来表达。从活动图的流程关系可以发现其中的对象而形成对象图。对象图抽象可形成类图,在类图中讨论类之间的关联关系和抽象层次可以对类图进行提炼。讨论对象之间的相互作用关系可以形成序列图,从而有助于发现类中的方法。如果系统或对象在不同的状态下对事件反应各异,则需要用状态图来表达。

(3) 演化路径 2：用例图中的功能用例有时会呈现出系统内稳定对象之间的交互关系，特定的交互构成一个场景(如同话剧中的一幕)，此时用协作图来表达，之后再得到类图或状态图。

注意：

(1) 对象图可以从活动图转化而来，也可能直接从用例图得到，类图亦然。

(2) 设计并不意味着需要用到所有的图，应根据实际需要来选择，但用例图、类图和序列图往往是必需的，其次是状态图、活动图、协作图、对象图。

在上述过程中，如何确定类很关键。确定过程是首先应发现类再提炼类，甚至需要不断进行这样的迭代。发现类的方法有：

(1) 用例驱动法：从用例说明中得到有交互关系的对象，并将这些对象抽象为候选类。

(2) 名词短语法：在用户的说明文档中寻找名词短语，将这些名词短语看成候选类。

(3) 公共类法：不同的系统存在着某些共享类，如人员类、地点类、组织类、事件类、概念类等。

(4) CRC 法(类-职责-合作者)：通过确定已知类及其职责，发现完成职责必须配合的类。

通过上述方式发现的类只能称作候选类，需要对这些候选类进行提炼。提炼的主要方法有：

(1) 每个类必须在系统中有清晰的目的陈述，并且属于系统需要解决的问题范围内。

(2) 类不能是孤类，如果候选类没有与其他类存在关联关系，则这样的候选类必须去掉。

(3) 类必须有属性，否则，候选类有可能是别的类的一个属性。

(4) 类的功能必须单一，否则一个类可能分解为多个类。

17.4 用例图

软件需求内容上包括系统功能和系统约束说明。用例图是对系统功能的规格说明(系统约束用自然语言说明)，并被作为验收测试的依据。图中的模型元素及其含义如表 17.5 所示。

表 17.5

模型元素	名 称	含 义
(Use case)	用例	用例是必须被驱动的功能，功能应完整，且外部可见、相互独立 完整的含义：用例有主要执行流程，也有各种次要流程和意外处理流程 外部可见：不是内部功能，是参与者可以感知的 相互独立：用例一旦开始执行直到最终结束不依赖于其他用例

续表

模型元素	名　称	含　义
Actor	参与者（角色）	参与者是驱动用例的角色，可以是人也可以是事物
————	关联关系	是参与者和用例之间的通信渠道。如果没有箭头，则代表通信是双向的
B <<include>> A	包含关系	是用例与用例的一种依赖关系。它允许被包含用例中的公共行为从包含用例中分解出来。如B用例包含A用例，则意味着B用例要执行，必须先执行A用例
B <<extend>> A	扩展关系	是用例与用例的一种依赖关系。B用例扩展A用例，表示A用例执行完毕后，可以执行B用例，也可以不执行B用例。因而B用例是A用例的额外功能；另外当B用例的执行可以由A用例而来，也可以由其他途径而来时（没有包含那种强制含义），B用例和A用例也是一种扩展关系
B → A Actor_1 → Actor_2	继承关系	是用例与用例、参与者与参与者之间的一种继承关系，表示一个用例（角色）将继承另一用例（角色）的所有功能

用例图模型的建立过程次序为：确定参与者和用例；确定参与者与用例之间的关系，确定参与者之间的关系，确定用例之间的关系；确定需求边界（在用例图中用矩形框表示）；对用例功能进行描述，形成文档。用例描述格式如表17.6所示。

表　17.6

用例说明要素	说　明
简要描述	概述
参与者	涉及的参与者
前置条件	用例开始所需的条件
主事件流	对正常或常发生事件的流程进行描述
备选流	定义异常或不经常发生事件
后置条件	用例结束后的系统状态

【例17.1】 图17.18是一个用例图，试回答其代表的含义；如果Actor_2与用例B没有关联是否正确？

含义：包含二个角色，四个用例。其中B用例和A用例之间的关系为包含，即B用例执行前必须先执行A用例；C和A的关系为扩展，即A用例在某种条件满足下，可以扩展出C用例；D用例和A用例的关系为继承，表明D将拥有A用例的所有功能。参与者1（Actor_1）和参与者2（Actor_2）之间的关系为继承，表示参与者2除了可以驱动A、B用例外，还可以驱动参与者1的所有用例，即图中的D用例。

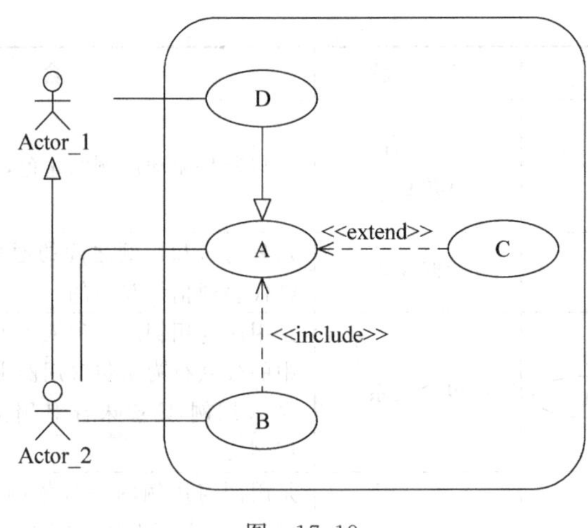

图 17.18

当 Actor_2 与用例 B 没有关联时不正确，因为用例 B 将无法被驱动。

17.5 类图及对象图

类图用于描述类以及类之间的关系，对象图用于描述对象及对象间的关系。

类图主要的模型元素有类、关联关系、聚合关系、组合关系、泛化关系、依赖关系、接口、包；对象图主要的模型元素有：对象、链接关系。对象模型是类图模型的实例，或称为快照。

17.5.1 类模型元素

类模型元素的建模符号有短式和长式两种，图 17.19 所示是长式表示法，如果去掉属性和操作，则为短式。其含义为：

(1) 类名右上角的标注为该类对象的多重性，“*”表示任意多对象，“1”表示有且仅有一个对象。

(2) 当类名向右为斜体时，表示该类为抽象类；当方法名向右为斜体时，表示该方法为抽象方法。

(3) 属性和操作的权限表示法如图 17.20 所示，“+”表示修饰符为 public；“-”表示修饰符为 private；“#”表示修饰符为 protected。

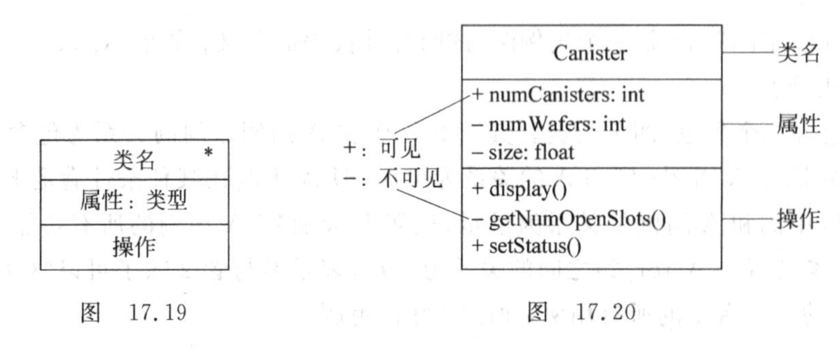

图 17.19　　图 17.20

(4) 类静态属性和专属于类的方法(构造方法和类静态方法)的表示,如图 17.21 所示。

(5) 用构造型来表达特殊的数据类型,如图 17.22 所示,此时类图的表示符号发生了“转义”,即用类的表示符号表示了特殊的数据类型。

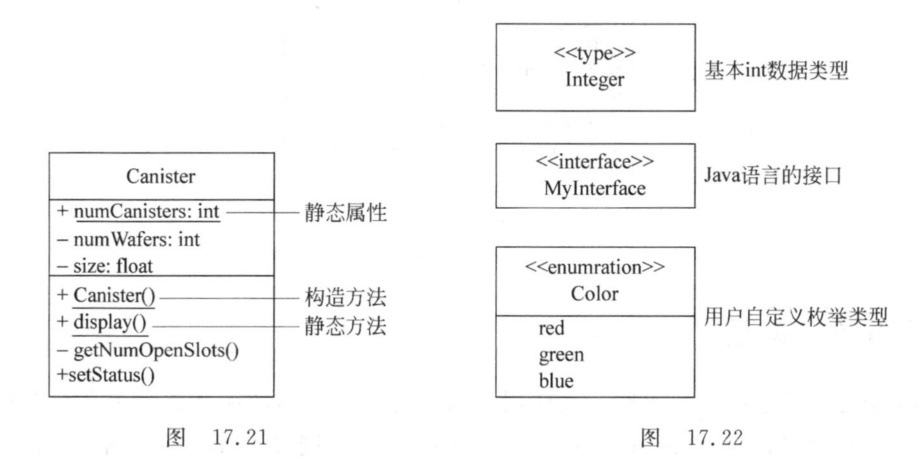

图 17.21　　　　图 17.22

17.5.2 对象模型元素

对象模型元素的建模符号也有长式和短式两种,图 17.23 所示为长式表示法,如果去掉属性部分,则是短式表示法。与类模型元素建模符号相比,对象模型元素建模符号有如下区别:

(1) 名称为“对象名:类名”。当图中类对象数量为一时,对象名可以省略。

(2) 名称下有横线。

(3) 对象属性定义了属性的当前值,用“属性=值”的形式来表示;而类属性定义所有属性特征,表示为“属性:类型”。

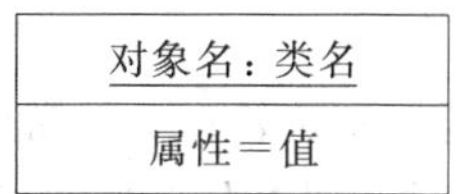

图 17.23

(4) 符号只有名称和属性两个栏目,不包含操作,因为对象的所有操作都一样。

17.5.3 泛化

用带有空心箭头的指引线表示类之间的继承关系,如图 17.24 所示。Account 为抽象类,它与三个具体子类 CurrentAccount、DepositAccount、OnlineAccount 之间的关系就是泛化。抽象类在编程中的作用体现为可替换性和多态性两个方面,如图 17.25 所示。抽象类

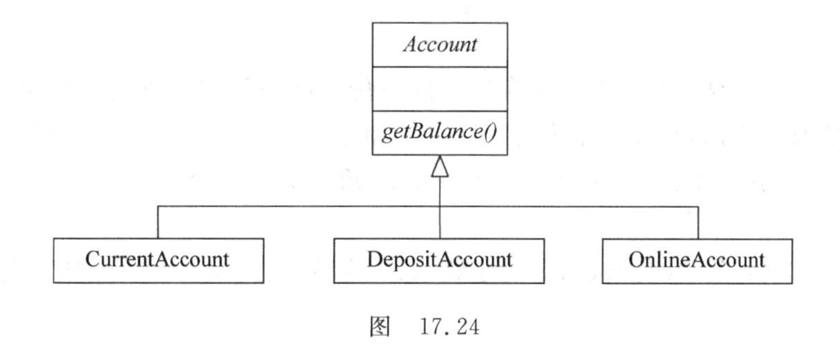

图 17.24

的声明可以引用所有具体的子类,引用关系可替换,并且能向不同的引用对象发送同样的方法消息(多态性)。

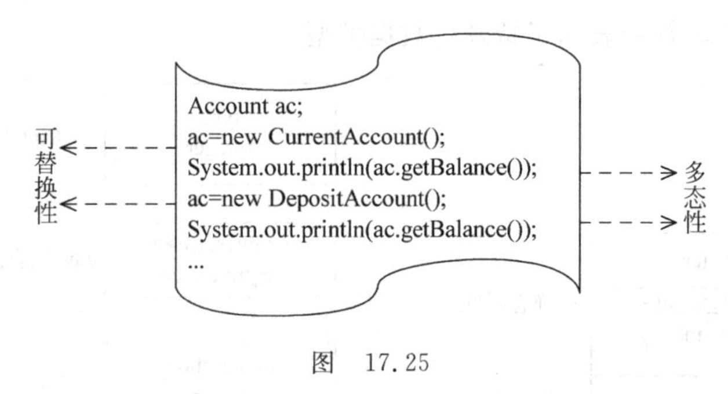

图 17.25

17.5.4 关联

类与类之间的连线表示关联。关联用于描述两个类之间的相互作用关系。在对象图中,与关联对应的概念是链接,正如对象是类的实例一样,链接是关联的实例。而在代码级别,关联是通过引用来实现的。

与关联相关的概念有关联名、关联角色、关联导航方向、关联多重性,如图 17.26 所示。

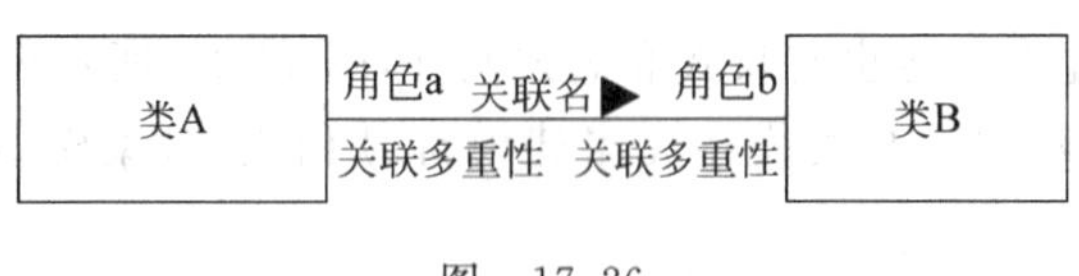

图 17.26

关联名:用于描述关联的效果,黑色箭头表示了这种效果的方向。图 17.27 中的关联名含义为"人为公司工作"。

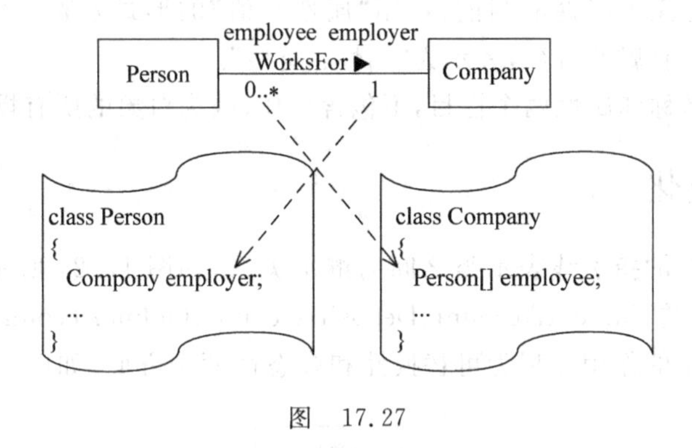

图 17.27

关联角色:表示两个类发生相互作用时的身份。同一个类与不同类发生关联关系时,其角色名可能有所不同,正如一个人对于父母的角色是儿子,对于妻子的角色是丈夫,对于孩子的角色是父亲一样。图 17.27 中 Person 的角色为 employee 而 Company 的角色为 employer。

关联导航方向:关联线默认为双向导航,如果为单向,则在关联线上加上表示导航方向的箭头。

关联多重性：表示一个类的对象与另一个类的对象发生相互关系时在数量上的匹配关系，常用的有“0..1”、“0..*”、“*”、“1”等，分别代表“0或1”、“0或多”、“多”、“1”。图17.27表示一个公司可以没有或有多名员工。

关联和类模型元素一样，在正向工程生成代码时有着确切的含义，从图17.27可以看出：

(1) employee是Person的角色，在代码实现上表现为Person类的声明并进入Company类属性位置；employer是Company的角色，在代码实现上表现为Company的声明并进入Person类属性位置。从这个意义上讲，角色就如同名片，Person对象可以通过employer找到Company对象，而Company对象可以通过employee找到Person对象，这就是双向导航的含义。

(2) employee的多重性决定了其结构是一个集合结构，集合结构的代码实现有两种——数组或链表。集合结构中的每个单元存放的不是对象，而是对象的引用。

需要说明的是：多重性标识为“0..1”和“1”的含义有所不同。“1”表示必须引用一个对象，如无法确保传入引用非空，则通过产生异常来强化这一点。如对于图17.28，A、B两个类对象可以引用对方也可以不引用。

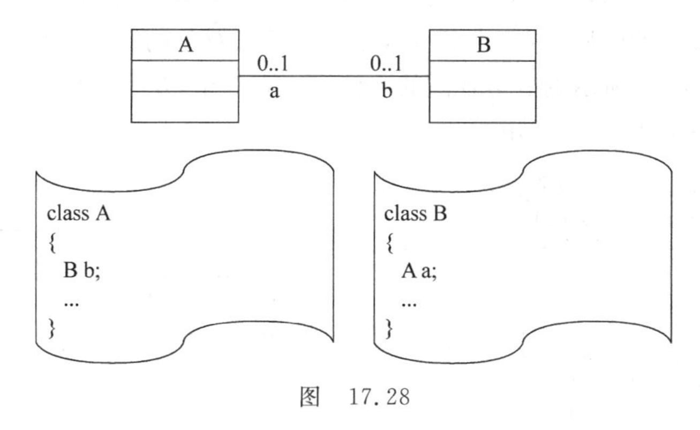

图 17.28

对于图17.29，A类对象必须引用B类对象，B类对象可以引用也可以不引用A类对象。

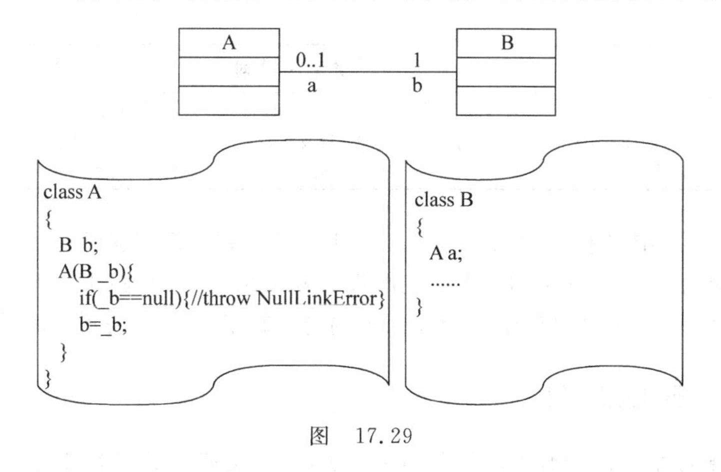

图 17.29

对于图17.30，A类对象必须引用B类对象，B类对象也必须引用A类对象。实现方法是：先产生B类对象，再产生A类对象，只要A类对象产生，二者就构成了相互引用；如果产生对象的方式反过来，如法炮制。

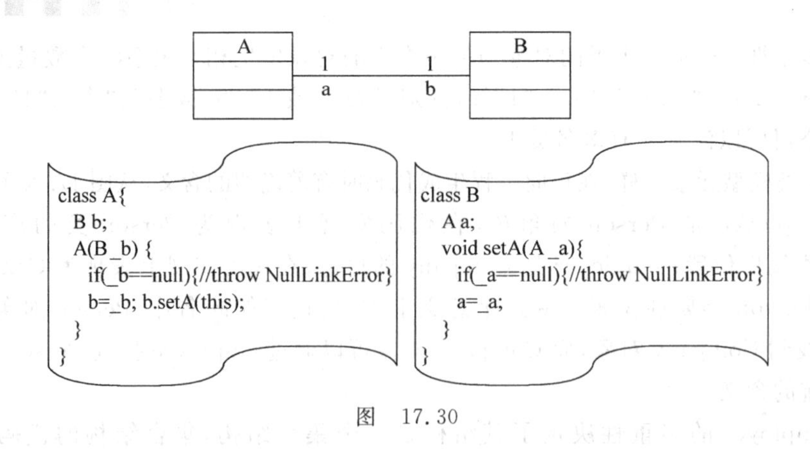

图 17.30

当类与类的关联关系复杂时,有时还必须引入关联约束,对关联含义进行限定。约束可以用带有大括号的约束形式表达,也可以用标记的形式表达。例如图 17.31(a)所示的约束含义为:委员会类中有一个成员的引用集合,有一个主席引用,并且主席是成员中的一员,即主席对象被“主席”引用外,还被“成员”集合中的一个元素引用;图 17.31(b)所示的多边形类中存在一个线段的引用集合,约束表示了多个线段对象的引用是以有序的方式加入集合当中的;图 17.31(c)所示的购房合同的主体只能有一个,要么是自然人,要么是公司。一些常用的关联约束如表 17.7 所示。

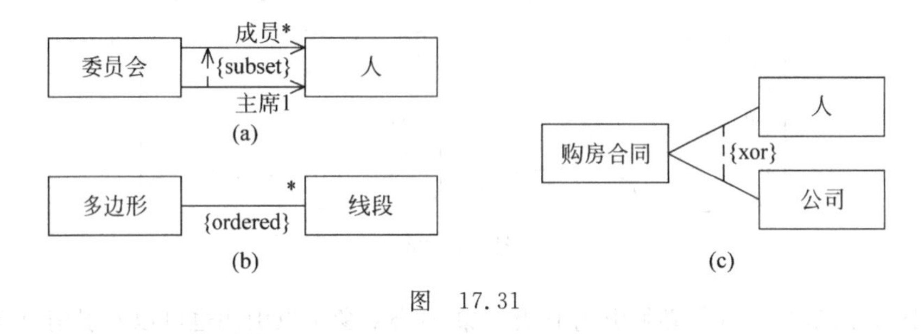

图 17.31

表 17.7

约束关键词	含　义	约束关键词	含　义
{subset}	一个关联是另一个关联的子集	{addonly}	关联可以动态添加,但不能修改
{ordered}	表示有序对象	{frozen}	关联不能修改
{changeable}	关联可变	{xor}	两个关联之间是互斥关系

图 17.32 中的类图用标记值的方式保证了所有工人和老板同属于一个公司,即图 17.33 所示对象图的场景。如果图 17.32 中的类图没有标记值约束,则图 17.34 所示的对象图是合法的,此时就存在工人 2 隶属于 B 公司而他的老板却隶属于 A 公司的场景。

17.5.5 关联类型

根据相互关联的类的个数关联可分为一元关联(自关联或递归关联)、二元关联、三元关联和多元关联。图 17.32 为二元关联,图 17.35 是一元关联,其对象图如图 17.36 所示,表示多个公务员对应一个领导。图 17.37 是一个三元关联,用一个菱形将关联的类连接起来,表示顾客、供货商、销售商两两之间彼此关联,并且关联的多重性都是多对多。

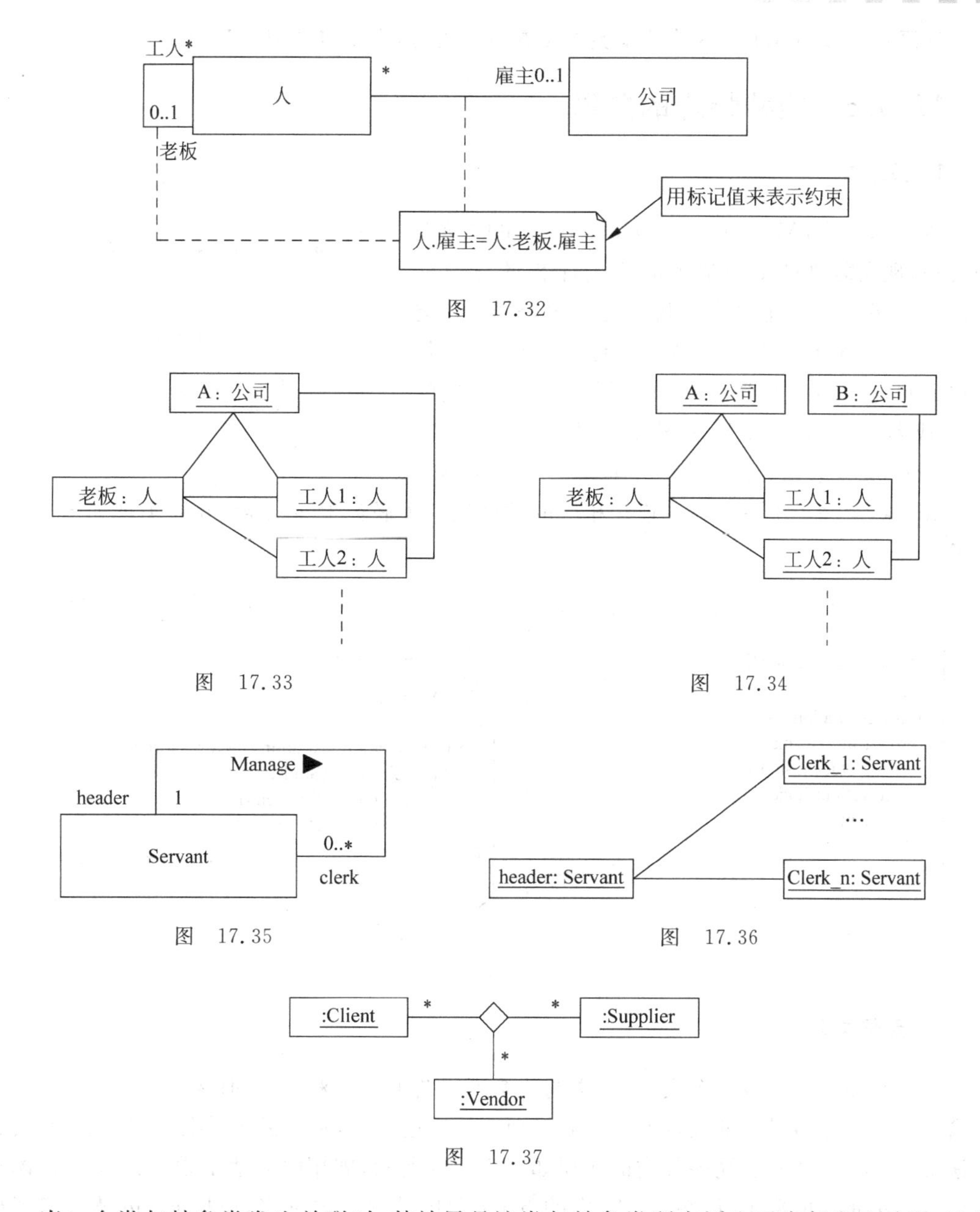

图 17.32

图 17.33

图 17.34

图 17.35

图 17.36

图 17.37

当一个类与抽象类发生关联时，其效果是该类与抽象类所有派生子类都发生关联，这是多元关联的一种表示方式。如图 17.38 所示，类 Customer 表面上只与抽象类 Account 关联，但实际上 Customer 与 Account 的具体子类 CurrentAccount、DepositAccount、OnlineAccount 都发生了关联。

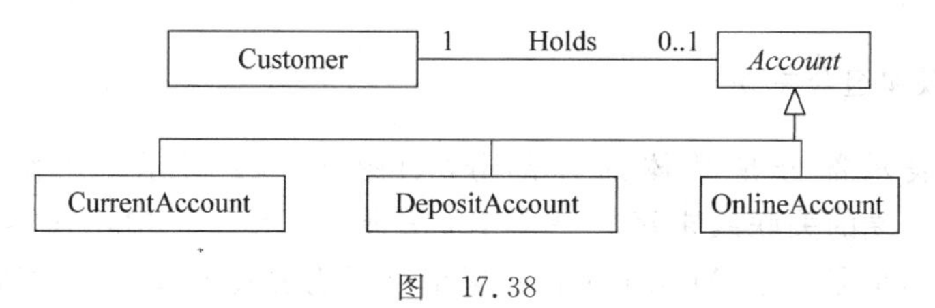

图 17.38

注意：当 Account 是不是抽象类而是具体父类时，上述概念同样适用。

17.5.6 四种特殊的关联

1. 关联类

图 17.39 中，Module 与 Student 存在单向导航的关联，现在需要对每个学生的每门课程的学习成绩进行记录。按照通常的关联实现方式，Student 类在 Module 中拥有一个集合结构，但这个结构中的每单元只能引用一个学生对象，不能体现该学生的学习成绩，因而在这种情况下需要引入关联类 Registration 来表示。该类有一个重要属性就是学习成绩 Mark，关联类引一个虚线连接相应的关联线。关联类 Registration 的实现如图 17.40 所示。

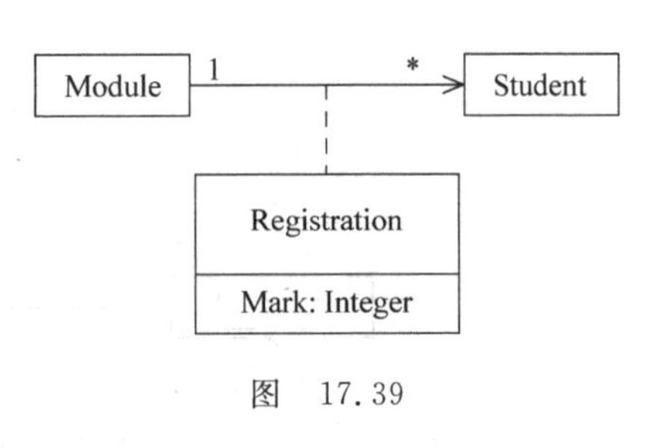

图 17.39

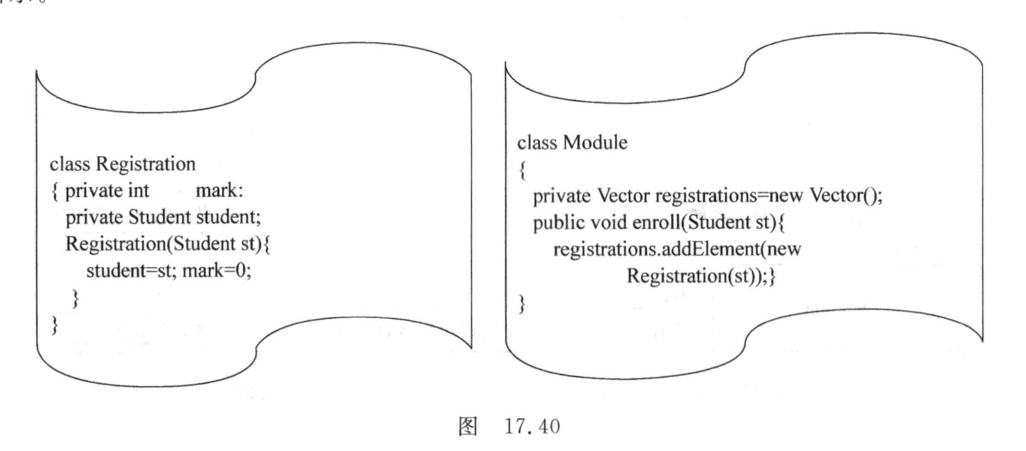

图 17.40

2. 受限关联

一个目录下可存放多个文件，这样的关系可用图 17.41 来表示，但该图却无法表示另一层含义——一个目录下的文件不能重名。而要体现这一点，必须引入受限关联的概念，其表示法如图 17.42 所示。受限关类的实现如图 17.43 所示，即用哈希表的数据结构类来体现文件名不可重复的要求，而图 17.42 中的 name 是哈希表的关键字，根据 name 就可找到相应的文件对象，图 17.42 File 类旁的多重性因此由图 17.41 中的“*”变为“0..1”。

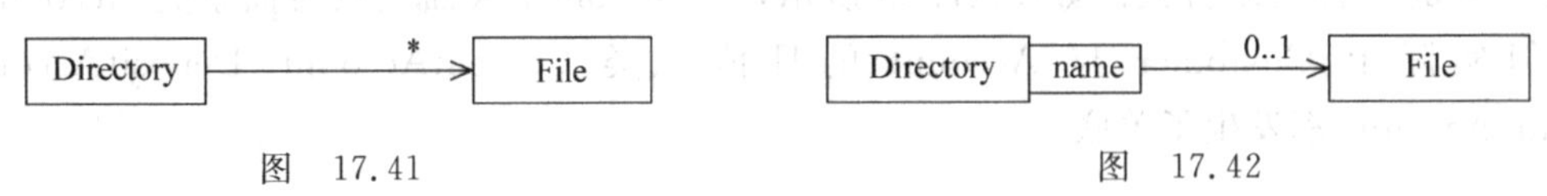

图 17.41　　　　图 17.42

3. 聚合关联和组合关联

聚合关联表示部分是整体的一部分，如图 17.44 所示。在作为整体部分的 MailMessage 类一端的关联线末尾有一个空心菱形，表示一个 MailMessage 可能由多个 Attachment 构成，但是一个 Attachment 在逻辑上可能隶属于多个 MailMessage。聚合关

图 17.43

联具有传递性(A 拥有 B,B 拥有 C,则 A 拥有 C)和非对称性(A 拥有 B,B 不可能拥有 A)的特点。

组合关联表示整体拥有部分,如图 17.45 所示。在作为整体部分的 Computer 类一端的关联线末尾有一个实心菱形,表示 Computer 拥有 Processor,即被拥有的 Processor 不能属于其他的 Computer。组合关联在聚合关联拥有的传递性和非对称性特点基础上,还具有固定性和依赖性的特点,即 A 拥有 B,则 B 不能被其他所拥有,并且当 A 消失时,B 也消失。

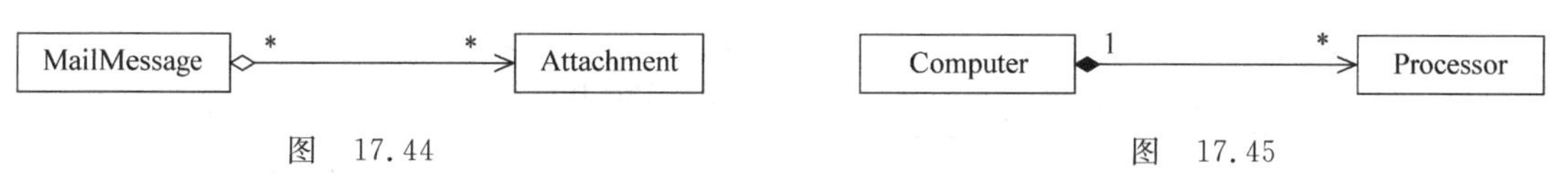

图 17.44　　　　图 17.45

聚合关联、组合关联、一般关联的语义比较见表 17.8。

表 17.8

特　征	一般关联	聚　合	组　合
标记	实线	空心菱形＋实线	实心菱形＋实线
拥有性	无	弱	强
多重性	任意	任意	整体为 1
传递性	无	有	
传递方向性	无	整体与部分	

17.5.7 关联与链接

关联是类图的模型元素,链接是对象图的模型元素。类图中的关联有名称、角色、多重性以及约束等,链接有名称、角色,但没有多重性。

面向对象设计中对象之间的相互作用在类图中表示为关联,在对象图中就是链接,在代码实现中就是引用。

17.5.8 接口及其实现表示

接口定义有两种方式,如图 17.46 所示,分别用类图外加构造型(见图 17.46(a))或椭圆(见图 17.46(b))来表示。而接口与实现类的实现关系表示也有两种,分别是带有空心箭头的虚线连接接口定义和实现类(见图 17.46(a)),或用实线连接椭圆以及实现类(见图 17.46(b))。

注意:图 17.46(a)中接口与实现类的关系建模符号与泛化建模符号类似,只是类之间的泛化用实线,此处用虚线;另外需要说明的是,接口之间可以有泛化关系,用类的泛化建模符号来表示。

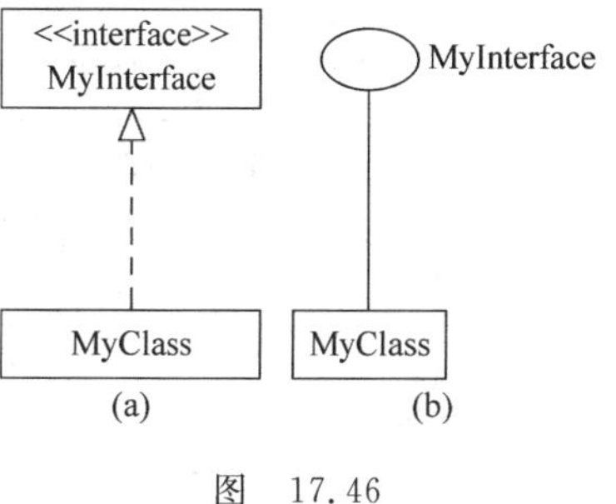

图 17.46

17.5.9 依赖关系

UML 中的依赖关系用带有箭头的虚线表示,有如下三种类型:

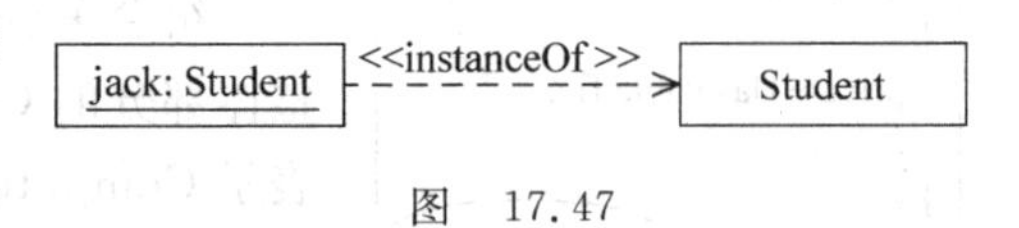

图 17.47

(1) 类与对象之间的依赖关系,如图 17.47 所示,在依赖线上用构造型来说明。

(2) 对接口的使用用依赖关系来表示,如图 17.48 所示,图 17.49 是依赖关系的实现。

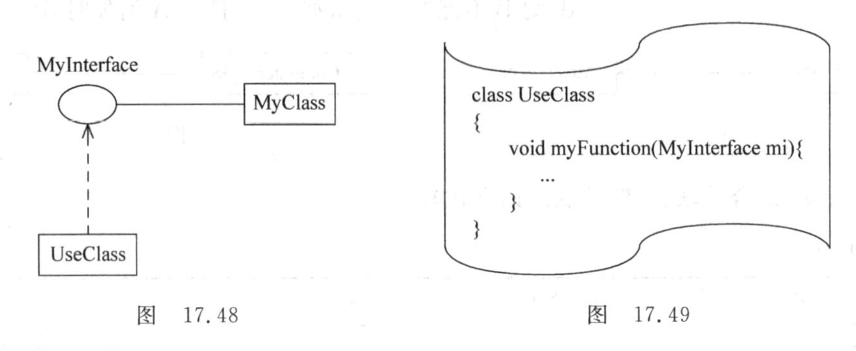

图 17.48 图 17.49

(3) 类之间的依赖关系通过带有箭头的虚线将依赖类和引用类连接起来,如图 17.50 所示。依赖类对象通过三种方式掌握引用类对象的引用,如图 17.51 所示。引用作为依赖类方法的传入参数,依赖类方法中创建引用类对象并将对象的引用作为返回值,依赖类对象方法将引用类对象的引用作为局部变量。

MyDependentClass - - - - - - -> MyReferencedClass

图 17.50

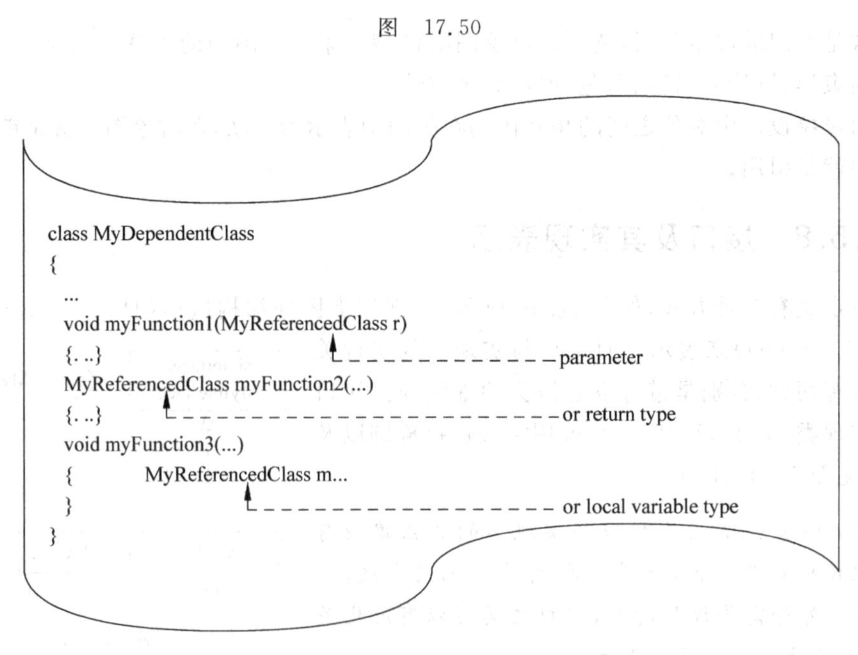

图 17.51

17.6 顺序图

顺序图又称为序列图,用于描述对象之间动态的消息交互关系,体现对象间消息传递的时间顺序。顺序图的水平方向排列着交互对象,对象下的虚线代表对象生命线,虚线上的矩形框表示对象接收消息后被激活期(即方法执行)。对象间的消息交互从图的顶端开始,自上向下体现的是消息交互的时间顺序。

图 17.52 中的 Client 端是消息的发送端,拥有 MyClass 的实例 myObject 的引用,可以向 myObject 发送 Operation 消息,而 Operation 又是 MyClass 的方法。在 myObject 中,又拥有 MyClass1 的实例 myObject1 对象的引用,通过该引用可发送 Operation1 消息,而 Operation1 又是 myClass1 的方法。

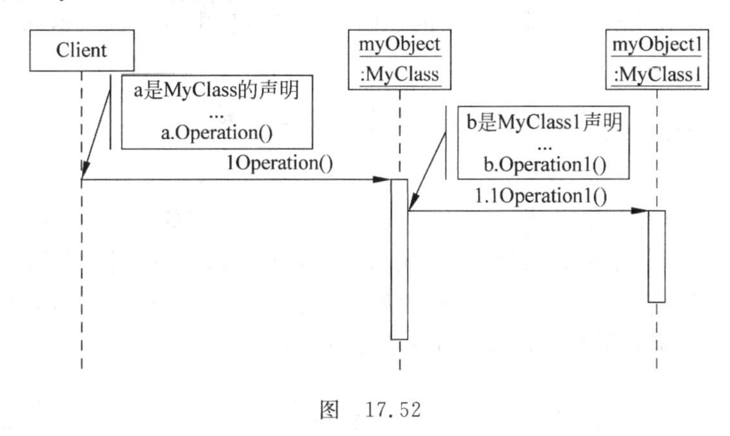

图 17.52

顺序图中的消息体现了对象之间的交互,交互图中的消息可定义如下:

(1) 消息格式:[序号][条件][重复次数][回送值:=]操作名(参数表)。

[序号]在顺序图中可选,合作图中必选。表示交互的时间顺序,用正整数 1、2、3 表示,嵌套的消息用 1.1、1.2 来表示。

[条件]为可选项,布尔表达式。满足条件发送消息,缺省表示无条件发送。

[重复次数]为可选项,表示消息重复发生的次数。* 表示多次,缺省表示发送一次。

[回送值:=]为可选项,表示完成指定操作后的返回值。

“操作名”为接收该消息的对象类中的方法名。

“(参数表)”的括号内列出以“,”分隔的参数,其个数、次序必须与接收该消息的方法的参数一致。参数前可以用 in、out、inout 来修饰,表示该参数的设计用途。

如图 17.53 所示,类 D 有 method 方法,分别得到三个传入对象的引用。UML 顺序图表明了这三个引用的用途:a 传入的目的是为了使用引用对象的属性和方法;b 传入是为了向引用对象中的属性赋值;c 传入的目的是使用引用对象的属性和方法之后也改变引用对象的属性。

(2) 消息有四种类型:简单消息、同步消息、异步消息和返回消息,如图 17.54 所示。

简单消息:展示控制从一个对象传递到另一个对象,不描述任何通信细节。当通信的细节不知道或在图中涉及不到时使用这种消息类型。

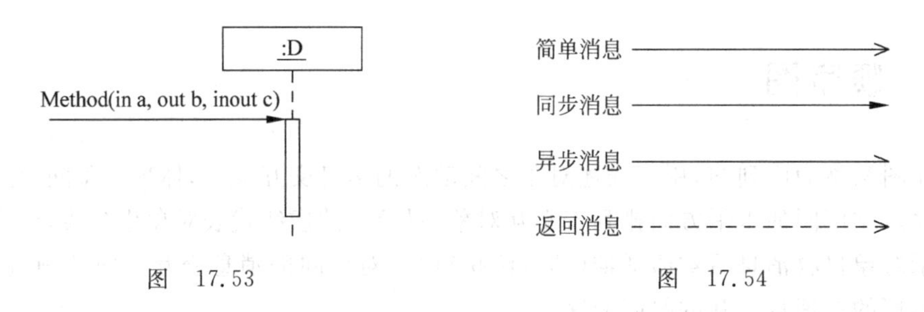

图 17.53　　图 17.54

同步消息：通常表示方法调用。这种消息的处理一般在被调用的方法执行后，调用者再继续执行。

异步消息：消息的发送者在发送消息后就继续执行，而不等待消息的返回。这种通信方式通常用于对象并发执行的实时系统。

返回消息：表示控制流从过程调用的返回。同步消息中可以省略返回消息，异步消息不能省略返回消息。

注意：如果是同步消息，则接收消息对象被激活的矩形框不要超过发消息对象的矩形框。

(3) 内部消息和循环消息表示方法。当类的方法发生内部调用时，可用如图 17.55 的方式表示，而图 17.56 用矩形框的形式来表示消息的循环，或者在消息上标“ * ”来表示。

(4) 消息中的构造型。图 17.57 中，消息上通过构造型的方式来表示对象的创建和撤销。≪destroy≫表示撤销对象，≪create≫表示创建对象。

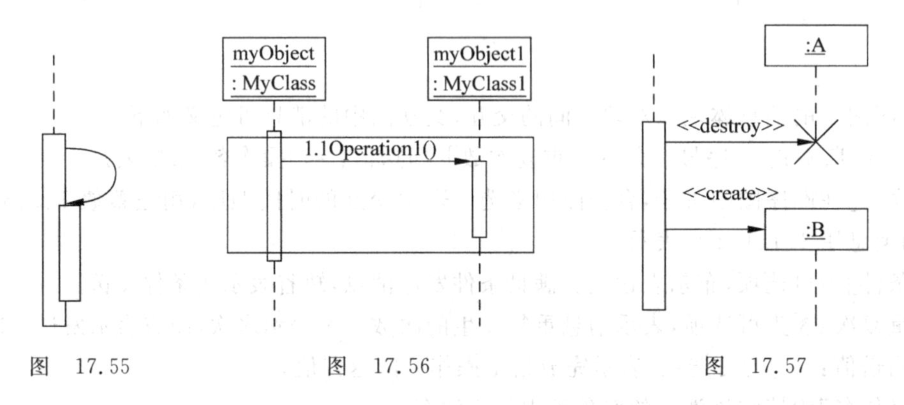

图 17.55　　图 17.56　　图 17.57

17.7 协作图

协作图又称合作图，用于描述相互合作对象间的交互关系。模型元素由类元或对象、链接、消息构成。

类元角色：描述对象在交互中扮演的角色，其表示法如图 17.58 所示。

winner:Account

图 17.58

链接：用实线表示两个类元(对象)之间的链接，用构造型表明链接的种类，见表 17.9。

表 17.9

类 型	含 义
全局性(global)	表明该链接是类中关联的实例化
局部性(local)	表明该链接是方法中的一个局部变量
参数性(parameter)	表明该链接是方法中的传入变量
自我性(self)	表明该链接是自身发送的消息

图 17.59 是一个协作图，Assembly 类元名为 a，CatalogueEntry 类元名为 part，a 能向 part 发送 getNumber 消息的原因是：Client 向 a 发送了消息 count，并将 part 的引用传给 a，但这种消息链接只是暂时的链接，因为构造型“≪parameter≫”表示 part 在 a 中只是 count 方法的传入参数。

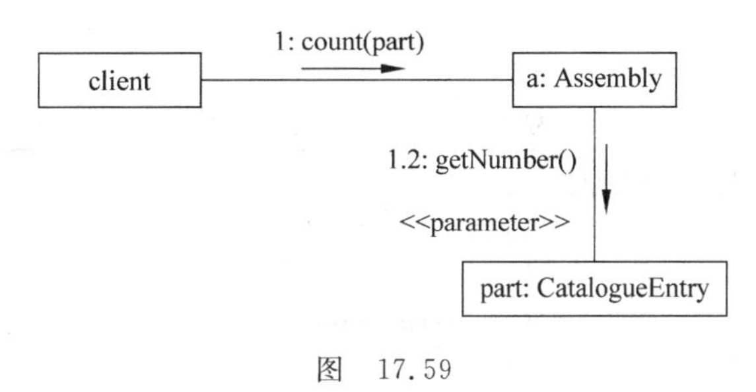

图 17.59

协作图中的消息格式定义和顺序图一样，但在表示循环消息和对象的创建与撤销方面有自己的特点。

(1) 协作图循环消息的表示。图 17.60 中消息用“ * ”表示，同时在类元 Component 中的右上角也用“ * ”表示，或者将 Component 类元表示为双层框。

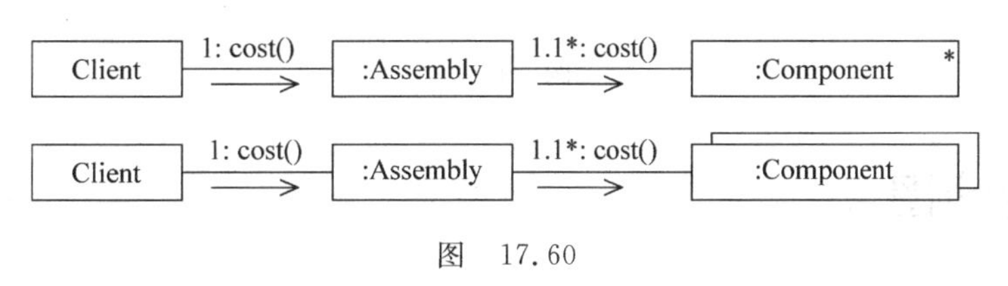

图 17.60

(2) 对象和链接的创建与撤销。用构造型和约束来表示链接和对象的创建与撤销。图 17.61 中“≪destroy≫”表示该消息要撤销对象 line，而类元当中的“{destroy}”表示对象的撤销，链接上的“{destroy}”表示链接的撤销。另外可以用“{new}”表示协作中产生新的对象或链接，用“{transient}” 表示协作中产生后又销毁的对象或链接。

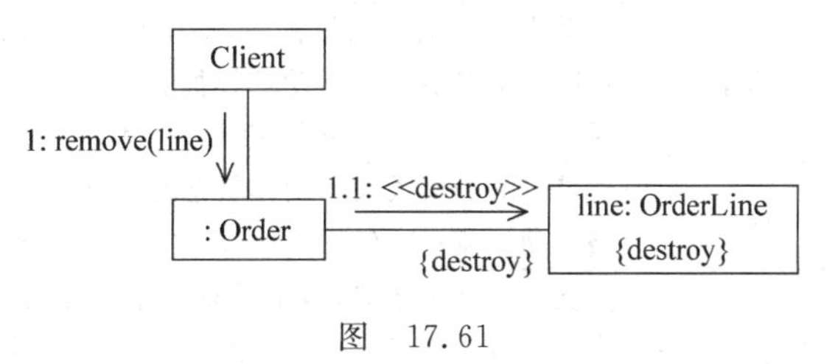

图 17.61

(3) 顺序图和协作图的相互转化。由于顺序图在垂直方向代表消息发送的时间顺序，而协作图中的消息用标序号的方式来表示时间顺序，因而这两种图具有转化的可能。如图 17.62 的协作图就可转化为图 17.63 所示的顺序图。

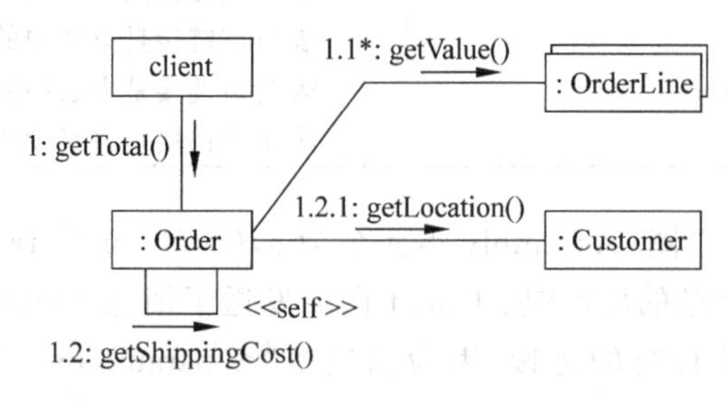

图 17.62

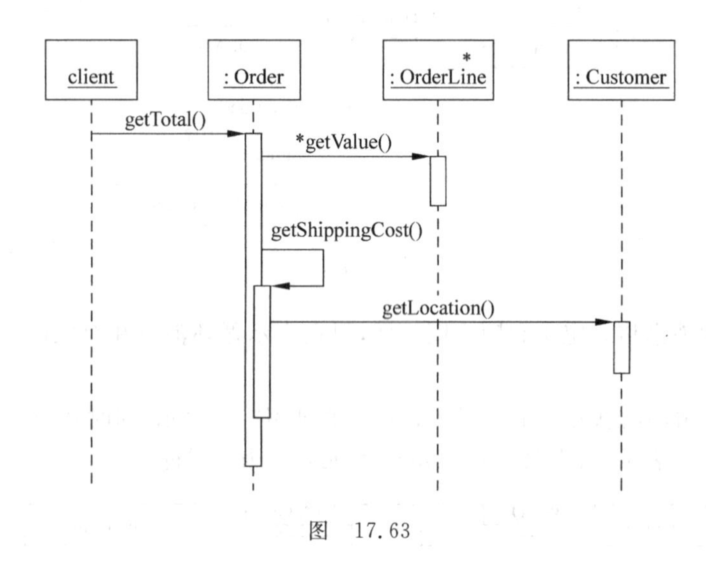

图 17.63

17.8 活动图

活动图用于描述系统需求用例内的活动执行顺序或类方法中程序的执行流程。活动图的主要模型元素如表 17.10 所示。

表 17.10

模型元素	名　称	含　义
活动名	活动	活动由子活动或动作构成，动作是不可再分的活动，其执行不能被打断；动作不能像活动那样拥有入口动作、出口动作和内部迁移；活动和动作都拥有相同的 UML 表示符号
	迁移	由带箭头的实线表示动作状态的转移。当迁移上无条件时，称为无条件动作流；当有条件时，条件满足时迁移发生。迁移可以接分支
	分支与合并	分支：一个入迁移，多个具有互斥条件的出迁移，迁移沿判定条件为真的分支迁移；合并：将多个具有互斥条件的入迁移合并成一个出迁移，即当有一个入迁移发生时，就会引起出迁移

续表

模 型 元 素	名　　称	含　　义
•	开始活动	开始活动是活动图的开始，只能有一个
⦿	结束活动	结束活动是活动图的结束。一个活动图可以存在多个结束活动
	分叉与汇合	分叉形成并发迁移；汇合则用来对并发的迁移进行同步

17.9 状态图

状态图又称状态机，用于描述系统或类可能有的不同状态及其引起状态迁移的事件，对象的状态决定了对象的行为，状态图的主要模型元素如表 17.11 所示。

表　17.11

模 型 元 素	名　　称	含　　义
状态名 entry/Action_1 do/Action_2 exit/Action_3	状态	由状态名和活动组成。在状态图中，状态名唯一；活动是在该状态下执行的事件和动作，是可选项。每个状态有入口、执行和出口三个标准事件，每个事件对应一个动作。如果在状态的活动区还画有一个或多个状态图，则称为嵌套状态
→	迁移	由带箭头的实线表示，表示状态的转移。迁移的完整描述为“事件(参数)[条件]/动作”。迁移可以接判定
◇	判定	接一个入迁移和多个出迁移，且出迁移条件互斥
•	开始状态	开始状态是状态图的开始，对于同一层次状态图而言只能有一个(嵌套的状态图可以有自己的开始状态和结束状态)
⦿	结束状态	结束状态是状态图的结束，一个状态图可以有多个结束状态

活动图和状态图的比较如下。

相同点：

(1) 图中的建模元素有相似之处。

(2) 对系统或对象在生存周期的状态和行为进行描述。

不同点：

(1) 状态图中迁移发生时，必须有事件发生或条件满足；而活动图的迁移可以无条件或没有事件发生。

(2) 状态图对于系统状态的描述可以横跨多个用例；而活动图则是针对同一用例内部的动作执行给出描述。

17.10 构件图

构件图描述构件及其相互依赖关系，用于将系统的逻辑设计与物理模块进行对应，如表 17.12 所示。

表 17.12

模型元素	名　称	含　义
Component	构件	相对逻辑设计上的类和对象,构件是和物理系统相关的一个概念,不同的语言对构件的定义有所不同。UML 中的构件含义包括代码文件、数据库、动态链接库、Web 页面等
Interface	接口	方法声明的集合。构件和接口存在实现和调用两种关系
------>	依赖关系	说明构件之间的编译和使用关系

注意: 构件之间以及构件和接口的关系用构造型的方式进一步说明。

例如图 17.64(a)是类图,图 17.64(b)是构件图,图 17.64(b)反映了图 17.64(a)在物理文件上的对应关系。

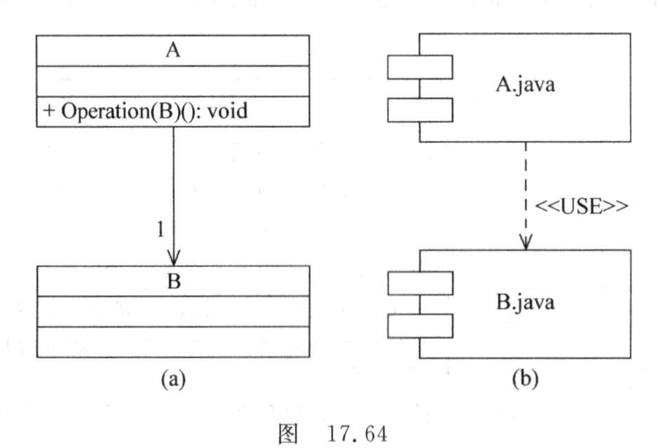

图 17.64

17.11 部署图

部署图描述了构件在物理硬件上的分布情况,如表 17.13 所示。

表 17.13

模型元素	名　称	含　义
节点	节点	表示某种计算资源的物理对象,如计算机、外部设备(打印机、读卡器、通信设备等)
Component	构件	节点内部放置构件,表示构件部署在该节点上
------>	依赖关系	同一个节点内部的构件关系用依赖表达
————	关联关系	节点之间的关联表示节点之间物理连接以及其上使用的通信协议

注意: 依赖关系和关联关系需要用构造型来进一步说明。

17.12 案例1 仓库管理系统

17.12.1 需求说明

(1) 对仓库的每种零件编号(数字)。

(2) 对仓库的每种零件类型命名(字符)。

(3) 记录每种零件的价格(浮点)。

(4) 零件可以构成组件,组件和零件可进一步构成层次更高的组件。

(5) 需要查询任一组件的价格。

17.12.2 需求1~3的设计

如图17.65所示,设计一个表示零件的类Part,该类有属性number、name、cost,分别表示零件编号、零件名称、零件价格,并提供方法获取相应的属性值,其代码为:

```
public class Part {
   private String name;
   private long number;
   private Double cost;
   public  Part(String _name,long
       _numbr,double _cost){
       name  = _name;
       number = _number;
       cost = _cost;
   }
   public String getName() {
       return name;
   }
   public long getNumber() {
       return number;
   }
   public double getCost() {
       return cost;
   }
}
```

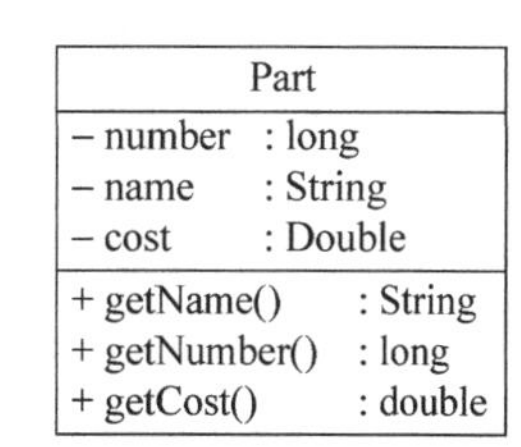

图 17.65

采用这种方式进行设计虽然能满足前三项需求,但存在如下的潜在问题:

(1) 属性冗余。仓库中的零件数量可能非常大,每个零件都需要存相同的属性信息,造成内存的浪费。

(2) 维护困难。因为零件数量非常大,因而当零件的属性值变动时,造成维护的困难。

(3) 当仓库中没有零件时,零件的属性信息无法在计算机中体现。

针对上述问题的一个的解决方案如下:

```
public class Part {
   private CatalogueEntry entry;
   public Part(CatalogueEntry e){
       entry = e;
```

```
    }
}
```

设计类 CatalogueEntry 用于表示零件类型信息,也就是将图 17.65 中类 Part 的属性信息全部放入 CatalogueEntry 当中,Part 要得到对应的属性信息需要到 CatalogueEntry 中查找。为此,Part 对象需要拥有 CatalogueEntry 对象的引用,如图 17.66 类图所示,而图 17.67 就是对应于类图 17.66 的对象图,它表示所有的螺钉对象 Part 都引用一个螺钉的 CatalogueEntry 对象,所有的螺栓对象 Part 都引用一个螺栓 CatalogueEntry 对象。

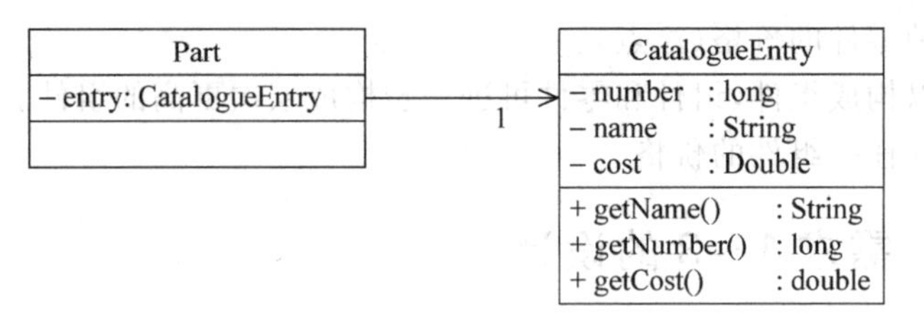

图 17.66

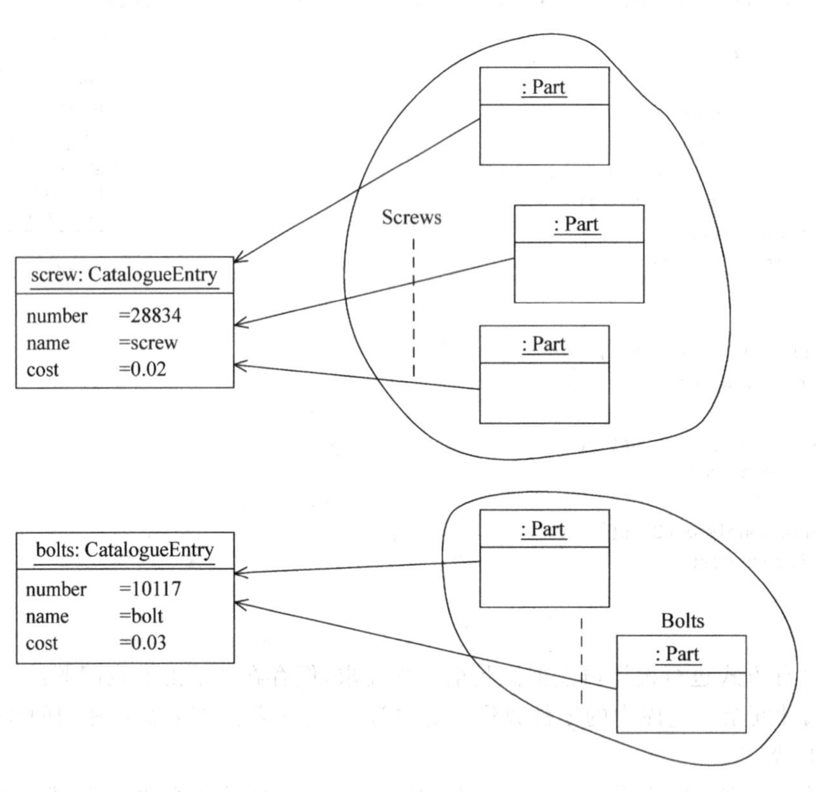

图 17.67

将 Part 属性移入 CatalogueEntry 后,查询 Part 对象价格的消息需要转发到 CatalogueEntry 对象,如图 17.68 和图 17.69 所示。图 17.69 为协作图,当 Client 端代码向 Part 对象发送 cost 消息后,Part 对象通过 entry 引用向 CatalogueEntry 对象发送 getCost 消息,最终得到零件的价格,其类图定义如图 17.68 所示。

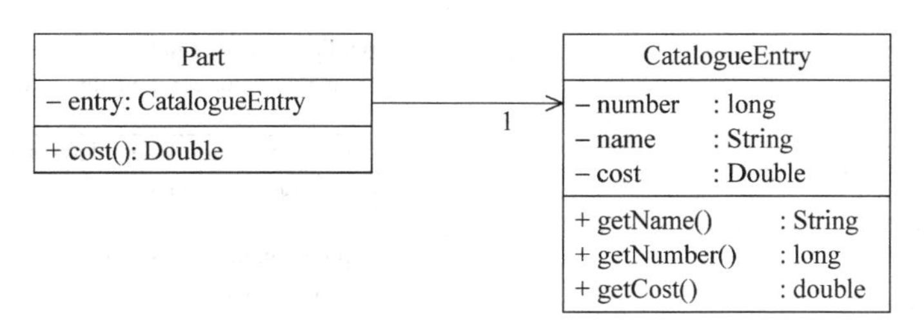

图 17.68

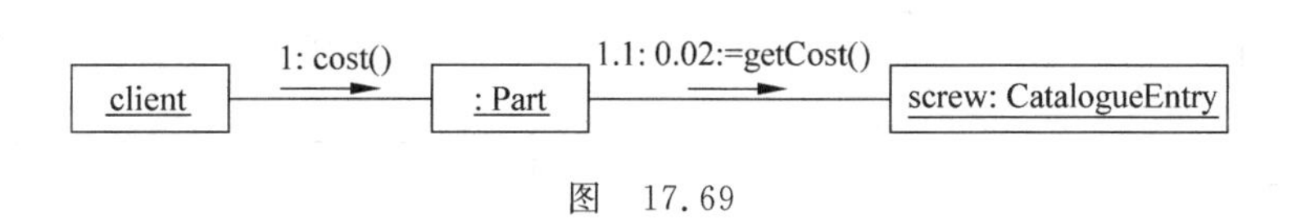

图 17.69

17.12.3 需求4的设计

图17.70是个对象图，其中a1、a2是组件Assembly的对象，p1、p2、p3是构件Part的对象。它们的组合关系为：p3和p2组成a2，a2和p1组成a1，因而设计上a1需要掌握p1和a2对象的引用(同理a2要掌握p2和p3对象的引用)。而p1和a2为不同种类的对象，因此Assembly所掌握的构件对象的引用存在多样性的特点，其类图表达如图17.71所示。这种多样性特点需要在Assembly的数据结构和方法参数上表现出来，如图17.72所示。

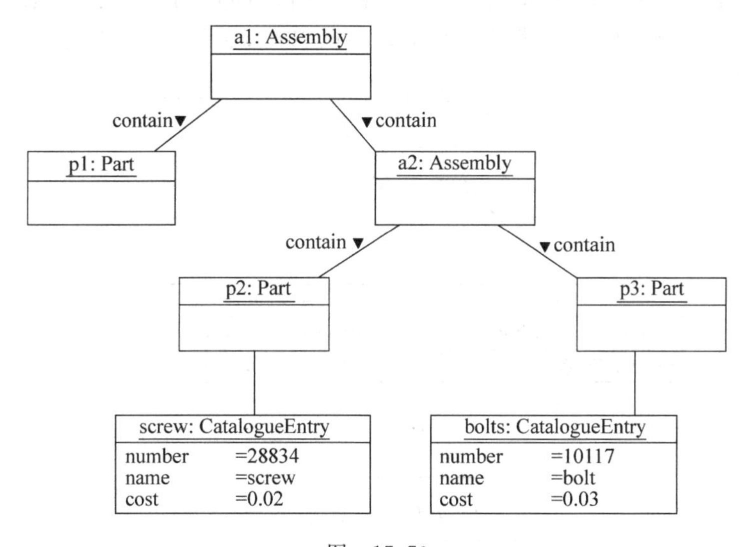

图 17.70

Assembly中属性components个链表式的集合结构，用Vector声明。链表中的每个节点可以引用任何对象，因而Assembly对象可以引用多样类型的构件。将构件加入components可以有两套方案。方案1提供两种方法，分别加入Assemble和Part对象；而方案2的方法add的参数c用Object来声明，c可分别引用Assemble和Part对象，因而add方法只要有一个就可以了，并且如果Assemble有新的构件对象，方案2的代码不用任何调整。

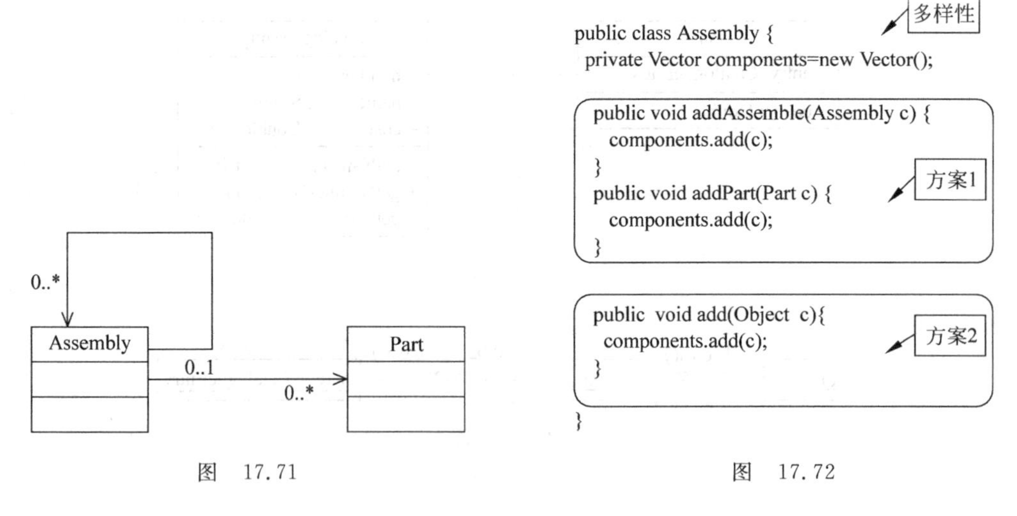

图 17.71

图 17.72

方案 2 可以用图 17.73 来表达,其含义为:凡是 Object 的子类都可加入 Assembly 当中。但这样设计后,加入 Assembly 的 components 和结构当中的对象引用都失去原来的特征,只剩 Object 的特征,无法进行准确的还原,好似“黑洞”。为解决这个问题,同时也为了对 components 中的对象引用能用一致的接口进行调用,Assembly 以及 Part 必须在设计上具有“血缘”关系,而不是天然的都继承 Object 的关系。因而 Object 的角色最好由自定义的抽象类 Component 充当,该类有一个抽象接口方法 cost,这样 components 集合结构中的所有对象都可用统一的 Component 抽象类视角去看待,即都可向这些对象发送统一消息 cost,这样图 17.73 中的 Object 类就被 Component 替代,如图 17.74 所示。

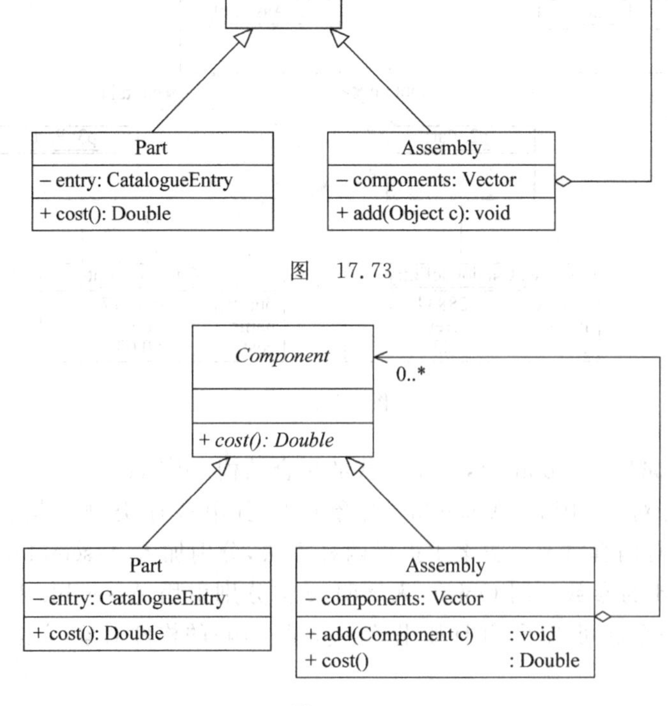

图 17.73

图 17.74

17.12.4 需求5的设计

图17.75是协作图，它表达了当对组件a1进行价格查询时各对象之间的协作关系。代码如下：

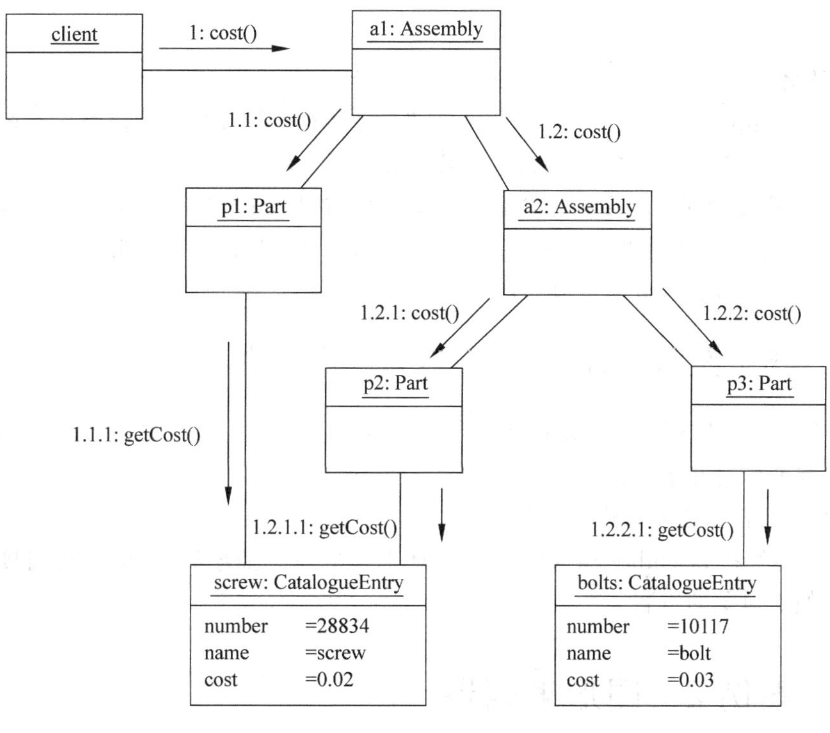

图 17.75

```
public abstract class Component {
   public abstract Double cost();
}
public class Part extends Component {
   private CatalogueEntry entry;
   public Part(CatalogueEntry e){
      entry = e;
   }
   public double cost(){
      return entry.getcost();
   }
}
public class Assembly extends Component {
   private Vector components = new Vector();
   public void add(Component c) {
      components.add(c);
   }
   public Double cost() {
      double total = 0.0;
```

```
        Enumeration em = components.elements();
          while(em.hasMoreElements()){
             total += ((Component)em.nextElement()).cost();
          }
        return total;
    }
}
```

程序说明

(1) “((Component)em.nextElement())”是对集合结构进行遍历。在不同时间用统一的Component视角去访问不同对象,这种技术称为动态绑定。

(2) 动态绑定的对象无法知道其具体类型,即究竟是Part还是Assembly,但类型信息对于研究主旨无关,因为无论是Part还是Assembly都进行了强制类型转化,统一用Component去“看待”,用统一消息cost去查询价格。

17.12.5 案例小结

(1) 当对象数量较大时,可以将属性信息放置在另一个对象中并通过引用得到属性信息,有利于降低信息冗余度,便于维护信息。

(2) 通过组合方式来创建复杂对象。

(3) 组件对象Assembly和构件对象Part拥有同一个抽象类,在保证它们接口一致性的同时,也便于对象的组装。

17.13 案例2 图形编辑器

17.13.1 需求说明

图形编辑器是一个创建和管理简单图形对象的软件,其需求如图17.76的用例图所示。

(1) 软件界面分为图形控制、图形编辑、图层提示三个区域。

(2) 创建图形用例:用于创建直线、椭圆、矩形。用户首先在图形控制区域选择需要创建的图形类型,之后将鼠标移至图形编辑区域,按下鼠标左键确定起始点,拖动鼠标时在编辑区域动态显示需要绘制的图形,当鼠标释放时,在起始点和终止点所包含的矩形区域内,将图形绘制在当前图层上。

(3) 选择图形用例。

- 主事件流:对已创建的图形进行选择。在图形控制区域将软件从创建状态转为选择状态后,在编辑区域单击图形内部以选择图形,连续的类似操作可选择多个图形,选择的图形应标出控制点以表示选中状态。
- 备选流:如果要取消当前选择图形的选中状态,可在图形编辑的任一空白处单击,便可取消所有图形的选择状态。

(4) 删除图形用例:前置条件为已选择了要删除的图形。执行图形控制区域的【删除元素】功能后删除选择图形。

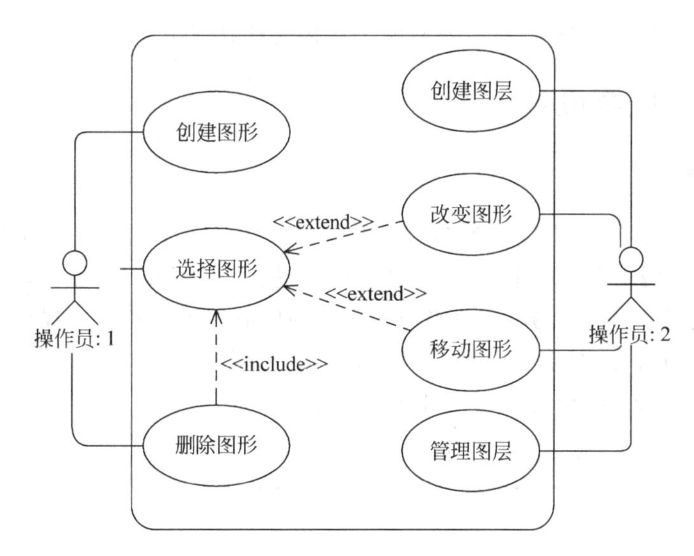

图 17.76

(5) 改变图形尺寸用例。

- 主事件流：在选择的图形中单击图形的控制点并移动，可改变图形的尺寸。
- 备选流：可直接对编辑区域中的所有图形进行同步的放大和缩小。

(6) 移动图形用例。

- 主事件流：选择图形之后拖动图形至指定位置。
- 备选流：当移动图形编辑器软件时，编辑区域的所有图形也相应移动。

(7) 创建图层用例。

- 主事件流：可在图形编辑区域进行新图层的创建。新图层创建后，自动成为当前图层，在其上可进行图形的创建和管理工作。新图层产生的同时，应给出图层编号提示。
- 备选流：如果产生的图层超过16个，则不能再产生新的图层，同时给出相应的提示信息。
- 后置条件：新图层的初始状态为创建矩形状态。

(8) 管理图层用例。

- 主事件流：可在图形编辑区域针对多个图层进行切换选择，并将选择的图层作为当前图层，在当前图层上可进行图形的创建和管理工作。切换时应给出当前图层的编号提示。
- 备选流：如果当前图层为最后一个图层，则当切换发生时，第一个图层转为当前图层。
- 后置条件：当图层切换时，当前图层的初始状态处于创建矩形状态。

注意：选择图形用例与改变图形用例的关系为扩展，与移动图形用例之间的关系也为扩展，而与删除图形用例的关系为包含。这是因为改变图形用例和移动图形用例的功能可以由选择图形用例扩展而来，也可由操作员直接驱动，例如可以选择图形后再改变图形尺寸，也可直接通过放大缩小方式改变图形尺寸；对选择的图形可以移动，也可不选择图形而通过软件的移动而使图形移动,但是删除图形必须先选择图形。

17.13.2 概要设计

1. 界面设计

如图 17.77 所示,黑方框区域为图形编辑区,上面为图形控制区。其中【新页】用于产生新的图层;【下一页】用于对产生的多个图层进行切换管理;【放大】用于对当前图层中的所有图形进行放大操作;【缩小】用于对当前图层内的所有图形进行缩小操作;工具选择框用于指出当前图层的状态,即创建矩形、创建椭圆、创建直线、选择图形;【删除元素】用于删除当前选择的图形元素。图形对象选中时出现红色控制点。

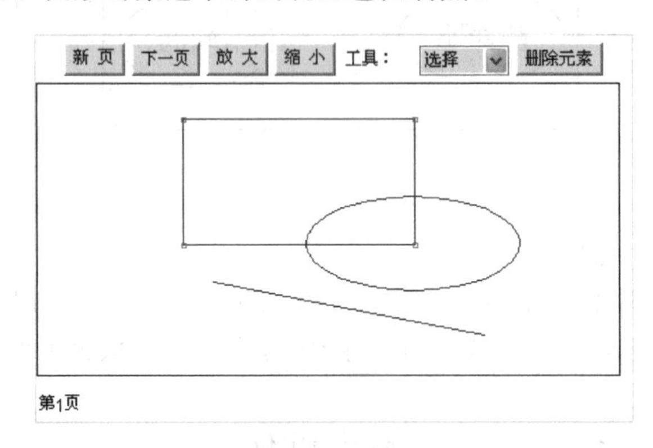

图 17.77

2. 类图设计

如图 17.78 所示。

- 图形控制区域类 DiagramEditorControls:该类继承 Panel,作为容器可含有图 17.77 中的按钮和选择框对象的引用。
- 信息提示类 Label:其标签文字用于图层信息提示。
- 软件容器类 DiagramEditorApplet:继承 Applet,用于提供基本的界面布局。
- 图形编辑区域类 DiagramEditor:继承低级图形接口类 Canvas,可在其上进行图形的绘制——创建图形,而创建的图形是以图层为单元进行组织管理的,这就意味着图层掌握图形引用,而 DiagramEditor 又掌握图层引用。
- 图层类 Diagram:对创建的图形进行管理的单元。Diagram 和 DiagramEditor 之间有两个关联关系 owns 和 cur_own。owns 关联用于记录产生的所有 Diagram 的引用,是个集合结构;cur_own 用于表示当前的 Diagram——DiagramEditor 区域绘制的图形都应归属到当前的图层上。这两个关联关系的约束为{subset},意味着 cur_own 是 owns 的子集,即 cur_own 是 owns 的成员。
- 图形抽象类 Element:Element 是具体图形 Wrectangle、Ellipse、Line 的抽象类。具体图形的创建和绘制具有个性特征,而图形的移动、图形尺寸改变、加入图层等是与图形无关的共性特征,这些特征应在 Element 中体现。对于共性特征 Element 给出具体实现;对于个性特征,Element 应规定接口,其实现放到具体类中进行。

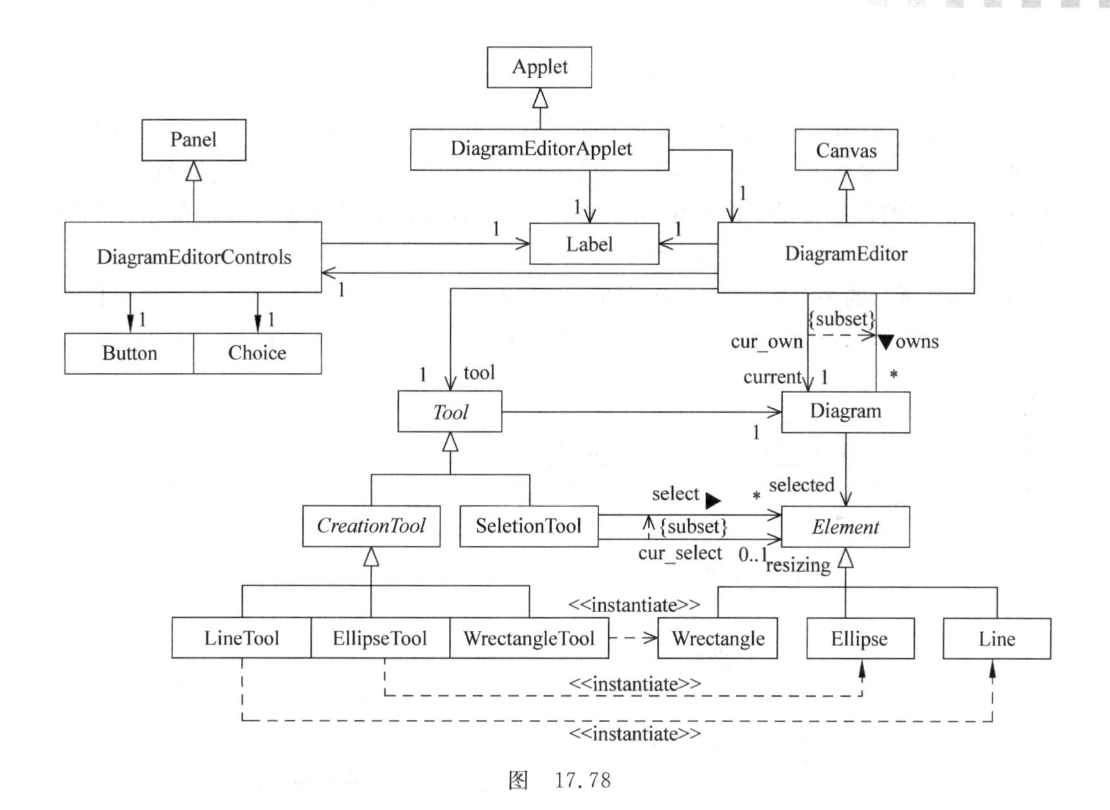

图 17.78

- 抽象类 Tool：用于对当前图层创建矩形、创建椭圆、创建直线、选择四种状态进行表示。而这四种状态都遵循鼠标“按下-移动-释放”的类似操作过程，因而在 Tool 中可对其操作接口进行定义。另外，Tool 与 Diagram 存在关联关系，这种关联也被其派生的所有子类继承，其作用是：当创建图形时，Tool 掌握图形引用，而图形引用最终应被当前图层掌握，因而 Tool 掌握 Diagram(当前图层)也就为 Element 与 Diagram 的关联关系的建立提供了前提；对于选择图形而言，在判断鼠标选择了哪些图形时(鼠标坐标点在图形内部区域)，需要通过 Tool 与 Diagram 的关联关系对 Diagram 所掌握的图形对象引用进行遍历检查来实现。
- 抽象类 CreationTool：创建的图形归属当前图层的实现与图形类型无关，因而可在抽象类 CreationTool 中给出具体实现；但创建图形则与图形类型息息相关，因而在 CreationTool 中需要给出抽象接口定义，并把实现将放在具体子类中进行。
- 选择类 SeletionTool：用于存放选择对象的引用以及对选择图形的操作行为进行定义。它同 Element 存在两个关联关系 select 和 cur_select。select 用于记录当前图层中所有被选择的图形，是个集合结构；cur_select 用于记录需要改变图形尺寸的一个具体图形对象引用，它们之间的约束为{subset}。
- LineTool、EllipseTool、WrectangleTool 用于创建具体图形，在类图中，它们与所创建图形的关系用依赖外加构造型≪instantiate≫的方式来说明。

注意：上述类图关系讨论的实际意义在于确定了各类的主要属性。

3. 刷新设计

刷新是每个用例的潜在要求。刷新就是对当前图层掌握的所有图形和被选中图形的控制点进行绘制，通常在 DiagramEditor 类中的 paint 方法中进行。但是刷新功能代码只分布在 paint 方法中的设计不是面向对象编程的思维，好的方式是将刷新代码分布在每个图形对象内进行，这样系统的扩展性和可维护性都较好。

图 17.79 所示的序列图描述了刷新的一个场景：此时图形编辑区处于选择状态且有若干图形对象被选择，被选择图形对象的引用在 SeletionTool 中动态存储。

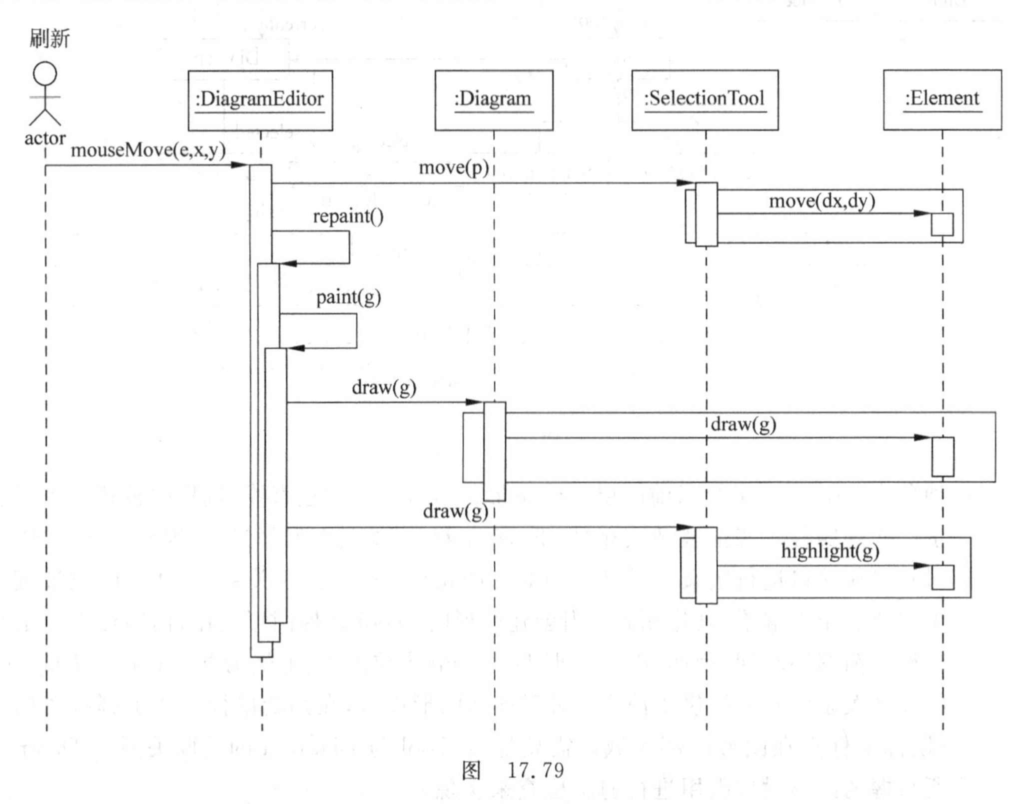

图 17.79

序列图中消息的时间顺序依次为：

- 当鼠标在 DiagramEditor 中移动时，发送 mouseMove(e，x，y)消息，在 DiagramEditor 的 mouseMove 方法中向 SeletionTool 发送 move(p)消息，SeletionTool 在 move 方法中又向被选择的图形对象一一发送 move(dx，dy)消息(dx 与 dy 是鼠标移动的距离)，各图形对象又在其 move 方法中根据移动距离修改其内部坐标。
- DiagramEditor 发送内部 repaint 消息。在 paint 方法中，DiagramEditor 对象向当前 Diagram 对象发送 draw(g)消息，并将绘图对象 g 作为参数进行传递；Diagram 对象在 draw 方法中遍历自己掌握的图形对象引用，向每个图形对象发送 draw(g)消息，各图形对象又在 draw 方法中根据传入的 g 和对象内部的坐标属性绘制自身。
- 在 DiagramEditor 对象的 paint 方法中向 SeletionTool 对象发送 draw(g)消息，在 SeletionTool 对象的 draw 方法中对选择对象的引用进行遍历，向每个图形对象发送 hignLight(g)消息，每个图形对象根据传入的 g 和对象内部的坐标属性绘制选择控制点。

如果图形编辑区不是处于选择图形状态，而是处于创建图形状态，则此时图 17.79 中的 SeletionTool 对象的角色将由 CreationTool 的一个具体子类对象充当。因为 CreationTool 不掌握任何已创建图形对象的引用，因而在其 move 方法被激活后不会向外转发消息；另外当 DiagramEditor 向 CreationTool 发送 draw(g)消息时，如果当前图层鼠标操作是按下左键进行移动的话，则动态画出一个矩形区域来表示创建图形的大小范围；如果当前图层鼠标操作没有按下左键只是进行移动的话，不执行任何功能代码。从这点上讲，图 17.79 代表的序列图实际上仅是一个场景(或称为快照)的描述。下面的特征代码反映了上述序列图的主要设计思想。

注意：*序列图 17.79 为相关类增加方法提供了重要的参考。*

```
//================================================
public class DiagramEditor extends Canvas
{
  ⋮
  public void paint(Graphics g) {
    ⋮
    currentDiagram.draw(g) ;                    //向当前图层发送 draw(g)消息
    //向当前状态工具发送 draw(g)消息.当前工具是 Tool 派生的四个具体子类对象中的一个
    tool.draw(g) ;
    ⋮
  }
  public boolean mouseMove( Event e, int x, int y ) {
    tool.move( new Point(x,y) ) ;               //向 tool 所指的一个具体对象发消息
    repaint() ;                                 //刷新
    return true ;
  }

 ⋮
}

//================================================
public class Diagram{
   private  Vector elements = new Vector(16) ;  //图形对象引用集合结构
   ⋮
   public void draw( Graphics g ) {
    Enumeration en = elements.elements() ;      //遍历图形对象集合结构
    while (en.hasMoreElements()) {
      Element e = (Element) en.nextElement() ;  //得到一个图形对象的引用
      e.draw(g) ;                               //向图形对象发送 draw(g)消息,进行绘制
    }
      ⋮
  }
}
//================================================
public class SelectionTool extends Tool{
  Point  lastPoint ;                            //鼠标移动的前一位置
  Vector selected = new Vector(16) ;            //用于保存选择对象引用的集合结构
```

```
    Element resizing ;                         //resizing引用指向了需要改变尺寸的被选择对象
    ⋮
    void draw( Graphics g ) {
      Enumeration en = selected.elements() ;          //对选择对象引用集合结构进行遍历
      while (en.hasMoreElements()) {
        Element e = (Element) en.nextElement() ; //得到一个选择对象
        e.highlight(g) ;//向选择对象发送 highlight(g)消息,用于绘制选择状态
      }
    }
    ⋮
}
//=====================================================
public abstract class Element{
    //椭圆(内嵌于一个矩形)和矩形都可用 Rectangle 来表达,直线则改为两点
    Rectangle bbox ;
    ⋮
    //椭圆和矩形接收 move 消息后修改其坐标; 直线则对此方法进行覆盖重定义
    public void move(int x, int y) {
      bbox.x += x ;
      bbox.y += y ;
    }
    abstract void draw(Graphics g) ;                  //图形绘制接口,实现在具体类中进行
    public void highlight(Graphics g) {               //图形控制点绘制
    ⋮
    }
    ⋮
}
//=====================================================
public class Wrectangle extends Element{
    public Wrectangle(Point p, Point q) {             //构造函数初始化
       super(p, q) ;
    }
    void draw(Graphics g) {                           //根据坐标属性进行绘制
       g.drawRect( bbox.x, bbox.y, bbox.width, bbox.height) ;
    }
}
```

4. 创建图形设计

图形的创建过程是用鼠标确定图形的起始点,之后移动到指定位置,释放鼠标,产生图形对象。序列图 17.80 就是创建图形的一个场景。

图形编辑区如果处于创建矩形的状态,在 WrectangleTool 的 press 方法中记录起始点,在 release 方法中记录终点,产生一个矩形对象(消息标识符上用构造方法或构造型表示)。消息箭头指向所要创建的矩形图形,之后由于 WrectangleTool 掌握当前图层的引用(从 Tool 继承而来),因此可将该矩形对象引用加入到当前图层中。图中的状态如果处于 EllipseTool 或 LineTool,处理的逻辑过程一致。

注意:mouseMove、mouseDown、mouserUp 方法中都应紧跟着一个 repaint 的内部消息调用,用于图形编辑区的刷新,而图 17.80 的序列图中省略了这部分内容的表达。

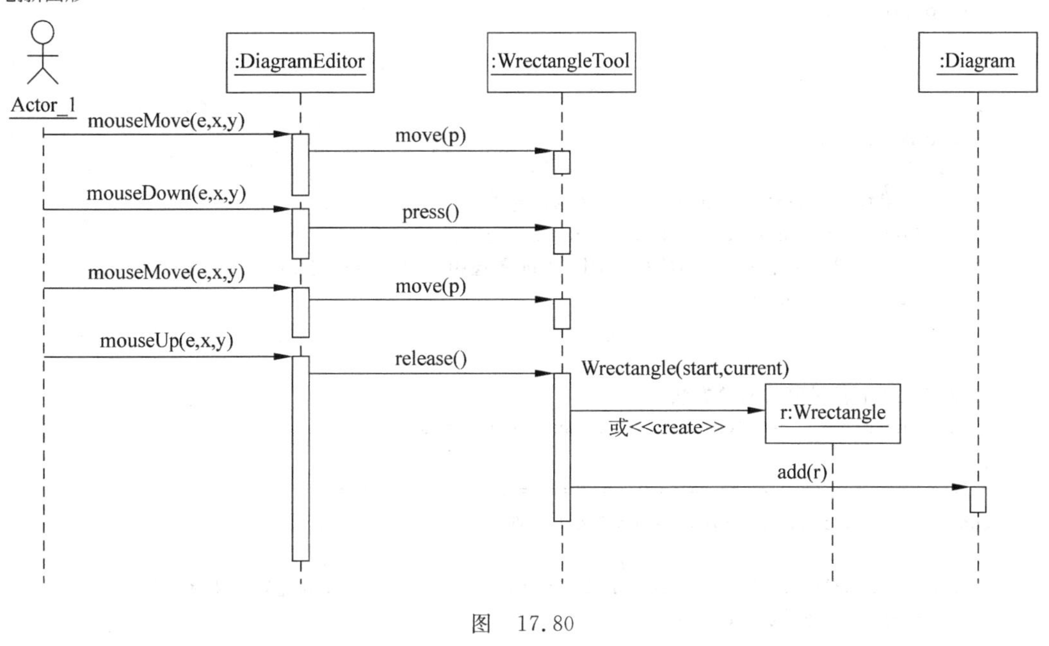

图 17.80

```
//==================================================
public class DiagramEditor extends Canvas{
  ⋮
  public boolean mouseDown( Event e, int x, int y ) {          //处理鼠标按下的操作
     tool.press() ;
     repaint() ;
     return true ;
  }
  public boolean mouseMove( Event e, int x, int y ) {          //处理鼠标移动的操作
     tool.move( new Point(x,y) ) ;
     repaint() ;
     return true ;
  }
  public boolean mouseUp( Event e, int x, int y ) {            //处理鼠标释放的操作
     tool.release() ;
     repaint() ;
     return true ;
  }
  ⋮
}
//==================================================
public abstract class CreationTool extends Tool{
  Point start ;                                                //起始点
     ⋮
  void press() {
     ⋮
     start = current ;
     ⋮
```

```
    }
    void move( Point p ) {
        current = p ;
        ⋮
    }
    void release(){
        ⋮
        //根据起始点和终点来决定一个图形的创建
        Element e = newElement(start, current) ;
        //将创建图形加入到当前图层当中,当前图层引用 diagram 在 Tool 中定义
        diagram.add(e) ;
        ⋮
    }
    //定义产生新对象的抽象方法
    abstract Element newElement(Point start, Point stop)
}
//=================================================
public class WrectangleTool extends CreationTool{
    ⋮
    Element newElement(Point start, Point stop) {           //创建矩形对象
        return new Wrectangle(start, stop) ;
    }
    ⋮
}
//=================================================
public class Diagram{
    private  Vector elements = new Vector(16) ;             //图形对象引用集合结构
    ⋮
    public void add( Element e ){                 //将传入的图形对象引用添加到集合结构当中
        elements.addElement(e) ;
    }
    ⋮
}
```

5. 移动图形设计

当图形编辑器移动时,图形能够跟着移动的原因是刷新；另外也可只针对选择的图形进行移动,序列图 17.81 是对选择的图形进行移动的一个场景。在 SeletionTool 对象的 press 方法中,向 Diagram 对象发送 getElements 消息,得到所有隶属于该图层的图形对象引用并进行遍历。如果当前鼠标点在该图形内部——contains(current)返回 true,则发内部消息 select(e),将图形对象的引用加入 SeletionTool 中。SeletionTool 接收来自 DiagramEditor 的 move(p)消息时,SeletionTool 将当前点和上一个传入点 p 进行比较,得到移动距离 dx 与 dy,之后向所有选择对象发送 move(dx,dy)消息,各图形对象更改自己的坐标属性,再通过刷新完成图形移动效果。

```
//=================================================
public class SelectionTool extends Tool{
    Point  lastPoint ;                                //鼠标移动的前一位置
    Vector selected = new Vector(16) ;                //用于保存选择对象引用的集合结构
```

移动图形

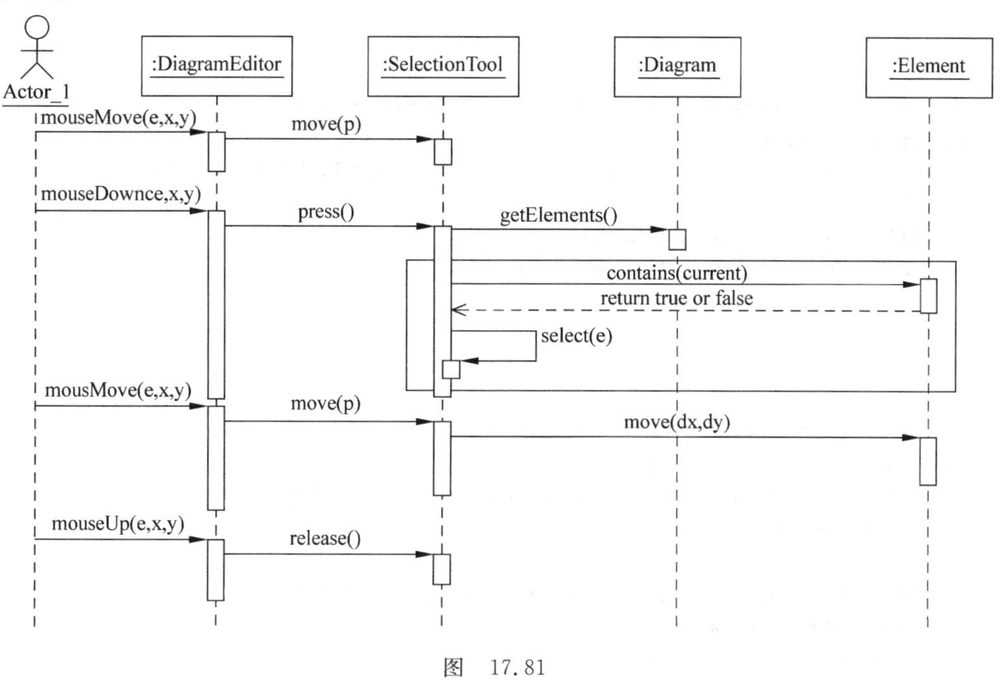

图 17.81

```
void press(){
  ⋮
  Enumeration en = diagram.getElements();          //得到当前图层所有对象引用的遍历接口
  while (en.hasMoreElements()) {                   //对象遍历
      Element e = (Element) en.nextElement() ;     //遍历过程中的对象
      if (e.contains(current)) {                   //对象如果包含当前鼠标点
          select(e) ;                              //选择该对象
          ⋮
      }
  }
  ⋮
}
void move( Point p ) {
  current = p ;        //记录鼠标移动的当前位置坐标.注: current 为 Tool 类定义
  ⋮
  Enumeration en = selected.elements() ;           //对选择对象引用集合结构进行遍历
  while (en.hasMoreElements()) {
      Element e = (Element) en.nextElement() ; //得到一个选择对象
      //计算出移动距离,发送消息给选择对象,让其根据传入的移动距离改变它们的坐标
      e.move(current.x - lastPoint.x, current.y - lastPoint.y) ;
  }
  lastPoint = current ;                            //将当前点坐标赋值给 lastPoint
  ⋮
}
void select(Element e) {
  if (!selected.contains(e)) {                     //如果集合结构中没有包含此对象的引用
```

```
            selected.addElement(e) ;                       //将对象引用加入集合结构中
        }
    }
}
//==============================================
public class Diagram{
    private  Vector elements = new Vector(16) ;            //图形对象引用集合结构
        ⋮
    public  Enumeration getElements(){
        //返回图层中所有对象引用的遍历接口
        return elements.elements() ;
    }
    ⋮
}
//==============================================
public abstract class Element{
    //椭圆(内嵌一个矩形)和矩形都可用 Rectangle 来表达,直线则改为两点
    Rectangle bbox ;
        ⋮
    //椭圆和矩形接收 move 消息后修改其坐标; 直线对此方法进行覆盖
    public void move(int x, int y) {
        bbox.x  +=  x ;
        bbox.y  +=  y ;
    }
    public boolean contains( Point p ) {                    //判断 p 是否在 bbox 内部
        return bbox().inside(p.x, p.y) ;
    }
        ⋮
}
```

6. 改变图形尺寸设计

改变图形尺寸的方法有两种,一种是对选择图形更改尺寸,如图 17.82 对应的序列图所示;另一种是对图层所有图形进行同步放大缩小操作,如图 17.83 所示的序列图。

图 17.82 中,SeletionTool 接收 press 消息后,将对所有选择图形进行遍历,向每个选择图形对象发送 findControls(current)消息,检查当前鼠标点是否在某个控制点上。如果是,则在接收 move 消息后,向图形对象发送 moveControl(dx,dy)消息,修改图形对象的坐标属性,之后再通过刷新完成图形尺寸改变后的形状显示。

图 17.83 的序列图表达了如何通过缩放来改变图形的尺寸。用户单击鼠标【放大】、【缩小】按钮,DiagramEditorControls 将收到 action 消息,之后 DiagramEditor、Diagram、Element 图形对象也将依次收到 zoom(co)消息(co 是缩放比例参数),Element 图形对象在其 zoom 方法中改变坐标属性。

```
//==============================================
public class SelectionTool extends Tool{
    Vector selected = new Vector(16) ;      //用于保存选择对象引用的集合结构
    Element  resizing ;          // resizing 为当前选中控制点的需要改变尺寸的图形对象
```

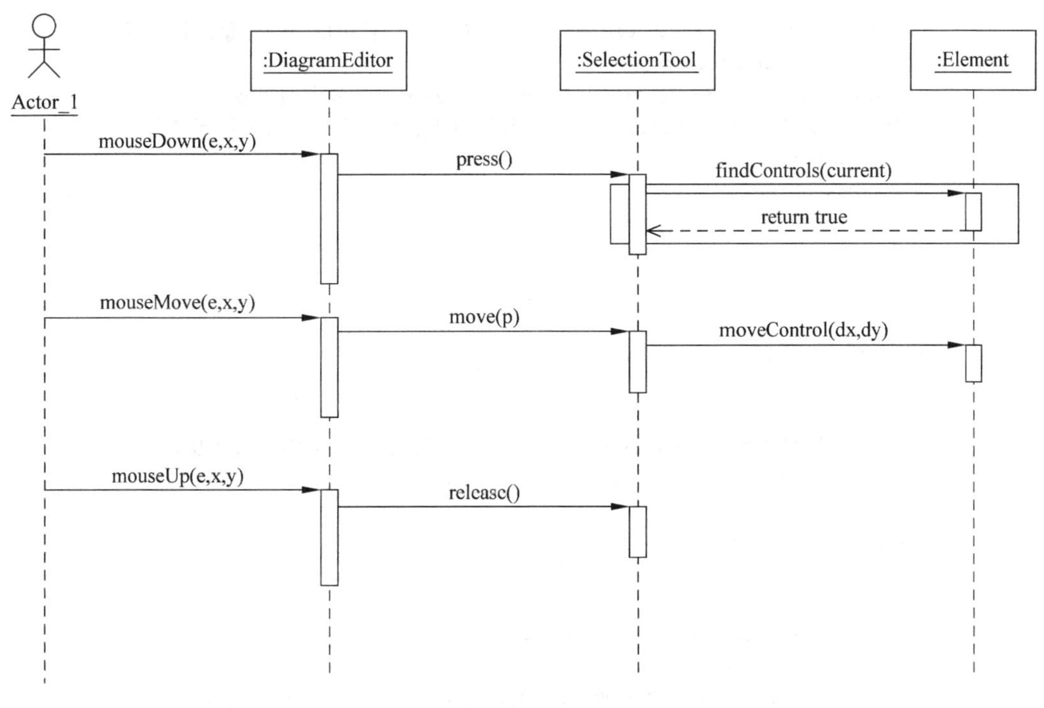

图 17.82

缩放

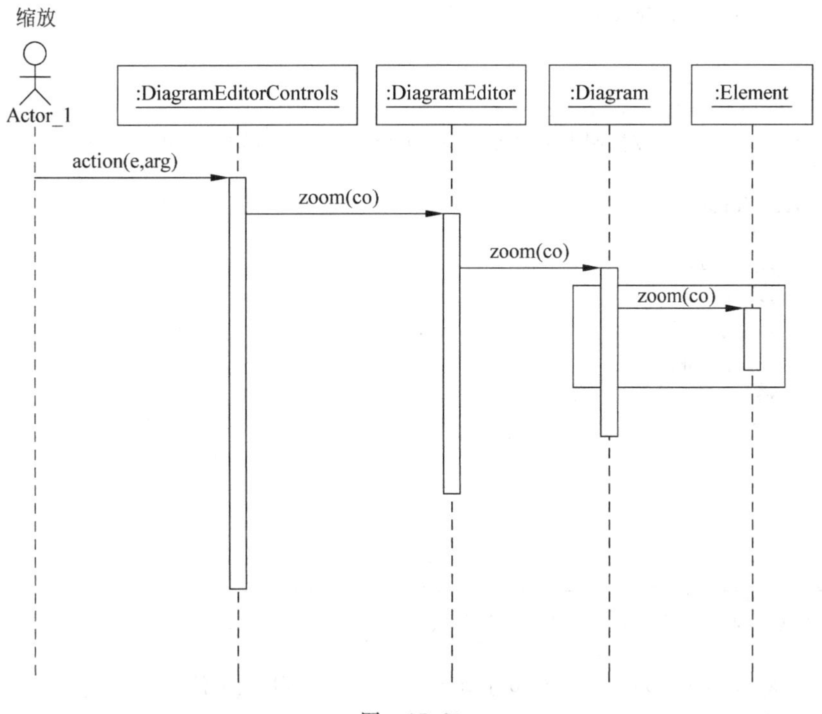

图 17.83

```
    void press(){
      ⋮
      Enumeration en = selected.elements() ; //对集合结构中的选择对象进行遍历
      while (en.hasMoreElements()) {
        Element el = (Element) en.nextElement() ; //遍历过程中的当前对象
        if (el.findControl(current)) {   //鼠标当前点是否在图形对象控制点上
          resizing = el ;
          break ;
        }
      }
     ⋮
    }
    void move( Point p ) {
      current = p ;
      ⋮
      //根据鼠标移动距离来修改对象尺寸        //根据鼠标移动距离来修改对象尺寸
      resizing.moveControl(current.x - lastPoint.x, current.y - lastPoint.y) ;
      ⋮
      lastPoint = current ;
    }
}
//=================================================
public abstract class Element{
  Rectangle bbox;//椭圆(内嵌一个矩形)和矩形都可用 Rectangle 表达,直线则改为两点
  ⋮
  //检查 p 是否在控制点的位置
  public boolean findControl( Point p ) {
  ⋮
  }
  public void moveControl(int x, int y) {
    int drag ;       //控制点尺寸改变时的类型.0、1、2、3 分别是控制点代号
    ⋮
    switch (drag) {
      case 0:
        bbox.x += x ;
        bbox.y += y ;
        bbox.width -= x ;
        bbox.height -= y ;
        break ;
      case 1:
        ⋮
    }
   ⋮
}
//=================================================
class DiagramEditorControls extends Panel{
   ⋮
  public boolean action( Event e, Object arg ) {       //按钮事件
    if(e.target == amplify){
      diagramEditor.zoom(1.1f);
    }
```

```
        else if(e.target == reduce){
            diagramEditor.zoom(0.9f);
        }
    }
     ⋮
}
//==================================================
public class DiagramEditor extends Canvas{
   ⋮
   public void zoom(float co){                     //进行缩放
        currentDiagram.zoom(co);                   //向当前图层发送 zoom 消息,给出缩放比例
        repaint();
   }
   ⋮
}
//==================================================
public class Diagram{
   ⋮
  public void zoom(float co){
    Enumeration en = elements.elements() ;     //对图层中的所有图形对象进行遍历
    while (en.hasMoreElements()) {
      Element e = (Element) en.nextElement(); //遍历过程中的当前对象
      e.zoom(co) ;                             //发送缩放 zoom 消息和缩放参数 co
    }
  }
   ⋮
}
//==================================================
public abstract class Element{
  Rectangle bbox ;
   ⋮
  void zoom(float  co){                          //收到缩放消息参数后,修改 bbox 的值
      bbox.width  = (int)(bbox.width * co) ;
      bbox.height = (int)(bbox.height * co) ;
  }
   ⋮
}
```

7. 删除图形

图 17.84 的序列图表达了 DiagramEditor、SelectionTool、Diagram、Element 在删除图形时的交互关系,即需要通知 Diagram 删除图形对象引用,通知 SelectionTool 将选择对象引用删除。

8. 创建图形和选择图形的子状态分析

图形编辑区的状态可以分为创建图形状态和选择图形两大类状态,用 CreationTool 和 SelectionTool 这两个类来表示。对这两个类的共性属性和方法进行抽象就得到了 Tool 类,对 CreationTool 进行细化就分别得到了 LineTool、EllipseTool、WrectangleTool。

在创建和选择状态下,需要对鼠标“按下-移动-释放”的效果反应进行划分。创建状态

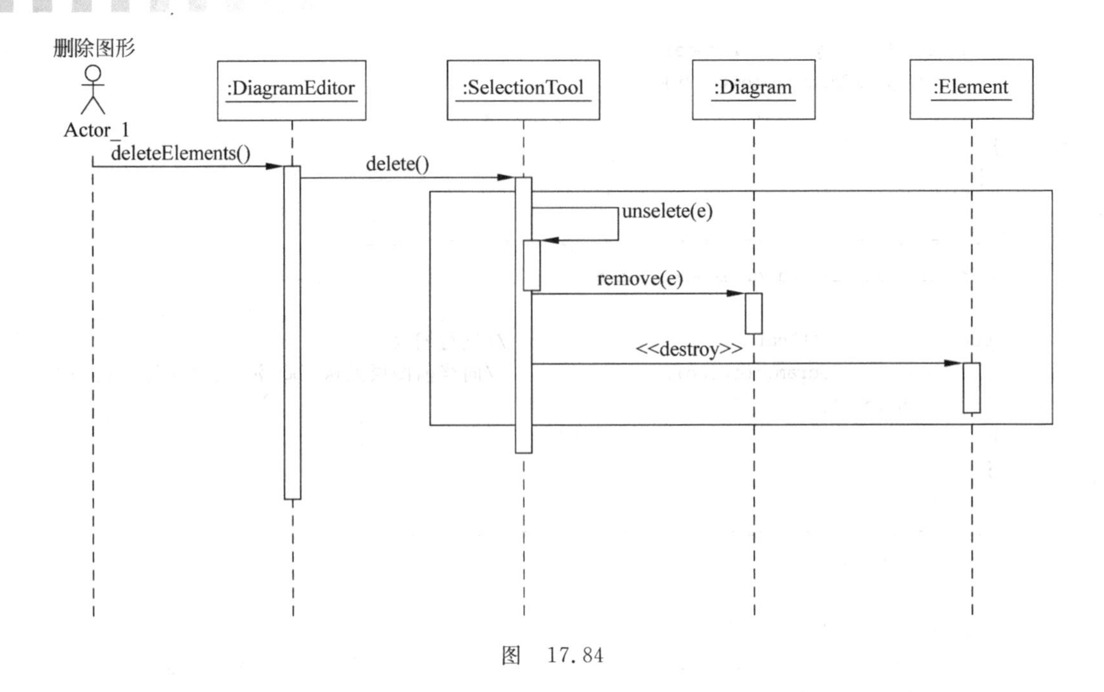

图 17.84

下对鼠标操作可细分为"确定起始"(创建图形开始)和"确定终点"(创建图形结束)两个子状态,如状态图17.85所示,初始状态为"确定起始"状态。当鼠标按下时,状态由"确定起始"转化为"确定终点",当释放鼠标时,状态由"确定终点"转化为"确定起始",而鼠标的移动对子状态的改变没有影响。

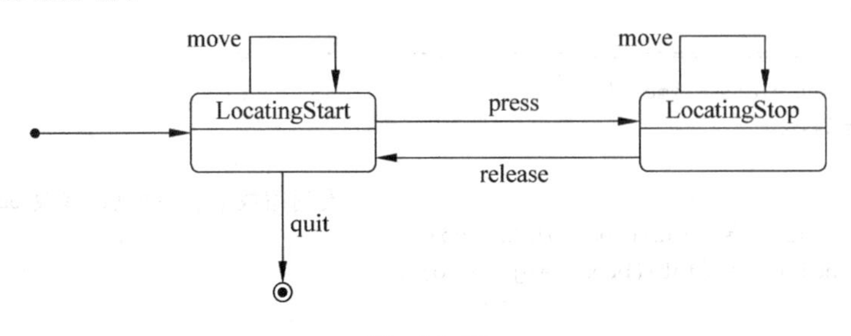

图 17.85

在选择图形状态下,不仅相异的鼠标动作(按下-移动-释放)结果不同,而且相同的鼠标操作结果也不相同,例如图17.81和图17.82中相同的press消息产生的结果却不同,因而选择状态需要进一步细分为"选择定位"、"移动"、"改变尺寸"、"差错"四个子状态,如状态图17.86所示。初始状态为"选择定位",当鼠标在图形内部按下时,才能转化为"移动"状态,此时移动鼠标发生移动事件进行图形的移动,释放鼠标后状态切换为"选择定位";如果鼠标按下位置不在图形内部时,将会转为"差错"状态,释放鼠标则转为"选择定位"状态;如果鼠标按下位置在图形的控制点上,将转化为"改变尺寸"状态,当移动鼠标发生移动事件时,将会拖动图形对象的控制点,释放鼠标后切换回"选择定位"状态。在"选择定位"、"差错"、"移动"、"改变尺寸"子状态下,移动鼠标将不会引起状态的变化。

注意:状态图的结果将转化为代码中的布尔型条件。画状态图的目的一方面能保证系统状态完整,另一方面也保证程序不会进入一个孤立的死状态。

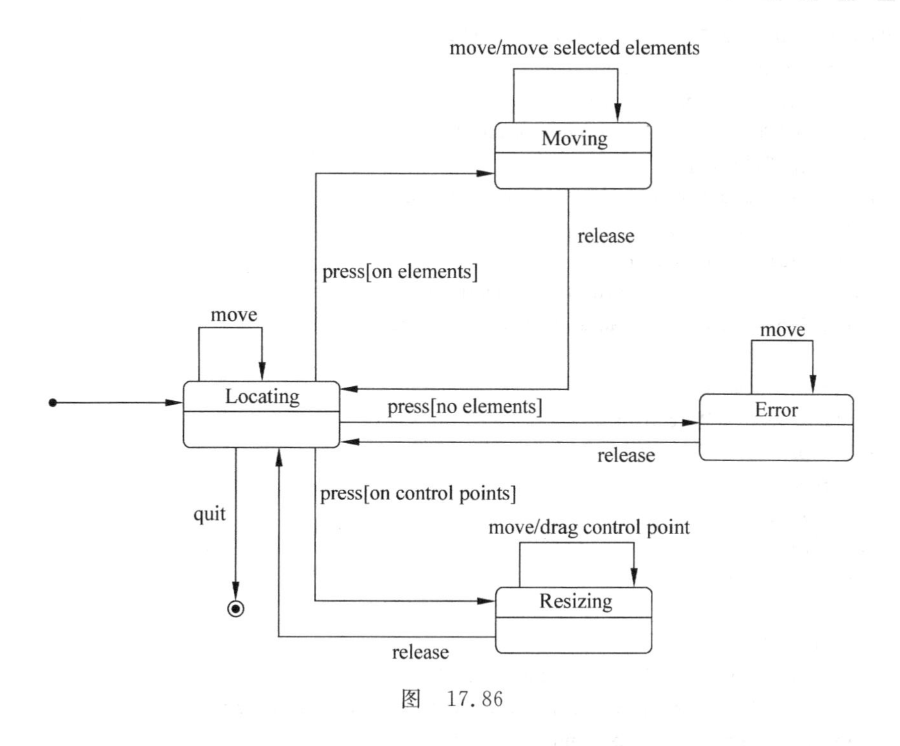

图 17.86

17.13.3 图形编辑器代码实现

1. DiagramEditorApplet.java

```
import java.awt.* ;
import java.applet.* ;
//建立图形编辑器的整体运行环境
public class DiagramEditorApplet extends Applet{
  //初始化,建立 DiagramEditorControls、DiagramEditor、Label,对窗口界面进行布局
  public void init(){
      setLayout( new BorderLayout() ) ;
      Label lb = new Label("窗口显示");
      DiagramEditor dc = new DiagramEditor(lb) ;
      add( "Center", dc ) ;
      add( "North", new DiagramEditorControls(dc) ) ;
      add("South",lb);
  }
}
```

2. DiagramEditorControls.java

```
import java.awt.* ;
import java.applet.* ;
public class DiagramEditorControls extends Panel{
   DiagramEditor diagramEditor ;
   Button deleteButton       = new Button("删除元素") ;
   Button nextDiagramButton  = new Button("下一页") ;
```

```
    Button newDiagramButton   = new Button("新  页") ;
    Button amplify   = new Button("放  大") ;
    Button reduce    = new Button("缩  小") ;
    Choice toolChoice          = new Choice() ;
    //初始化图形控制区
    public DiagramEditorControls( DiagramEditor e ) {
      diagramEditor = e ;
      diagramEditor.setControls(this) ;
      for (int i = 0; i < diagramEditor.toolNames.length; i++) {
        toolChoice.addItem(diagramEditor.toolNames[i]) ;
      }
      add(newDiagramButton) ;
      add(nextDiagramButton) ;
      add(amplify);
      add(reduce);
      add(new Label("工具: " )) ;
      add(toolChoice) ;
      add(deleteButton) ;
    }
   //对按钮事件进行处理
   public boolean action( Event e, Object arg ) {
      if (e.target == deleteButton) { diagramEditor.deleteElements() ; }
      else if (e.target == nextDiagramButton)
          {diagramEditor.nextDiagram() ; }
      else if (e.target == newDiagramButton)
          {diagramEditor.newDiagram() ;}
      else if ( e.target == toolChoice ) {
          int toolIndex = ((Choice) e.target).getSelectedIndex() ;
          diagramEditor.setTool(toolIndex) ;
      }
      else if(e.target == amplify){diagramEditor.zoom(1.1f);}
      else if(e.target == reduce){diagramEditor.zoom(0.9f); }
      return true ;
   }
}
```

3. DiagramEditor.java

```
import java.awt.* ;
import java.applet.* ;
import java.util.* ;
public class DiagramEditor extends Canvas{
     //用于存放 diagram 图层引用的集合结构
     private Vector diagrams = new Vector(16) ;
     Diagram currentDiagram ;                        //当前 diagram 图层声明
     DiagramEditorControls controls ;                // 图形控制区对象声明
     Tool tool ;                                     //创建或选择工具抽象声明
     Image offscreen ;                               //缓存对象
     Label lbb;                                      //提示标签声明
     Color col;                                      //颜色选项声明
```

```
public final static int RECTANGLE = 0 ;
public final static int LINE      = 1 ;
public final static int ELLIPSE   = 2 ;
public final static int SELECTION = 3 ;

public String toolNames[]  = {"矩形", "直线", "椭圆", "选择"} ;

public DiagramEditor(Label lb ) {
  setBackground( Color.white ) ;
  lbb = lb ;
  col = Color.blue;                          //图形对象绘制的默认颜色
  newDiagram() ;                             //初始化一个图层
}
public void setControls( DiagramEditorControls c ) {
  controls = c ;
}
//当列表框变化时,更换图形编辑区的创建图形和选择图形状态工具
public void setTool( int t ) {
  switch (t) {
   case RECTANGLE:
    tool = new WrectangleTool(currentDiagram) ;
    break ;
   case LINE:
    tool = new LineTool(currentDiagram) ;
    break ;
   case ELLIPSE:
    tool = new EllipseTool(currentDiagram) ;
    break ;
   case SELECTION:
    tool = new SelectionTool(currentDiagram) ;
    break ;
  }
  repaint() ;
  if (controls != null) {
    //将当前选择的工具状态和列表框中的显示内容进行同步
    controls.toolChoice.select(t) ;
  }
}
//将当前图层上所有图形对象进行缩放并刷新
public void zoom(float co){
  currentDiagram.zoom(co);
  repaint();
}
//刷新操作
public void  paint(Graphics g) {
  Dimension canvasSize = getSize() ;
  if (offscreen == null) {                   //先将所有的图形都绘制在 offscreen 上
    offscreen = this.createImage(canvasSize.width, canvasSize.height) ;
  }
  Graphics og = offscreen.getGraphics() ;
```

```
        og.setColor(getBackground()) ;           //擦除绘图区
        og.fillRect(0, 0, canvasSize.width, canvasSize.height) ;
        og.setColor(Color.black) ;               //绘制边框颜色
        og.drawRect(0, 0, canvasSize.width - 10, canvasSize.height - 10) ;
        og.setColor(col) ;                       //设置图形对象绘制颜色
        currentDiagram.draw(og) ;                //对当前图层上所有图形对象进行绘制
        tool.draw(og) ;                          //对正在创建的对象或选择对象进行绘制
        //在绘图区域内整体绘制 offscreen 上的内容
        g.drawImage(offscreen, 0, 0, this) ;
    }
    //删除选择元素
    public void deleteElements(){
        tool.delete() ;
        repaint() ;
    }
   //图层管理
   public void nextDiagram(){
        if ( currentDiagram == diagrams.lastElement() ) {
          currentDiagram = (Diagram) diagrams.firstElement() ;
        }
        else {
          int diagramIndex = diagrams.indexOf(currentDiagram) ;
          currentDiagram = (Diagram) diagrams.elementAt(diagramIndex + 1) ;
        }
        setTool(RECTANGLE) ;     //图层切换时,当前图层状态切换为矩形对象创建状态
        judgepage();             //进行页码判断
   }
   //判断当前页码值
   private void judgepage(){
        Integer serial = new Integer(diagrams.indexOf(currentDiagram) + 1);
        lbb.setText("第" + serial.toString() + "页");
   }
   //生成新的图层
   public void newDiagram(){
        //判断图层的数目,不超过 16 个图层,否则给出提示
        if (diagrams.isEmpty()){
          currentDiagram = new Diagram() ;
          diagrams.addElement(currentDiagram) ;
          setTool(RECTANGLE) ;
          judgepage();
        }
        else if(diagrams.lastIndexOf(diagrams.lastElement())< 15) {
          currentDiagram = new Diagram() ;
          diagrams.addElement(currentDiagram) ;
          setTool(RECTANGLE) ;
          judgepage();
        }
        else{
         lbb.setText(lbb.getText() + "    已达到最大图层数目——16 个!");
        }
   }
```

```
    //处理鼠标在 canvas 上的事件
    public boolean mouseDown( Event e, int x, int y ) {
        tool.press() ;
        repaint() ;
        return true ;
    }
    public boolean mouseMove( Event e, int x, int y ) {
        tool.move( new Point(x,y) ) ;
        repaint() ;
        return true ;
    }
    public boolean mouseDrag( Event e, int x, int y ) {
        tool.move( new Point(x,y) ) ;
        repaint() ;
        return true ;
    }
    public boolean mouseUp( Event e, int x, int y ) {
        tool.release() ;
        repaint() ;
        return true ;
    }
}
```

注意：鼠标事件中，都通过抽象类的声明 tool 发送消息，而 tool 引用的对象可能是 LineTool、EllipseTool、WrectangleTool、SelectionTool 中的一种，赋值是在 setTool 中进行的。

4. Diagram.java

```
import java.awt.* ;
import java.util.* ;
public class Diagram{
   // 用于存放 Element 对象的集合结构声明
   public Vector elements = new Vector(16) ;
   //添加图形引用
   public void add( Element e ) {
     elements.addElement(e) ;
   }
   //删除图形引用
   public void remove( Element e ) {
     elements.removeElement(e) ;
   }
   //确定某点是否在图形内部.如果为真,返回本图形的引用
   public Element find( Point p ) {
     Enumeration en = elements.elements() ;
     while (en.hasMoreElements()) {
       Element e = (Element) en.nextElement() ;
       if (e.contains(p)) {
           return e ;
       }
```

```
      }
      return null ;
    }
    //对本图层引用的图形对象进行刷新
    public void draw( Graphics g ) {
      Enumeration en = elements.elements() ;
      while (en.hasMoreElements()) {
        Element e = (Element) en.nextElement() ;
        e.draw(g) ;
      }
  }
  //对本图层对象进行缩放
  public void zoom(float co){
    Enumeration en = elements.elements() ;
    while (en.hasMoreElements()) {
      Element e = (Element) en.nextElement() ;
      e.zoom(co) ;
    }
   }
  }
```

5. Element.java

```
import java.awt.* ;
public abstract class Element{
   static final Color highlightColor = Color.red ;      //图形选中时控制点的颜色
   Rectangle bbox ;     //矩形、椭圆的特征矩形区域
   int drag ;               //进行尺寸改变时所移动的四个控制点的类型编号
   //初始化,产生一个 bbox
   public Element(Point p, Point q) {
     resize(p, q) ;
   }
   //改变图形对象的坐标属性,x、y 为移动距离
   public void move(int x, int y) {
     bbox.x += x ; bbox.y += y ;
   }
   public void resize(Point p, Point q) {
     bbox = new Rectangle(Math.min(p.x,q.x),
     Math.min(p.y,q.y),Math.abs(p.x - q.x), Math.abs(p.y - q.y)) ;
   }
   //移动控制点来改变图形对象的尺寸,x、y 为移动的距离
   public void moveControl(int x, int y) {
     switch (drag) {
       case 0:
         bbox.x += x ; bbox.y += y ;
         bbox.width -= x ;bbox.height -= y ;break ;
       case 1:
         bbox.y += y ;bbox.width += x ;
         bbox.height -= y ;break ;
       case 2:
         bbox.width += x ;bbox.height += y ;break ;
```

```
        case 3:
          bbox.x += x ;bbox.width -= x ;
          bbox.height += y ;break ;
      }
      if (bbox.width < 0) {
        bbox.x += bbox.width ; bbox.width = - bbox.width ;
        drag += drag % 2 == 0 ? 1 : -1 ;
      }
      if (bbox.height < 0) {
        bbox.y += bbox.height ;bbox.height = - bbox.height ;
        drag = 3 - drag ;
        }
    }
    //检查 p 是否在控制点的位置,并根据位置的不同确定出不同的 drag 值
    public boolean findControl(Point p ){
        drag = -1 ;
        if (nearEnough(p, new Point(bbox.x, bbox.y))) { drag = 0 ;}
        else if (nearEnough(p, new Point(bbox.x + bbox.width, bbox.y))) {
           drag = 1 ;}
        else if (nearEnough(p, new Point(bbox.x + bbox.width,
           bbox.y + bbox.height))) { drag = 2 ;}
        else if (nearEnough(p, new Point(bbox.x, bbox.y + bbox.height))) {
           drag = 3 ;}
        return drag != -1 ;
    }
    //绘制控制点
    public void highlight(Graphics g) {
      drawHighlight(g, bbox.x, bbox.y, highlightColor) ;
      drawHighlight(g, bbox.x + bbox.width, bbox.y, highlightColor) ;
      drawHighlight(g, bbox.x, bbox.y + bbox.height, highlightColor) ;
      drawHighlight(g, bbox.x + bbox.width, bbox.y + bbox.height,
                    highlightColor) ;
    }
    Rectangle bounds(){
      return bbox ;
    }
   //判断给定点是否包含在图形对象内部
   public boolean contains( Point p ) {
      return bounds().inside(p.x, p.y) ;
    }
    //绘制控制点
   void drawHighlight(Graphics g, int x, int y, Color c) {
      Color oldColor = g.getColor() ;
      g.setColor(c) ;
      g.drawRect(x - 1, y - 1, 3, 3) ;
      g.setColor(oldColor) ;
    }
    //定义图形对象绘制的抽象方法,内容由具体类来确定
    abstract void draw(Graphics g) ;
    //判断鼠标点和控制点的位置是否足够近
    boolean nearEnough( Point p0, Point p1 ) {
```

```
        return Math.abs(p0.x - p1.x) <= 3 && Math.abs(p0.y - p1.y) <= 3 ;
    }
    //对图形对象的特征属性进行缩放修改
    void zoom(float  co){
        bbox.width  = (int)(bbox.width * co) ;
        bbox.height = (int)(bbox.height * co) ;
    }
}
```

6. Wrectangle.java

```
import java.awt. * ;
public class Wrectangle extends Element{
    public Wrectangle(Point p, Point q) {
        super(p, q) ;
    }
    void draw(Graphics g) {
        g.drawRect( bbox.x, bbox.y, bbox.width, bbox.height) ;
    }
}
```

7. Ellipse.java

```
import java.awt. * ;
public class Ellipse extends Element{
    public Ellipse(Point p, Point q) {
        super(p, q) ;
    }
    void draw(Graphics g) {
        g.drawOval( bbox.x, bbox.y, bbox.width, bbox.height) ;
    }
}
```

8. Line.java

```
import java.awt. * ;
import java.util. * ;
public class Line extends Element{
    Point p0, p1 ;     //直线的特征属性——两个端点

    public Line(Point p, Point q){
        super(p, q) ;
    }
    //覆盖方法,给出直线移动算法
    public void move(int x, int y) {
            p0.translate(x, y) ;
            p1.translate(x, y) ;
    }
    //覆盖方法,给出直线尺寸改变算法
    public void resize(Point p, Point q) {
            p0 = new Point(p.x, p.y) ;
```

```
        p1 = new Point(q.x, q.y) ;
    }
    //覆盖方法,给出直线控制点改变算法
    public void moveControl(int x, int y) {
          switch (drag) {
        case 0:
          p0.translate(x, y) ;
          break ;
        case 1:
          p1.translate(x, y) ;
          break ;
      }
    }
    //覆盖方法,得到直线控制点类型
    public boolean findControl( Point p ) {
      drag = -1 ;
      if (nearEnough(p, p0)) {drag = 0 ;}
      else if (nearEnough(p, p1)) {drag = 1 ;}
      return drag != -1 ;
    }
    //覆盖方法,得到表征直线的特殊矩形区域
    Rectangle bounds(){
      return new Rectangle(Math.min(p0.x,p1.x), Math.min(p0.y,p1.y),
                    Math.abs(p0.x - p1.x), Math.abs(p0.y - p1.y)) ;
    }
    //覆盖方法,绘制直线的控制点
    public void highlight(Graphics g) {
      drawHighlight(g, p0.x, p0.y, highlightColor) ;
      drawHighlight(g, p1.x, p1.y, highlightColor) ;
    }
    //画线
    void draw(Graphics g) {
     g.drawLine( p0.x, p0.y, p1.x, p1.y ) ;
    }
    //覆盖方法,给出直线缩放算法
    void zoom(float  co){
      p1 = new Point((int)(p0.x + Math.abs(p0.x - p1.x) * co),
           (int)(p0.y + Math.abs(p0.y - p1.y) * co)) ;
    }
}
```

9. Tool.java

```
import java.awt.* ;
public abstract class Tool{
  Point current ;                          //当前鼠标点
  Diagram diagram ;                        //当前图层
  int state ;                              //状态变量
  Tool(Diagram d) { diagram = d ; }
  void draw(Graphics g) {}                 //定义刷新方法
  void delete() {}                         //定义删除图形对象处理方法
```

```
  abstract void move( Point p );                //定义鼠标移动处理方法接口
  abstract void press() ;                       //定义鼠标按下处理方法接口
  abstract void release() ;                     //定义鼠标释放处理方法接口
}
```

10. SelectionTool.java

```
import java.awt. * ;
import java.util. * ;
public class SelectionTool extends Tool{
  final static int Locating = 0 ;               //选择状态下的子状态
  final static int Moving = 1 ;
  final static int Resizing = 2 ;
  final static int Error   = 3 ;
  Point lastPoint ;                             //前一移动点声明
  Vector selected = new Vector(16) ;            //存放选择图形对象引用的集合结构
  Element resizing ;                   //resizing 为当前选中的、需要改变尺寸的图形对象声明
  SelectionTool(Diagram d) {
   super(d) ;
   state = Locating ;
  }
  //对选择的图形对象控制点进行绘制
  void draw( Graphics g ) {
   Enumeration en = selected.elements() ;
   while (en.hasMoreElements()) {
     Element e = (Element) en.nextElement() ;
     e.highlight(g) ;
   }
  }
  //删除选择的图形对象
  void delete(){
   switch (state) {
     case Locating:
       Enumeration en = selected.elements() ;
       while (en.hasMoreElements()) {
        Element e = (Element) en.nextElement() ;
       unselect(e);
        diagram.remove(e) ;
       }
       break ;
     case Moving:
       break ;
     case Resizing:
       break ;
     case Error:
       break ;
   }
  }
  void move( Point p ) {
   current = p ;
   switch (state) {
```

```
    case Locating:
      break ;
    case Moving:
      Enumeration en = selected.elements() ;
      while (en.hasMoreElements()) {
        Element e = (Element) en.nextElement() ;
        e.move(current.x - lastPoint.x, current.y - lastPoint.y) ;
      }
      break ;
    case Resizing:
      resizing.moveControl(current.x - lastPoint.x,
        current.y - lastPoint.y) ;
      break ;
    case Error:
      break ;
  }
  lastPoint = current ;
}
void press() {
  switch (state) {
    case Locating:
      Enumeration en = selected.elements() ;
      while (en.hasMoreElements()) {
       Element el = (Element) en.nextElement() ;
       if (el.findControl(current)) {resizing = el ;break ;}
      }
      if (resizing != null) {state = Resizing ;}
    else{en = diagram.getElements();
        while (en.hasMoreElements()) {
          Element e = (Element) en.nextElement() ;
          if (e.contains(current)) { select(e) ;state = Moving ; break;}
          else {state = Error ;}
        }
    }
        break ;
    case Moving:
        break ;
    case Resizing:
        break ;
    case Error:
        break ;
  }
}
//图形对象选中后将其引用加入到集合结构当中
void select(Element e) {
  if (!selected.contains(e)) { selected.addElement(e);}
}
//从选择集合结构中去除指定的图形对象引用
void unselect(Element e) {
  selected.removeElement(e);
}
```

```
  void release(){
   switch (state) {
    case Locating:
      break ;
    case Moving: state = Locating ;
      break ;
    case Resizing:
      resizing = null ; state = Locating ;
      break ;
    case Error:state = Locating ;
      //如果发现当前点没有被任何图形包含时,则去掉所有图形的选择控制点
      int mark = 0;
      Enumeration en = diagram.getElements() ;
      while (en.hasMoreElements()) {
        Element e = (Element) en.nextElement() ;
        if (e.contains(current)) { mark = 1; break;}
      }
      if (mark == 0) {selected.removeAllElements(); }
      break ;
   }
  }
}
```

11. CreationTool.java

```
import java.awt.* ;
public abstract class CreationTool extends Tool{
  final static int LocatingStart = 0;
  final static int LocatingStop = 1 ;
  Point start ;//鼠标按下时的起始点坐标

  CreationTool(Diagram d)  {
    super(d) ;
    state = LocatingStart ;
  }
  //对正在进行创建的图形进行绘制
  void draw( Graphics g ) {
    switch (state) {
      case LocatingStart:
          break ;
      case LocatingStop:
          g.setColor(Color.pink) ;
          drawElement(g) ;
          break ;
    }
  }
  //记录当前鼠标点
  void move( Point p ) {
    current = p ;
    switch (state) {
      case LocatingStart:
```

```
            break ;
        case LocatingStop:
            break ;
      }
    }
    //记录创建图形时的状态转化以及鼠标操作点
    void press(){
      switch (state) {
        case LocatingStart:
            start = current ;
            state = LocatingStop ;
            break ;
        case LocatingStop:
            break ;
      }
    }
    //产生新图形对象,并将对象引用加入到当前图层当中
    void release(){
      switch (state) {
        case LocatingStart:
            break ;
        case LocatingStop:
            Element e = newElement(start, current) ;
            diagram.add(e) ;
            state = LocatingStart ;
            break ;
      }
    }
    //定义产生新图形对象的接口
    abstract Element newElement(Point start, Point stop) ;
    //定义绘制正在进行创建的图形的接口
    abstract void    drawElement(Graphics g) ;
}
```

注意:

(1) 认识抽象类 CreationTool 中的方法:CreationTool 中的具体方法是对其派生子类的共有方法的抽象;定义的抽象方法需要子类去实现,抽象类则在接口方法名称上进行强制定义,以保持接口的一致性。

(2) 具体方法调用抽象方法:定义的两个抽象方法分别被两个具体方法 draw()和 release()调用。在具体子类的角度上,由于继承的缘故,其实还是具体方法调用具体方法;在抽象类的角度,则说明抽象方法功能是具体方法功能的组成部分,例如无论用 newElement 产生何种对象,都可调用 diagram.add(e)将产生对象加入当前图层中。

12. WrectangleTool.java

```
import java.awt. * ;
public class WrectangleTool extends CreationTool{
    WrectangleTool(Diagram d) {
      super(d) ;
```

```
    }
    //产生矩形对象
    Element newElement(Point start, Point stop) {
      return new Wrectangle(start, stop) ;
    }
    //绘制矩形
    void drawElement(Graphics g) {
      g.drawRect( Math.min(start.x,current.x), Math.min(start.y,current.y),
        Math.abs(start.x - current.x), Math.abs(start.y - current.y)) ;
    }
}
```

13. EllipseTool.java

```
import java.awt.* ;
public class EllipseTool extends CreationTool{
  EllipseTool(Diagram d) {
    super(d) ;
  }
  Element newElement(Point start, Point stop) {
    return new Ellipse(start, stop) ;
  }
  void drawElement(Graphics g) {
    g.drawOval(Math.min(start.x,current.x),
            Math.min(start.y,current.y),
            Math.abs(start.x - current.x),
            Math.abs(start.y - current.y)) ;
  }
}
```

14. LineTool.java

```
import java.awt.* ;
public class LineTool extends CreationTool{
  LineTool(Diagram d) {
    super(d) ;
  }
  Element newElement(Point start, Point stop) {
    return new Line(start, stop) ;
  }
  void drawElement(Graphics g) {
    g.drawLine( start.x, start.y, current.x, current.y ) ;
  }
}
```

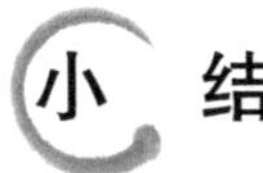

小 结

本章主要介绍 UML 的含义、特点、五种视图、九种图以及图中涉及的多种模型元素，学好本章众多概念的关键点是：明晰 UML 各种图在软件从需求到设计以及部署过程中如何进行应用；明晰 UML 图与程序代码之间的转化对应关系；明晰 UML 图在表达面向对象程序设计中的重要地位；熟练运用建模工具进行 UML 建模。

习 题

1. 简要回答 UML 的统一、建模、语言的三层含义。

2. UML 的主要特点有哪些？

3. UML 的建模工具有哪些？请选择一种进行安装和使用。

4. UML 的视图和图有哪些？它们的对应关系是什么？图都有哪些主要的分类？这些图在设计过程中的演化关系是什么？

5. 用例图都有哪些模型元素，它们的含义是什么？

6. 类图和对象图有哪些相同点和不同点？

7. 简要画出类图中的类、泛化、关联、接口、依赖等模型元素的建模符号。

8. 默写出第 17.5.4 节中给出的关联对应的代码表示。

9. 关联的类型有哪些？四种特殊的关联各是什么？

10. 依赖的含义有哪些？对应的代码又是什么？

11. 顺序图和协作图中的消息有哪些类型？请给出一个顺序图中的消息和代码的对应关系。

12. 活动图和状态图的相同点和不同点是什么？

13. 案例 2 的用例图中，图形的选择和图形的删除是包含关系，而和图形的移动和改变是扩展关系，为什么？

第18章 设计模式

18.1 概念

设计模式(Design Pattern)描述了软件开发过程中若干重复出现问题的解决方案，这些方案由UML图进行表达，是被反复使用、多数人知晓、经过分类编目的代码设计经验的总结。使用设计模式可使代码的复用性与扩展性更好，可靠性更高，更容易被他人理解，可以帮助软件设计人员学习、重用前人的经验和成果。

设计模式的分类整理最早见于Erich Gamma在德国慕尼黑大学的博士论文。1995年，《Design Patterns:Elements of Reusable Object-Oriented Software》系统地整理和描述了23个精选的设计模式，为设计模式的学习、研究和推广提供了良好的范例。这本书的四位作者Erich Gamma，Richard Helm，Ralph Johnson和John Vlissides被称为四人组(GoF，Gang of Four)，这23个模式也被称为GoF模式。

设计模式与面向对象语言的学习有显著的不同，因为二者的关系就如同棋谱谋略和棋规则之间的关系(如图18.1所示)。换言之，面向对象语言学习是一种规则学习，而设计模式学习则是进行面向对象设计思想的学习。

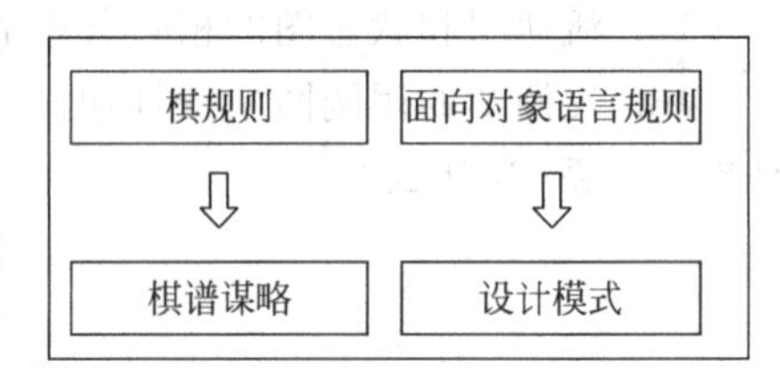

图 18.1

18.2 GoF模式简介

每个GoF模式在内容表述上都有以下四个要素：

(1) 模式名称：用解决方案中的关键特点来命名。

(2) 问题：面向对象设计时会有许多问题需要解决，而每个模式只针对一个问题给出其抽象描述并提出解决方案。换句话说，每个设计模式都有其适用范围。

注意： 设计模式能否在设计上得以应用的关键之处是对模式所要解决问题本身的理解，因为只有这样，在设计上碰到问题时，才能想到用某种模式，联想到某一模式是应用模式的前提。

(3) 解决方案：针对设计问题通过UML类图、对象图、序列图等方式来描述解决办法。

注意：本书设计模式解决方案中的UML图采用业界认可的通用图样。

(4) 效果：描述了模式应用的效果及使用模式应权衡的问题。

表18.1对23个GoF模式进行了分类，表格的横向根据模式的目的准则分为创建型、结构型、行为型三种。创建型模式描述如何更好地创建对象；结构型模式描述系统如何组合类和对象以获得更优结构；行为型模式描述类和对象怎样交互和怎样分配职责来更好地体现系统功能。表格的纵向是范围准则，根据模式用于类还是用于对象可分为类模式和对象模式两大类。类模式处理类和子类之间的关系，这些关系通过继承建立，是静态的，在编译时刻便确定下来；对象模式处理对象之间的关系，这些关系除了在类定义阶段通过继承进行描述外，更在运行时刻通过动态组合的方式进行描述。

表 18.1

		目的		
		创建型	结构型	行为型
范围	类模式	工厂方法 Factory Method	类适配器 Adapter	解释器 Interpreter 模板方法 Template Method
	对象模式	抽象工厂 Abstract Factory	对象适配器 Adapter	职责链 Chain of Responsibility
		生成器 Builder	桥接 Bridge	命令 Command
		原型 Prototype	组成 Composite	迭代器 Iterator
		单件 Singleton	装饰 Decorator	中介者 Mediator
			外观 Facade	备忘录 Memento
			享元 Flyweight	观察者 Observer
			代理 Proxy	状态 State
				策略 Strategy
				访问者 Visitor

表18.1中各模式的简要意图如下：

Abstract Factory：提供一个创建一系列相关或相互依赖对象的统一接口，并通过统一接口来创建这些对象。

Builder：将一个复杂对象的各组成对象的创建与它们的组装分离，使得同样的创建过程可以有不同的组装结果。

Factory Method：定义一个用于创建对象的接口，让子类决定实例化哪一个类的对象。

Prototype：用原型实例指定创建复杂对象的各组成对象的种类，并且通过复制这些原型来创建新的对象。

Singleton：保证一个类仅有一个实例，并提供一个全局访问点。

Adapter：将一个类的接口转换成客户希望的另外一个接口。Adapter模式使得原本由于接口不兼容而不能一起工作的那些类可以一起工作。

Bridge：将抽象部分与它的实现部分分离，使它们都可以独立地变化。

Composite：将对象组合成树型结构以表示"部分-整体"的层次结构。Composite使得客户端代码对单个对象和组合对象的使用具有一致性。

Decorator：动态地给一个对象添加一些额外的职责。就扩展功能而言，Decorator模式比生成子类方式更为灵活。

Facade：为子系统中的一组接口提供一个一致的界面。Facade 模式定义了一个高层接口，这个接口使得这一子系统更容易使用。

Flyweight：运用共享技术有效地支持大量细粒度的对象。

Proxy：为其他对象提供一个代理以控制对这个对象的访问。

Chain of Responsibility：将请求的发送者和接收者构成一个链条，请求沿着链条传递，从而使多个对象都有机会处理这个请求。

Command：将一个请求封装为一个对象，从而使请求参数化以支持请求排队或记录请求日志，并在必要时取消操作。

Interpreter：定义一个简单语言的语法，并建立一个具有树型结构的语法解释器来解释语言中的句子。

Iterator：提供一种方法顺序访问一个集合结构对象中的各个元素，而又不暴露该对象的内部信息。

Mediator：用一个中介对象来封装一系列对象的交互。中介者使各对象不需要显式地相互引用，从而将分散的对象通信进行集中统一控制，同时解除了各对象之间的直接耦合关系。

Memento：在不破坏封装性的前提下，捕获一个对象的内部状态，并在该对象之外保存这个状态，这样在必要时就可恢复对象的历史状态。

Observer：定义对象间的一种一对多的依赖关系，以便当一个对象的状态发生改变时，所有依赖于它的对象都得到通知并自动刷新。

State：允许一个对象在不做任何修改的前提下增加其内部状态和对应状态的新行为。

Strategy：定义一系列的算法，把它们一个个封装起来，并且使它们可相互替换，从而使得算法的变化可独立于使用它的客户端代码。

TemplateMethod：定义一个操作算法的骨架，而将一些步骤延迟到子类中。Template Method 使得子类可以不改变一个算法的结构即可重定义该算法的某些特定步骤。

Visitor：用统一的接口变换角度地去访问一个集合结构类中的各个组成元素。

18.3 模式原则

18.3.1 开闭原则

开闭原则是指软件系统应对扩展开放，对修改关闭，包含如下两层含义：

(1) 软件需求的变化是设计变化的主要诱因。软件的需求主要回答“系统是什么”，而软件的设计主要回答“系统如何做”。需求是复杂和多变的，并且表现在层次、构成、时间三个方面，如图 18.2 所示。

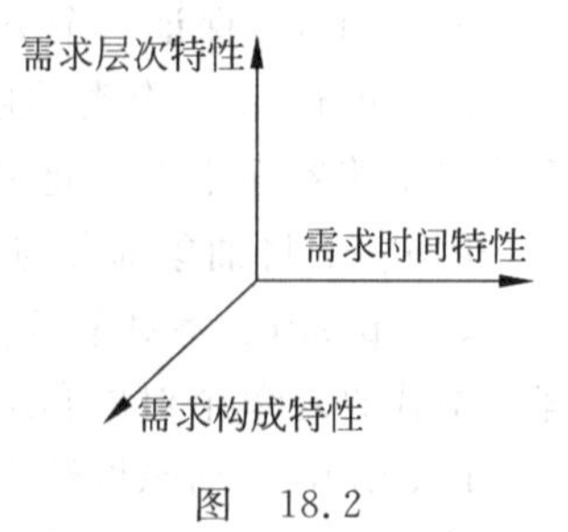

图 18.2

软件需求从层次上可分为操作级需求、战术级需求和战略级需求。操作级需求将会产生各种数据，因而设计上需要将数据保存在具有事务处理能力的数据库中；战术级需求需要回答管理的短期目标，短期目标需要对数据库中的数据进行分析，形成各种信息，在设计上通常采用数据仓库技术分析数据库中的数据，这种技术简单说就是将原始的数据按照多个观察的角度（维度）进行二次存储，之后可将多个维度进行组合与汇总，从而得到各种信息；战略级需求需要回答管理的长期目标，需要对大量数据或信息内潜在的逻辑关系进行发掘形成知识，一般采用数据挖掘技术来实现。通常组织内部的长期目标决定短期目标，短期目标又决定实际操作。然而，由于组织内部和外界环境的变化，组织的长期目标和短期目标都应随时调整，而这种调整就必然导致软件需求的变化，进而影响设计。

需求在构成上可分为功能性需求和约束性需求。功能性需求需要通过用例图来进行说明，之后将演化成设计上的类图、序列图等；约束性需求指软件系统应满足的性能、安全或是其他的约束条件，通常用文字等自然语言来进行说明。另外，需求又可分为共性需求和个性需求。共性需求反映了组织的行业特点，需要咨询领域专家并用抽象性强的类模型来表达；个性需求反映了组织的独特要求，需要咨询具体的组织客户并用用例模型来表达。需求都是从客户那里获得的，客户在功能性需求或个性需求的表达上往往存在着“不知道要什么，但知道不要什么”的多变特点，因而要通过不断排除的方式才能深化对需求的认识。例如女士们逛街买东西时就存在“不知道要什么，但知道不要什么”的特点。

需求在时间上具有渐变的特性。软件从设计到实现需要时间，这个时间内需求极有可能会发生变化；另外人们对需求的认识也需要一个由浅入深、由表及里、由外到内的过程，这两种时间因素交织在一起，加大了人们逼近真实需求的难度。而应对之法通常采用迭代增量或者是功能增量来处理由此产生的问题。迭代增量的含义是每一次迭代在不改变系统范围的同时，通过改进系统现有功能性、可用性、性能以及其他特性来获得一个增量版本，这也是螺旋模型、演化模型、极限编程模型、RUP模型（Rational Unified Process，统一软件开发过程）的主要思想；功能增量是借助于管理学中的二八法则（20%的人做80%的事情）的思想，集中资源（时间、人才、经费）关注软件项目中最关键的20%的功能模块，进而对系统不断进行扩充完善。相应的开发模型有增量模型。

（2）软件的扩展性和稳定性可以和谐共存。软件需求在层次、构成以及时间三个方面都有可能发生变化，而需求决定设计，需求变化后设计的变化在所难免。一般情况下，软件采用增加新类或者改变对象间的作用关系来进行扩展，但问题的关键是软件扩展的同时对原有系统的代码会产生什么影响？人们期望的效果是不改变原有系统的代码，因为改变测试过的代码意味着对系统稳定性的破坏。然而要求系统既能扩展又不改变原有系统的代码，这看起来是一个十分矛盾的要求，但世上可以长久流传的一切事物又何尝不是自身矛盾的混合体呢？这种矛盾的混合体可以用中国文化的经典标识“太极图”来进行说明。

图 18.3

太极图相传为伏羲氏所创，图样（如图18.3所示）由后人绘制，孔子进行命名，意为宇宙万物无论大小，都是阴（收缩）阳（扩张）和谐共生的统一体，且阴中有阳，阳中有阴。太极图是中国文化的哲学主根，是宇宙的密码，蕴含着中国人“道”的深刻思想，即只有阴阳和谐共生的事物才能长久存在，正如人白天应阳气十足，而晚上应进行适当收缩，只有这样才能一天一天的将日子过下去。设计模式的经典之处在于它的开闭原则与太极思想不谋而合——将软件代码对外界变化而进行的扩展(阳)和对原有代码禁止修改(阴)很好地统一了起来。另外,设计模式本身也处处存在两面性,例如每个模式都有优点的同时也有相应的缺点,在复用设计上强调优先使用组合/聚合的同时也大量地使用继承,在强调接口隔离的同时也给出了它的对立面——外观模式等。用太极的思想去看待设计模式中的这些两面性问题会使人们对设计模式的理解更加深入。

开闭原则实现的具体方法就是"要依赖接口编程而不依赖实现编程",即应当使用抽象类进行变量的类型声明、参量的类型声明、方法的返回类型声明以及数据类型的转换等。原因是:抽象类中定义了抽象接口,抽象接口没有任何实现,但规定了在派生类或实现类中应该遵守的接口定义。抽象类的声明可引用所有具体派生子类的对象,向它们发送统一的接口消息,而根本不用了解其引用对象的区别,即抽象类的声明在引用具体类对象上具有可替换性;另外,抽象类不同的派生子类在保持接口一致的同时,各自的实现策略是不同的,即方法实现上具有多态性,从这点上讲,抽象类派生的具体子类在设计上不要追求各自的独特方法,因为这会破坏接口操作上的统一性。抽象类具有可替换性和多态性为开闭原则的实现提供了可能,因为当有新的需求时,可通过派生抽象类的具体子类来扩展系统以反映需求变化,而原系统中采用抽象类进行编程的代码基于替换性和多态性的原因而不需要任何改变。

注意:

(1) 具体类中的父类也具有可替换性和多态性,但是由于父类给出了实现,这个实现又通过继承传递给子类,如果这个实现不能适应变化来解决新问题,则父类必须被更换掉,因而复用性变差。由于抽象类中实现较少,因而复用性较好,所以开闭原则应该选用抽象类而不选用具体的父类进行编程。

(2) 在Java语言中,针对接口(interface)编程比针对抽象类编程有更好的复用性:因为抽象类中允许存在实现代码(interface只有方法声明没有实现);此外,一个类继承了抽象类后将不能继承其他类,但一个类实现一个接口后,可继承其他类或再实现其他接口。

18.3.2 组合/聚合复用原则

面向对象技术提供继承和组合两种复用手段。类继承是编译时刻静态定义的,是一种白箱复用,因为父类内部的细节对子类可见;而组合/聚合是一种黑箱复用,因为对象内部是不可见的。在复用选择上,应优先选择组合/聚合方式,原因如下:

(1) 组合/聚合更符合面向对象编程的思想。类继承在编译时就定义了,因而在运行时刻无法改变从父类继承的现实;更糟糕的是,子类通过继承父类得到的功能可以看做"封装性的破坏",导致父类的变化影响到子类的变化。而组合/聚合则针对接口约定进行编程,不破坏对象的封装性,依赖关系也弱。

(2) 组合/聚合复用比类继承复用更灵活。Java语言不像C++那样提供多重继承机制,因此当一个类通过类继承手段复用了另一个类的功能后,将不能再使用类继承的手段,但是通过对象的组合/聚合来复用则没有这样的限制。

(3) 组合/聚合适于表达多个构件组成的复杂对象。例如17.12节的案例1中,

Assembly 作为一个整体对象，其构件可以是 Assembly 对象或 Part 对象，构件中的价格等属性并没有放到整体对象 Assembly 当中。当向整体 Assembly 对象发送价格查询消息时，整体 Assembly 将向所有构件对象发送价格查询消息，这种设计将简化 Assembly 类的定义。虽然在设计灵感上强调“以自然为师”，但是这并不意味着在设计上对客观事物进行简单模仿般地一一映射。在 17.12 节的案例 1 中，如果仓库中的零件仅用 Part 类来描述，不采用组合/聚合来表达 Assembly，将会使 Assembly 的结构难以定义。

(4) 组合/聚合可防止类爆炸现象的出现。例如图 18.4 中，一幅图片可以有两种外框装饰，由此可以构成装饰图片的方式有四种：即①②③、①③、②③、③。采用类定义需要四个类，而用对象组合则需要三个类，如再多一个边框时，采用类定义需要八个类，而用对象组合则需要四个类，相对于指数级的类定义的增长，采用对象组合方式显然具有明显的优点。

图 18.4

18.3.3 强(高)内聚弱(松)耦合原则

耦合是指两个对象相互依赖于对方的程度，内聚是一个对象内部之间功能的相关联程度。内聚和耦合是密切相关的。对象之间存在强耦合通常意味着弱内聚，而强内聚的对象通常意味着与其他对象之间存在弱耦合。面向对象设计追求强内聚、弱耦合，因为这样设计的系统更符合自然之道，具有更好的扩展性和复用性。因为物质世界就是层级的结构，每一层都是强内聚、弱耦合，原子内聚高能量而通过弱的化合价耦合，分子内聚化合价能量又通过更弱的分子引力耦合，宏观物质又内聚分子引力而通过万有引力耦合。越是上层越容易分解，但上层分解后，又容易通过下层结构重新组织，完成生生不息的演化过程。

做到强内聚、弱耦合须注意以下两个方面：

(1) 类的单一职责。类内部注重强内聚，但也有粒度问题。就一个类而言，应该有且仅有一个引起它变化的原因，如果一个类有多个动机去改变，则意味着这个类拥有多个职责。应把多余的职责分离出去，再分别创建一些类来完成每一个职责。

(2) 接口隔离。一个类对另一个类的依赖应建立在最小接口上，使用多个专门的接口要比使用单一的总接口要好，总接口会导致客户程序之间产生不正常且有害的耦合关系。如图 18.5 所示，类 Order 有四个开放的接口方法，使用该接口方法的类有 Portal、OtherSys、Admin，但这三个类使用接口方法的数量不同，为此分别定义三个接口 IOrderForPortal、IOrderForOtherSys、IOrderForAdmin 作为 Portal、OtherSys、Admin 各自的专用接口，同时 Order 类与这三个接口之间的关系变为接口与实现类的关系。

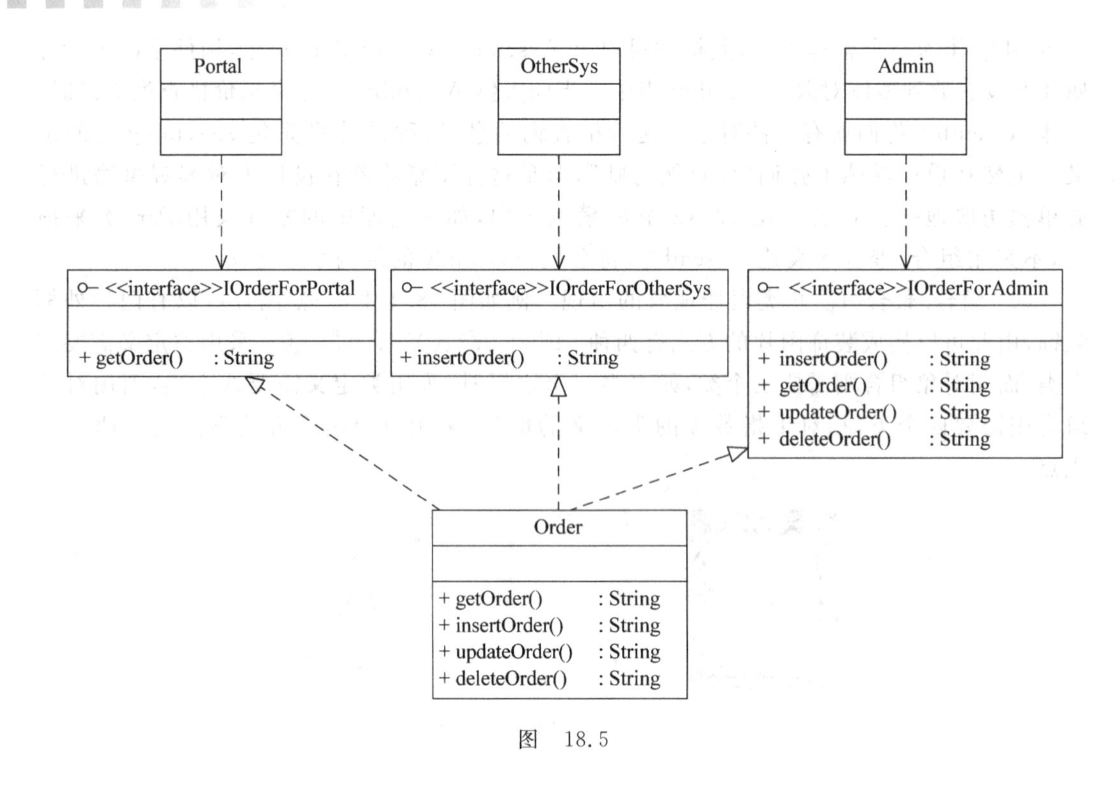

图 18.5

18.4 创建型设计模式

系统是由对象构成的，当系统扩展时，必然需要融入新的对象。如何能在创建新对象的同时又不需要对原系统代码进行修改就是创建型模式需要解决的主要问题。然而解决方案并不唯一，因为对象的创建、装配、使用在不同的应用环境中要求不同，对这些要求进行归类，就形成了多种创建对象的模式。

开闭原则、组合/聚合原则在创建型模式中的抽象工厂、生成器、原型模式中应用，使原有系统在不用改变代码的情况下能够满足产生新对象的要求。

18.4.1 抽象工厂

(1) 问题：系统由不同类型的对象构成，每种类型下又可分为不同型号。系统在建立时，从每种类型中选择一种型号对象进行创建；对于多种组合创建而言，希望能用统一的方式来操作。

(2) 解决方案：如类图 18.6 所示，AbstractProductA、AbstractProductB 为抽象类，代表两种产品类型，它们分别派生了相应的具体型号产品。AbstractFactory 为抽象工厂，规定了组合创建产品的统一接口，创建的过程在具体工厂当中完成，图中用依赖关系表示具体工厂对具体产品的创建。Client 为客户端调用代码，它只与抽象工厂和抽象产品类存在关联关系，代表了客户端都针对抽象类接口进行编程，即通过抽象工厂类的声明引用具体工厂来组合创建产品，创建的具体产品也被对应的抽象产品类的声明引用。

Client 端示例代码如下：

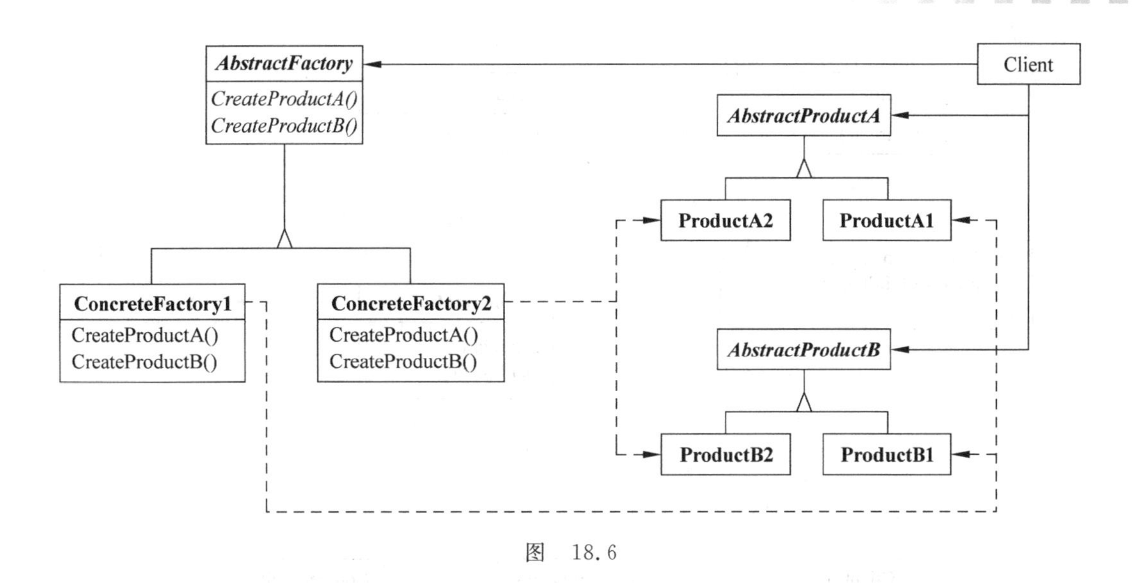

图 18.6

```
public void creator(AbstractFactor af){                //af 引用一个具体工厂实例
   AbstractProductA a = af.CreateProductA();           //产生具体产品 A
   AbstractProductB b = af.CreateProductB();           //产生具体产品 B
   …
}
```

(3) 效果。

- 优点：AbstractFactory 提供了创建组合系统对象的统一接口。当系统扩展时，AbstractProductA、AbstractProductB 通过继承关系可扩展出新型号的具体产品，再由 AbstractFactory 扩展出新具体子类工厂进行对象的组合创建。新具体工厂的实例对象将传递给 Client 端。由于 Client 端都是针对抽象工厂和抽象产品进行编程的，因而 Client 中的代码在传入新工厂实例后不用改动，从而体现了对扩展开放对修改关闭的开闭原则。
- 缺点：系统如果增加一个新类别产品 AbstractProductC 时，该模式难以支持。

18.4.2 生成器

(1) 问题：构成系统的对象不仅需要创建，而且需要装配，这两个方面如果没有分开，则创建代码和装配代码就紧耦合了。当希望用相同的创建过程产生不同的系统装配效果时，这种紧耦合的设计显然不适用。

(2) 解决方案：将系统的创建过程和装配分开。如类图 18.7 所示，Director 中负责具体产品的创建过程，而具体产品的装配过程放入 Builder 中去完成，最终只返回一个装配的结果。这样，同样的创建过程可以有不同的装配效果，其序列图如图 18.8 所示。

注意：设计模式类图中，关联角色标注位置与标准的 UML 类图有所不同，图 18.7 中的 builder 角色在 UML 类图中应标注在 Builder 类旁，但在设计模式类图中标注在 Director 旁，表示 Director 通过 builder 可以导航找到 Builder 类。

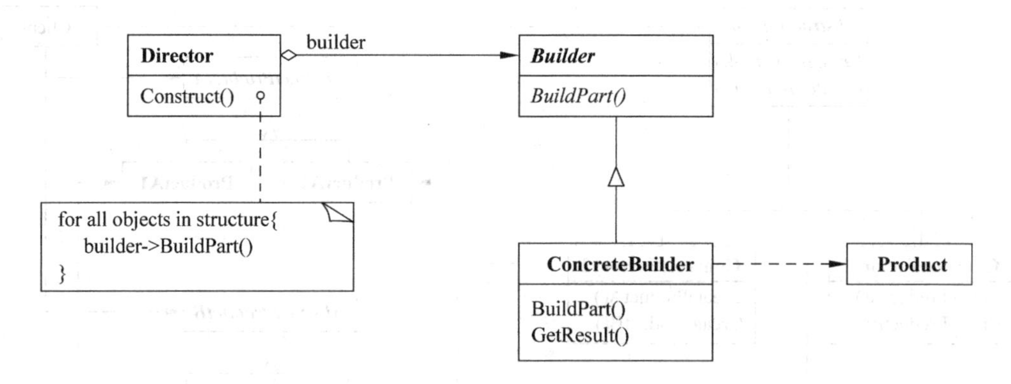

图 18.7

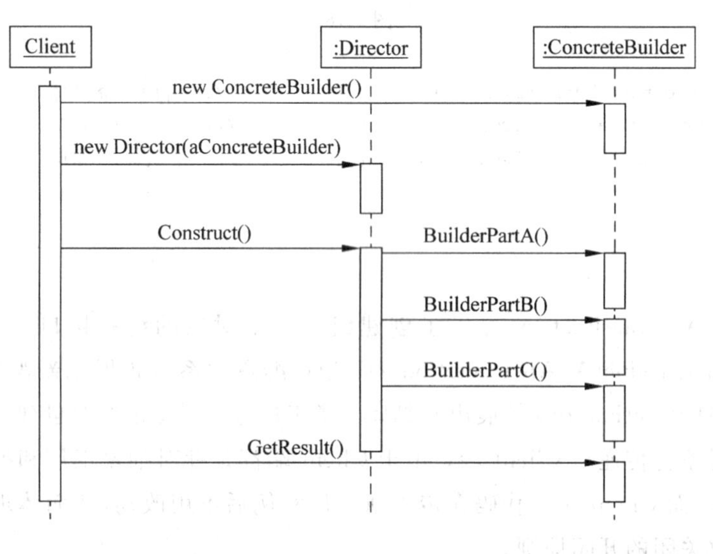

图 18.8

(3) 效果

- 优点：由于创建过程和装配过程分开，因此当有新类型对象需要装配时，新的装配方式将封装在抽象类 Builder 扩展出的具体子类当中，Director 可以依旧通过抽象类 Builder 的引用向具体 Builder 对象发送同样的消息。需要说明的是：对于图 18.8 而言，完成的是 A、B、C 三个产品的装配，这三个产品之间没有继承的血缘关系，因而 A、B、C 三个产品都有可能被新产品所替换，而当替换发生时，Director 和 Client 的代码不用做任何修改。
- 缺点：Director 中创建产品 A、B、C 的“工艺”过程不能改变，也就是说如果工艺过程变为创建 A、B 或 A、B、C、D，则生成器模式不再适用。

18.4.3　工厂方法

(1) 问题：希望对不同类型的创建对象拥有共同的使用方式。

(2) 解决方案：在抽象类中定义用于创建对象的接口，让子类决定实例化哪个类。如类图 18.9 所示，抽象类 Creator 定义抽象方法 FactoryMethod，该方法被具体子类覆盖后创建一个 product 的具体产品，具体产品对象在 Creator 的 AnOperation 方法中被 product 的声明引用。虽然对产品实例化的过程是在子类中进行的，但在 AnOperation 中通过 product 对具体产品的使用都是相同的。例如在 17.13 节的案例 2 中，在 CreationTool 中定义了 newElement 的抽象方法，子类实现这个方法产生 Element 的具体图形对象，具体图形对象在 CreationTool 中的 release 方法中被 Element 的声明引用，之后对多类型图形对象执行了共同的操作——将这些图形对象加入到当前图层当中。

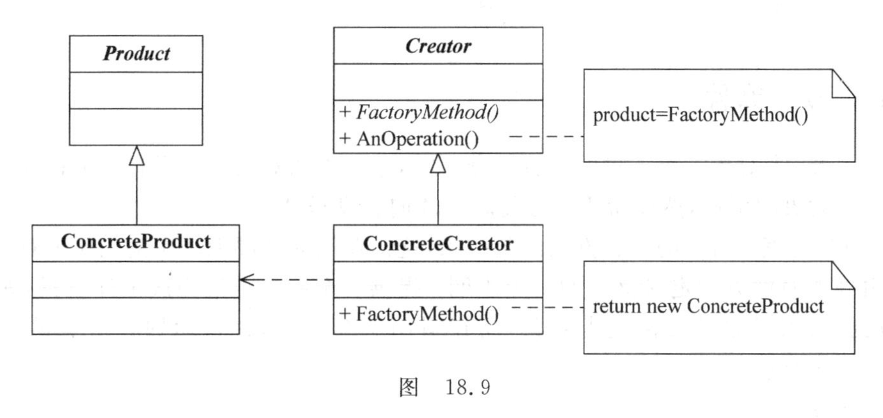

图　18.9

(3) 效果。

- 优点：子类只关心如何实现抽象方法来创建一个具体对象，之后便自动拥有了该对象的扩展功能，即为子类提供一个挂钩以获得对象功能的扩展版本。
- 缺点：在 Creator 和 Product 下容易产生平行类，即每个具体的 Creator 子类对应产生一个 Product 下的具体子类对象。

18.4.4　原型

(1) 问题：当数量稳定的对象可装配成状态多样的组合对象时，如果采用类定义的方式，则会出现类急速增长或平行类现象。

(2) 解决方案：用若干稳定原型对象进行克隆并装配成组合对象。图 18.10 中的 ConcretePrototype1、ConcretePrototype2 为原型类，它们共同继承抽象类 Prototype 并且实现抽象方法 Clone，该方法可复制出一个和当前对象属性相同的新对象。

(3) 效果。

- 优点：用统一的接口克隆对象，然后装配成组合对象，避免类数量急速增长和平行类问题产生的同时，也体现了开闭原则；另外，组合对象是由克隆的对象装配而成，这意味着各组合对象之间彼此状态是相互独立的。
- 缺点：如果克隆对象本身也是一个组合对象，进行克隆操作时，构件对象是克隆(深拷贝)还是共享需要进行慎重权衡。

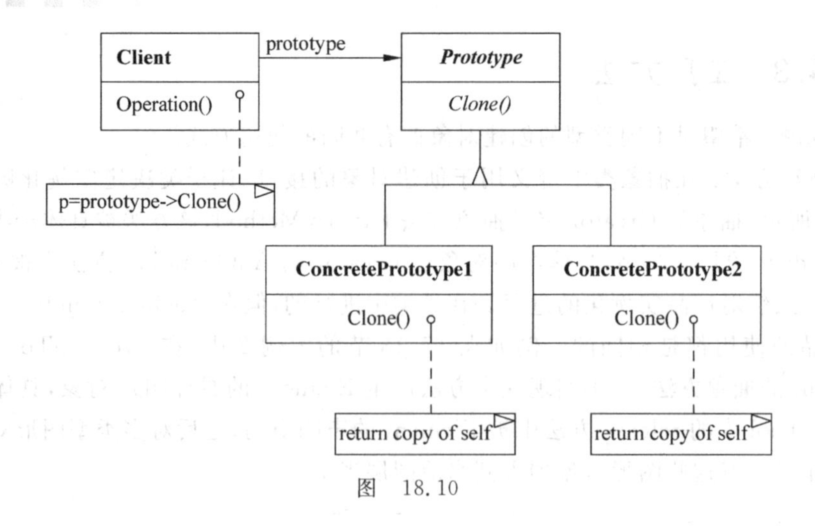

图 18.10

18.4.5 单件

(1) 问题：当对象占有大量的计算机资源时，希望类的对象有且只有一个；当一个对象不掌握另一对象的引用，然而希望在必要时能够向其发送消息。

(2) 解决方案：将类的构造方法封装起来，这样在类的外部无法实例化这个对象；在类的内部用静态属性方式定义该类的一个声明；提供一个静态方法完成单件逻辑，即当静态类声明没有引用对象时实例化类对象，而在引用一个类对象时，返回该对象的引用。如第 5 章例 5.4 所示。

(3) 效果。

- 优点：保证一个类仅有一个实例；提供对某个对象的全局访问点(在程序的任意地方，通过类的静态方法得到对象引用)。
- 缺点：只考虑了对象创建的管理，没有考虑销毁的管理，另外也不支持对象序列化。

18.5 结构型设计模式

系统都有一定的结构，软件系统的结构设计往往涉及如下问题：

(1) 结构优化问题：庞大的软件系统在结构上必然具有层次性，而优化的结构设计能满足这种层次设计的要求，相关的模式有组成模式；如果软件系统在结构设计时出现类数量急剧增长的情况，需要对设计进行重新考量以优化系统结构，相关的模式有装饰模式和享元模式。

(2) 结构如何适应外界变化要求的问题：软件功能的实现和使用是不可分割的两个方面，这两个方面也是引起软件变化的重要因素。如软件需要在不同的平台上移植，软件的结构实现必须进行调整变化。用户需求的变化将会导致软件功能使用上的变化，这种变化也需要软件结构进行相应调整。实际上，这两种变化往往交织在一起，从而使类数量在系统未来演变中不断激增，如何处理这方面的问题需要参考桥接模式。

(3) 结构如何满足特殊功能需求的问题：两个现有的不同类型结构(异构)的软件系统彼此如何协作来完成某种功能，相关设计需要参考适配器模式；客户端对一个拥有复杂功能的子系统的调用往往会存在不方便使用的问题,处理这方面的问题可以参考外观模式;在一些情况下,客户端需要通过代理来访问对象,这方面的结构如何设计需要参考代理模式。

结构型模式通过运用开闭原则来实现系统结构的稳定和扩展的协调统一,通过运用组合/聚合原则来获得更大更优的系统结构,通过运用强内聚弱耦合原则来处理不同层次结构间的耦合关系。

18.5.1 适配器

(1) 问题:已经编码完成的系统需要同其他系统进行协作,替换现有系统的部分功能,但现有系统被替换功能的使用端代码不能更换,需要协作的系统调用接口也不能更换,从而造成协作困难。

(2) 解决方案:图 18.11 由(a)、(b)、(c)三个部分构成,其中(a)是串口与 USB 口适配器,它可以使没有串口的计算机通过 USB 口来操作串口设备;(b)是类适配器解决方案,Client 和 Target 是现有系统范围,而 Adaptee 是需要协作的外部系统,Target 代表了现有系统被替换的部分,而 Client 使用接口 Request 已经无法修改,但又希望调用 Adaptee 的接口 SpecificRequest。解决办法是采用多重继承的方法让 Adapter 分别继承 Target 和 Adaptee,从而在 Adapter 的 Request 中调用 SpecificRequest 实现功能适配。但是 Java 语

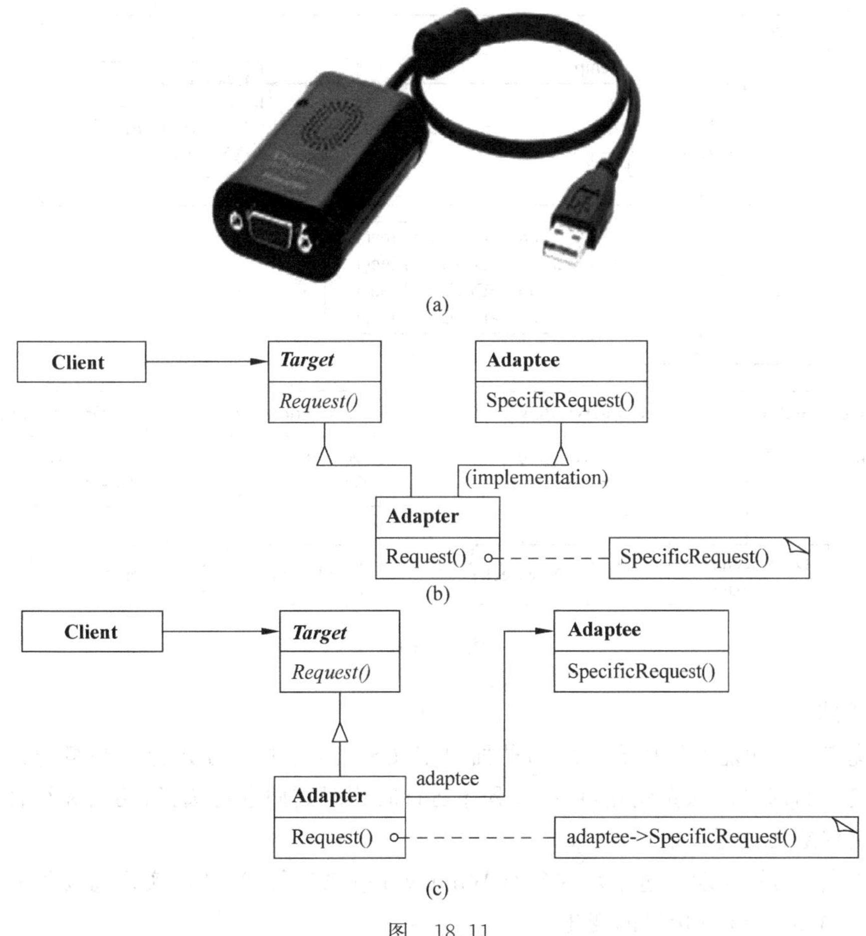

图 18.11

言没有多重继承的功能,不能采用类适配器方式,此时可以采用图中(c)的对象适配器方式来处理,即 Adapter 只继承 Target 并掌握 Adaptee 对象的引用,在 Adapter 的 Request 方法中通过 Adaptee 引用发 SpecificRequest 消息。

(3) 效果。

- 优点:使两个异构系统能够协同工作;对象适配器比类适配器更灵活。
- 缺点:类适配器对只具有单一继承特点的语言,例如 Java,不适用。

18.5.2 桥接

(1) 问题:在抽象类的派生体系当中,如果既定义了具有功能使用逻辑的抽象方法,又定义了功能实现的抽象方法,这种结构会因二者组合变化让派生类数目激增。推而广之,如果一个抽象类具有二维变化特性,这将导致派生类数目的激增。

(2) 解决方案:将功能使用部分与实现部分的抽象定义分离,使二者都可以独立变化。在类图 18.12 中,抽象类 Window 定义了绘制文字和文字边框的功能,而在抽象类 Windowimp 当中则对该窗口在不同的平台下文字和边框如何实现给出了定义,它们之间通过关联连接到一起。如果 Windowimp 中的抽象方法定义在 Window 中,则功能的使用抽象定义和实现抽象定义将会混杂在一起,造成 Window 派生子类数量上的激增。

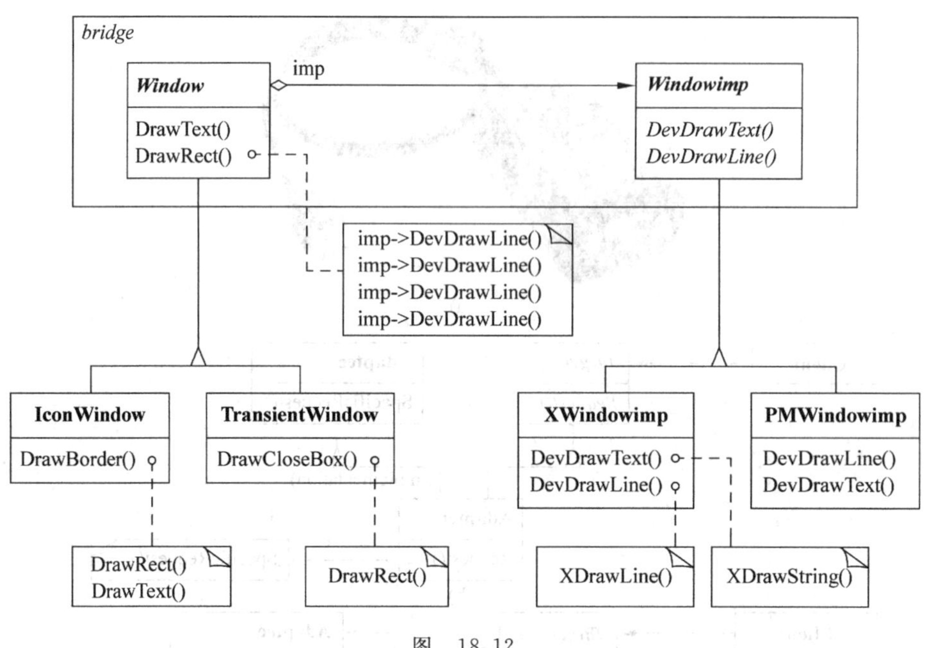

图 18.12

(3) 效果。

- 优点:将功能的使用和实现两种抽象定义分开,变继承方式为关联组合方式,从而使它们都可以独立变化,可以在程序运行时刻对它们进行选择、切换和组合,系统的结构层次也更清晰。
- 缺点:功能实现通过继承抽象类 Windowimp 来进行,当功能实现需要扩充时,会引起 Windowimp 接口的变化。

18.5.3　组成

(1) 问题：一个组合对象往往由若干构件对象组成，并且一个组合对象又有可能是另一组合对象的构件在系统对象结构复杂的同时，又要求组合对象和构件对象在功能使用上保持接口的一致。

(2) 解决方案：构造“整体-部分”这样具有树状层次结构的系统。在图 18.13 中，Leaf 和 Composite 继承抽象类 Component，Composite 和 Component 之间的关系为聚合关系，这样凡是 Component 的具体子类都可加入 Composite 中，包括 Composite 自身，并且 Composite 和 Leaf 具有统一的功能操作接口。

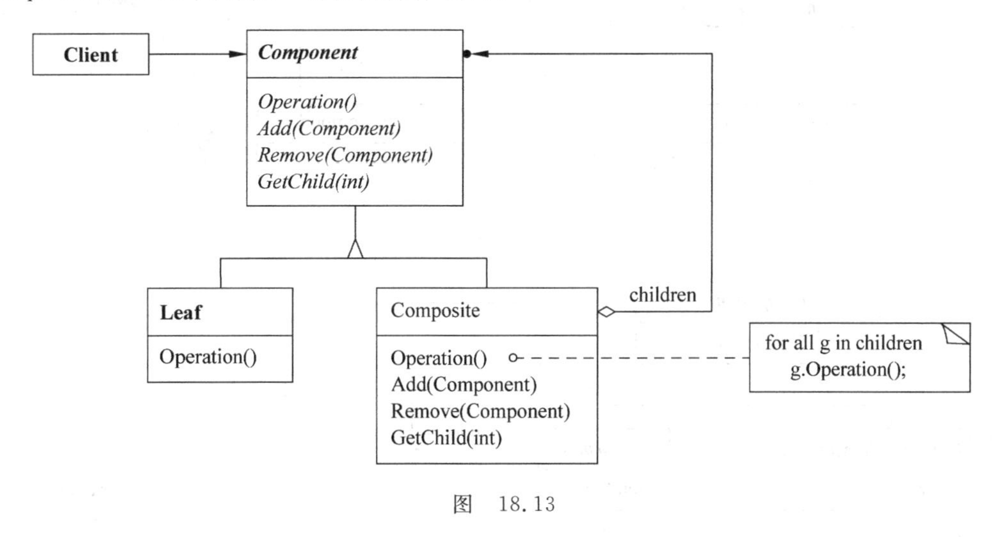

图　18.13

(3) 效果。

- 优点：易于表达具有递归特点的树形层次结构的系统，并且结构中的每个对象的操作方法都一致，从而简化客户端代码的编写，参考案例参见 17.12 节的案例 1。
- 缺点：加入 Composite 中的所有对象出现同质化现象，即所有对象都只能从 Component 中对树形结构维护的方法对叶子结点 Leaf 没有意义。

18.5.4　装饰模式

(1) 问题：对一个对象添加额外的装饰，但如果装饰的组合方式较多，采用类定义的方式表达装饰效果，则类的数量会激增。

(2) 解决方案：图 18.14 中的 ConcreteComponent 是需要装饰的类，它有两个装饰类。装饰效果类共有四种可能，图中展示了其中的两种。从图中可以看出，如果采用类定义方式表达装饰效果类，则类的数量会随着装饰类数量的增多呈指数级增长。图 18.15 则给出了采用组合方式来表达装饰效果的解决方案。方案的基本思想是：将装饰类定义为抽象类 Decorator，在模式结构中引入组成模式结构，Decorator 可以看做是组成模式的 Composite 类，而需要装饰的类 ConcreteComonent 看做组成模式的 Leaf，装饰类 ConcreteDecoratorA、ConcreteDecoratorB 是 Decorator 的子类。这种设计可使任一装饰类对象都可看做组合对象，可向其内添加其他装饰类对象和需要装饰的类对象。在动态的对象层面，装饰类对象可构成树形层次结构，而需要装饰的类对象则是这个结构中的叶子节点。向层次较高的装饰对象发送消息，消息会沿着树形结构进行传播，直到叶子节点。在消息传播过程中，装饰效果功能被依次调用。

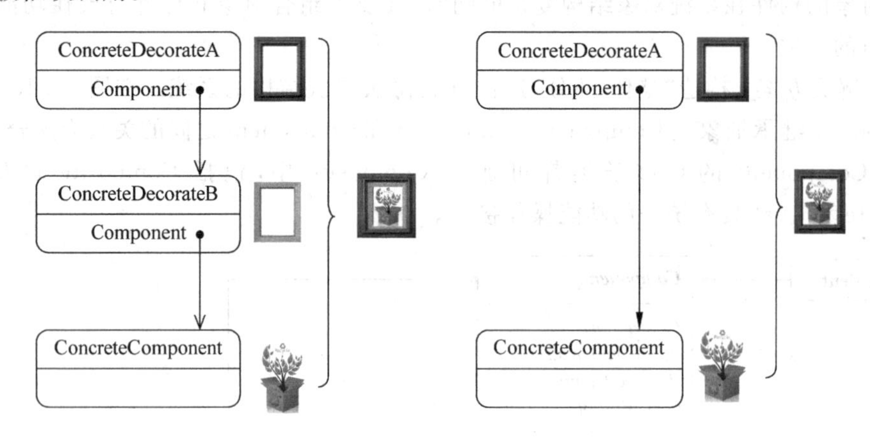

图 18.14

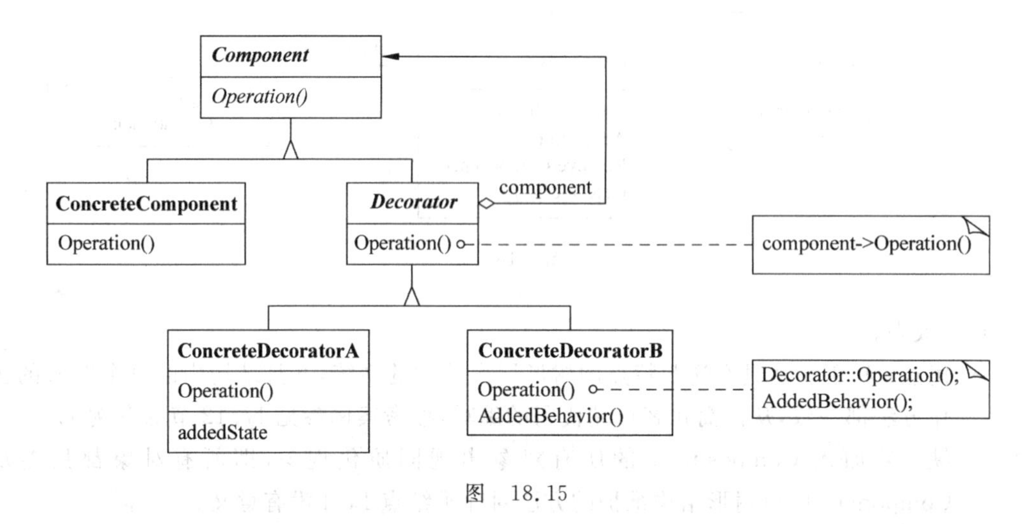

图 18.15

(3) 效果。

- 优点：很容易为需要装饰的类添加装饰，看起来好像定义了新类，并且装饰方式可以自由组合；装饰类对象和需要装饰的类对象具有共同的操作接口。
- 缺点：与组成模式类似。

18.5.5 外观

(1) 问题：客户端使用一个复杂子系统功能时，如果是针对子系统中的每个类的接口进行调用，则会与子系统形成复杂的耦合关系。

(2) 解决方案：定义一个门面类 Facade，客户代码通过它与子系统进行交互，门面类为客户端的调用提供一致统一的接口，如图 18.16 所示。

(3) 效果。

- 优点：为子系统提供一致的访问入口，这个入口使得这一子系统更加容易使用，并且屏蔽了子系统内部的复杂逻辑，从而实现了子系统和客户端代码的弱耦合。
- 缺点：Facade 有可能变为胖接口而与接口隔离原则相悖。

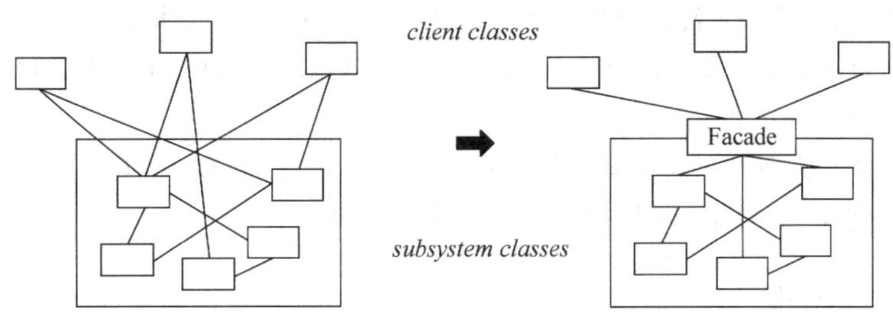

图 18.16

18.5.6 享元

(1) 问题：一个系统出现大量的细粒度对象，这些细粒度对象会造成系统内存开销的浪费和对象维护的困难。

(2) 解决方案：大量细粒度对象的状态都含有可变的外部状态，如果删除这些外部状态，系统中的对象数量就会变得很少。用相对较少的共享对象和外部状态对象的组合来取代大量的细粒度对象就是享元模式的基本思想，这里的共享对象就是享元。例如英文的 26 个字母可以看成内部状态，而字母所处的行列以及字体大小、颜色可以看成外部状态。

享元模式能做到共享的关键是区分内部状态和外部状态。内部状态存储在享元内，不会随环境的改变而有所不同，外部状态是随环境的改变而改变的，外部状态不能影响内部状态，它们是相互独立的。

图 18.17 就是享元模式的类图，图中元素有享元接口类、享元工厂、具体享元、非共享具体享元、客户端等元素。享元接口可接受外部状态并与之产生作用；具体享元存储可以共享的内部状态；享元工厂保证了具体享元被系统其他组合对象(客户端)所共享，客户端根据关键字 key 从池中得到享元引用，如果池中享元不存在，则由享元工厂进行创建，如有需要，享元也可只有层次结构，即享元和某些外部状态组合构成拥有共同享元接口但不存入池中的非共享享元，非共享享元将享元作为叶子节点。客户端代码可直接操作具体享元和非共享具体享元。

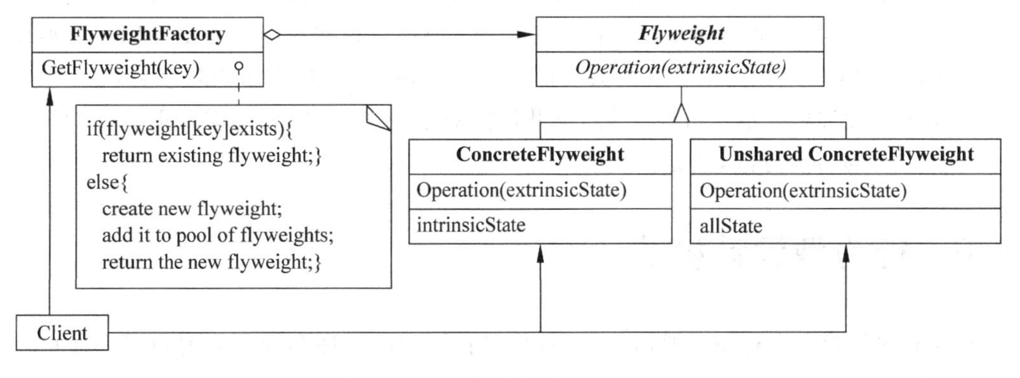

图 18.17

(3) 效果。

- 优点:可大大降低内存中对象的数量,或者在不降低对象数量的前提下降低内存的占用,例如 17.12 节的案例 1 中,如果 CatalogueEntry 与 Part 都继承同一抽象类,则 CatalogueEntry 就是具体享元,而 Part 就是非共享具体享元。外部状态可以存储也可计算,如果采用计算方式,对内存的节约效果最好,即用计算时间占用来换取内存存储空间的占用。
- 缺点:享元为系统共享,因而当享元内部状态变化后,所有以享元为构件的组合对象都将变化,如果不希望如此,则考虑采用原型模式。

18.5.7 代理

(1) 问题:在一些情况下,客户端与要访问的目标对象之间建立一个代理对象,客户端通过代理来访问目标对象。代理有远程代理、虚代理、保护代理、智能指引等类型。远程代理负责同远端目标对象进行通信,客户端则直接访问本机的远程代理;虚代理在当真正创建开销很大的目标对象前,可起到临时替身的作用;保护代理用来对目标对象的访问进行权限检查;智能指引取代了简单指针,它在访问目标对象前执行一些诸如引用计数等附加操作。对于使用代理的客户端而言,如何做到对代理和目标对象的访问效果一致就是需要解决的问题。

(2) 解决方案:目标对象和代理对象拥有共同的抽象类,进而拥有共同的访问接口,如图 18.18 所示。这样,对于客户端代码而言,访问代理和访问目标对象之间没有明显的区别。此外,代理还应具有访问目标对象的引用。

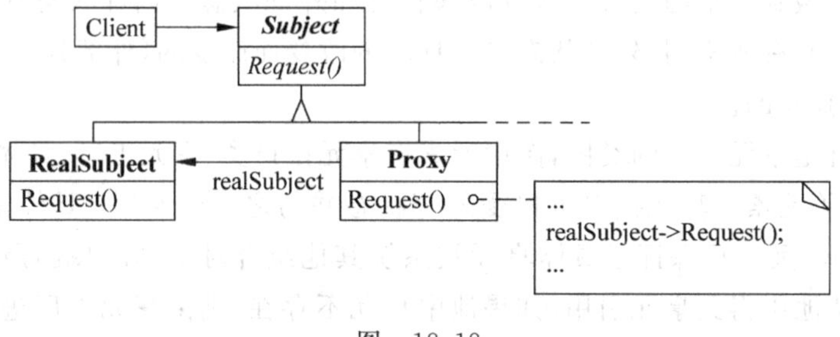

图 18.18

(3) 效果。

- 优点:远程代理隐藏一个对象处于不同地址空间的事实;虚代理不需要创建和装载所有的对象,因此加速了应用程序的启动;保护代理和智能指引则可以有一些附加的内务操作;另外,对于开发人员而言,代理的引入简化了编程的复杂度。
- 缺点:代理毕竟不是目标对象,如果目标对象变化后,代理也需要更新。如果代理数量多且部署分散,则更新困难。

18.6 行为型设计模式

对象有内部状态也有相互通信的行为,状态和行为的管理和规划有时也是系统的重要功能,这就是行为型模式重点研究的内容,它具有如下的特点:

(1) 创建型和结构型模式当中的类容易被人感知，而行为型模式中的类则相对隐蔽。因为行为通常为对象方法调用，但系统的一些重要行为需要强调其可管理性(如操作的撤销和记录)，需要强调其扩展性和稳定性的协调统一，因而行为有时会用对象的方式来表达。例如第17.13节案例2中Tool、CreationTool、SelectionTool等类的引入，可使相同的鼠标操作具有不同的效果，同时当需要有新的效果出现时，系统的稳定性和扩展性都可得到有效保障。

(2) 行为型模式运用开闭原则来实现系统行为的稳定和扩展的协调统一，通过运用强内聚弱耦合原则将本来紧密耦合但易变的行为关系进行解耦，通过组合/聚合方式在对象间分派行为(模板方法例外)。

18.6.1 职责链

(1) 问题：一个消息请求可能被多个接收对象处理，同时一个接收者也可以对应多个消息发送者。如何使消息的发送者和接收者的耦合关系变得灵活，即请求的发送者不需要指定具体的接收者，让请求的接收者自身在运行时决定是否处理请求，就是应该解决的主要问题。

(2) 解决方案：在图18.19的类图中，抽象类Handler有一个自关联，并有具体类ConcreteHandler1和ConcreteHandler2，客户端代码单向关联于Handler。类图的含义为：Handler所有具体子类对象都可通过Handler声明successor进行相互引用，从而构成一个职责链，Client可以作为链首将HandleRequest消息沿着链条一直传递下去，如对象图18.20所示；此外，还可以扩充新的Handler具体类，并将其对象加入链条当中。

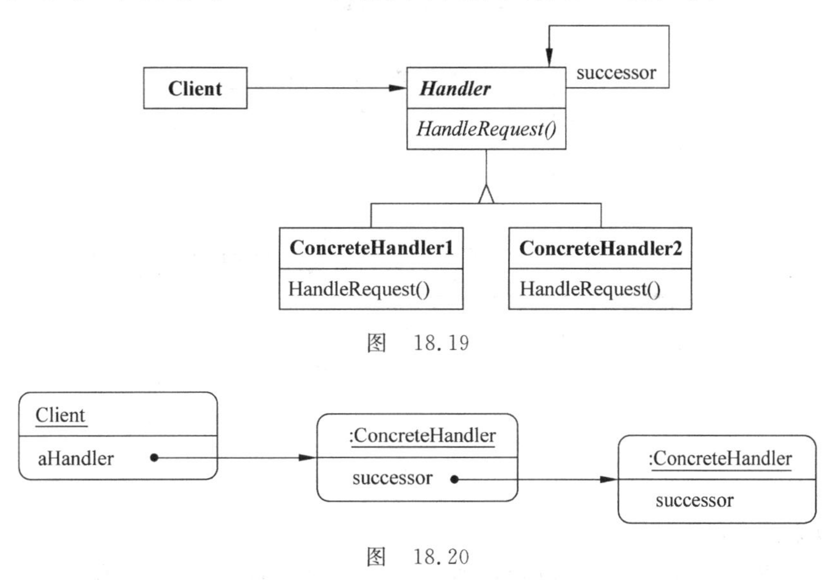

图 18.19

图 18.20

(3) 效果。

- 优点：解除了发送者和接收者的直接耦合；可以动态地对链进行增加和修改以改变处理一个请求的职责。
- 缺点：请求在链中不能保证一定被处理。

18.6.2 命令

(1) 问题：在软件系统中，命令的调用者与接收者通常直接耦合。但在某些情况下，如对命令需要进行记录、撤销等处理,这种直接耦合将无法满足要求。

(2) 解决方案:图18.21所示的类图中,将命令调用者(Invoker)与接收者(Receiver)解耦,通过命令对象进行转发,这样命令就会以对象形式被记录与存储,从而为命令的管理(撤销或参数化)提供方便。Client掌握发送者和接收者的对象引用,负责创建命令对象,之后让Invoker对象掌握命令对象引用,让命令对象掌握Receiver对象引用,其序列图如图18.22所示。

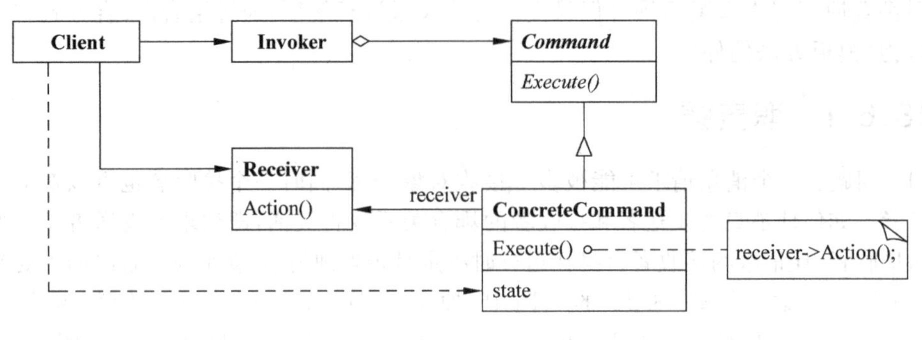

图 18.21

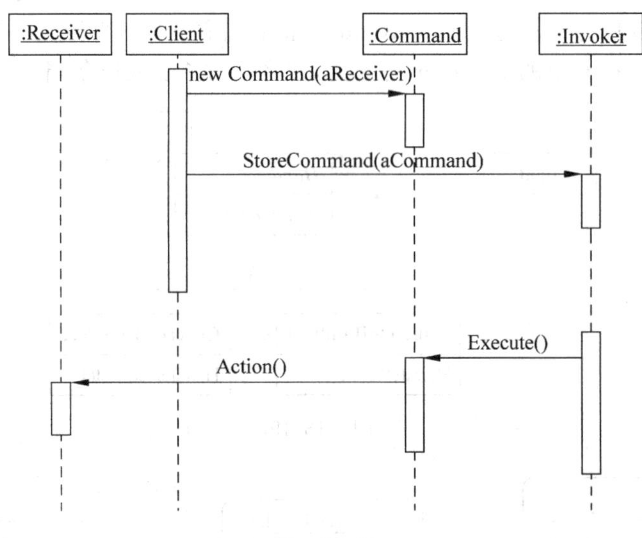

图 18.22

(3) 效果。

- 优点:将命令发送者和接收者解耦,记录它们之间的行为交互;有新的命令对象时,扩展抽象类Command具体子类,且Invoker不用进行任何改动就可和新的Receiver对象进行耦合;如果和Composite模式结合,则可装配成为一个复合命令,可以与更多的接收者进行动态耦合。
- 缺点:可能会产生数量较大的命令类。

18.6.3 解释器

(1) 问题:经常发生的一类问题易于理解和定义,则可用语言来表示,因而需要建立语法解释用来解释语言中的句子。

（2）解决方案：将语言的语法定义成为一个具有 Composite 结构的语法树解释器，该解释器可将语言中的句子通过建立的语法树来进行解释。如图 18.23 所示，Context 为语言上下文；AbstractExpression 声明一个抽象的解释操作；TerminalExpression 实现与语法中的终结符相关联的解释操作；NonterminalExpression 实现语法中非终结符表达式的解释操作，且每个类对应一个规则 $R::=R_1R_2\cdots R_n$，规则中的每个符号 R_1 到 R_n 都维护一个 AbstractExpression 类型的实例变量，因而解释操作可对 R_1 到 R_n 所代表的语法对象进行递归调用；Client 客户代码负责构建语法树并发送解释操作消息。

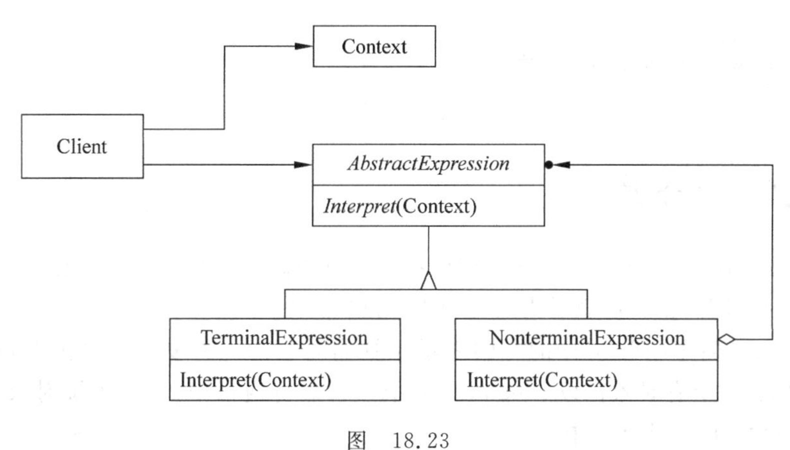

图　18.23

（3）效果。

- 优点：在易于实现语法解释的同时，也易于通过类的继承来扩展语法。
- 缺点：表达复杂的语法会使类数量变得庞大。

18.6.4　迭代器

（1）问题：不同类型集合对象的内部结构不尽相同，对它们进行遍历会因结构的不同而导致算法不同，这样就对客户端遍历操作带来不便。

（2）解决方案：用迭代器 Iterator 统一遍历集合抽象类 Aggregate，如图 18.24 所示。图中具体迭代器 ConcreteIterator 继承 Iterator，采用模板方法（见 18.6.10）实现 Iterator 中定义的特定接口。而具体集合 ConcreteAggregate 继承 Aggregate，并创建一个具体的迭代器——图中由 ConcreteAggregate 返回一个 ConcreteIterator 的实例。Client 因此可通过 Iterator 对 Aggregate 的各种结构不同的具体集合实例进行统一遍历。

（3）效果。

- 优点：在不暴露 Aggregate 内部结构的情况下，用统一的 Iterator 对其结构不同的各种子类进行遍历；另外 Aggregate 可分别创建多种 Iterator 子类实例，这样就可对一种集合对象采用多种方法进行遍历。
- 缺点：迭代得到的对象引用将失去类型特征，必须进行相应的类型转化；遍历顺序常给人以集合对象内部存储结构顺序的错觉。

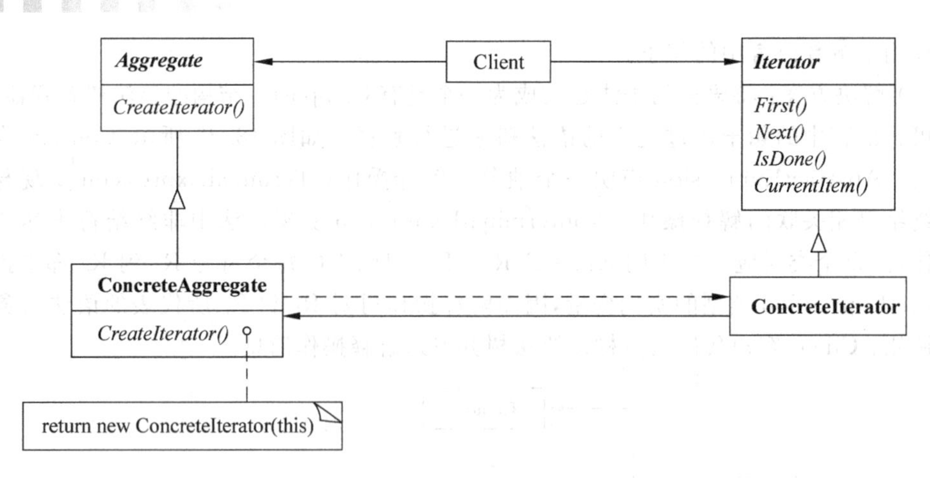

图 18.24

18.6.5 中介者

(1) 问题：随着系统中对象数量的增多，系统对象之间的耦合关系也会越来越复杂，如何降低系统对象间的耦合度就是需要解决的问题。

(2) 解决方案：图 18.25 中的左图表示系统内对象的一种复杂耦合关系，右图中引入 Mediator 对象后，所有对象都以 Mediator 为中介者进行通信，从而将系统对象间的复杂耦合关系全部封装在 Mediator 中。

图 18.25 可用图 18.26 的方式来设计，也就是将交互对象称为"同事"，为这些同事类设定一个抽象类 Colleague，同时将 Mediator 作为抽象类，派生出具体子类 ConcreteMediator 充当这些同事对象交互的中介。Colleague 与 Mediator 的单向关联表示所有的同事对象都可向中介对象发送消息，当扩充出新的中介类时，Colleague 中的代码不用改变。ConcreteMediator 与 Colleague 的派生子类有单向关联线，这些关联线连接的都是具体类，因为中介者转发的消息通常为 Colleague 派生具体类对应的独有方法。

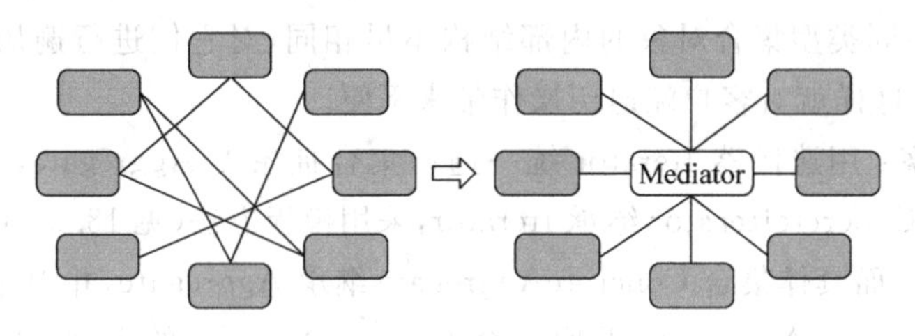

图 18.25

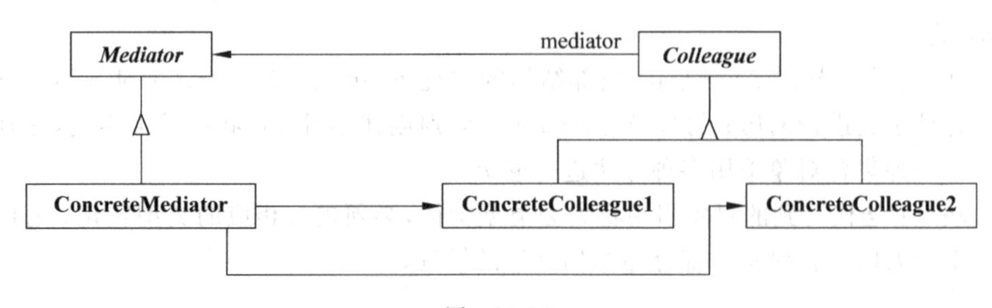

图 18.26

(3) 效果。

- 优点：中间者模式将 Colleague 之间的强耦合变为弱耦合，这样就可独立地改变和复用各自的 Colleague 类和 Mediator 类。Colleague 与 Mediator 之间是抽象耦合，Colleague 不知道其所通信的 Mediator 究竟是哪个具体类，因而无论哪个继承层次的 Colleague 对象都可向 Mediator 对象发送消息，进而 Colleague 任意继承层次的类对象之间都可以进行相互通信；Mediator 将原本分布于多个对象间的行为集中起来，改变这些行为只需要产生 Mediator 的子类即可。
- 缺点：中介者模式将交互的复杂性变为中介者的复杂性，这有可能使得中介者自身成为一个难以维护的庞然大物。

18.6.6 备忘录

(1) 问题：称为原发器的对象常需要将内部的状态保存到外部的管理对象当中，形成具有历史记录的备忘录，必要时(例如执行 Undo 命令)可恢复原发器的状态，这个过程必须解决备忘录信息对管理者屏蔽而对原发器开放的问题。

(2) 解决方案：图 18.27 中有备忘录、原发器、管理者三个对象。备忘录应具有宽窄两种接口，窄接口(获得内部状态数据的方法对外不可见)针对管理者，宽接口(获得内部状态数据的方法对外可见)针对原发器，因为备忘录中的数据就是原发器需要封装的内部状态，当这个内部状态在原发器外部存储时需要对其他对象进行屏蔽。宽窄接口在实现上与具体面向对象语言相关，C++采用友元方式来实现，而 Java 采用类中类的方式实现。

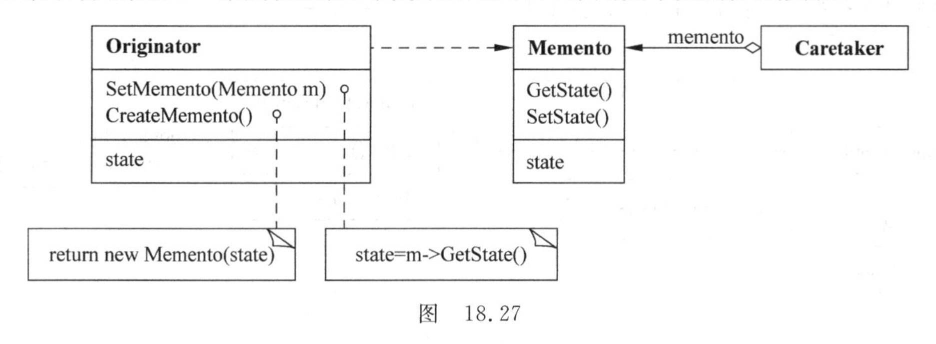

图 18.27

(3) 效果。

- 优点：使用备忘录可以避免暴露一些只应由原发器管理却又必须存储在原发器之外的信息。
- 缺点：如果原发器内部状态过多，复制到备忘录中的信息可能过大，导致代价过高；另外维护备忘录也有开销过大的潜在问题。

18.6.7 观察者

(1) 问题：数据与表现形式是两个不同的概念，它们的关系可以用目标和观察者来说明。一个目标可以对应多个观察者，将目标和观察者分开有利于系统的设计，因为多个观察者可以共享一个目标。目标变化了，观察者也应变化，这样，目标如何保持与众多观察者数据状态的同步以及众多观察者之间的数据状态如何同步就是应该着重解决的问题。

(2) 解决方案：在图 18.28 中，subject 代表数据对象，它有三个 observers 对象，分别用表格、柱状图、饼图来展现 subject 中的数据。改变表格中的数据时，也就是改变了 subject 中的数据，之后柱状图和饼图对象收到通知，到 subject 中取回最新数据并进行界面刷新。如果站在 observers 的角度看，就实现了它们之间的数据状态同步。subject 与 observers 这种交互关系也称为发布—订阅，目标是通知的发布者，它发出通知时并不需要知道谁是它的观察者，可以有任意数目的观察者订阅并接收通知，设计图如图 18.29 所示。

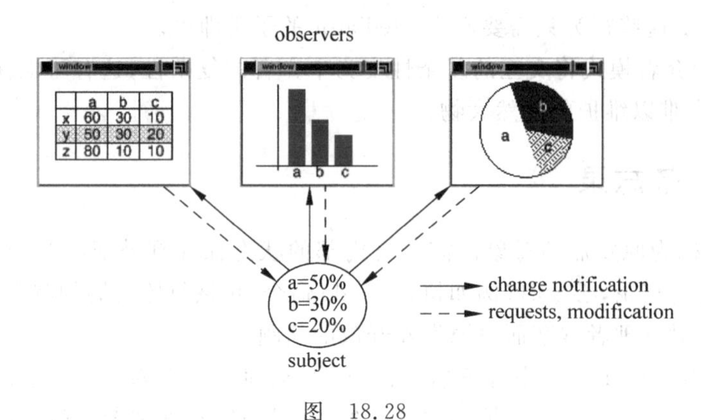

图 18.28

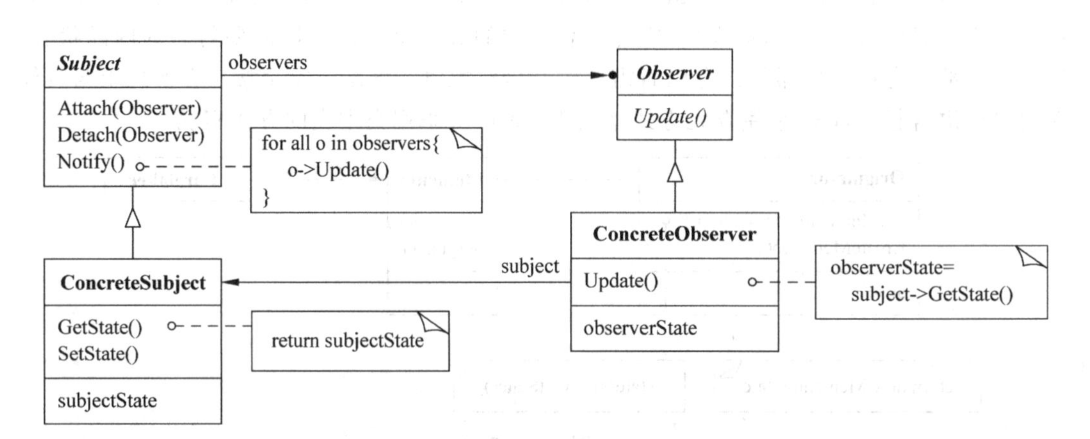

图 18.29

Subject 能对 Observer 进行管理(注册和解除关系)，当它有变化时，根据注册信息以消息的形式通知相关的观察者。观察者被唤醒后，到 Subject 中取回状态数据进行更新。由于目标与观察者间是抽象耦合，目标仅通过抽象的 observers 引用知道一系列观察者，而不必关心这些观察者的继承层次，这样任何继承层次的新类型 Observer 都可收到 Subject 的 Update 消息通知，保证了目标和所有注册观察者以及所有注册观察者之间的数据状态的同步；由于不同的 Observer 可能对同一 Subject 关心的数据有所不同，因此取数据的行为 Subject 并没有定义为抽象方法，而是采用具体类编程的方式。

(3) 效果。

• 优点：Subject 和 Observer 各自可以独立变化，因而当观察者类型增加或要求变更时，Subject 可以不受影响，反之亦然；另外当目标状态变化时，目标就以广播通信的方式通知各观察者，各观察者的数据状态因此可以保持同步，另外对消息是否进行处理取决于各观察者自身。

- 缺点：一个观察者可能不知道另一个观察者的存在，它对目标的错误改变有可能殃及其他的观察者，造成其他观察者错误的更新。

18.6.8 状态

(1) 问题：对象的状态决定对象的行为，对象状态变化后，其行为也相应变化，通常采用条件语句来实现。例如当对象扩展出一个新状态后，增加一条 case 语句，case 下放置行为代码，这样的设计违背了开闭原则。

(2) 解决方案：将状态对象化，如图 18.30 所示。State 为状态的抽象类，下面派生出若干具体子类，这些子类都是 Context 的可能状态，State 的方法 Handle 是 Context 对象在这个状态下应表现出的行为。Context 与 State 是单向抽象耦合关系，运行时，Context 可选择一个具体状态对象并通过 State 进行引用，从而将 Context 在运行时的特定状态下的行为反应从其内部转移到外部。而 Context 的状态变化实际上就是 Context 选择了一个新的 State 具体子类。当需要对状态的转换进行表达时，可在 State 中增加 goNext 方法实现对象状态转换控制，例 18.1 对此给出了实现代码。

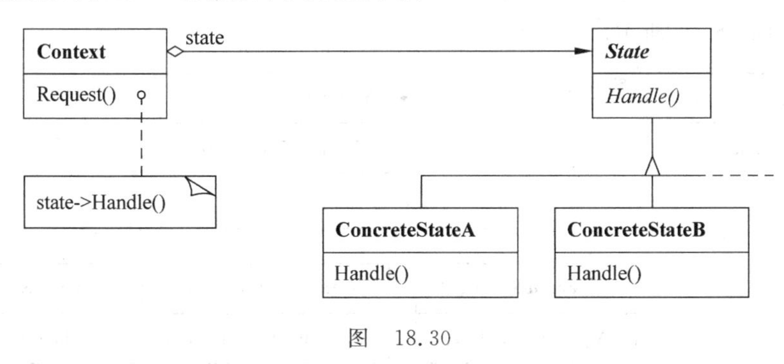

图 18.30

【例 18.1】

```
abstract class State {
  abstract void handle();
  abstract void goNext(Context ct);
}
class State1 extends State{
  void handle(){System.out.prinln(1)};
  void goNext(Context ct){
     ct.setState(new state2()); //状态 1 结束后转为状态 2
  }
}
⋮
class Context {
   State   current;
   void   setState(State  s){
     current = s;
   }
   void   request(){
```

```
        if(current! = null) {
            current.handle();
            current.goNext(this);
        }
    }
}
```

(3) 效果。

- 优点：状态对象化后，如果 Context 出现新的状态，可对 State 扩展出具体子类，而 Context 中的代码不用修改，体现了开闭原则。
- 缺点：如果 Context 的状态过多，则会造成 State 具体类过多。

18.6.9 策略

(1) 问题：程序设计中的算法需要更新，当这种更新需要改变现有系统编码时，必然违反开闭原则；另外，不同的算法各有优点，这样可能形成一系列算法，在程序运行时刻需要进行动态选择。

(2) 解决方案：将算法处理对象化，其类图与图 18.30 类似，只是需要解决的问题点发生了改变，如图 18.31 所示。

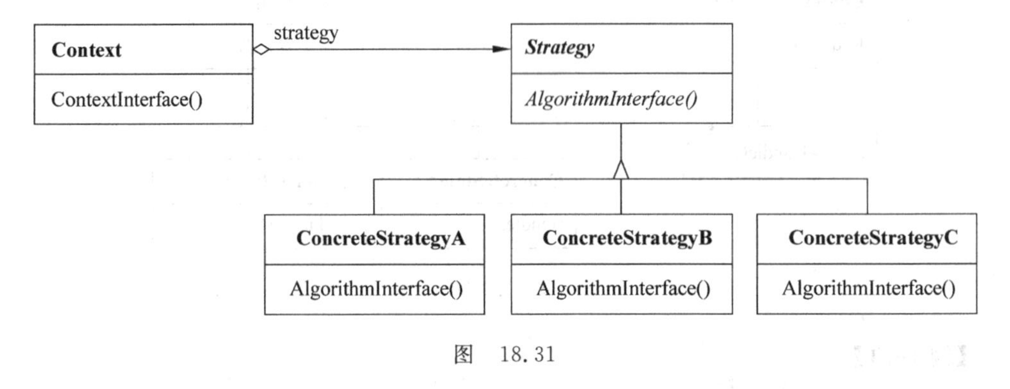

图 18.31

(3) 效果：与状态模式效果类似。

18.6.10 模板方法

(1) 问题：算法可能因为某些步骤的不同而形成多个版本，这就需要处理一系列版本算法中的共性和个性关系，并在程序运行时可动态替换。

(2) 解决方案：定义一个算法的骨架，而将一些步骤延迟到子类中实现。在图 18.32 中，抽象类 AbstractClass 中的 TemplateMethod 一次性实现一个算法的骨架部分，而抽象方法 PrimitiveOperation1 和 PrimitiveOperation2 分别代表算法骨架中的两个易变步骤，这两个步骤在子类中给出实现。不同的子类给出不同的实现就形成了多种算法版本。

(3) 效果。

- 优点：子类对抽象方法给出实现就拥有了整个算法的功能。
- 缺点：算法骨架稳定很重要，否则模板方法失效。

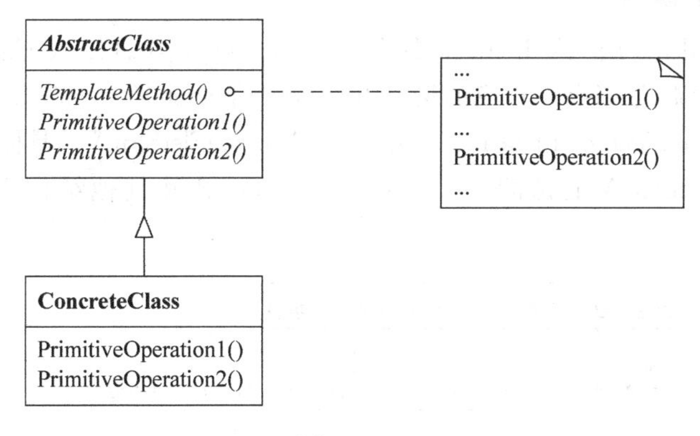

图 18.32

18.6.11 访问者

(1) 问题：对具有集合结构的类的遍历访问，最终会转化为对类中各元素的访问，每种遍历算法因而都是对各元素访问的方法集合。如果集合结构类很稳定，类中的元素也很稳定，但遍历算法经常变化；如果遍历算法定义在集合结构类当中，则集合结构类也会经常变化，因而需要解决既要保持集合结构类的稳定又可对集合结构类中元素能不断更换遍历算法的问题。

(2) 解决方案：图 18.33 的类图中，ObjectStructure 是集合结构类，类中每个结构元素为 Element 类型，类型中定义了一个抽象方法 Accept。图中抽象类 Visitor 中定义了对集合结构类中各具体元素对象的访问方法，其具体派生类则进行相应的实现，这样对集合结构遍历的新算法就表现为扩展 Visitor 生成一个新的具体子类。Visitor 和 Element 交互的顺序图如图 18.34

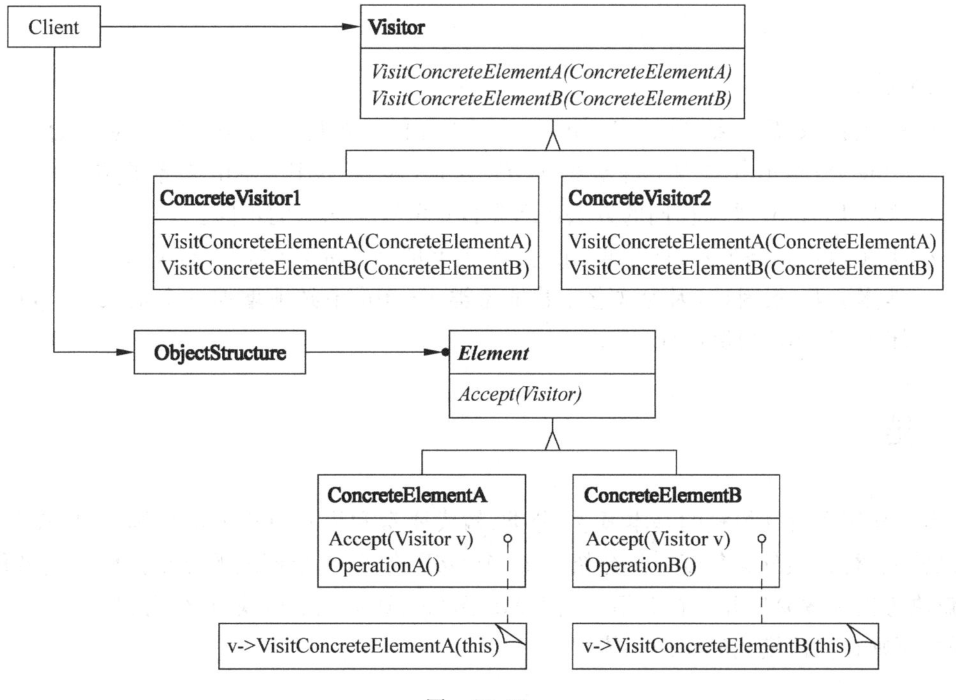

图 18.33

所示,Visitor 对象引用可传入 Element 的各派生子类中,例如传入 ConcreteElementA 后,ConcreteElementA 会调用 Visitor 对应的接口方法 VisitConcreteElementA(aConcreteElementA),Visitor 再根据传入的 aConcreteElementA 引用调用 ConcreteElementA 的具体方法 OperationA,完成对 ConcreteElementA 的访问,对 ConcreteElementB 和其他结构元素对象的访问也类似。

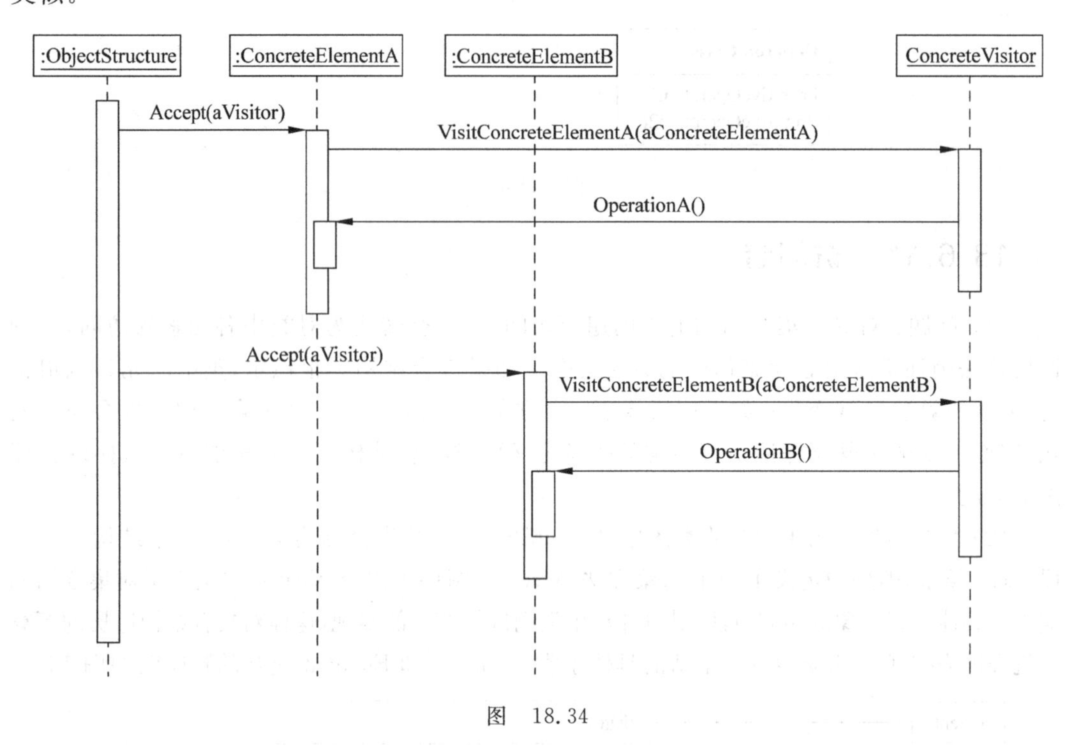

图 18.34

(3) 效果。

- 优点:只需在抽象类 Visitor 下派生出一个具体子类就可为集合结构类 ObjectStructure 增加一个新的遍历算法;Visitor 对 Element 对象的访问方法各异,这与 Iterator 采用相同的方法访问集合对象有着明显的不同。
- 缺点:ObjectStructure 中增加一个新类型的结构元素(即 Element 扩展出一个新的具体子类)很困难,因为这意味着抽象类 Visitor 中必须增加一个抽象接口,从而破坏了 Visitor 的稳定性。

小结

本章介绍了设计模式的基本概念、分类、构成要素和模式应遵循的原则,之后按照创建型、结构型、行为型分类角度一一介绍了 23 个 GoF 模式,每个模式的介绍按照模式名称、问题、解决方案和效果展开。在介绍中用 UML 图来表达模式的解决方案,并进一步强调了设计模式原则在具体模式的应用和体现。

习　题

1. 设计模式的含义是什么？
2. 设计模式的原则有哪些？各自的含义是什么？
3. 设计模式的分类依据是什么？模式构成的主要要素都有哪些？
4. 结合第 17.12 节和第 17.13 节的代码，讨论都应用了哪些设计模式？

第19章 软件框架

19.1 基本概念

19.1.1 软件框架定义

软件框架(Software Framework)是对通用功能操作进行抽象的软件，这些抽象的功能操作可以被应用代码通过框架提供的API接口进行有选择的改变，从而形成特定的应用软件。基于框架的应用软件在编程上可以复用框架代码，而不必从头编写。

软件框架具有四个特点：基于框架的应用程序的流程控制在框架内部；框架针对通用功能给出了默认实现；框架内部代码不可被用户修改；框架可以被应用代码有选择的覆盖(重定义框架中的代码功能)或者细化(对框架中的空方法给出具体实现)来扩展功能。

框架中的一些称为Hotspot类充当了框架和应用程序的结合点，如图19.1所示。应用程序在设计上需要继承框架中的Hotspot类，并对Hotspot的指定方法，例如operation进行覆盖或者细化来扩展功能操作。在运行时刻，框架通过向Hotspot对象发送operation消息来调应用代码。

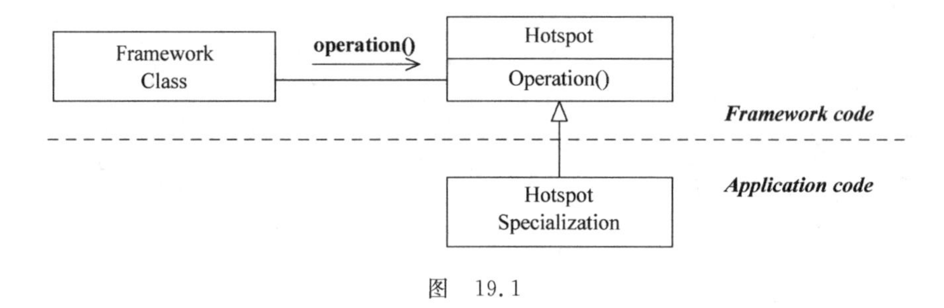

图 19.1

注意：

(1) Hotspot一般为框架内定义的类，但基于Java技术的框架一般采用接口(Interface)充当Hotspot。因为用接口比抽象类耦合程度更低，同时这样的框架一般都给出一个接口的抽象实现类，为应用提供更灵活的选择，即应用可以选择接口作为Hotspot，也可选择抽象类作为Hotspot。

(2) 基于框架的编程不应仅了解Hotspot，更应了解不为应用控制的框架内部程序流程，因为只有这样，框架内部功能逻辑、Hotspot、应用功能逻辑才能构成一个清晰完整的逻辑理解链条。

19.1.2 软件框架与设计模式比较

框架和设计模式既有联系又有区别，区别点在于框架是软件，而设计模式是软件的知识：

(1) 从应用领域上分，框架给出的是整个应用的体系结构，而设计模式则给出了单一设计问题的解决方案，并且这个方案可在不同的应用程序或者框架中应用。

(2) 从内容上分，设计模式仅是一个单纯的设计，这个设计可被不同语言以不同方式来实现；而框架则是设计和代码的混合体。

(3) 设计模式比框架更容易移植。基于框架的应用程序开发显然要受制于框架的实现环境；而设计模式是与语言无关的，可以在各种环境中应用。

框架和设计模式的联系是：框架为应用提供核心关键技术，因而框架设计应充分体现设计模式及其原则思想，只有这样，框架的结构设计才能更合理，应用对其的复用程度才能更高，进而为软件项目开发带来更多益处。

19.1.3 Java 应用框架

框架编程在业界已经非常普遍，甚至可以说不采用框架进行大型软件系统设计与实现已经是不可思议的事情了。常用的框架技术路线主要有两类，一类是微软的.NET Framework，另一类是基于J2EE的Java应用框架，如Struts、Hibernate、Spring。Struts是实现MVC(Model-View-Controller)架构的框架，分为Struts1和Struts2两个版本；Hibernate是一个开放源代码的对象关系映射框架，它将对数据库对象的操作转化为对框架中对象的操作；Spring是个全方位的应用程序框架，在提供MVC框架解决方案的同时，也可以与Struts、Hibernate整合，此外还提供面向方面编程的AOP子框架。

AOP(Aspect-Oriented Programming)是相对于面向过程、面向对象编程而言一种新的编程思想。AOP将需求看成多个方面构成的混合体，在设计上按照方面进行编程，最后再将多个方面合成一个整体。为此引入了advice(告知)、pointcut(切入点)、joinpoints(联结点)等机制，实现方面之间的联系。在图19.2中，根据AOP编程思想，可将一个案例中的需求分为业务逻辑、安全性、持久存储、日志四个方面。如果采用面向对象的编程思维，则每个对象都有可能涉及四个方面，当某个方面需要调整时，所有对象都需要调整，而采用AOP进行编程则可避免这一情况的发生。

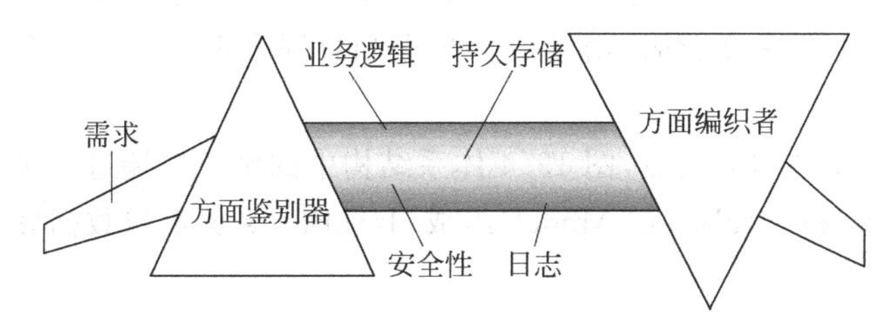

图 19.2

19.1.4 软件框架与应用的控制关系

应用程序基于框架编程就是对框架的复用，这种复用自然引出框架与应用之间控制关系问题。应用程序复用框架，必须以 Hotspot 作为连接点，因而框架在某种程度上就决定了应用，或称应用依赖于框架。当应用依赖框架程度较高时，应用只能复用特定的框架，当有功能或性能更好的框架出现时，可能会因 Hotspot 的差异而无法移植。如果能做到应用不依赖于框架，控制关系就会反向(IoC，Inversion of Control)，框架和应用的耦合关系就会大大降低，从而对框架和应用都有益处。本章下面的内容以 Struts1 和 Struts2 两个版本的框架为例，对框架与应用之间的正向控制与反向控制给出进一步说明。

19.2 Struts1 框架

19.2.1 MVC 结构

应用程序通常要处理数据及其界面表示这样的功能需求，需要处理的数据就是 Model，而数据的表现就是 View，处理的方式不同就形成了不同类型的体系结构。

图 19.3 展示的体系结构由浏览器端、服务器端组成，服务器端结构中只有 JSP 这个独立模块，它负责与数据库进行交互，JSP 模块中数据和数据表现混杂在一起。

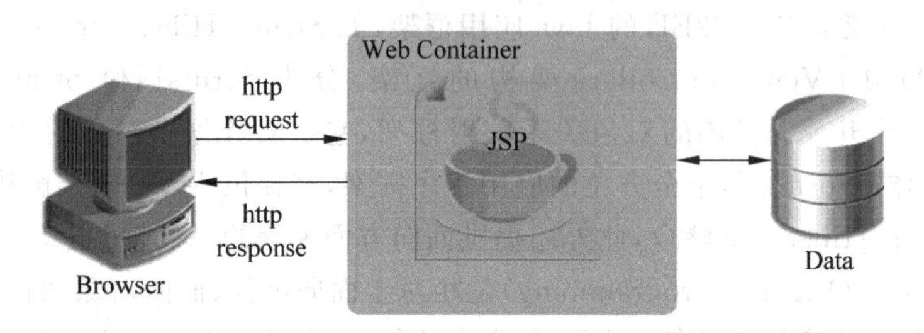

图 19.3

这种结构的特点是：

(1) 当软件系统功能较少时，这种结构设计比较合适。

(2) 当软件系统功能较多时，这种结构决定了任务在团队成员之间分配只能按照功能进行划分。引起的问题是：每个功能页面都要编写数据处理逻辑和数据表现，重复工作量大，出错时不易排查；需求变化时，由于数据操作和数据表现代码混杂而难以适应，进而不易于设计复用。

鉴于图 19.3 体系结构的弱点，图 19.4 体系结构中的服务器端进行了一些调整，即服务器端改由 JSP(View)和 JavaBeans(Model)组成，JavaBeans 负责与数据库交互，JSP 负责数据的视图表现。

这种结构的特点是：

(1) 复用程度提高。模型与视图分离，二者可以独立变化并且可以复用。

(2) 易于提升团队合作效率。团队成员的分工标准不再简单地按功能划分，而可以按

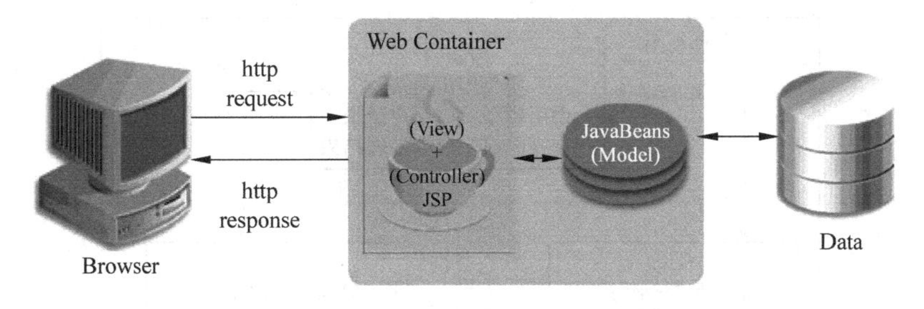

图 19.4

照模型和视图进行分工，降低了重复工作量。

(3) 易于锁定问题。当功能页面出现问题时，视图问题在JSP中查找，数据处理逻辑问题在JavaBean模块中查找。

图19.5则在图19.4的基础上，对体系结构进行了进一步优化，其服务器端结构称为MVC结构，即由Servlet(Controller)、JSP(View)、JavaBean(Model)构成。这种结构的特点是：

(1) 进一步提高了复用程度。将视图、控制和模型分离，从而三者可以独立变化、降低了耦合性并且进一步提高了模块的复用性。例如通过控制逻辑可将多个视图与一个模型对应，也可将多个模型与一个视图对应。

(2) 团队合作效率得到充分发挥，成员的任务分工界面更加清晰。

(3) 更容易锁定问题。当功能页面出现问题时，视图问题在JSP中查找，数据处理逻辑问题在JavaBean模块中查找，控制逻辑在Servlet中查找。

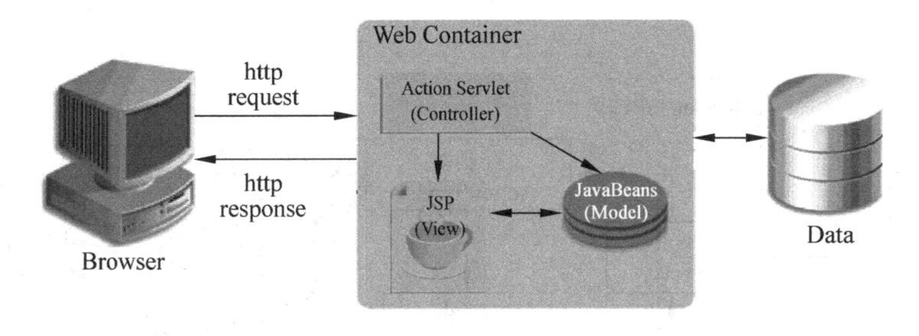

图 19.5

MVC内部参考逻辑关系可用图19.6来说明，其关系类似电视频道、电视和遥控器之间的关系。设计一个具有MVC结构的框架需要用到许多设计模式，例如可利用观察者模式处理MV的关系，用策略模式处理VC的关系(不同的策略将形成不同的控制方式)，用组成模式处理视图嵌套问题，用装饰模式处理视图的装饰问题等。

19.2.2 Struts1 结构

图19.7是Struts1实现MVC的内部结构图，控制器为ActionServlet和Action，ActionServlet根据配置文件的要求，可在一个Action调用结束后，再转交给另一个Action进行处理；模型为ActionForm和JavaBean；视图为JSP。控制器和视图部分由Servlet/JSP容器进行管理。Struts1框架负责为Model、View、Controller三者之间的关系调用提供一个基本的环境。

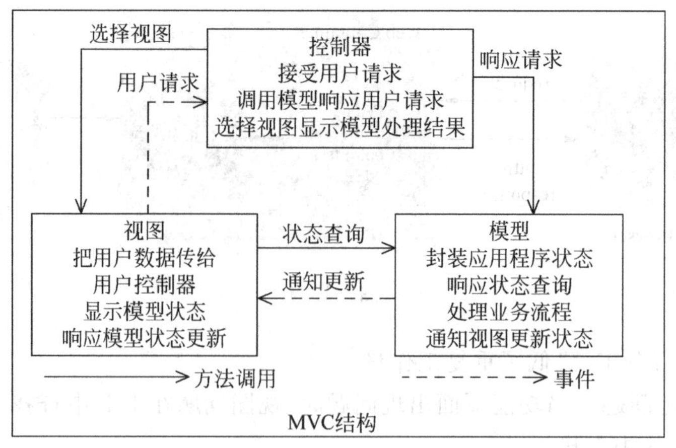

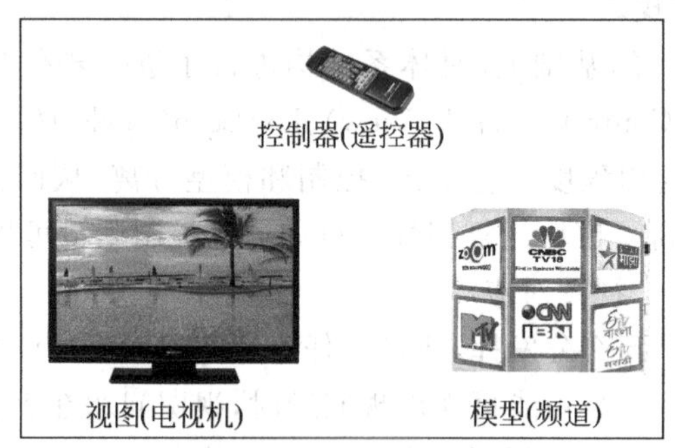

图 19.6

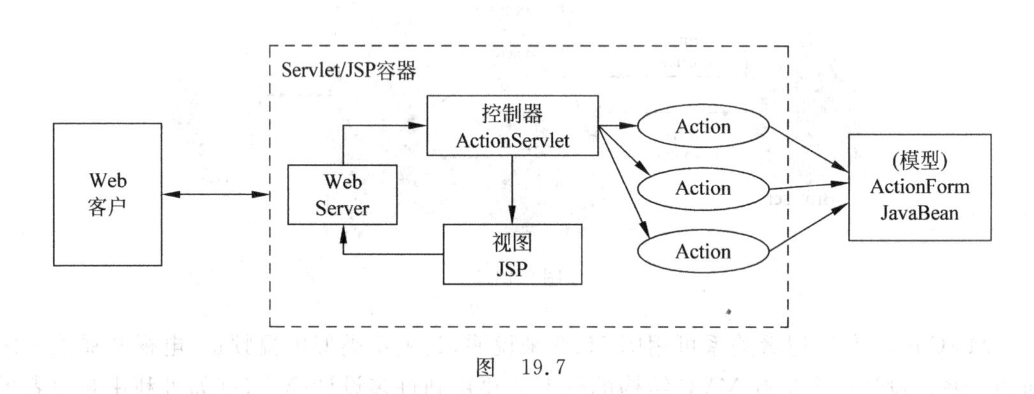

图 19.7

图 19.8 以一次 HTTP 请求为例,说明 Struts1 结构内部的执行逻辑。

(1) web. xml 是 Servlet/JSP 容器的配置文件,它的作用是让容器识别 Struts1 框架所必需的 ActionServlet 和标签库文件; struts-config. xml 是让 Struts1 框架来识别一个基于 Struts1 的应用并指示应用的控制逻辑。当 Servlet/JSP 容器启动后,容器根据 web. xml 的配置可将相关请求转给 ActionServlet, ActionServlet 根据 struts-config. xml 中对 ActionForm 和 ActionMapping 的配置,进行相应的配置解析和检查。如果发现配置文件配置语法或配置的类没有找到,执行逻辑将转到视图 JSP 中进行错误提示; 如果配置正确,则建立 ActionForm 对象(Struts1 的 Hotspot 类之一)。HTTP 请求的数据自动送入 ActionForm 对象中进行数据存储并校验,如校验没通过,执行逻辑转到视图 JSP 中进行相

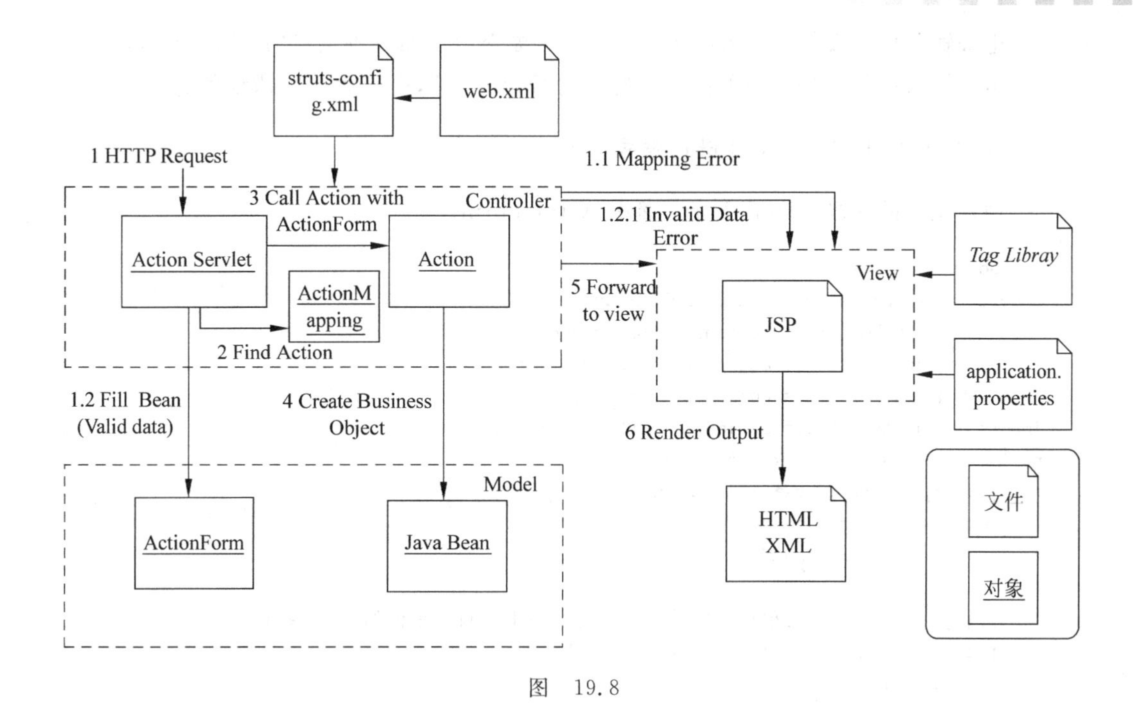

图 19.8

应的错误处理。

(2) 如果 ActionForm 校验通过，建立 ActionMapping 对象并通过配置内容建立 Action(Action 是 Struts1 框架提供的另一个 Hotspot)对象。

(3) Struts1 将请求连带 ActionForm 对象转发给 Action。

(4) 在 Action 中 JavaBean 实例化后执行相应的业务逻辑处理。

(5) 当 Action 执行完毕后，Struts1 根据 struts-config. xml 的配置检查是否需要执行其他的 Action(即请求重定向)。如需要则调用其他的 Action，此时执行逻辑将从图 19.8 中的“2 Find Action”再重复执行；如果不需要调用其他 Action，则执行逻辑转给视图 JSP。

(6) 作为 Struts1 视图表现的 JSP 应具有逻辑判断和访问框架内部对象数据的能力。从图 19.8 中可见，图中的三种控制请求可转到同一 JSP 页面，此外，JSP 页面还要处理用户的首次直接访问请求，这意味着 JSP 应该对不同请求具有相应逻辑判断进而分别处理的能力；当 JSP 执行时，JavaBean 中的数据并没有传递给 JSP，JSP 应具有访问 JavaBean 的能力。为了满足上述要求，Struts1 视图 JSP 采用框架提供的标签(Tag library)对 JavaBean 进行访问以及对业务逻辑进行判断，另外还提供生成页面表单的 HTML 标记的功能，以及对 application. properties 文件(页面中的提示文字包含在该文件之中，这样有利于应用的语言国际化处理)的访问功能。

19.2.3 Struts1 应用案例

1. 应用需求

- 输入验证：如果用户没有输入姓名就提交表单，返回错误信息并提示用户输入姓名。

- 正确输入后的反馈：输入姓名<name>，提交后返回正确信息“Hello<name>!”。
- 错误输入后的反馈：如果输入的姓名为“Monster”，提交后返回错误信息。

2. 针对 Struts1 的 Hotspot 进行编程

- 输入验证的实现：HelloForm 继承 ActionForm。

```
package hello;
import javax.servlet.http.HttpServletRequest;
import org.apache.struts.action.ActionMessage;
import org.apache.struts.action.ActionErrors;
import org.apache.struts.action.ActionForm;
import org.apache.struts.action.ActionMapping;
public final class HelloForm extends ActionForm {
    private String userName = null;
    public String getUserName() {
        return (this.userName);
    }
    //提交的 userName 表单项中的值通过本方法由框架自动赋值给 userName
    public void setUserName(String userName) {
        this.userName = userName;
    }
    //提供 reset 接口对属性设置默认值
    public void reset(ActionMapping mapping, HttpServletRequest request) {
        this.userName = null;
    }
    /* validate 验证 userName 表单项内容是否为空。errors 为哈希表结构,可向其中添加错误信
       息。ActionMessage 对象可以访问 application.properties 指定字符对应的文本串 */
    public ActionErrors validate(ActionMapping mapping,
          HttpServletRequest request) {
        ActionErrors errors = new ActionErrors();
        if ((userName == null) || (userName.length() < 1))
          errors.add("username", new
            ActionMessage("hello.no.username.error"));
          return errors;
    }
}
```

application.properties 内容如下：

```
hello.jsp.title = Hello - A first Struts program
hello.jsp.page.heading = Hello World! A first Struts application
hello.jsp.prompt.person = Please enter a UserName to say hello to :
hello.jsp.page.hello = Hello
hello.dont.talk.to.monster = We don't want to say hello to Monster!!!
hello.no.username.error = Please enter a <i>UserName</i> to say hello to!
```

- 正确输入与错误输入后的反馈实现：HelloAction 继承 Action。

```
package hello;
import javax.servlet.RequestDispatcher;
import javax.servlet.ServletException;
```

```
import javax.servlet.http.HttpServletRequest;
import javax.servlet.http.HttpSession;
import javax.servlet.http.HttpServletResponse;
import org.apache.struts.action.Action;
import org.apache.struts.action.ActionMessage;
import org.apache.struts.action.ActionMessages;
import org.apache.struts.action.ActionForm;
import org.apache.struts.action.ActionForward;
import org.apache.struts.action.ActionMapping;
import org.apache.struts.util.MessageResources;
public final class HelloAction extends Action {
        public ActionForward execute(ActionMapping mapping, ActionForm form,
                            HttpServletRequest request,HttpServletResponse
                            response)  throws Exception {
        ActionMessages errors = new ActionMessages();
        //从 ActionForm 中得到提交数据
        String userName = (String)((HelloForm) form).getUserName();
        String badUserName = "Monster";
        //逻辑判断,验证是否为"Monster",如果是则转给视图 JSP 处理错误
        if (userName.equalsIgnoreCase(badUserName)) {
           errors.add("username", new
               ActionMessage("hello.dont.talk.to.monster", badUserName ));
           //将 errors 保存在 requst 当中,这样 JSP 标签就可以访问 errors
           saveErrors(request, errors);
           //从配置文件 action 配置项中得到处理错误的 JSP 页面,并将调用转发给它
           return (new ActionForward(mapping.getInput()));
        }
        //产生 JavaBean 对象,用于业务规则处理: pb 保存姓名并将姓名进行持久化存储
        PersonBean pb = new PersonBean();
        pb.setUserName(userName);
        pb.saveToPersistentStore();
        //将产生的 pb 对象的引用存入 request 当中,由视图 JSP 中的标签来访问
        request.setAttribute("personbean", pb);
        // 因为没有重定向现象的发生,所以 ActionForm 对象从 request 当中删除
        request.removeAttribute(mapping.getAttribute());
        // 执行逻辑转交给视图 JSP(由名称属性为 SayHello 的 forward 标记指定)
        return (mapping.findForward("SayHello"));
    }
}
```

- JavaBean 编程。

```
package hello;
public class PersonBean {
    private String userName = null;
    public String getUserName() {
        return this.userName;
    }
    public void setUserName(String userName) {
        this.userName = userName;
    }
```

```
    //空方法,可扩展功能为:提交 userName 的持久化处理,例如存入数据库或文件当中
    public void saveToPersistentStore() { }
}
```

3. Struts1 部署

- Tomcat 配置。如对 jakarta-tomcat-5.0.24.zip 进行解压,安装目录设为<CATALINA_HOME>,子目录含义如表 19.1 所示。

表 19.1

目　　录	描　　述
/bin	存放 Windows、Linux 平台启动和关闭脚本文件
/conf	存放 tomcat 的重要配置文件,尤其是 server.xml
/server	子目录 lib 下存放 tomcat 所需的 JAR 文件;子目录 webapps 下存放 tomcat 自带的 admin 和 manager 两个应用
/common/lib	存放 tomcat 和所有 Web 应用都可以访问的 JAR 文件
/shared/lib	存放所有 Web 应用都可以访问的 JAR 文件
/logs	存放 tomcat 的日志文件
/webapps	Web 应用的发布目录
/work	由 JSP 生成的 Servlet 存放于此

- 安装 JDK。如安装 JDK1.5,设安装目录为"C:\Program Files\Java\jdk1.5.0_04"。
- 配置 java_home 环境变量。可在【我的电脑】上右击,在【属性】|【高级】|【环境变量】中选择系统变量【新建】,变量名输入"java_home",变量值输入"C:\Program Files\Java\jdk1.5.0_04"。
- Struts1 应用部署。在"<CATALINA_HOME> \webapps"下建立一个"hello"的应用,在其下的"WEB-INF"目录中,存放 Struts1 所需的标签库 TLD 文件和 web.xml、struts-config.xml 文件,如图 19.9(a)所示;在 lib 子目录下放置 Struts1 框架所需要的 jar 文件,如图 19.9(b)所示。标签文件和 jar 文件可从网址 http://struts.apache.org/downloads.html 下载得到,Struts1 不同版本的文件名称略有不同。

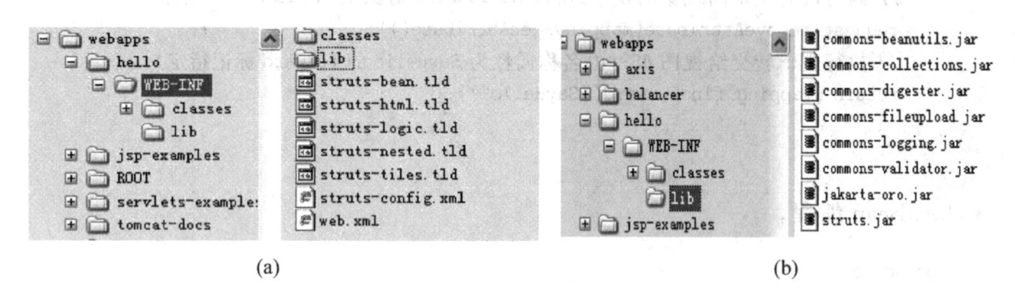

(a)　　(b)

图 19.9

- web.xml 文件的内容配置如下:

```
<?xml version = "1.0" encoding = "UTF - 8"?>
<!DOCTYPE web - app
  PUBLIC " - //Sun Microsystems, Inc.//DTD Web Application 2.2//EN"
  "http://java.sun.com/j2ee/dtds/web - app_2_2.dtd">
```

```
<web-app>
  <display-name>HelloApp Struts Application</display-name>
  <!-- Action Servlet 包路径配置 -->
  <servlet>
    <servlet-name>action</servlet-name>
    <servlet-class>org.apache.struts.action.ActionServlet</servlet-class>
      <init-param>
        <param-name>config</param-name>
        <param-value>/WEB-INF/struts-config.xml</param-value>
      </init-param>
      <load-on-startup>2</load-on-startup>
   </servlet>
  <!-- Action Servlet URL 映射,凡是"*.do"的请求都转给 ActionServlet 进行处理 -->
  <servlet-mapping>
    <servlet-name>action</servlet-name>
    <url-pattern>*.do</url-pattern>
  </servlet-mapping>
  <welcome-file-list><!-- 默认欢迎页面的设置 -->
    <welcome-file>hello.jsp</welcome-file>
  </welcome-file-list>
  <!-- 对应用的标签库文件进行设置 -->
  <taglib>
    <taglib-uri>/WEB-INF/struts-bean.tld</taglib-uri>
    <taglib-location>/WEB-INF/struts-bean.tld</taglib-location>
  </taglib>
  <taglib>
    <taglib-uri>/WEB-INF/struts-html.tld</taglib-uri>
    <taglib-location>/WEB-INF/struts-html.tld</taglib-location>
  </taglib>
  <taglib>
    <taglib-uri>/WEB-INF/struts-logic.tld</taglib-uri>
    <taglib-location>/WEB-INF/struts-logic.tld</taglib-location>
  </taglib>
</web-app>
```

注意：web.xml 内容格式为 XML。XML(EXtensible Markup Language)为可扩展置标语言(标记可以自定义)，与固定置标语言 HTML 同属于 SGML(Standard Generalized Markup Language，标准通用置标语言)。XML 以特定的结构表达数据，其结构格式不仅要求良好(遵守 XML 规范、根元素只有一个、适当的元素嵌套)，而且应该有效(用 DTD 或 Schema 文件规定 XML 文件结构上的合法性)。由于格式具有树形结构特点，因而可用 CSS(Cascading Style Sheet)或 XSL(EXtensible Stylesheet Language)的样式单进行显示，也可以通过国际上认可的标准接口 DOM(Document Object Model)或 SAX(Simple API for XML)以面向对象的方式对 XML 文件进行读写操作。更多关于 XML 的相关内容可参考有关书籍。

- 应用类部署：HelloAction、HelloForm、Person 三个类以及 application.properties 存放路径如图 19.10 所示。
- struts-config.xml 文件的内容配置如下：

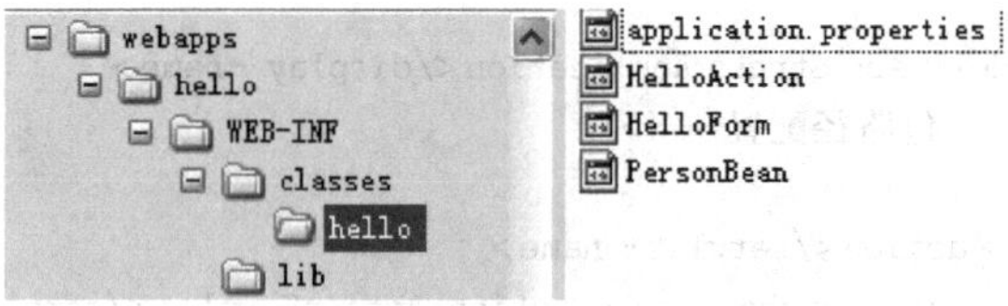

图 19.10

```
<?xml version = "1.0" encoding = "ISO - 8859 - 1" ?>
<!DOCTYPE struts - config PUBLIC
          " - //Apache Software Foundation//DTD Struts Configuration 1.1//EN"
          "http://jakarta.apache.org/struts/dtds/struts - config_1_1.dtd">
< struts - config >
    <! --  ========  ActionForm 包路径定义 ============================-->
    < form - beans >
        < form - bean name = "HelloForm" type = "hello.HelloForm"/>
    </form - beans >
  <! --  ==========  Action 映射定义  ================================  -->
  < action - mappings >
    <!—path 属性是 action 的 url,据此可确定返回的 HTML 页面中 form 标记的 action 属性值   -->
    < action path = "/HelloWorld"
          <! -- action 的包路径  -->
          type =  "hello.HelloAction"
          <! -- 指定与 action 关联的 ActionForm,与< form - beans >中的 name 对应  -->
          name =  "HelloForm"
          <! -- 指定 ActionForm 的生命周期,其值还可为 page、session、application  -->
          scope =  "request"
          <! -- 如果为 true,ActionServlet 调用 ActionForm 的 validte()方法 -->
          validate   = "true"
          <! --  ActionForm 的 validte()方法返回错误时的调用页面  -->
          input  =  "/hello.jsp"
     >
          <! -- action 中 execute()执行完毕后转发给其他 action 或 JSP 页面,
          可以设置多个< forward >,不同< forward >的 name 属性值应不同 -->
          < forward name = "SayHello" path = "/hello.jsp" />
    </action >
  </action - mappings >
  <! --  ==========  信息资源文件定义 ===================-->
  < message - resources parameter = "hello.application"/>
</struts - config >
```

4. JSP 视图设计

```
<%@ taglib uri = "/WEB - INF/struts - bean.tld" prefix = "bean"  %>      }
<%@ taglib uri = "/WEB - INF/struts - html.tld" prefix = "html"  %>      } ①
<%@ taglib uri = "/WEB - INF/struts - logic.tld" prefix = "logic"  %>    }
< html:html locale = "true">                                                }
  < head >                                                                  }
    < title >< bean:message key = "hello.jsp.title"/></title >              }
    < html:base/>                                                           } ②
  </head >                                                                  }
  < body bgcolor = "white">< p >                                            }
    < h2 >< bean:message key = "hello.jsp.page.heading"/></h2 >< p >        }
```

```
    <html:errors/><p>                                                        } ③
     <logic:present name="personbean" scope="request">
        <h2>
          <bean:message key="hello.jsp.page.hello"/>
                                                                               ④
          <bean:write name="personbean" property="userName" />!<p>

        </h2>
     </logic:present>
     <html:form action="/HelloWorld.do" focus="userName" >
       <bean:message key="hello.jsp.prompt.person"/>
       <html:text property="userName" size="16" maxlength="16"/><br>
       <html:submit property="submit" value="Submit"/>                         ⑤
       <html:reset/>
     </html:form><br>
   </body>
</html:html>
```

程序说明

程序中对应标号部分的标签含义如下：

(1) 加载标签库并进行前缀命名，JSP 中主要用标签(<前缀名：标签名 属性=值>)来表达逻辑、输出 HTML、与 JavaBean 和资源文件进行交互等，JSP 中不再含有 Java 代码。熟悉标签库是学习 Struts 的重要内容。

(2) JSP 中没有直接的文本内容，利用<bean:message>从 application.properties 中得到 key 对应的字符串替代。

(3) 对 ActionForm 以及 Action 中的错误进行界面表现处理。

(4) 当 JavaBean 存放在 request 当中时，<logic:present>主体才被执行，通过<bean:write>得到 request 中指定 javabean 的属性值。

(5) 生成相应的 HTML 标记。

5. 应用的执行流程

- 输入 JSP 的链接地址，JSP 中①②⑤执行，执行结果如图 19.11 所示，此时<form>标记中的 action 属性值为"/HelloWorld.do"。

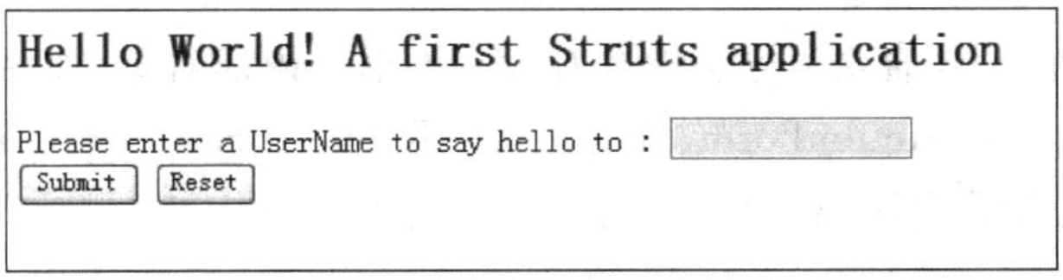

Hello World! A first Struts application

Please enter a UserName to say hello to :

Submit Reset

图 19.11

- 在图 19.11 中，没有输入姓名时点 Submit，请求转发给 ActionServlet，参数传递给 HelloForm 时校验没有通过，JSP 中①②③⑤执行，执行结果如图 19.12 所示。
- 在图 19.11 中，输入 Monster 后点 Submit，请求转发给 ActionServlet，当调用 HelloAction 时校验没有通过，JSP 中①②③⑤执行，执行结果如图 19.13 所示。
- 在图 19.11 中，输入 Jack 后点 Submit，请求转发给 ActionServlet，应用没有发生任何校验错误，JSP 中①②④⑤执行，执行结果如图 19.14 所示。

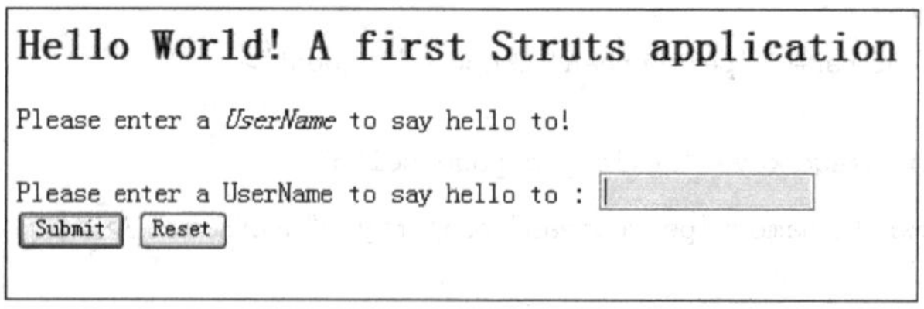

Hello World! A first Struts application

Please enter a *UserName* to say hello to!

Please enter a UserName to say hello to :

Submit Reset

图 19.12

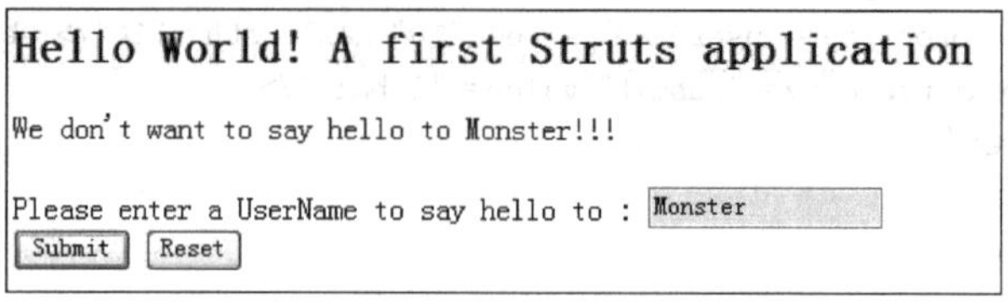

Hello World! A first Struts application

We don't want to say hello to Monster!!!

Please enter a UserName to say hello to : Monster

Submit Reset

图 19.13

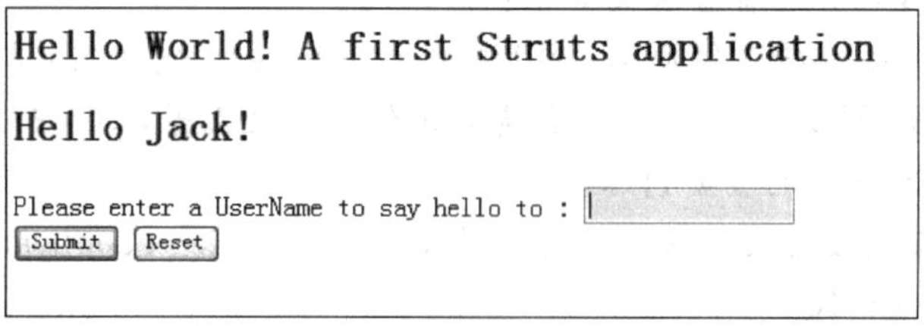

Hello World! A first Struts application

Hello Jack!

Please enter a UserName to say hello to :

Submit Reset

图 19.14

19.2.4 Struts1 评价

Struts1 是实现 MVC 结构的框架，MVC 复杂的关系调度由框架解决，编程者只需要继承指定的 Hotspot 类完成应用业务逻辑设计就可拥有一个具有 MVC 结构的应用程序，从而提高了 Model、View 模块的复用性。但是 Struts1 也存在不足，主要表现在以下方面：

(1) 框架同应用是正向控制关系，即应用依赖于框架：Hotspot 为 Action 和 ActionForm 两个抽象类，抽象类方法中含有大量的框架内部对象，如 Action 类 execute 方法中有 ActionMapping、ActionForm、HttpServletRequest、HttpServletResponse，这是一种侵入式设计，如果应用代码脱离 Struts1 将不能被复用。

(2) 易产生线程安全问题：Struts1 的 Action 采用单件模式实现，当有多个请求发生时，容易产生线程安全问题。

(3) ActionForm 的冗余问题：每个请求都要编写 ActionForm 进行数据校验，即使不校验也要在 struts-config.xml 中注明。

(4) 表现层单一：只支持 JSP，不支持其他表现层技术，如 Velocity、FreeMaker 等。

上述问题是 Struts1 本身框架设计决定的，要解决这些问题，必须对框架结构进行根本性的改变。Struts2 就是采用了和 Struts1 截然不同的框架结构设计来解决上述问题的。

19.3 Struts2 框架

Struts2 源于 WebWork(开源组织 opensymphony 的开源项目),可以看做是 WebWork 的升级版本而不是 Struts1 的升级版,因而与 Struts1 有着明显的结构差异,基于框架的编程思维也截然不同。

19.3.1 Struts2 框架结构

图 19.15 是 Struts2 的框架结构和请求处理流程图。作为体现 MVC 结构特点的框架,Struts2 的 Controller 就是由核心控制器 FilterDispatcher 和 Action 组成的。其中,Action 执行时调用 Model 类,执行完毕后决定调用哪个视图进行显示;Model 是反映业务规则的自定义类;View 即图中的含有视图名称的 Result,Result 支持模板技术。模板技术是指将视图显示和业务规则代码分离的一种技术。分离的目的是为了复用,例如 JSP 的标签技术就是一种模板技术。

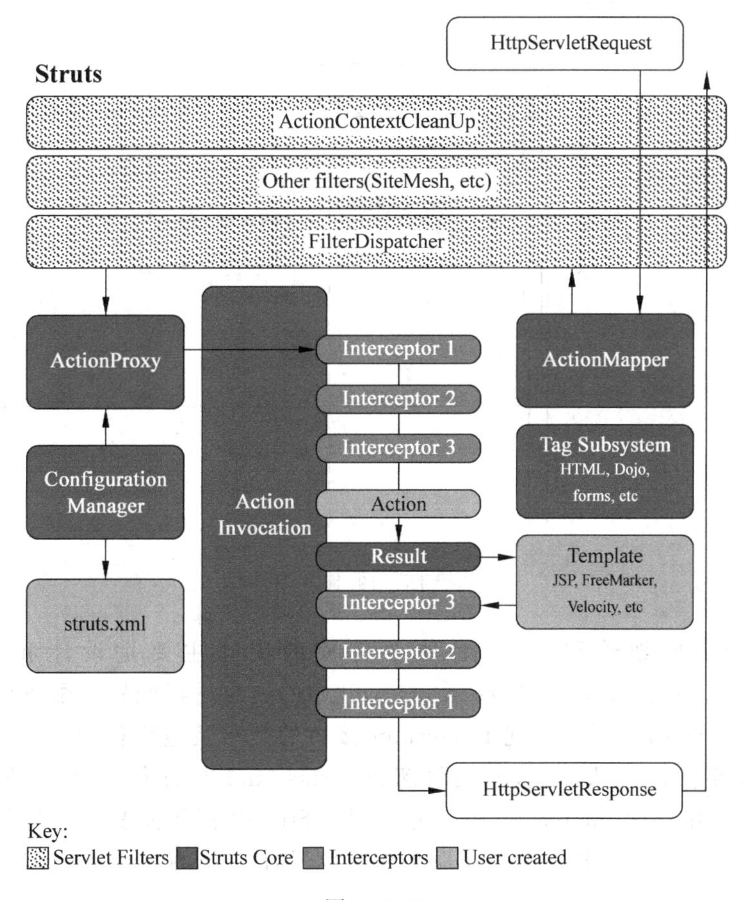

图 19.15

Struts 从第二代版本开始，将核心功能放在了拦截器(Interceptor)上，以增强 Struts 的灵活性。拦截器可以在用户请求 Action 之前与之后进行调用，进行一些业务预处理或善后处理。一个 Action 对应的拦截器的数量可以是 1 个或多个，也可以没有拦截器。

Struts2 对请求处理的流程是：请求首先通过 ActionContextCleanUp、Other filters、FilterDispatcher 这些应用服务提供的过滤器到达 ActionMapper，ActionMapper 负责将请求和对应的 action 处理进行 Map 形式的内部绑定；之后请求执行逻辑到达 ActionProxy，ActionProxy 通过 Configuration Manager 访问框架配置文件 struts. xml，找到配置的 Action 类及 Interceptor，再通过产生 ActionInvocation 类对象对配置的 Action 与 Interceptor 进行调用管理，如图 19.16 的序列图所示。由于对 Interceptor 的调用为同步类型，因而 Action 的 execute 方法执行后，调用会依次返回(对 Action 进行善后处理)，好像 Interceptor 出栈的效果，其等效序列图如图 19.17 所示。当 Action 执行完毕后，将决定 Result 以什么样的视图反馈给用户。

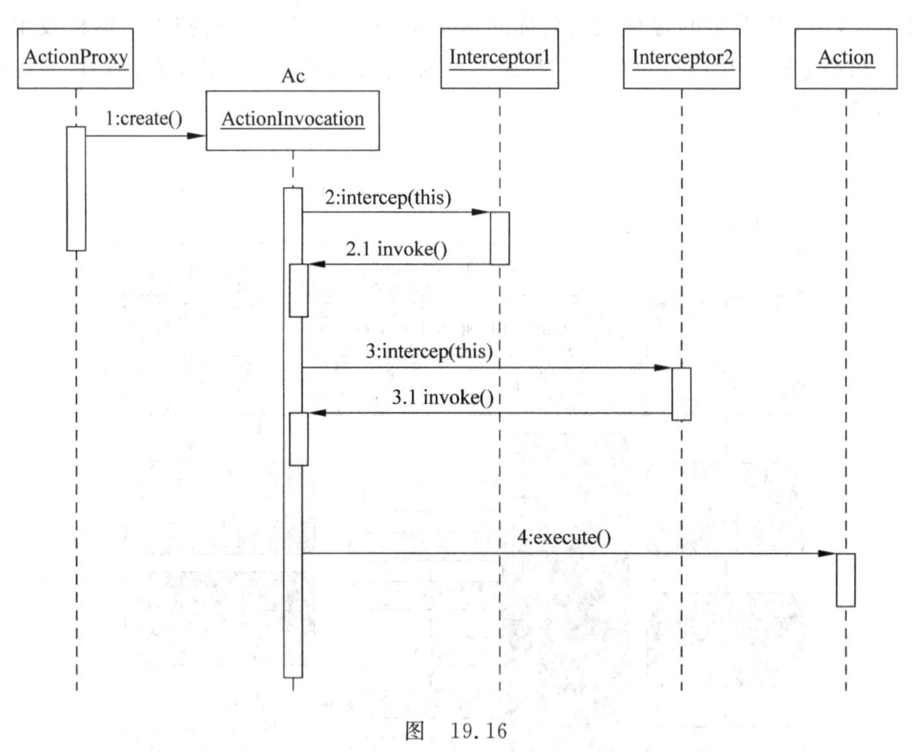

图 19.16

基于 Struts2 框架编程，编程者所要完成的工作主要是设计和编写 Action、Interceptor、视图 Template，并对文件 struts. xml 中的内容进行配置。配置的主要内容包含：Action 的类名及包路径，实现 Interceptor 接口的类名及包路径，Action 与 Interceptor 之间的对应关系。在此基础上，框架将解析 struts. xml 中的内容，利用职责链模式在 ActionInvocation 中管理 Interceptor 的调用关系。Struts2 框架需要一个运行的容器或环境，当选用诸如 Tomcat 这样一个应用服务作为容器时，需要配置 web. xml 文件来产生所需要的过滤器。

Interceptor 在 Struts2 中是个接口，定义了 init、destroy、intercept 三个方法。开发者需

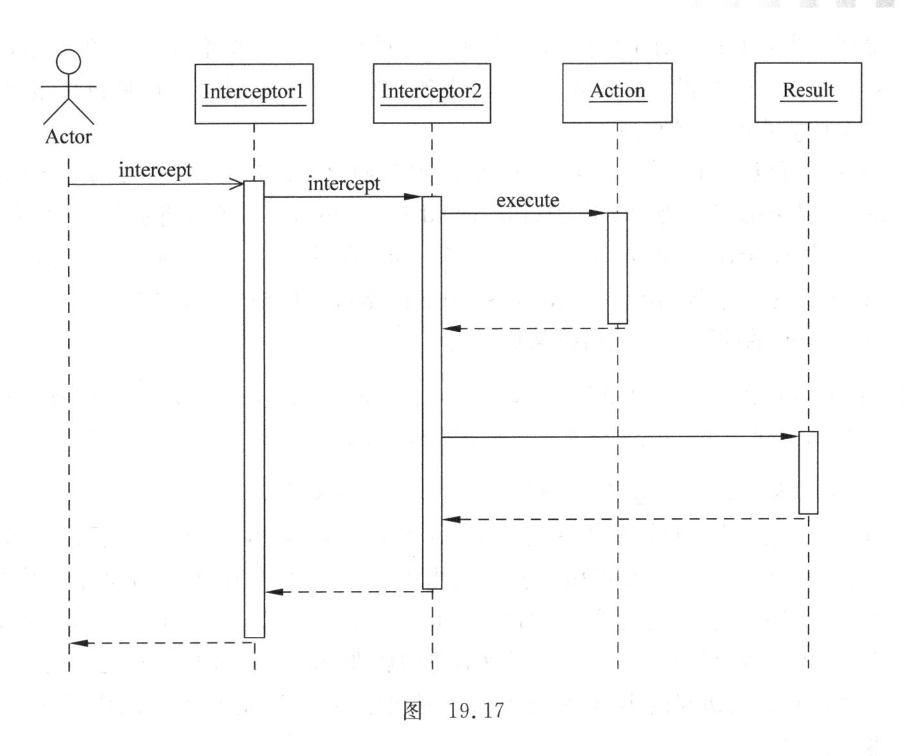

图 19.17

要给出 Interceptor 的实现类，而框架也提供了一个抽象类 AbstractInterceptor，该抽象类给出方法 init 和 destroy 的默认实现，这样用户直接继承 AbstractInterceptor，应用工厂方法或模板方法实现最后一个方法 intercept。其演示代码如下：

```
public class MyInterceptor extends AbstractInterceptor{
   public String intercept(ActionInvocation args0) throws Exception{
     System.out.println("========= 预处理 ========="); //示意代码
     String result = args0.invoke();//得到 invoke()的返回值，也是 Action 的返回值
     System.out.println("========= 后续处理 ========"); //示意代码
     return result;
   }
}
```

19.3.2 Struts2 与 Struts1 的对比

Struts2 很好地解决了 Struts1 中存在的不足之处：

(1) Struts2 是个 IoC 反向控制容器，大大降低了框架和应用的耦合程度。

- Interceptor 链的构成、Action 调用与框架不存在直接的耦合关系，即不需要继承 Hotspot，而是在文件 struts.xml 中通过配置的方式来“告知”框架。这种设计称为依赖注入(Dependency Injection)，可使应用程序脱离 Struts2 框架而移植到其他框架之中，例如 Spring 框架。
- Hotspot 数量减少，框架只提供 Interceptor 接口和一个实现该接口的抽象类 AbstractInterceptor 作为 Hotspot。用户代码实现接口或继承抽象类就可给出自定义的拦截器，自定义拦截器还有框架提供的特定功能拦截器一起可以组成拦截器职

责链。当有新的需求时,将新需求所对应的设计反映在增加的拦截器中,再通过 struts. xml 的配置就可加入职责链,实现和原有系统的对接。这种设计很好地体现了设计模式的开闭原则。

- Action 可以不用继承 Hotspot,也可不用实现任何接口,它是一个拥有 execute 方法的 JavaBean,又称为 POJO 类(Plain Old Java Object,对象含有属性,并且有对应属性名称的 setter 和 getter 方法)。Action 不用传入 HttpServletRequest 对象,Struts2 负责将 HttpServletRequest 中的数据进行解析并自动放入 Action 中,这样对 Action 的测试可以脱离框架而进行了。

注意:Action 也可继承 WebWork 的基类 ActionSupport,继承该类将会导致与框架的紧耦合,但可以更便捷地实现一些应用,例如国际化语言处理。

(2) 避免了内置对象传递引起的侵入式设计问题的发生。

- Struts2 建立了新的数据共享模型 Value Stack(如图 19.18 所示),它将应用请求数据包括 action 的引用全部压入栈结构当中,结构中的每个单元因而都可看做对象,并在视图中通过表达式语言 OGNL(Object-Graphic Navigation Language)对 Value Stack 中的对象进行统一操作,存取对象的属性,调用对象的方法,遍历栈中对象等,从而使对数据访问的 Java 代码从 JSP 视图中分离开,避免了视图中侵入式设计问题的发生。

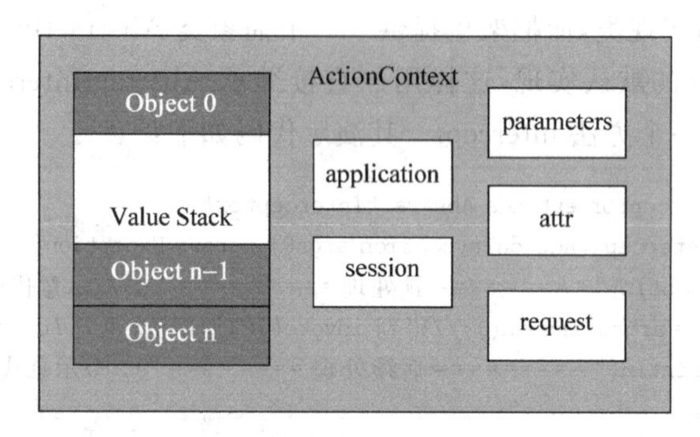

图 19.18

- Struts2 应用外观模式对内部对象进行统一访问,使内部对象不再作为方法参数传递给外部应用(例如拦截器),避免了侵入式设计问题的发生。Struts2 有一个特殊对象 ActionContext,它是一个只在当前线程(即当前请求)中可用的对象。在 Action 以及拦截器中通过单件模式得到 ActionContext 对象引用,再通过该引用得到 request、session、application、attr、parameters 等内部对象,进而获得相关数据。

(3) Struts2 为每一个请求单独建立一个 Action 对象,从而不会产生线程安全问题。

(4) Struts2 去除了 Struts1 中的 ActionForm。数据校验逻辑可以放在 interceptor 的 intercept 方法或者 Action 的 execute 方法中进行。

(5) Struts2 视图通过支持模板技术扩展了表现类型。Struts2 支持的视图类型有 JSP、Velocity 和 FreeMaker。

19.3.3 Struts2 案例

Struts1 案例在 Struts2 下的实现如下。

1. 配置 Struts2

- 安装 JDK：如安装 JDK1.5，设安装目录为“C:\Program Files\Java\jdk1.5.0_04”。
- 配置 java_home 环境变量：可在【我的电脑】右击，在【属性】|【高级】|【环境变量】中选择系统变量【新建】，变量名输入“java_home”，变量值输入“C:\Program Files\Java\jdk1.5.0_04”。
- Struts2 应用部署：安装配置 Tomcat6.0，在“<CATALINA_HOME> \webapps”下建立一个 struts2 的应用，子目录层次如图 19.19 所示。其中 lib 目录下放置相应的 jar 文件，jar 文件可从网址“http://struts.apache.org/downloads.html”处下载得到，scrvlct-api.jar 从 tomcat 安装目录“lib”中得到。

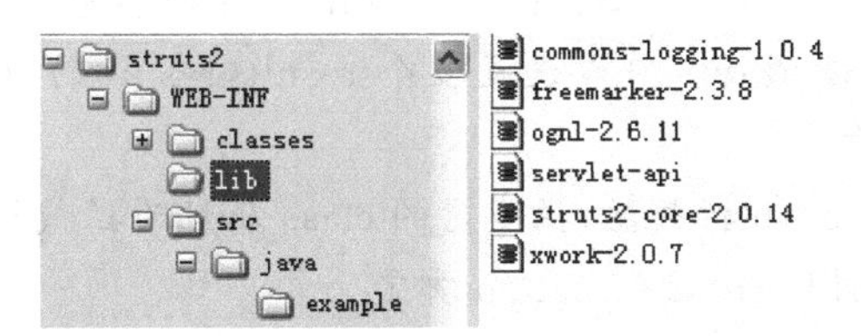

图 19.19

- 在 web.xml(WEB-INF 目录下)中配置 Struts2 过滤器。

```
<?xml version = "1.0" encoding = "UTF - 8"?>
< web - app id = "WebApp_9" version = "2.4"
  xmlns = "http://java.sun.com/xml/ns/j2ee"
  xmlns:xsi = http://www.w3.org/2001/XMLSchema - instance
  xsi:schemaLocation = "http://java.sun.com/xml/ns/j2ee
  http://java.sun.com/xml/ns/j2ee/web - app_2_4.xsd">
   < display - name > Struts Blank </display - name >
   < filter >
       < filter - name > struts2 </filter - name >
       < filter - class > org.apache.struts2.dispatcher.FilterDispatcher </filter - class >
   </filter >
   < filter - mapping >
       < filter - name > struts2 </filter - name >
       < url - pattern >/ * </url - pattern >
   </filter - mapping >
</web - app >
```

- 在 classes 下配置 struts.xml 文件，内容如下：

```
<?xml version = "1.0" encoding = "UTF - 8" ?>
<!DOCTYPE struts PUBLIC
    " - //Apache Software Foundation//DTD Struts Configuration 2.0//EN"
    "http://struts.apache.org/dtds/struts - 2.0.dtd">
```

```
<struts>
    <package name="default" extends="struts-default">
        <interceptors>
            <interceptor name ="auth"
            class ="com.struts2.AuthorizationInterceptor" />
        </interceptors>
        <action name="helloworldstruts2"
            class="com.struts2.HelloWorldStruts2">
            <interceptor-ref name ="auth" />
            <interceptor-ref name="defaultStack"></interceptor-ref>
            <result name="SUCCESS">/HelloWorldStruts2.jsp</result>
        </action>
    </package>
</struts>
```

程序说明

(1) 定义了一个名称为 helloworldstruts2 的 action,该名称应与提交页面 form 标记的 action 属性值保持一致。class 属性指定了 action 包路径和包名；result 标记用于表示 action 执行后应切换的 JSP 页面。可以设置多个 result,result 的属性 name 值将在 Action 中作为所选择 JSP 的名称。

(2) 定义了一个名为 auth 拦截器,拦截器的 class 属性为拦截器的包路径和包名；这个拦截器和名称为 helloworldstruts2 的 action 绑定。

(3) defaultStack 为 Struts2 的默认拦截器,其中定义了许多重要的功能,一般情况下与 action 进行绑定。

(4) struts.xml 中可定义多个 action,每个 action 如果只和一个拦截器绑定,为了避免一一配置的繁琐,可用"<default-interceptor-ref name="拦截器名"/>"(文件中只能有一个)指定一个拦截器为文件中的默认拦截器。只要 action 中没有显式地定义拦截器,这个默认的拦截器会自动与 action 进行绑定。如果 action 显式定义了拦截器,又要和默认拦截器绑定,则可在 action 中显式地引用文件默认拦截器。

(5) 文件中可定义拦截器栈,以加强对拦截器的分类管理。action 或默认拦截器引用了拦截器栈,就等于引用了栈中的所有的拦截器。例如下面配置了一个名为 helloWorldStack 的拦截器栈,栈中有两个拦截器(timer 为框架定义的拦截器,不需要在配置文件中进行重定义),这个拦截器栈被设为文件默认拦截器。

```
<interceptors>
  <interceptor name ="login" class ="com.jamesby.struts2.LogonInterceptor"/>
  <interceptor name ="auth" class ="com.struts2.AuthorizationInterceptor" />
  <interceptor-stack name="helloWorldStack">
      <interceptor-ref name="timer "/>
      <interceptor-ref name="auth"/>
  </interceptor-stack>
</interceptors>
<default-interceptor-ref name="helloWorldStack"/>
```

2. 定义 Action

```
package com.struts2;
```

```
import com.opensymphony.xwork2.*;
public class HelloWorldStruts2 {
  private String userName;
  private String promptLabel = "Here is the effect without Interceptor";
  public String execute(){
    return "SUCCESS";
  }
  public String getUserName(){
    return this.userName;
  }
  public void setUserName(String userName) {
    this.userName = userName;
  }
  public String getPromptLabel() {
    return this.promptLabel;
  }
  public void setPromptLabel(String  promptLabel) {
    this.promptLabel = _promptLabel;
  }
}
```

程序说明

(1) 将 HelloWorldStruts2.java 放置在图 19.19 所示的"example"目录。

(2) 定义了 userName、promptLabel 两个属性,提供相应的 setter 和 getter 方法;定义 execute 方法,其返回值指出了将调用的 JSP,返回值与 struts.xml 中 result 标记的 name 属性值应能对应起来。

3. 定义拦截器

```
package com.struts2;
import com.opensymphony.xwork2.*;
import com.opensymphony.xwork2.interceptor.AbstractInterceptor;
import org.apache.struts2.*;
import javax.servlet.http.*;

public class AuthorizationInterceptor extends AbstractInterceptor{
    public String intercept(ActionInvocation ai) throws Exception  {
      // username 用于暂存提交姓名,promptLabel 暂存提示信息
      String username, promptLabel = "";
      //得到 ActionContext
      ActionContext ctx = ai.getInvocationContext();
      //从 ActionContext 得到 request,进而提取提交参数
      HttpServletRequest request = (HttpServletRequest)
            ctx.get(ServletActionContext.HTTP_REQUEST);
      userName = (String)request.getParameter("userName");
      //根据姓名输入的情况决定提示的内容
      if(userName == null || userName.equals("")){          //判断是否输入姓名
         promptLabel  = "Please enter a UserName to say hello to ";
      }
      else if(userName.equals("Monster")){                 //判断是否为限定的姓名
```

```
            promptLabel  = "We don't want to say hello to Monster!!! ";
        }
        else{
            promptLabel  = "Hello   " + userName;
        }
        Object o = ai.getAction();                          //得到与拦截器对应的 Action 对象
        if (o instanceof HelloWorldStruts2)  {
          HelloWorldStruts2 action = (HelloWorldStruts2) o;
          action.setPromptLabel(promptLabel);               //向 action 注入提示信息
        }
        return ai.invoke();
    }
}
```

程序说明

(1) 将 AuthorizationInterceptor.java 文件放置在目录"example"中。

(2) AuthorizationInterceptor 中根据 userName 来设置 promptLabel 值的逻辑判断代码也可以放在 Action 类 HelloWorldStruts2 中的 execute 方法中。放在此处的目的是为了演示拦截器与 Action 的对应关系。

4. 编译 Action 和拦截器

在 example 目录中建立 build.bat 批处理文件,内容如下:

```
set  CLASSPATH=..\..\..\lib\xwork-2.0.7.jar;..\..\..\lib\servlet-api.jar;
..\..\..\lib\struts2-core-2.0.14.jar
javac *.java -d ..\..\..\classes
```

其中"..\"代表 build.bat 所在目录的上一层目录。批处理执行后,在 classes 目录下会建立相应的包和类。

5. 编写 JSP

```
<%@ page language="java" pageEncoding="GBK" %>
<%@ taglib prefix="s" uri="/struts-tags"  %>
<html>
    <head>
        <title>Hello World Struts2</title>
    </head>
    <body>
    Hello World! A first Struts2 application
    <s:form action="helloworldstruts2">
    <s:property value="promptLabel"/><br>
    Please enter a UserName to say hello to:
    <input type=text name="userName" value= '<s:propertyvalue="userName"/>'>
    <br>
    <s:submit name="submit" label="submit" theme="simple"/>
    <s:reset  name="reset" label="reset" theme="simple"/>
    </s:form>
    </body>
```

</html>

程序说明

(1) Struts2 中 JSP 标志可以分为表单 UI 和非表单 UI 两部分。表单 UI 部分基本与 Struts 1.x 相同，用于输出表单元素的 HTML 标记。如“＜%@taglib prefix="s" uri="/struts-tags" %＞”；“＜s:submit name="submit" label="submit" theme="simple"/＞”。Struts2 的表单 UI 在生成 HTML 时会采用自动的表格布局方式。如果需要自设布局方式，则用 theme="simple"来说明。

(2) 如需要对 HTML 中的表单元素进行赋值操作，则不应选用表单 UI 表达形式，而应采用 HTML 标记形式，如＜input type=text name="userName" value= '＜s:property value="userName"/＞'＞。

(3) Struts2 的 JSP 非表单 UI 标志如表达条件、循环、对 ValueStack 中的对象进行操作、用国际化语言进行配置文件的操作等，这些都是对 OGNL 的支持。如利用＜s:property value="promptLabel"/＞访问 Action 中的 promptLabel 属性；#request.userName 相当于 request.getAttribute("userName")；#parameters.id[0] 作用相当于 request.getParameter("id")；详细的 OGNL 介绍请参考有关书籍，这里限于篇幅不再详细介绍。

6. 执行应用

图 19.20 是输入 JSP 的 URL 后的初始页面，点击【Submit】按钮后的界面如图 19.21 所示；输入 Monster 后提交后的界面如图 19.22 所示；输入 JACK 后的界面如图 19.23 所示。当将 struts.xml 中的 action 中的拦截器去除后，重新启动应用服务器，再次访问 JSP 的结果界面如图 19.24 所示。

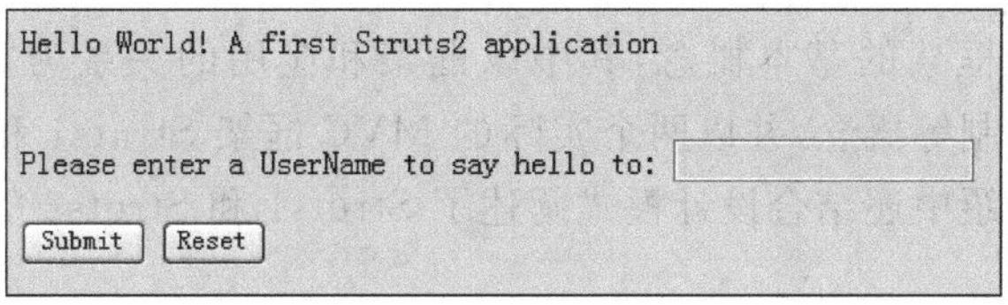

Hello World! A first Struts2 application

Please enter a UserName to say hello to:

Submit　Reset

图　19.20

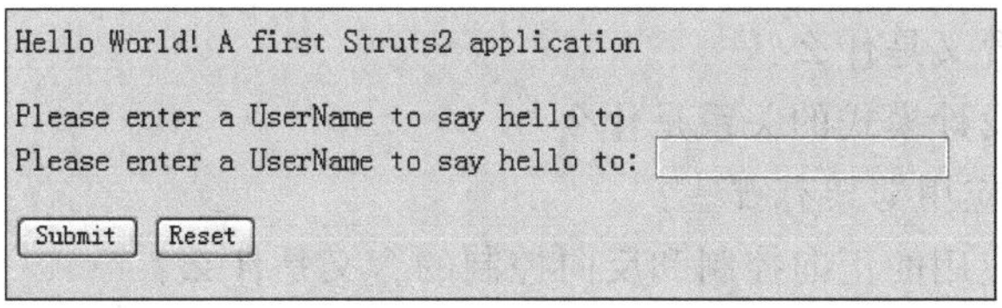

Hello World! A first Struts2 application

Please enter a UserName to say hello to

Please enter a UserName to say hello to:

Submit　Reset

图　19.21

程序说明

Struts2 也提供对 JSP、Action、配置文件(如 struts.xml)三个方面的语言国际化处理技术，详细内容可参考有关书籍。

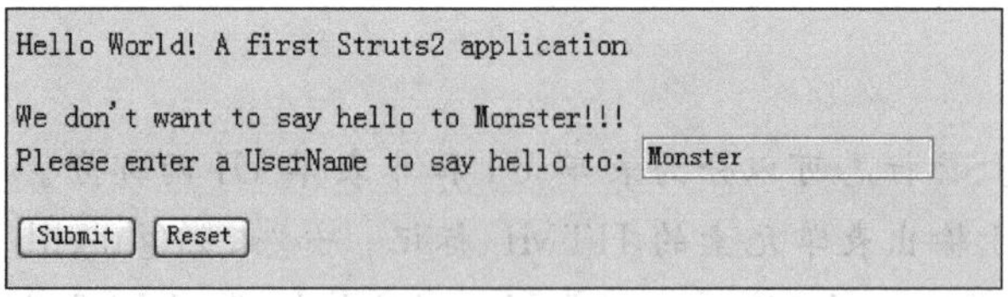

Hello World! A first Struts2 application

We don't want to say hello to Monster!!!
Please enter a UserName to say hello to: Monster

Submit Reset

图 19.22

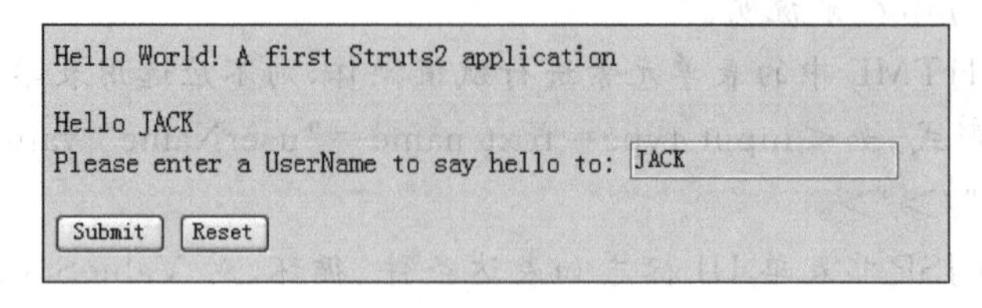

图 19.23

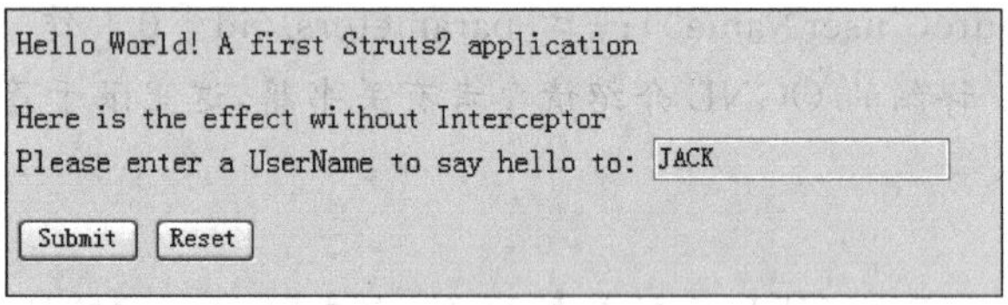

Hello World! A first Struts2 application

Here is the effect without Interceptor
Please enter a UserName to say hello to: JACK

Submit Reset

图 19.24

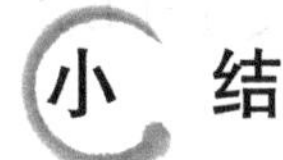

小 结

本章介绍了软件框架的基本概念,其中以框架和应用的关系为重点,介绍了 Hotspot 类、正向控制、反向控制等概念,并以两个实际的 MVC 框架 Struts1 和 Struts2 为例来说明上述基本概念。在介绍中还结合设计模式阐述了 Struts1 和 Struts2 的结构设计。

习 题

1. 软件框架的含义是什么?
2. 软件框架与设计模式的关系是什么?
3. 主要的 Java 应用框架有哪些?
4. 软件框架与应用的正向控制和反向控制的含义是什么?
5. MVC 的含义是什么?
6. 简要介绍一个 Struts1 的框架结构。
7. Struts1 如何体现 MVC 的结构设计,设计和部署一个 Struts1 的主要步骤有哪些?
8. 简要介绍一个 Struts2 的框架结构。
9. Struts1 和 Struts2 的区别点是什么?

第20章 软件体系结构与分布式对象技术

20.1 软件体系结构

20.1.1 概述

软件体系结构是具有一定形式的软件结构化元素以及它们相互关系的集合。软件系统从构成角度上可分为构件及它们之间的调用关系；从开发过程的角度上可分为概念结构和物理结构；从运行的角度上可分为静态结构和动态结构；从部署的角度上可分为集中式结构和分布式结构。当前，常见的分布式系统结构有客户/服务器（Client/Server）和浏览器/服务器（Browser/Server）两种结构。

20.1.2 客户/服务器结构

客户/服务器结构（简称为C/S）如图20.1所示。客户端一般部署应用程序和数据库客户端，应用程序负责处理业务逻辑，并通过数据库客户端访问数据库服务器端数据；服务器端一般部署数据库服务，如Oracle、DB2、SQLServer、MySQL等。

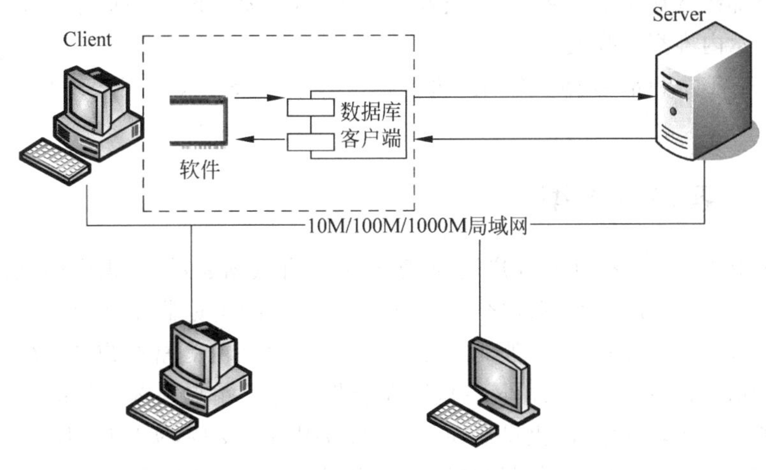

图 20.1

客户/服务器结构的特点是必须在客户端安装数据库客户端，并且需要一定的局域网网络带宽来满足通信的要求，因而这种结构具有如下的优缺点。

(1) 优点是开发容易,部署简单,执行速度快,界面表现形式丰富。

(2) 缺点是维护困难。程序的简单变动都需要在所有客户端计算机上进行更改,当客户端数量较大时,这几乎是一个不容忽视的问题,另外对网络带宽也有一定要求。

20.1.3 浏览器/服务器结构

浏览器/服务器结构(简称为B/S)如图20.2所示。这种结构的服务器端(图中矩形框范围)则部署Web服务、应用服务和数据库服务。常用的Web服务有IIS,Apache,用来响应浏览器的静态请求(如 *.html、*.htm);应用服务有微软的IIS、开源组织的Tomcat、IBM公司的Websphere、BEA公司的WebLogic等,用来响应浏览器动态应用请求(如 *.asp、*.aspx、*.jsp、*.do、*.action),动态应用可与数据库服务交互来获得数据并返回给浏览器。

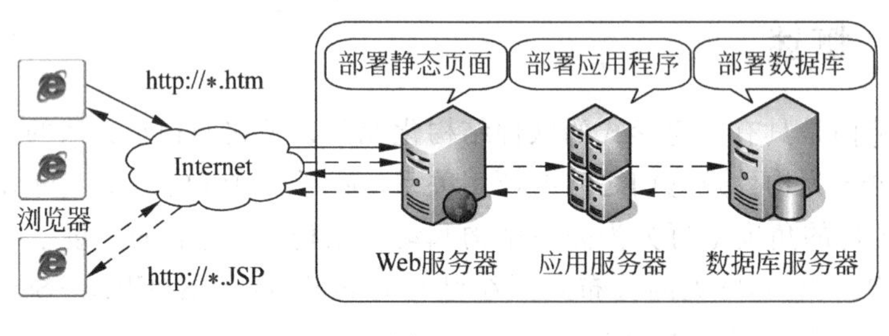

图 20.2

注意:Tomcat、Websphere、WebLogic也具有Web功能,但主要用于程序调试,其Web性能要比专业Web服务器弱。

B/S的优缺点如下:

(1) 优点是维护扩展方便。因为客户端只需要通用的浏览器,不需要安装客户端软件,其应用逻辑全部部署在应用服务器上,当系统变化时,只要更改应用服务器上的程序,所有浏览器中的显示内容都将改变。

(2) 缺点是开发和部署相对复杂,执行速度没有C/S快,界面表现形式也没有C/S丰富。

20.1.4 客户端类型

C/S结构中的客户端称为胖客户端,胖客户端具有数据表示、数据库访问的功能,需要在计算机上安装应用程序和数据库客户端;B/S结构中的浏览器端称为瘦客户端,瘦客户端只具有数据表现和简单的逻辑判断功能;介于二者之间的是富客户端,又称富互联网应用程序(Rich Internet Application,RIA),RIA能将胖客户端与瘦客户端的优点结合起来,在浏览器中扩展界面表现形式,提供双向、实时的数据通信支持,实现应用的自动部署、自动更新、动态加载和离线运用,并利用脚本语言访问网络上的计算机资源。

RIA主要解决通信与界面表现两大问题。当前RIA技术主要分为两类,一类是内嵌于浏览器中的Ajax(Asynchronous JavaScript And XML),另一类则需要在浏览器中安装插件。Ajax能异步地向服务器提交请求,用户无须等待服务器的返回就可以继续浏览器其他操作,并且浏览器可以在界面没有整体变化的情况下得到数据库的返回信息。如在百度页面中键入一个词,以该词为组成部分的所有关键词都以下拉列表的形式罗列出来,此时服务器端返回的不再是页面而是数据,即意味着客户端提交请求后,页面不再整体更新,而是部分更新,其工作原理如图 20.3 所示。浏览器页面中的输入触发一个 JavaScript 的事件,在事件中通过 XMLHttpRequest 向服务器端发送请求,服务器端收到请求并与数据库交互后,将处理数据以 XML 或 HTML 的形式送回给 XMLHttpRequest,之后在浏览器中显示 HTML,或结合 CSS 来显示 XML 的数据。当然,回送浏览器的字符串也可转为 JavaScript 调用。下面的例子在 HTML 页面中建立两个列表框,当类型列表框中的选择内容变化时,另一个列表框中的内容也联动变化,变化的内容是利用 Ajax 动态从服务器获取的,整个过程并没有对浏览器页面进行整体提交。

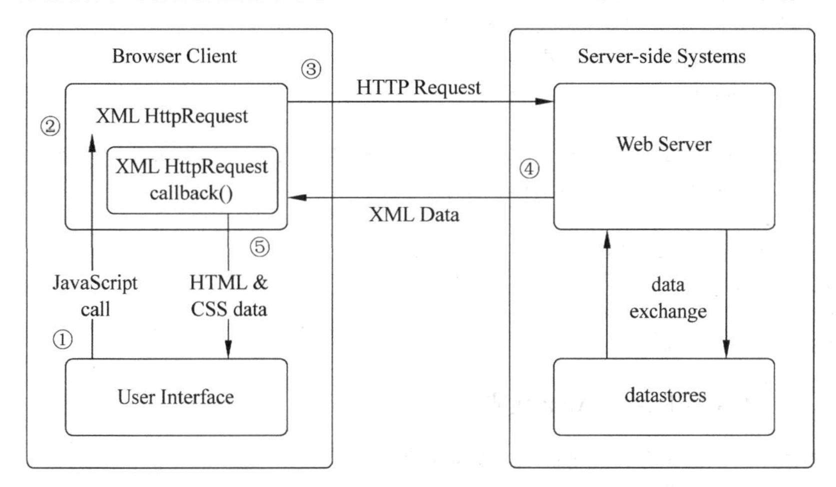

图　20.3

首先建立一个 a.html 文件。

```
<HTML>
<HEAD>
    <script src = "a.js" type = "text/javascript" language = "Javascript">
    </script>
    <script language = "javascript">
    function insertDetail(str){
      var  details = str.split(",");//服务器回送的类型内容用“,”号分隔
      if(details.length > 0){
          var i;
          //删除 ndetail 中的内容
          for( i = ndetail.options.length - 1;i >= 0;i -- ){
            ndetail.remove(i);
          }
          //动态地向 ndetail 中插入内容
          var oOption;
          for( i = 0;i < details.length;i++ ){
            oOption = document.createElement("OPTION");
            ndetail.options.add(oOption);
            oOption.innerText = details[i];
```

```
            oOption.value = i;
          }
       }
    }
    function typeChange(){//将 ntype 中选择的内容通过 Ajax 提交服务器
          selectText = ntype.options[ntype.selectedIndex].text;
          makeRequestByPost("a.jsp","type=" + selectText);
    }
    </script>
</HEAD>
<BODY>
    <SELECT ID="type" name="ntype" SIZE="1" style='width:110px;'
      onchange="typeChange()">
      <OPTION VALUE="1" SELECTED>蔬菜
      <OPTION VALUE="2">水果
      </SELECT>
    <BR><BR><BR>
    <SELECT ID="detail" name="ndetail" SIZE="1" style='width:110px;'>
      <OPTION VALUE="1" SELECTED>菠菜
      <OPTION VALUE="2">芹菜
      <OPTION VALUE="3">白菜
    </SELECT>
</BODY>
</HTML>
```

建立 a.js 文件,其中放入 Ajax 代码。

```
var gFileUrl = "http://localhost:8080/ajax/";
function makeRequestByPost(exefile,params) {
   if (window.XMLHttpRequest) {                    // 如果是 Firefox 浏览器
       xhr = new XMLHttpRequest();
   }
   else {
       if (window.ActiveXObject) {                 // 如果是 IE 浏览器
         try {
              xhr = new ActiveXObject("Microsoft.XMLHTTP");
         }
         catch (e) { }
       }
   }
   var message = gFileUrl + exefile + "?" + params; //构建 URL 请求
   if (xhr) {
       xhr.onreadystatechange = showContents;      //设置消息返回后的处理函数
       xhr.open("POST", message, true);            //以 POST 方式提交
       xhr.send(null);                             //发送
   }
}
function showContents() {
   if (xhr.readyState == 4) {                      //有回送内容
       if (xhr.status == 200 || xhr.status == 0){
       // IE 状态为 200、Firefox 为 0 表示可以获得返回内容
```

```
            var outMsg =   xhr.responseText;
            eval(outMsg);                           //通过 eval 将字符串函数转为实际调用
        }
    }
}
```

a.jsp 的代码如下：

```
<%@ page contentType="text/html; charset=GBK" %>
<%
String type = request.getParameter("type");      //得到 type 值
type = new String(type.getBytes("ISO-8859-1"),"gb2312");     //进行汉字防乱码处理
String restr="";
if(type.equals("蔬菜")){                          //根据 html 中提交的内容回送相应的消息
   restr = "菠菜,芹菜,白菜";
}
else{
   restr = "苹果,香蕉,菠萝";
}
restr =   "insertDetail('" + restr + "')";       //构建 html 中需要调用的 javaScript 函数
%>
<% = restr %>
```

在 Tomcat 的 ROOT 应用下建立 ajax 子目录，将 a.html、a.js、a.jsp 放入其中，启动 Tomcat 后，在浏览器中输入 a.html 的 URL 地址，会看到上下两个选择框，当上面的选择框由“蔬菜”切换到“水果”时，下面的选择框也相应由“菠菜、芹菜、白菜”切换到从服务器返回的“苹果、香蕉、菠萝”。服务器返回的并不是整个页面，而是更改列表框中的数据内容。在服务器返回数据没有回送到浏览器期间，浏览器还可进行其他的操作，这就是 Ajax 的异步通信的效果。

Ajax 的界面表现力相对有限，为了能够获得与 C/S 同样的界面操作感受，一些著名的软件公司和开源社区推出了自己的富客户端产品，具有代表性的是微软的 Silverlight/WPF、Adobe 的 Flex、Sun 的基于 Swing 的 JavaFX 和开源社区的 Laszlo。这些产品的共同特点是：需要在浏览器中安装插件，并且用脚本语言实现与外界的通信和界面表现。例如 Silverlight 就是插件，并用 WPF 编写 Web 程序；而 Flex 则需要安装 Flash Player，其脚本语言是 ActionScript，并运用 MXML(MXML＝M＋XML，第一个字母 M 代表 Macromedia 公司)来描述界面。插件的安装虽然简单，但对于一般浏览器操作者而言很不方便。而 Adobe 的插件则相对比较特殊，因为浏览器客户在上 Internet 时都会自觉或不自觉地安装了 Flash Player 来观看在线视频，因而采用 Flex 进行 RIA 程序的开发，往往在实际部署时会很方便。

20.2 分布式软件系统

20.2.1 概述

分布式软件系统就是将物理上分散的独立构件或系统，在使用逻辑上统一起来，相互合作来共同完成任务。物理上独立和逻辑上统一是分布式软件系统的典型特点，例如，客户使

用银联卡在各处不同银行的ATM机上取款，但是每次取款后账号上金额的扣减逻辑是一致的。一个分布式软件系统需要解决如下的主要问题：

(1) 网络通信协议和通信方式的选择。选择的依据主要参考应用的目的。通信协议如TCP、UDP、HTTP、SOAP等，选择TCP目的是为了可靠的网络传输，UDP则强调传输的效率，HTTP则专注于可穿越防火墙的Internet通信，SOAP则为了集成异构平台上的各种应用。通信方式分为同步和异步两种模式，同步模式就是发送者必须等待接收者的反馈后才能继续执行操作，如程序的方法调用就是同步模式；而异步模式则不需要等待接收者的反馈就可继续执行操作，如发送电子邮件。发出请求的是客户端，处理请求的是服务器端，如果每个端点既可发出请求又可处理请求则称为对等端。

(2) 提供远程过程调用(Remote Procedure Call，RPC)接口。通常采用代理的方式来进行设计，RPC使得调用远端的软件模块就如同调用本机的效果一样。

(3) 名称查找。快速在网络上找到需要调用服务的计算机名称、地址、端口等。

(4) 安全机制。分布式软件系统彼此进行通信时需要确保数据传输和身份认证的安全性。

(5) 事务管理。物理上分布的数据如果在处理时构成一个事务，更需要关注数据故障和并发操作行为，以确保事务的原子性(要么全执行，要么全不执行)、一致性(并发事务的结果与这些事务顺序执行结果一致)、持久性(提交后操作结果永久化)、独立性(事务执行时不会感知同时执行的其他事务的存在)。

20.2.2 中间件

中间件是将不同软件构件或者操作者与多种应用程序连接起来的软件。中间件“中间”的含义就是特指它起到的连接作用，尤其是分布在不同操作系统上的软件构件进行通信和互操作时，中间件通过其提供的API，利用标准协议处理诸如网络通信、安全管理、数据访问、事务管理等分布式系统共性技术难点。同框架相比，中间件是可独立运行的成品软件，而框架则不具有独立运行能力，是个半成品；同操作系统相比，虽然它们都提供API，但操作系统解决的是所有应用程序的更核心的共性问题(内存管理、进程调度、设备管理、文件管理)，而中间件只解决分布式软件系统某一类共性问题，从这个意义上讲，中间件的技术等级处于操作系统和应用程序“中间”。

中间件提供API意味着它可以进行软件的二次开发，它的用户不是一般的操作人员而是软件开发人员。基于中间件开发应用程序，因为可不断复用中间件，所以能提高应用程序的质量，降低开发成本，缩短开发时间。

中间件范围广泛，针对不同的应用需求已涌现出各具特色的中间件产品，因而对其分类依据角度或层次的不同而多种多样。例如从中间件的应用类别可分为数据访问中间件、远程过程调用中间件、交易中间件、消息中间件、对象中间件、应用服务器中间件、工作流中间件、门户中间件、安全中间件、企业应用集成中间件等，从中间件的通信实现机制上又可分为如下三类：

(1) 远程过程调用(RPC)。RPC是一种广泛使用的分布式应用程序处理方法。一个应用程序使用RPC来远程调用一个位于不同地址空间里的应用程序，并且从效果上看和执行本地调用一样。事实上，一个RPC应用分为Server和Client两个部分，Server和Client可以位于同一台计算机，也可以位于不同的计算机，甚至运行在不同的操作系统之上，它们都通过代理提供数据转换和通信服务，从而屏蔽不同的操作系统和网络协议。

(2) 利用消息进行通信。消息通信是一种与平台无关的数据通信方式，从而实现分布式软件系统的集成。

(3) 对象请求代理(Object Request Brokers，ORB)。随着对象技术与分布式计算技术的发展，两者相互结合形成了分布式对象计算，并发展为当今软件技术的主流方向。1990年底，对象管理集团 OMG 首次推出对象管理结构 OMA(Object Management Architecture)。对象请求代理就是这个模型的核心组件，它的作用在于提供一个通信框架，透明地在异构的分布计算环境中传递对象请求。

注意：三种通信机制中，RPC 属于强耦合，而消息通信、对象请求代理则属于弱耦合。

20.2.3　消息中间件

1. 消息含义

消息就是需要传递的数据，是分布式软件系统的重要通信手段之一。消息通信的特点是消息的发送和接收不是同时进行的，消息发送者不必了解接收者，接收者也不必了解发送者，通信的双方只知道消息的格式和消息的内容，因而消息通信是一种弱耦合的分布式通信。

2. 消息模型

角度不同消息模型的分类也不同。按照消息传递参与者数量可分为点到点和发布/订阅两种结构模型；按照消息传递方向可分为“推”和“拉”两种传递模型；按照消息通信方式又可分为同步和异步两种通信模型。

图 20.4 是一个点到点的消息传递模型，Client1(发送者)和 Client2(接收者)进行消息通信，它们都连接到一个消息队列上。Client1 并不直接将消息传递给接收者 Client2，而是传递给消息队列，之后 Client2 从队列中提取消息并进行确认回复。如果 Client2 没有提取消息，则队列一直保留该消息直到该消息过期失效。点到点消息传递模型具有三个特点：一是每个消息只有一个接收者；二是发送者和接收者没有时序上的依赖关系，即发送者发送消息时不需要接收者一定处于运行状态；三是接收者接收消息后需要进行确认回复。

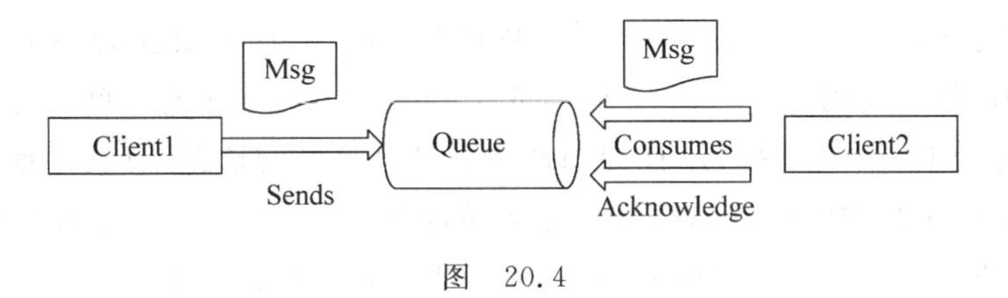

图　20.4

消息发送者发送消息在先，接收者得到消息在后，这就是消息推模型；而消息拉模型就是接收者在消息队列先注册消息请求，之后引起消息发送者发送消息。接收者在接收消息时,可用同步方式也可用异步方式。同步方式就是接收者连接队列后进入阻塞等待状态,直到队列中有消息;异步方式就是接收者在队列中以消息监听者的身份进行注册,当队列中有消息时,通过注册信息自动通知消息接收者。

图 20.5 所示为发布/订阅模型。该模型中的消息在队中是按照具有层次关系的主题进行管理的,消息发送者将消息传给队中的某个主题,预订了该主题的所有接收者就可接收该消息。该模型的特点是:每个消息对应多个接收者;发送者和接收者之间存在时序上的依赖关系,即接收者只能预订某个主题后,才能接收相应的消息,并且接收者应处于激活状态才能接收到相应的消息。

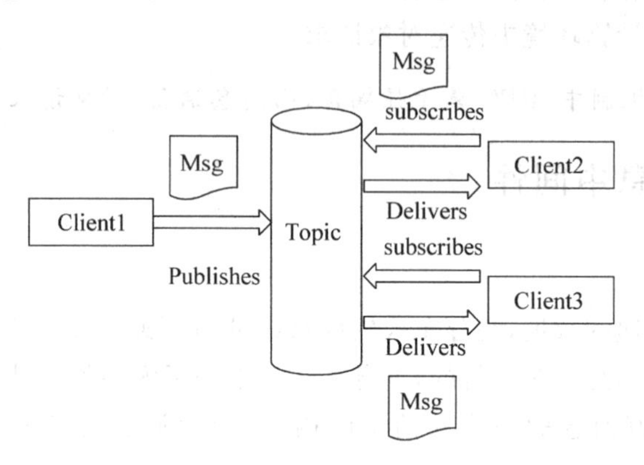

图 20.5

发布/订阅模式的实质是解决多个客户端之间的实时通信问题,它将消息的发送者和众多的接收者之间的关系解耦,体现了中介者模式的主要思想,得到了广泛的应用,例如Adobe 的 Flex 框架体系采用这种方式可使多个富客户端浏览器进行数据同步。

同点到点模型一样,发布/订阅模式也有推、拉和同步、异步的划分角度,但值得注意的是,在推模型中,除了存在一个发送者将消息发送给多个接收者的情况外,还存在着主题消息自动产生并发送给多个接收者的情况,即只存在消息接收者,不存在消息发送者。这种消息通信对于一个应用系统每日固定时间产生任务分发的需求十分有用。

3. JMS

JMS(Java Message Service)是一组由 Sun 定义的 Java 应用程序接口(Java API),它规定了创建、发送、接收、读取消息的一系列标准,这些标准为广大消息中间件厂商所遵守,从为各利益相关方带来益处。首先,对于软件开发人员而言,只要知道 JMS 接口就等于掌握了各种消息中间件的使用方法,减少了学习的难度;其次,对于消息中间件应用程序开发商而言,同一标准下的多个产品可以让他们拥有多种可替换的选择,有利于他们购买性能更高、稳定性更好的消息中间件产品来替代原产品,同时不需要对应用代码进行更换;最后,对于消息中间件的供应商而言,标准可以提供一种公平的竞争环境。

注意:很多中间件都因未能有 JMS 这样统一的接口规范而使发展受到限制。因为采购这种不具有移植性的中间件,就意味着应用程序开发商可能同中间件供应商形成了利益绑定关系而受制于人。

4. JMS 结构

一个 JMS 的应用由以下四部分构成：

（1）JMS 提供者：它是针对 JMS 标准接口给出的产品实现，如开源的 Apache ActiveMQ、JBoss 的 HornetQ、OpenJMS 等。专业的提供者包括 BEA 的 WebLogic Server JMS、IBM 的 WebSphere MQ 等。由于 JMS 只对接口进行规范，不对提供者的其他功能与性能（如负载均衡、安全性、使用协议、错误通知等）进行干预，因而这些产品可在统一的 JMS 规范下进行竞争。

（2）JMS 客户端：它可以用 Java 语言编写的程序充当，用来产生和接收消息；另外，Adobe 公司的 Flex 框架中利用适配器模式可使浏览器富客户端充当 JMS 的客户端。

（3）消息对象：它是承载 JMS 客户端之间信息交互的对象。消息从逻辑上由消息头（header）、属性（properties）、消息体（body）组成。消息头包含消息的识别信息和路由信息；消息属性是消息头的补充，传递和具体应用相关的值，可用作对消息进行选择、过滤时的主要判据；消息体承载实际需要交换的信息，主要有 TextMessage（文本信息）、BytesMessage（字节流信息）、MapMessage（名/值集合信息）、StreamMessage（输入/输出流信息）、ObjectMessage（可序列化对象信息）五种数据类型，它们均继承于 Message 接口（定义了消息头和所有 JMS 消息都有的 acknowledge 方法）。

（4）管理对象：它是实现 ConnectionFactory 和 Destination 两种接口的对象。ConnectionFactory 是连接 JMS 的通道，是客户端进行一系列操作的起始点，而 DestinDestination 是封装消息目的地标识符的管理对象，对于点到点模式就是 Queue，对于发布/订阅模式就是 Topic。因此客户端必须对这两个对象的引用进行管理，以便随时使用它们。

不同的 JMS 提供者对管理对象的管理办法各异（可参考具体 JMS Provider 的相关说明），但基本方式可参照图 20.6。图 20.6 中的左图将提供者的 CF（ConnectionFactor）和 D（Destination）用 JNDI 技术在客户端绑定，从而这些资源就可以纳入 JMS 客户端访问范围（资源注入）；客户端可利用查找（Lookup）方法找到管理对象（如图 20.6 中的右图所示），再通过管理对象对 JMS 提供者进行操作。

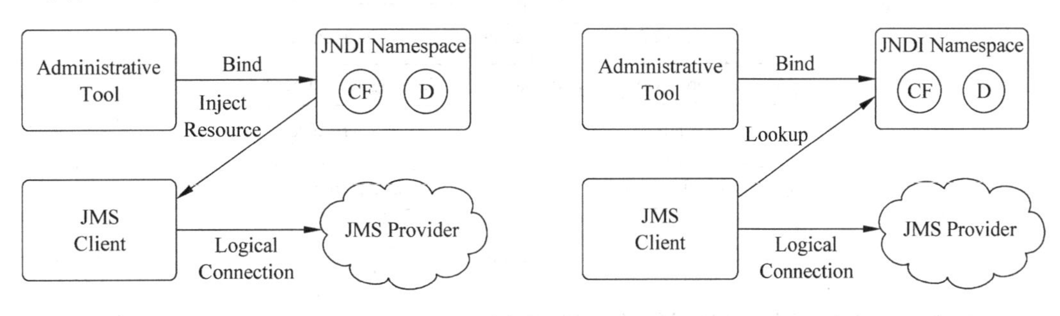

图 20.6

图 20.7 给出了利用 JMS 进行分布式应用的一个场景。图中计算机 A 上的 Producer 应用通过查找得到 CF 和 D，进而 Producer 向计算机 C 上的队列发送消息；计算机 B 上的

Consumer 应用通过查找得到 CF 和 D,并在计算机 C 队列中进行消息注册。当队列收到消息后,队列自动将消息派发给 Consumer。

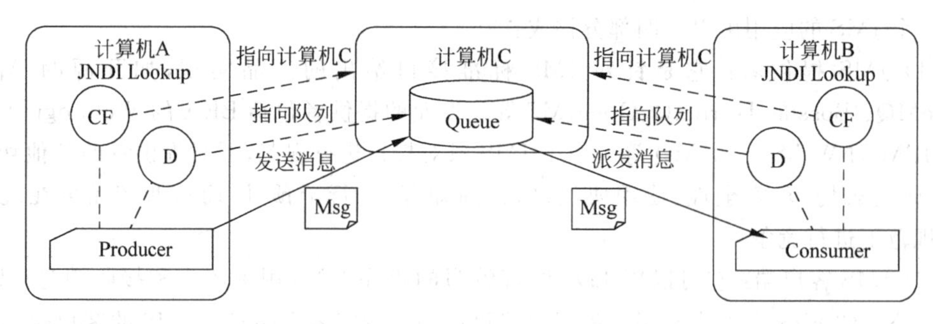

图 20.7

5. JMS 主要接口

JMS 在通用消息概念基础上,为点到点和发布/订阅两种消息模型都定义了接口,如表 20.1 所示,它们之间的逻辑关系如图 20.8 所示。

表 20.1

JMS 公共接口	PTP 接口	Pub/Sub 接口
ConnectionFactory	QueueConnectionFactory	TopicConnectionFactory
Connection	QueueConnection	TopicConnection
Destination	Queue	Topic
Session	QueueSession	TopicSession
MessageProducer	QueueSender	TopicPublisher
MessageConsumer	QueueReceiver	TopicSubscriber

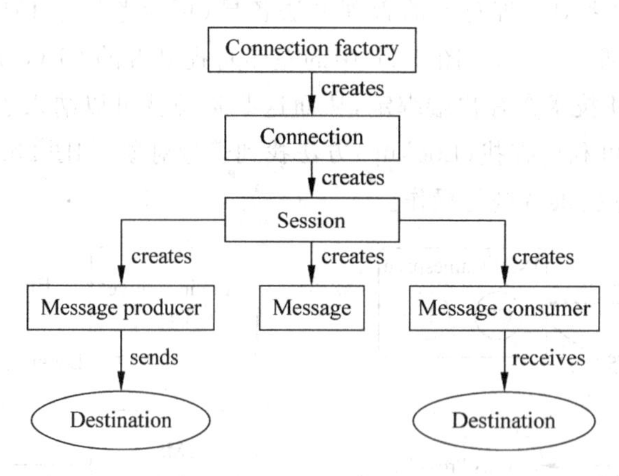

图 20.8

对于消息发送方而言,需要执行的步骤如下:

(1) 得到 ConnectionFactory 实现对象引用和队列引用。

```
String qfactory = "jms/ConnectionFactory";
String queue = "jms/Queue";
```

```
//获得 JNDI 上下文
InitialContext  ctx = new InitialContext();
//获得连接工厂
QueueConnectionFactory qcf = (QueueConnectionFactory)ctx.lookup(qfactory);
//获得队列
Queue q= (Queue)ctx.lookup(queue);
```

(2) 得到与消息服务器之间的连接通道。

```
//获得一个连接
Connection qc = qcf.createConnection();
```

(3) 创建会话。

```
//从连接得到一个会话
QueueSession qs = qc.createQueueSession(false,Session.AUTO_ACKNOWLEDGE);
```

(4) 创建消息发送者、消息对象并进行消息发送。

```
//创建一个发送者
QueueSender qsnd = qs.createSender(q);
//创建消息对象
TextMessage tm = qs.createTextMessage();
//发送消息
tm.setText("Hello");
qsnd.send;
```

对于消息接收者而言,需要执行的步骤前三项与发送者类似,第四步则为创建消息接收者,指定消息的接收方式并进行消息接收。

```
//创建一个接收者
QueueReceiver qrcv= qs.createReceiver(q);
```

接收者可以用同步(阻塞模式)或异步(非阻塞)方式接收队列消息或主题类型的消息。如果让接收者以异步的方式接收消息,则应首先实现 MessageListener 接口并在队列中进行注册,之后当有消息到达时,队列调用监听者的 onMessage 方法进行消息处理。

```
// Listeners 实现了 MessageListener 接口
Listener myListener = new Listener();
qrcv.setMessageListener(myListener);
```

如果以同步的方式接收消息,则代码如下:

```
//如果没有消息则进入阻塞状态
Message m = qrcv.receive();
if (m instanceof TextMessage) {
   TextMessage message = (TextMessage) m;
   System.out.println("Reading message: " + message.getText());
} else {
   // Handle error
}
```

20.3 分布式对象技术

20.3.1 概述

分布式对象技术是伴随网络发展起来的面向对象技术。分布式对象技术将分布在网络上的资源按照对象的概念来组织,每个对象都有定义明晰的访问接口,对象不仅提供服务、能够被访问,而且自身也可能是其他对象的客户。

分布式对象技术包含两个重要方面的内容,一个是分布式对象的标准规范,另一个就是对标准规范的实现。目前主要的分布式对象技术有对象管理组织 OMG 的 CORBA、Sun 的 JavaRMI 与 JNDI、Microsoft 的 COM+以及由 Microsoft 和 IBM 等著名 IT 企业联合发起的 WebService。其中 CORBA 主要是对标准进行规定,其实现由不同的企业按照标准来完成; Sun 的 JavaRMI 与 JNDI、Microsoft 的 COM+既是标准也是实现,这两个标准体系的特点是:同一体系内的分布式对象能互操作,两个体系之间的分布式对象彼此不能直接通信; WebService 采用 XML 格式规定了一系列由 W3C 国际组织确认的标准规范,其服务器端的实现技术路线主要是 Microsoft 的 ASP. NET 和 Java 开源组织的产品(如 Axis、XFire、CXF 等),客户端的实现则支持广泛,可用 C++、Java、C# 甚至脚本语言编写程序来完成。

20.3.2 CORBA

CORBA(Common Object Request Broker Architecture)标准内容主要包括:对象模型、语言映射、互操作协议和对象服务四个部分。

图 20.9 是 OMG 组织的 CORBA 体系结构及对象模型,主要由 ORB 内核、对象适配器、客户端存根(Stub)和服务器端骨架(Skeleton)组成。

1. ORB(Object Request Broker)

ORB 是 CORBA 体系结构的核心,是一种能将客户端对象请求转化为服务器端对象调用的一种机制。它将调用的细节隐藏起来,从而简化了分布式编程,使客户端对服务器端发起的请求看起来如同本地调用一样。当客户端调用发生时,ORB 负责定位服务器端对象,甚至在必要时激活服务器端对象,之后将请求进行发送,最后还将结果返回给客户端。

2. IDL

接口定义语言 IDL(Interface Definition Language)仅仅定义接口,而不给出实现。接口最终会被映射到具体编程语言上,如 C++、Java,映射后的代码叫客户端存根和服务器端骨架。如果说 ORB 使 CORBA 做到与平台无关,那么 IDL 则使 CORBA 做到与语言无关。

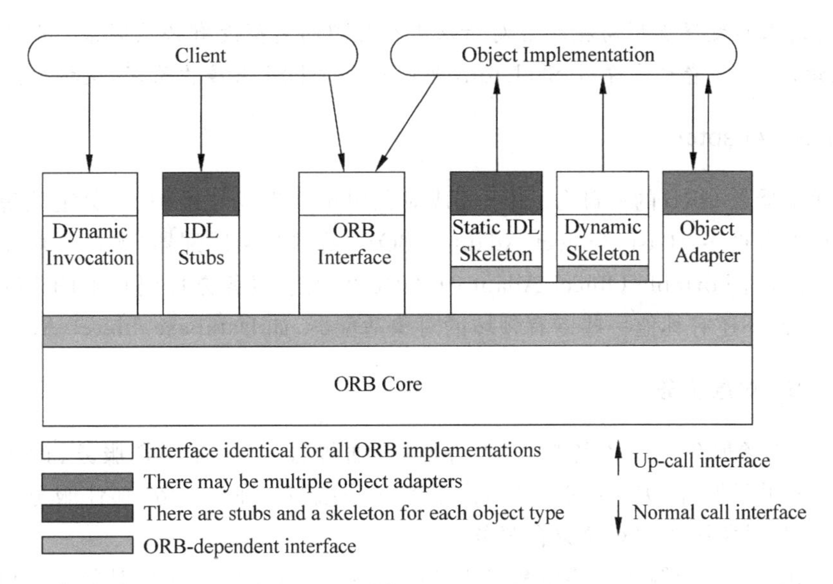

图 20.9

3. Stub 和 Skeleton

Stub 和 Skeleton 是由 IDL 编译器自动生成的，前者放在客户端，后者放在服务器端，充当客户端对象、服务器端对象、ORB 的粘合剂。存根负责将客户端对象语言级请求变为标准消息转给 ORB，负责对请求和响应参数进行编列和反编列（参见第 14.4 节介绍），存根同时含有远端服务对象网络地址，该地址用于 ORB 对服务器端对象进行定位；骨架负责将 ORB 转发的标准消息请求变为本地语言级调用，负责对请求和响应参数进行反编列和编列。

4. GIOP 和 IIOP

客户端对象和服务器端对象是通过 ORB 交互的，那么客户端的 ORB 和服务器端的 ORB 又是通过什么方式通信呢？通过 GIOP（General Inter-ORB Protocol）。也就是说，GIOP 是一种通信协议，它规定了两个实体——客户端 ORB 和服务器端 ORB 间的通信机制。但是 GIOP 仅是一种通用协议标准，不能直接使用，在不同的网络上需要有不同的实现。目前使用最广泛的是 Internet 上的 GIOP，称为 IIOP（Internet Inter-ORB Protocol），它基于 TCP/IP 协议。

5. DII 和 DSI

动态调用接口 DII（Dynamic Invocation Interface）允许客户端直接访问 ORB 提供的底层请求机制，因而应用程序无需通过 Stub 就可以直接将请求发送给相应的服务器端对象。另外，与使用存根进行远程调用请求不同的是，DII 允许客户端进行非阻塞的延迟同步调用，也就是使请求发送和结果接收分开进行，甚至可以进行只有发送的单向调用；动态骨架接口 DSI（Dynamic Skeleton Interface）负责将 ORB 请求转给和具体编程语言相关的实现对象。

注意：请求的发送类型与接收者对请求进行处理的类型没有必然联系。如发送者使用Stub发送请求，接收者可能通过Skeleton，也可能通过DSI来接收请求，反之亦然。

6. Object Adapter

对象适配器是ORB的一部分，用于完成对象引用的生成与维护、对象定位等功能。对象适配器种类有很多：Basic Object Adapter(BOA，基本对象适配器)实现了对象适配器的一些核心功能，而Portable Object Adapter(POA)实现了服务方代码在不同CORBA产品间的可移植，此外还有其他一些专有领域的对象适配器，如Database Object Adapter等。

7. CORBA对象服务

CORBA对象服务包括命名服务、事件服务、通告服务、生命周期服务、持久性对象服务、事务服务、并发服务、关系服务、具体化服务、查询服务、许可服务、属性服务、时间服务、安全服务、交易对象服务和对象集合服务。

- CORBA的目录服务功能由命名服务(Naming Service)和交易对象服务构成。命名服务可以通过对象名字查找对象引用；而交易对象服务则可以通过对象的属性来查询对象。
- CORBA通过事件服务和通告服务提供基于发布/订阅方式的消息交互支持。发布订阅方式中的事件机制，通过提供简单的事件发布、订阅、代理转发等服务访问接口，在实现CORBA分布对象间异步通信的同时，也使它们在时间和空间上解除了耦合关系。而通告服务在事件服务的基础上提供了事件/消息的路由、存储、过滤和按优先级转发等增强机制，成为松散耦合信息集成的必需服务。
- OMG制定了一系列规范来为CORBA应用提供安全机制，主要的规范有CORBA安全服务和公共安全互操作标准。CORBA安全服务提供一个安全体系结构，制订了安全参考模型，为应用提供数据加密、完整性、防否认、实体认证、审计、授权和基于设施的访问控制能力。公共安全互操作标准提供了一个安全属性服务协议，定义了在消息上下文中传递安全凭证的标准格式，能够提供审计、代理和特权机制的互操作能力，为基于CORBA的分布系统实现统一安全策略提供支持。
- CORBA通过对象事务处理服务OTS(Object Transaction Service)来保证CORBA分布式应用的原子性和永久性，为分布式事务提供了一种有效的解决方案。目前的OTS服务规范主要为用户提供事务边界界定、相关资源注册以及事务上下文显式、隐式传播等事务的基本管理功能。在此基础之上，OTS支持嵌套事务的管理、同步资源、事务完整性检测等概念；另外，对象事务处理服务还提供在事务动态执行的过程中对事务状态、资源状态等进行监控的功能。

一次具体的CORBA对象访问过程如下：客户程序调用本地的客户端存根发起远程CORBA对象访问请求，客户端存根负责将客户请求转化为标准消息，并将参数进行编列；根据存根中包含的被请求CORBA对象的网络位置信息，ORB内核将请求消息发送到目标CORBA对象所在的服务器进程，服务方ORB内核接收请求消息并交给对象适配器，进行重定向(Redirecting)以激活具体的CORBA对象；之后由服务器端骨架负责将请求消息还原成对本地对象实现的调用；服务器端对象完成处理后，ORB通过同样的方式将结果返回给客户程序。以上刻画了一个 CORBA 客户程序发起远程对象访问过程的细节，然而对于客户程序而言，它所能感知到的就是调用了一次本地语言级对象，远程服务器端 CORBA 对象的网络位置、对象实现以及底层平台的异构性均被 ORB 隐藏起来。

CORBA 的发展共经过三个阶段：

(1) 初始发展阶段(CORBA1.0～CORBA2.1)。从 1991 年发布 CORBA 1.0 规范到 1997 年的 2.1 规范，在这一阶段互操作是 CORBA 规范发展的主题：通过制定接口定义语言 IDL 标准及其到多种程序语言的映射规范实现了 CORBA 跨语言的互操作能力；通过制定通用 ORB 间互操作协议 GIOP 实现了异构网络和不同 ORB 产品间的互操作。然而由于 CORBA 对象模型中服务方代码的不可移植性，及在安全互操作、数据持久、消息服务等方面的局限性，限制了 CORBA 在企业计算环境下的应用。

(2) 发展成熟阶段(CORBA2.2～CORBA2.6)。1998 年 OMG 发布的 CORBA 2.2 规范提出了基于可移植对象适配器 POA(Portable Object Adaptor)的服务方对象模型，从而实现了服务方代码在不同 CORBA 产品间的可移植。此外，CORBA 规范在对象模型和服务质量支持两个方面也得到了进一步发展，涌现了大量商业上可用的、标准兼容的 CORBA 中间件，开始广泛应用于电信、金融、军事、医疗和电子商务等关键业务领域。

(3) 技术跃升阶段(CORBA3.X)。2002 年 OMG 发布了 CORBA 3.0 规范族，实现 CORBA 与 Internet 的彻底集成。它引入的新技术主要包括 CORBA 构件模型(CORBA Component)、CORBA 的消息服务(CORBA Messaging)和通过值传递对象(Objects by Value)。目前比较知名的 CORBA 中间件包括 IONA 公司的 Orbix、Inprise 公司的 VisiBroker、Digital 公司的 Component Broker 等。

注意：CORBA 规范标准的提出对于分布式对象技术而言具有开创性的贡献，其思想精髓被后来发展起来的其他分布式对象技术所充分借鉴。

20.3.3 Microsoft 的 COM+

微软的分布式对象技术经历了 COM、DCOM、MTS、COM+几个主要阶段，它们之间的逻辑关系如图 20.10 所示。

COM(Component Object Model)是微软公司推出的第一个构件模型，它确定了二进制代码标准，以透明和语言无关的方式解决一台计算机内不同应用程序之间的互相通信问题。

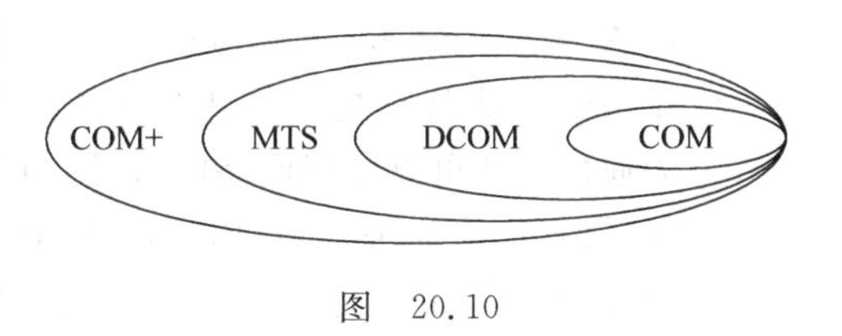

图 20.10

DCOM (Distributed COM)是 COM 的扩展，可以看做“Microsoft ORB”。它通过增加 RPC 和安全机制产生符合 DCOM 线路协议标准的标准网络包来解决不同机器上的 COM 之间的通信，并且对通信连接进行自动管理。

MTS(Microsoft Transaction Server)是微软为其 Windows NT 操作系统推出的一个对象中间件产品，在 COM /DCOM 基础上又添加了事务管理、安全管理、资源管理、多线程并发控制等功能，通过其提供的 API 可在 Windows 平台上开发大型数据库应用系统。

COM+在 COM、DCOM 和 MTS 集成的基础上，还增加了一些服务，以加强分布式网络应用的设计和实现。比如队列服务可以通过异步通信方式解决网络拥塞情况下的通信问题；通过负载平衡服务解决分布式应用负载分配问题；通过目录服务统一对构件进行管理；通过"发布-订阅"模式使对事件的处理更加灵活；通过即时激活机制和对象控制接口来加强分布式组件的调用和控制。

当前，".NET Framework"通过COM互操作技术支持COM+和MTS。因为NET组件和COM组件的实现标准不同，".NET"组件使用通用类型标准，而COM使用二进制标准，所以两者之间的互相调用会增加一些性能开销。

20.3.4 Java的分布式对象技术

1. Java RMI与Java IDL

Java 2平台提供了两种不同的方法来构造分布式应用系统，即Java RMI(Remote Method Invocation)和Java IDL(Interface Definition Language)。

Java IDL是Java 2开发平台中CORBA功能的扩展，它将符合CORBA规范要求的描述服务功能的IDL映射到Java语言上，并由此开发标准的、具有互操作性的Java分布式应用。应用支持IIOP协议，因而Java分布式应用可以与位于不同平台上、用不同语言写的CORBA对象以标准的方式进行通信。

Java RMI是Java构建分布式对象采用的主要技术，支持JRMP(Java Remote Messaging Protocol)和IIOP两种通信协议。当选择JRMP时，可构建相互通信的纯Java分布式对象；当选择IIOP时，建立的Java对象可与遵从CORBA规范的远程对象进行通信。

2. JNDI

JNDI(Java Naming and Directory Interface)是为Java应用程序提供目录服务和命名服务功能的接口，负责对Java分布式对象进行管理和检索。

3. Java的其他分布式技术

Java的分布式对象技术还有JMS、JTA、JAAS、JavaMail等。

- JTA(Java Transaction API)是Java进行事务处理的接口定义。
- JAAS(Java Authentication Authorization Service)是Java验证和授权服务的框架。
- JavaMail是Java提供的针对邮件协议(POP3与SMTP)的编程接口。采用邮件作为通信媒介可以穿越网络防火墙，且部署灵活方便，对于通信频率不高的分布式软件系统较为合适。采用JavaMail进行编程，还需JAF(Javabean Activation Framework)的支持。

20.4 RMI

20.4.1 概述

RMI就是Java的RPC技术，即一个JVM内存空间对象可以获得另一个JVM内存空间对象的远程引用，并向其发消息，就好像这两个对象在同一个JVM中的效果一样。

20.4.2 RMI 通信方式

图 20.11 说明了 RMI 通信调用的过程：客户端程序调用 Stub，Stub 对客户端程序隐藏网络通信的细节，并通过网络将调用传递到服务器端的 Skeleton；Skeleton 将调用转给服务器端对象；服务器端对象执行相应的调用，之后将结果按原路返回给客户程序。

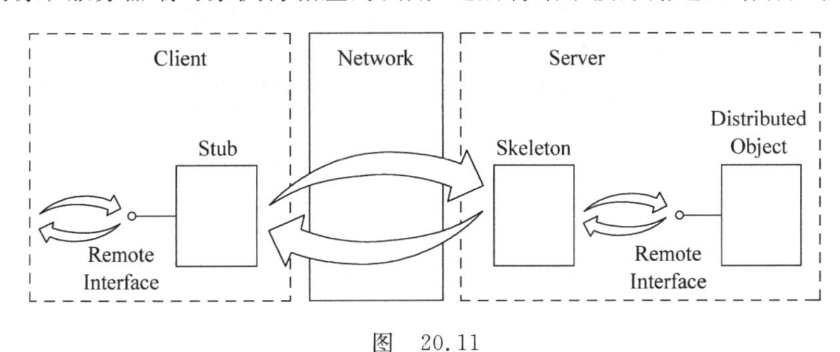

图 20.11

注意：在 Java 1.2 之后，图 20.11 的通信过程不再需要 Skeleton，而是通过 Java 的反射机制（Reflection）来完成对服务器端对象的调用，但是图中的通信逻辑关系仍然适用。

RMI 在实现上有两个关键点：第一是必须有一个共同的调用行为准则规定客户端对象、Stub、Skeleton 和服务器端对象的协作关系；第二是客户端如何获得服务器端对象的引用。

（1）共同调用行为准则的建立：定义一个远程接口（Remote Interface）作为调用行为准则，客户端依据这个接口定义的方法进行调用，服务器端对象依据这个接口给出实现。另外，Stub、Skeleton 的生成应严格参照服务器端对象。

（2）客户端获得服务器端分布式对象的引用：引用是对象的动态内存地址，因而客户端获得的服务器端对象的引用实际上就是得到了对象在服务器端的动态内存地址。为此，RMI 的实现要点如下：

- RMI 在基本架构之上还提供对象的命名/注册（Naming/Registry）服务，该服务会将运行的服务器端对象的 Stub 与一个名称绑定后保存在一个注册表中，这样 Stub 就相当于拥有了服务器端对象的动态内存地址信息。
- 当客户端调用命名服务对象的 lookup 方法进行查询时，根据提交的 URL（IP 地址、端口号、对象名称）参数，可得到注册表中的 Stub 对象，服务器端 Stub 序列化后传向客户端，客户端反序列化就得到了服务器端对象在客户端的动态 Stub，这个动态 Stub 再结合 IP 地址就使客户端掌握了服务器端对象的引用。
- 客户端向 Stub 发送远程接口中定义的方法消息，消息经 Stub、网络、Skeleton 最终传送到服务器端对象上，从而不同 JVM 对象之间的消息发送就具有一个 JVM 内对象间消息发送的效果，如图 20.12 所示。需要注意的是：此时客户端与服务器端对象之间的消息发送过程与命名服务的注册表已经无关了。

客户端用 Stub 与服务器端对象进行通信，这种通信方式相对于 CORBA 中动态接口调用（DII 和 DSI）而言具有编程简单、执行速度快的优点。但如果远程接口中定义的方法改

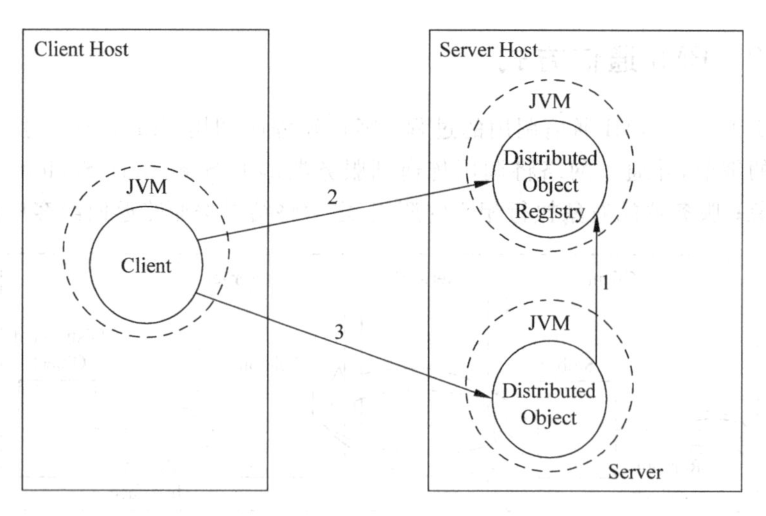

图 20.12

变，Stub 必须进行重新编译和部署，这也是这种通信方式的弱点。

20.4.3 RMI 通信架构

RMI 的通信架构有三层，如图 20.13 所示。首先是 Stub/Skeleton 层。该层提供了客户对象和服务对象彼此交互的接口；然后是远程引用(Remote Reference)层，负责处理客户端对服务器端对象引用的创建和管理。最后是传输(Transport)层，该层提供通信协议，用以传输客户端对象与服务器端对象间的请求和应答。

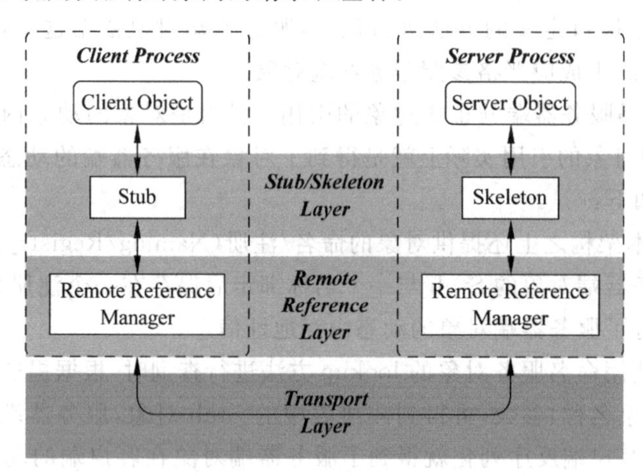

图 20.13

当客户端对象向 Stub 发送远程接口消息时，Stub 负责将方法的参数转换为便于网络传输的编列形式，而服务器端的 Skeleton 需要将参数反编列进而还原参数的类型。但参数究竟是传值还是传引用呢？对于 JavaRMI 来说，存在四种情况。

(1) 参数是基本的原始类型(整型、字符型等等)，将以传值的方式被自动编列。

(2) 参数是可序列化的 Java 对象(实现了 java.io.Serializable 接口)，则以传值的形式自动地加以编列。对象之中包含的原始类型以及所有被该对象引用且没有声明为 transient 的对象也将自动地编列。当然，这些被引用的对象也必须是可序列化的。

（3）绝大多数内建的 Java 对象都是可序列化的，对于不可序列化的 Java 对象（java.io.File），或者对象中包含不可序列化且没有声明为 transient 的其他对象的引用，编列过程将向客户端程序抛出异常而宣告失败。

（4）参数本身是服务器端对象，则传到客户端的是该对象的引用而不是值。

Java 系统中，不同 JVM 内存空间的对象通信可使用 RMI、消息、套接字三种方式。这三种方式的区别是：RMI 以简单灵活的方式拓展了对象发送消息的 JVM 内存空间范围，但对象间存在强耦合关系；消息方式在完成对象间通信的同时，通过存储转发解除了通信对象间的耦合关系，但部署繁琐；套接字是对象之间传递信息的方式，但不属于分布式对象技术范畴。

RMI 并不是 Java 中支持远程方法调用的唯一选择。在 RMI 基础上发展而来的 RMI-IIOP（Java Remote Method Invocation over the Internet Inter-ORB Protocol），不但继承了 RMI 的大部分优点，并且与 CORBA 兼容。RMI 使用 java.rmi 包，而 RMI-IIOP 则既使用 java.rmi 也使用扩展的 javax.rmi 包。

20.4.4　RMI 案例

开发基于 RMI 的分布式对象系统的过程包括如下步骤，如图 20.14 所示：

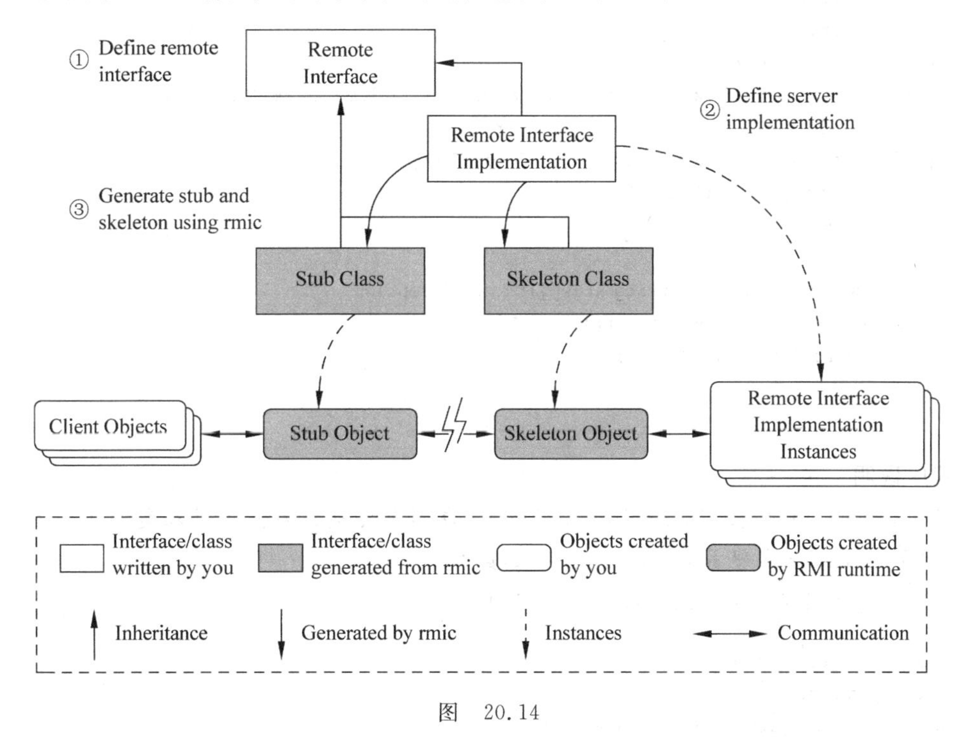

图　20.14

（1）定义远程接口，接口中定义所需的业务方法。

（2）编写服务器端对象类，并实现远程接口。

(3) 产生 Stub 和 Skeleton 类。

(4) 编写客户端程序并进行编译。

(5) 在客户端和服务器端部署字节码文件。

(6) 启动注册表并登记服务器端对象,运行客户端程序。

1. 定义远程接口

```
// RmiInterface.java
import java.rmi. * ;
public interface RmiInterface extends Remote {
   public SimpleObject sayHello() throws RemoteException;
}
```

程序说明

(1) 继承 Remote 接口,Remote 接口没有定义任何方法,它仅是个标志,证明继承它的接口是远程接口。

(2) 定义了 sayHello 方法,方法中必须声明抛出 java. rmi. RemoteException 异常,返回参数 SimpleObject 必须是可序列化的(serializable)。

2. 编写服务器端对象类,实现远程接口

```
// RmiServer.java
import java.rmi. * ;
import java.rmi.server. * ;
public class RmiServer extends UnicastRemoteObject implements RmiInterface{
  public RmiServer() throws RemoteException{ }
  public SimpleObject sayHello() throws RemoteException{
    System.out.println("Hello");
    return new SimpleObject();
  }
  public static void main(String args[ ])throws Exception{
    RmiServer rs = new RmiServer();
    Naming.rebind("hello", rs);
  }
}
```

程序说明

(1) RmiServer 继承 UnicastRemoteObject 表明本类是服务器端对象类型。

(2) RmiServer 实现 RmiInterface 远程接口。

(3) 创建远程对象 rs 并在 Naming 中注册。

```
// SimpleObject.java
import java.io. * ;
public class SimpleObject  implements Serializable{
   public int getInt(){
      return 3;
   }
}
```

程序说明

作为参数的SimpleObject必须实现Serializable接口，接口中没有定义任何方法，它仅是个标志，告诉虚拟机本对象需要序列化。

3. 生成Stub和Skeleton类

调用rmic根据服务器端对象类RmiServer产生Stub和Skeleton，如图20.15所示。

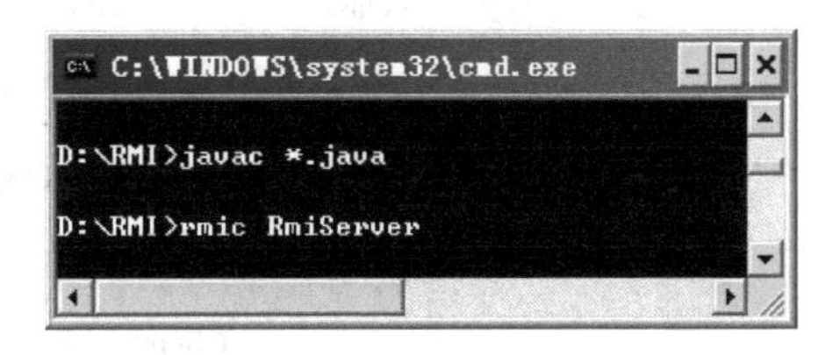

图　20.15

注意：RmiServer没有后缀；另外，Java 2平台不再需要skeleton。

4. 编写客户端程序并编译

```
// RmiClient.java
import java.rmi.*;
public class RmiClient {
  public static void main(String args[]) throws Exception{
     String rmi = "//localhost/hello";
     RmiInterface   r = (RmiInterface)Naming.lookup(rmi);
     SimpleObject   t = r.sayHello();
     System.out.println(t.getInt());
  }
}
```

程序说明

(1) 属性rmi给出的是服务器端对象的Stub在注册表中的URL(IP或host＋对象名称)。

(2) 客户端通过lookup查找服务器端注册表中的对象存根，并在客户端再生该存根，之后通过远程接口引用r向存根发送sayHello消息。

(3) 服务器端对象方法激活后产生SimpleObject对象并序列化传回，在客户端反序列化后调用其方法getInt。

5. 在客户端和服务器端部署字节码文件

客户端和服务器端部署的共同文件有远程接口RmiInterface文件、Stub文件、SimpleObject文件，如图20.16所示。Stub部署在服务器端的原因是：Stub在RMI通信时首先需要在注册表中进行注册；Stub存根部署在客户端的原因是：服务器端的Stub在客户端反序列化时要参照Stub文件。

6. 启动注册表并登记服务器端对象，运行客户端程序

图20.17列举了客户端和服务器端应用启动的时间顺序；图20.18展示了客户端和服务器端RMI的调用过程。

如果不使用命令rmiregistry启动注册表，而在程序中启动注册表，此时其他程序不变，

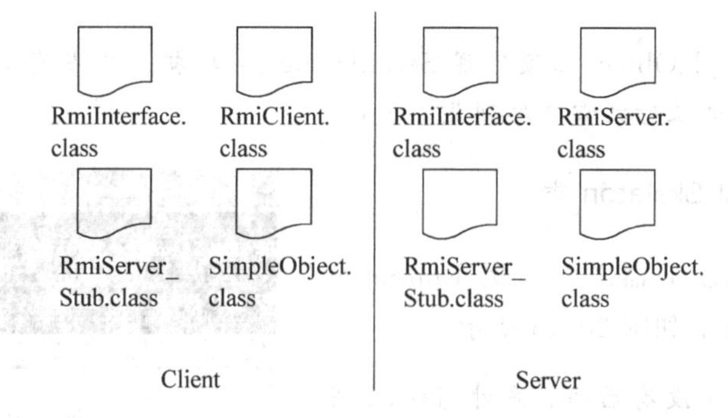

图 20.16

图 20.17

RmiServer.java 调整如下，程序中的黑体部分就是用程序启动注册表，1099 为默认端口。

```
// RmiServer.java
import java.rmi.*;
import java.rmi.server.*;
import java.rmi.registry.LocateRegistry;
public class RmiServer extends UnicastRemoteObject implements RmiInterface{
   public RmiServer() throws RemoteException{}
   public SimpleObject sayHello() throws RemoteException{
     System.out.println("Hello");
     return new SimpleObject();
   }
```

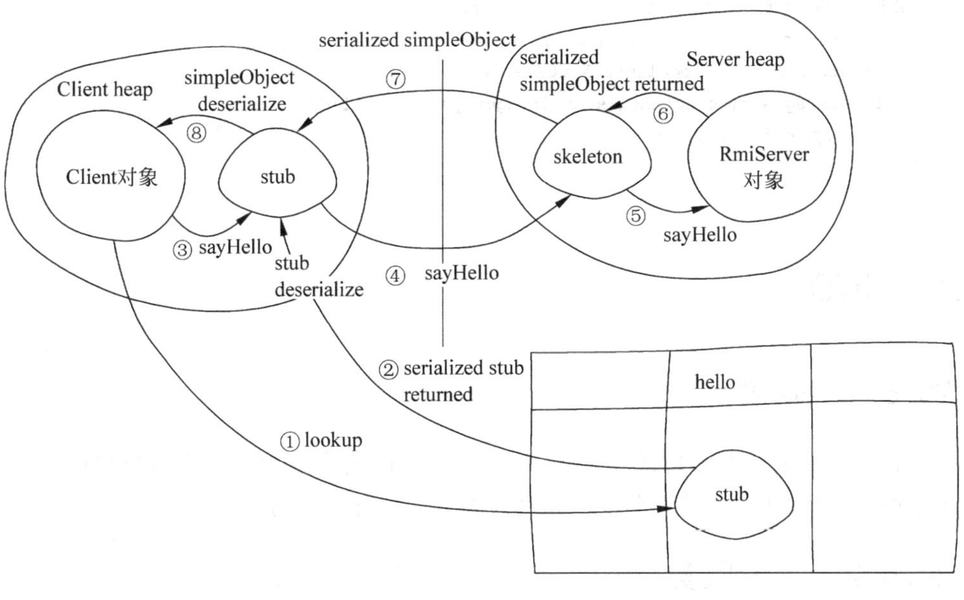

图　20.18

```
    public static void main(String args[ ])throws Exception{
      RmiServer rs = new RmiServer();
      LocateRegistry.createRegistry(Integer.parseInt("1099"));
      Naming.rebind("hello", rs);
    }
}
```

注册端口也可改变，此时 RmiClient 和 RmiServer 都应进行适当调整(程序中的黑体部分)。

```
// RmiClient.java
import java.rmi.*;
public class RmiClient {
    public static void main(String args[]) throws Exception{
      String rmi = "//localhost:5000/hello";
      RmiInterface r = (RmiInterface)Naming.lookup(rmi);
      SimpleObject t = r.sayHello();
      System.out.println(t.getInt());
    }
}
// RmiServer.java
import java.rmi.*;
import java.rmi.server.*;
import java.rmi.registry.LocateRegistry;
public class RmiServer extends UnicastRemoteObject implements RmiInterface{
    public RmiServer() throws RemoteException{}
    public SimpleObject sayHello() throws RemoteException{
        System.out.println("Hello");
      return new SimpleObject();
    }
```

```
    public static void main(String args[ ])throws Exception{
        RmiServer rs = new RmiServer();
        String rmi = "//localhost:5000/hello";
        LocateRegistry.createRegistry(Integer.parseInt("5000"));
        Naming.rebind(rmi, rs);
    }
}
```

20.5 JNDI

20.5.1 概述

JNDI 是 Java 的命名和目录服务接口，其标准接口被许多命名服务和目录服务产品实现，因而可通过 JNDI 对这些命名服务和目录服务进行统一访问。

20.5.2 命名服务

命名服务(Naming Services)的含义就是将一个名字和一个对象建立一种映射关系，可以根据名字找到对象。例如图书馆的图书检索服务就是一种命名服务，如图 20.19 所示。早期的检索方式采用卡片，卡片很容易翻阅，上面记录着图书的简要信息和其所在的书架信息，后来这一方式被计算机索引系统替代，但是命名服务的这一功能逻辑并没改变。

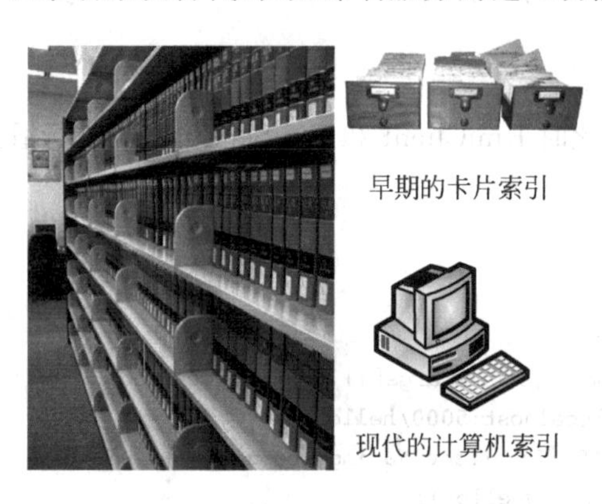

图 20.19

现实的命名服务常和特定的系统相连，例如文件系统、邮件系统、打印机管理服务系统等，也就是说含有命名服务功能的系统的类型是多样的，但从使用者的角度看，这些系统应存在着某种使用逻辑上的共性联系，即根据提供的名称就能找到想使用的资源。将这些系统的共同使用逻辑封装为一个环境接口 Context，这种设计对于使用而言将十分方便。

20.5.3 目录服务

目录服务(Directory Services)的功能含义：目录是在 Internet 和 Intranet 上对信息资

源进行管理的一种有效方式，它采用树状的层级架构存储信息，并提供相应的目录协议进行访问。使用者能在众多的资源中，快速找到其所联系的人、计算机、服务或者应用程序，都离不开目录服务的帮助，因而从这个角度上讲，目录服务包括命名服务。另外，目录服务中的每个层级都有属性信息，属性信息包含一个名称和可能对应的一组值，目录服务提供对这些属性信息进行创建、查询、修改和删除的操作。

存储目录信息的数据库与关系数据库不同，不具备批量更新事务处理能力，只能执行简单的更新操作，但有很强的数据检索能力和数据复制能力。对数据访问的目录协议有 X.500 和 LDAP(Lightweight Directory Access Protocol)，目前应用最广的 LDAP 是一个协议群组，有 V1、V2、V3 三个版本，提供了命名管理、目录操作、安全认证等一系列功能。它是 DAP 的简化版本，而 DAP 又是 X.500 的一部分。

支持 LDAP 协议的目录用 nodetype=value 指定节点的域名表示，其中 dc 表示节点，o 表示叶子节点，定位一个节点用标号 dn 描述其层次，如 dn：dc=example,dc=com 表示一个 example 节点，它的父节点是 com。每个节点都拥有属性，属性名 c 表示国家，o 表示组织，ou 表示组织单元，sn 表示姓名，uid 表示隶属组织编号，objectClass 表示拥有多个属性的类等。

同命名服务一样，目录服务的存在形式也是多样的，主要有 Sun 公司的网络信息服务 Network Information Services(NIS)、微软公司活动目录服务 Active Directory Services(ADS)、Novell 公司的目录服务 NetWare Directory Services(NDS)。

上述的主要目录服务都支持 LDAP 协议，这就为统一操作提供了方便。DirContext 对目录服务的使用提供统一的接口定义，这与通过统一的 JDBC 接口访问不同类型的数据库类似，如图 20.20 所示。

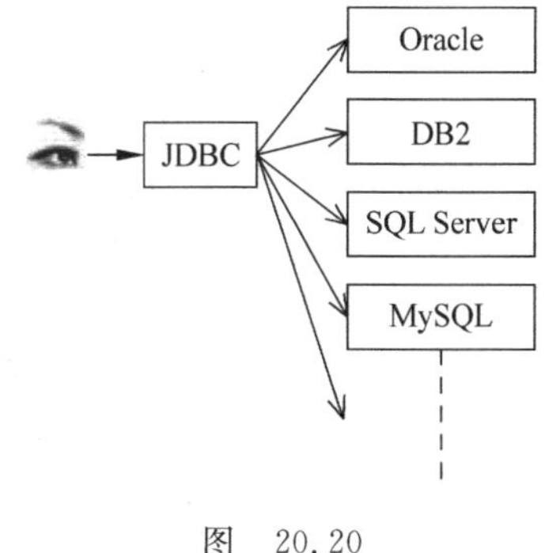

图 20.20

20.5.4 JNDI 的构成

JNDI 由 JNDI API 和 JNDI SPI 构成，如图 20.21 所示，其中 JNDI API 允许应用程序用统一的方式访问各种命名与目录服务，主要功能类位于 javax.naming 和 javax.naming.directory 包中；JNDI SPI 让系统开发人员为特定的命名或目录系统来编写扩展程序，以便用 JNDI 统一访问，主要功能类位于 Javax.naming.spi 包中。

JNDI 中分别提供了 Context、DirContex、ldapContext 三个环境接口分别对命名操作、目录操作、ldap 目录协议扩展特性进行统一规定，另外分别有 InitialContext、InitialDirContext、InitialLdapContext 三个对应的接口实现类，如图 20.22 所示。

图 20.23 列举了一个结构层次。最上层是支持命名服务的 DNS，其次是支持 LDAP 或 NDS 协议的目录服务，最下层是文件系统、对象管理和打印服务。该结构的每一层次都可用 InitialContext 进行统一访问，访问的起始点就是环境入口。对目录服务的访问可以在 InitialDirContext 中利用 LDAP 协议来进行，如果要使用 LDAP V3 中的某些扩展功能，则应选择 InitialLdapContext。

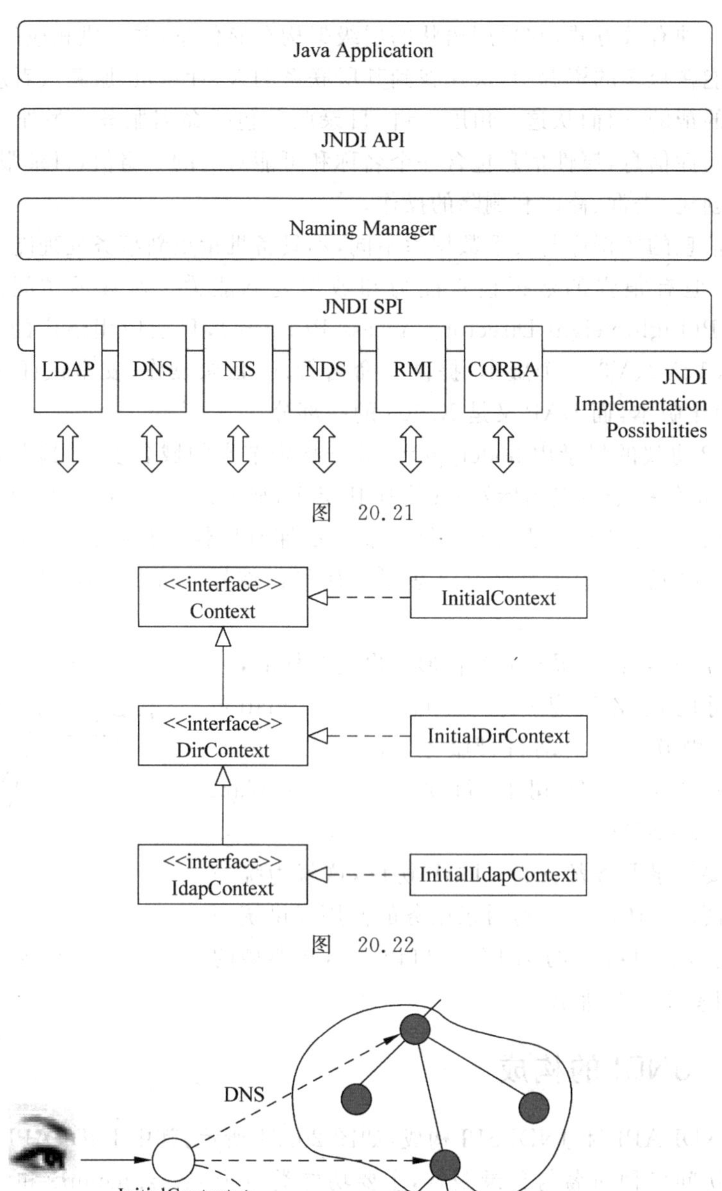

图　20.21

图　20.22

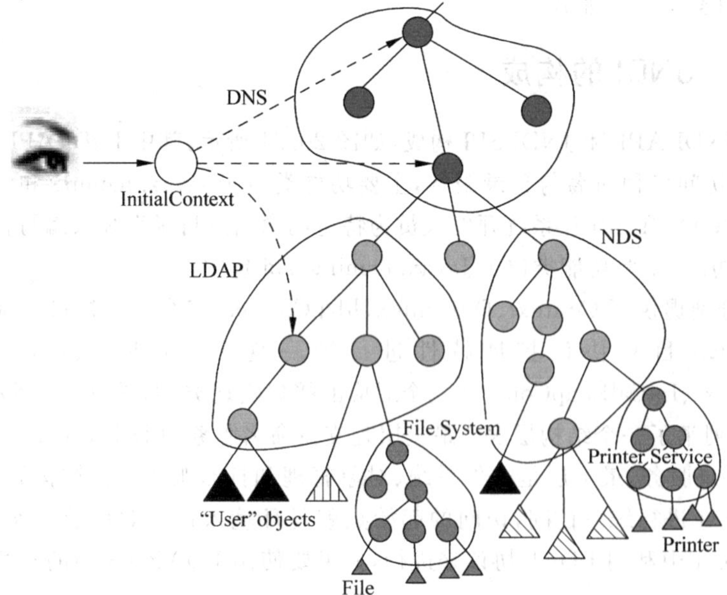

图　20.23

使用JNDI命名服务进行资源访问,必须设置初始化上下文的参数,主要是JNDI命名服务驱动的类名(Context. INITIAL_CONTEXT_FACTORY),如表20.2所示,另外还有命名服务的URL(Context. PROVIDER_URL),URL的值包括提供命名服务的主机地址和端口号。

表 20.2

名称	命名服务驱动类名
Filesystem	com. sun. jndi. fscontext. RefFSContextFactory 或 com. sun. jndi. fscontext. FSContextFactory
LDAP V3	com. sun. jndi. ldap. LdapCtxFactory
NDS	com. novell. naming. service. nds. NdsInitialContextFactory
NIS	com. sun. jndi. nis. NISCtxFactory
RMI	com. sun. jndi. rmi. registry. RegistryContextFactory
IBM LDAP	com. ibm. jndi. LDAPCtxFactory
BEA 名字服务提供者	weblogic. jndi. WLInitialContextFactory
JBOSS 名字服务提供者	org. jnp. interfaces. NamingContextFactory
CORBA	com. sun. jndi. cosnaming. CNCtxFactory
DNS	com. corba. sun. jndi. dns. DnsContextFactory

20.5.5 JNDI 案例

1. 命名服务案例1——为RMI提供命名服务

```
// RmiServer.java
import java.rmi.*;
import java.rmi.server.*;
import java.rmi.registry.LocateRegistry;
import java.util.*;
import javax.naming.*;
public class RmiServer extends UnicastRemoteObject implements RmiInterface{
   public RmiServer() throws RemoteException{}
   public SimpleObject sayHello() throws RemoteException{
     System.out.println("Hello");
     return new SimpleObject();
   }
   public static void main(String args[])throws Exception{
     RmiServer rs = new RmiServer();
      LocateRegistry.createRegistry(Integer.parseInt("5000"));
      Properties props = new Properties();
      props.put(Context.INITIAL_CONTEXT_FACTORY,
            "com.sun.jndi.rmi.registry.RegistryContextFactory");
      props.put(Context.PROVIDER_URL, "rmi://localhost:5000");
      InitialContext  ctx = new InitialContext(props);
      ctx.bind("java:comp/env/hello",rs);
      ctx.close();
   }
}
```

程序说明

RmiServer.java程序中利用具有哈希结构的Properties类对象进行RMI注册表环境设置,并用ctx得到该环境的入口(上下文);程序中加黑的代码则是利用ctx环境入口将rs绑定到注册表当中。

```
// RmiClient.java
import java.rmi.*;
import java.util.*;
import java.rmi.server.*;
import javax.naming.*;
public class RmiClient {
  public static void main(String args[]) throws Exception{
    Properties props = new Properties();
    props.put(Context.INITIAL_CONTEXT_FACTORY,
        "com.sun.jndi.rmi.registry.RegistryContextFactory");
    props.put(Context.PROVIDER_URL, "rmi://localhost:5000");
    InitialContext  ctx = new InitialContext(props);
    String url = "java:comp/env/hello";
    RmiInterface r = (RmiInterface)ctx.lookup(url);
    SimpleObject t = r.sayHello();
    System.out.println(t.getInt());
  }
}
```

程序说明

RmiClient.java程序中利用Properties类对象中设置的信息获取服务器端RMI注册表环境,并用ctx得到该环境的入口(上下文);程序中加黑的代码则是利用ctx环境入口得到服务器端对象的存根,并通过存根向服务器端对象发送sayHello消息。

2. 命名服务案例2——文件系统中搜寻指定文件

```
import java.util.Properties;
import javax.naming.*;
public class FirstJndi{
  private InitialContext ic;
  public FirstJndi()throws Exception{
     ic = getInitialContext();
    }
  public InitialContext getInitialContext()throws Exception{
     Properties props = new Properties();
     props.put(Context.INITIAL_CONTEXT_FACTORY,
          "com.sun.jndi.fscontext.FSContextFactory");
     props.put(Context.PROVIDER_URL, "file:///");
     InitialContext initialContext = new InitialContext(props);
     return initialContext;
  }
  public static void main(String[] args) throws Exception {
     String name;
     if (args.length > 0) {name = args[0];}
```

```
        else{System.out.println("请输入文件名");return;}
        System.out.println("寻找名字为: " + name);
        FirstJndi test = new FirstJndi();
        Object obj = test.ic.lookup(name);
        System.out.println(name + " 绑定到: " + obj);
    }
}
```

程序的编译执行结果如图 20.24 所示。

图　20.24

程序说明

(1) 程序中利用 Properties 类对象设置目录的命名环境入口，默认为程序所在盘符的根目录。

(2) 程序中的黑体代码根据输入的文件名称对环境进行遍历，找到文件所在的目录位置。

(3) 由于目录命名环境入口需要用到 com.sun.jndi.fscontext.FSContextFactory，因而在图 20.24 编译执行时，需要将 fscontext.jar 加入到环境变量 classpath 中。

3. 命名服务案例 3——在 LDAP 服务器上搜索指定的属性

首先安装 LDAP 服务：选择 openldap-for-windows.exe，将其安装在 d:\OpenLDAP，重启计算机，在【控制面板】|【管理工具】|【服务】中看到"OpenLDAP"已启动。

编写如下程序进行认证测试：

```
import java.util.*;
import javax.naming.*;
import javax.naming.directory.*;
public class LDAPTest {
   public static DirContext getContext(String domain,String root)
        throws Exception{
      DirContext ctx = null;
      Hashtable env = new Hashtable();
      env.put(Context.INITIAL_CONTEXT_FACTORY, "com.sun.jndi.ldap.LdapCtxFactory");
                                                                    //目录服务协议
      env.put(Context.PROVIDER_URL, "ldap://" + domain + "/" + root); //登录目录位置
      env.put(Context.SECURITY_AUTHENTICATION, "simple");  //目录位置认证方式
      env.put(Context.SECURITY_PRINCIPAL, "cn = Manager," + root);//目录位置管理员
      env.put(Context.SECURITY_CREDENTIALS, "secret");//管理员密码
      ctx = new InitialDirContext(env);
      System.out.println("认证成功");
```

```
        return ctx;
    }
    public static void main(String[ ]args)throws Exception{
        DirContext dc = getContext("localhost","dc = maxcrc,dc = com");
    }
}
```

程序说明

程序利用哈希表 Hashtable 进行目录环境设置。

在认证成功的条件下，进入 d:\OpenLDAP，建立一个文本文件 test.ldif，内容如图 20.25 中的左半部分所示。

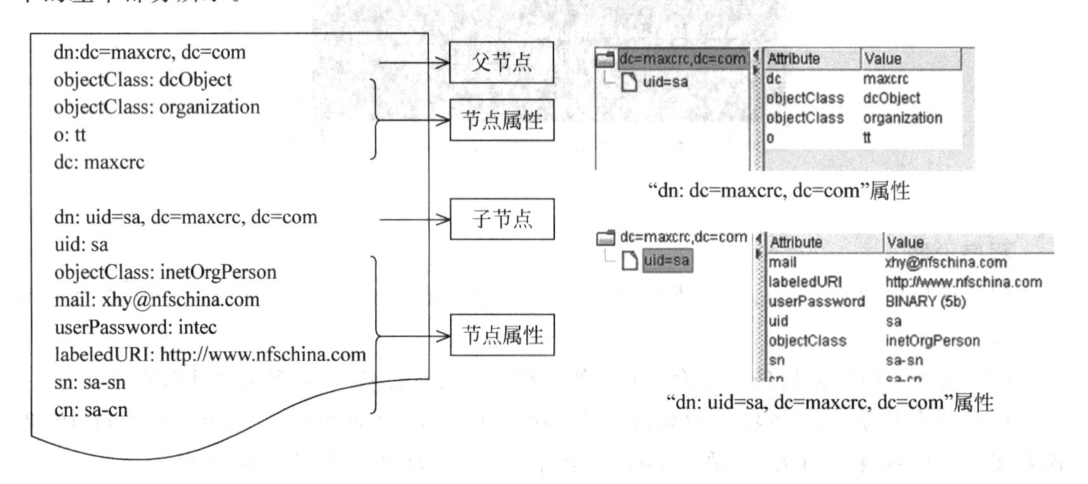

图 20.25

执行命令行“ldapadd -x -D"cn=manager,dc=maxcrc,dc=com" -w secret -f test.ldif”，在目录服务中添加节点及其属性信息，如图 20.25 中的右半部分所示。

程序中补充如下目录查询代码并在 main 方法中调用：

```
public static void searchJNDI(String domain,String root) throws Exception{
    DirContext ctx = getContext("localhost","dc = maxcrc,dc = com");
    BasicAttributes searchAttrs = new BasicAttributes();
    searchAttrs.put("sn","sa - sn");                    //查询姓名为 sa - sn 的节点
    NamingEnumeration objs = tx.search( "ldap://" + domain + "/" + root,searchAttrs);
    while(objs.hasMoreElements()){                       //遍历满足条件的节点
        SearchResult match = (SearchResult)objs.nextElement();                  //找到的节点
        System.out.println("Found " + match.getName() + ":");
        Attributes  atts = match.getAttributes();//得到节点属性集合
        NamingEnumeration e = atts.getAll();
        while(e.hasMoreElements()){                      //对节点属性集合进行遍历
            Attribute attr = (Attribute)e.nextElement();
            System.out.print(attr.getID() + " = ");
            for(int i = 0;i < attr.size();i++){          //处理一个属性对应多个属性值的情况
                if(i > = 0){
                    System.out.print(attr.get(i));
```

```
            }
        }
        System.out.println("");
    }
  }
  ctx.close();
}
```

程序执行结果如图 20.26 所示。

图 20.26

20.6 Web Service

20.6.1 概述

Web Service 是 Web 应用的平台，能向 Internet 发布功能函数供其他应用程序调用。同时它采用 XML 定义了一系列标准，规范了 Web 环境下分布式对象（服务器端基于面向对象技术的 Web 服务和客户端面向对象的应用程序）之间的通信协议。

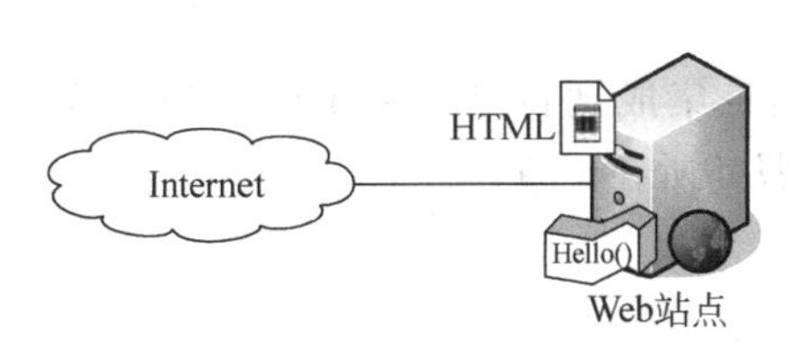

图 20.27

在图 20.27 中，一个 Web 站点除了向 Internet 提供 HTTP 服务外，还提供 Web 服务，即 Hello 功能方法调用。

注意：Web Service 功能的使用者是应用程序，而不是操作用户。

Web Service 的优点是：

(1) 平台无关性和语言无关性。Web Service 采用标准协议进行异构平台的通信，因而被各种平台（Windows、Linux、UNIX）、各种语言（C++、Java、C#、多种脚本语言）所支持。

(2) 通信上的跨越防火墙特性。由于 Web Service 是基于 HTTP 协议或邮件协议的，而 HTTP 协议和邮件协议又在大多数防火墙上开放，因而在构建基于 Internet 的分布式软件系统时，Web Service 相对 DCOM 和 RMI、COBRA 而言，可以做到在 Internet 范围内实现信息互通。

(3) 松散耦合性。采用 Web Service 的分布式软件系统内部之间是松散耦合的，它们彼此可能从来没有通信过，因而适合在 Internet 上构建和集成分布式软件系统；而 COBRA、RMI 构成的分布式软件系统内部之间则相互依赖、紧密耦合，适合在 Intranet 上构建分布式软件系统。

Web Service 的缺点是：

(1) 以 XML 方式进行消息传送没有二进制代码有效率，虽然对大多数应用程序没有什么影响，但对于实时系统显然不合适。

(2) 只支持基本的服务调用，没有诸如 CORBA 那样提供持久性存储、对象生命周期管理、事务管理等丰富的支持服务。

20.6.2 Web Service 结构层次

客户对 Web 服务的功能需求可能如图 20.28 所示。

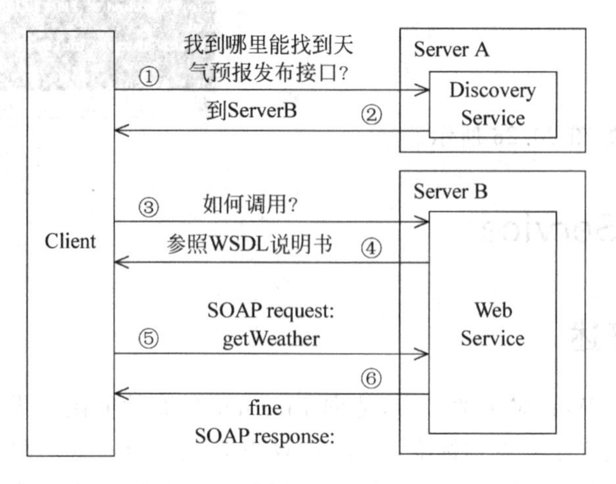

图 20.28

(1) 客户需要实时天气预报 Web 服务(将天气信息集成到自己的系统中),但对 Web 服务位置一无所知,因而他可能向一个咨询中心询问服务所在位置。

(2) 咨询中心返回所需 Web 服务位置。

(3) 客户向 Web 服务位置询问如何使用服务。

(4) 得到一个说明书 WSDL。

(5) 根据说明书知道 getWeather 这个方法服务如何调用,并用 SOAP 发出请求。

(6) 服务返回调用结果值或者返回一个请求有错误的信息。

根据上面的逻辑过程,Web Service 的结构层次应如图 20.29 所示。

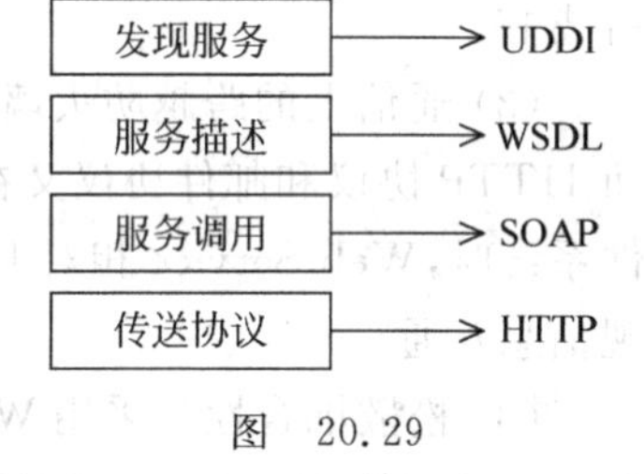

图 20.29

- UDDI(Universal Description, Discovery and Integration)是一种独立于平台、基于 XML 格式、用于在互联网上描述 Web 服务的协议。开发人员可以发布、发现、集成 Web 服务。UDDI 的作用就相当于现实生活中的“114”查询台。
- WSDL(Web Services Description Language)用于对 Web 服务接口(调用函数的名称、参数、返回值)和服务位置进行描述,它是基于 XML 格式被 W3C 组织确认的标准协议。程序员需要解读 WSDL,从而在程序中可以调用 Web 服务提供的方法;而客户端程序依据 WSDL 向 Web 服务器端发出方法调用请求。
- SOAP(Simple Object Access Protocol)可以将本地的方法调用转为适合网络传输的形式(SOAP 请求),同时将 Web 服务经网络传输返回的调用结果转化为本地方法的返回值(SOAP 响应)。该协议是由微软、IBM 等公司发起由 W3C 组织确认的标准协议。它采用 XML 格式进行定义,分为 RPC 和面向文档两种工作模式,用 Internet 现有 HTTP/HTTPS、SMTP/POP3 标准协议进行通信。

Web Service 的语言和平台无关性可以看做是 CORBA 思想的一个应用。WSDL 相当于 IDL，是运行在不同平台上用不同语言编写的应用之间能够进行相互调用的基石；而 SOAP 相当于 ORB；SOAP 使用的 HTTP 协议相当于 IIOP。

20.6.3　WSDL 信息结构

WSDL 用 XML 进行定义，表 20.3 列举了 WSDL 标准中主要标记的含义。

表　20.3

WSDL 项	定　义
<types>	定义所有函数传入参数的数据类型和个数；定义所有函数的返回参数的数据类型
<message>	为所有函数的传入参数和返回参数命名
<portType>	嵌入 operation 标记来定义方法名称，并用 input 标记来指出方法传入参数，用 output 标记来指出方法返回参数
<binding>	定义函数调用时使用 SOAP 协议的工作模式、通信协议、参数的编码方式
<service>	函数的 URI 访问位置，通过 port 标记指定一个 Web 服务

一个 WSDL 文件有三个组成部分：用于描述 Web 服务接口、绑定协议和服务位置信息。例如一个对应 Web 服务接口的 WSDL 文档为：

接口文件

```
public interface HelloWorldService {
  public String sayHello(String greet);
}
```

WSDL 文件

```
<?xml version = "1.0" encoding = "UTF - 8" ?>
<wsdl:definitions targetNamespace = "http://MyHost/HelloWorldService"
   xmlns:tns = "http://MyHost/HelloWorldService"
   xmlns:wsdlsoap = "http://schemas.xmlsoap.org/wsdl/soap/"
   xmlns:soap12 = "http://www.w3.org/2003/05/soap - envelope"
   xmlns:xsd = "http://www.w3.org/2001/XMLSchema"
   xmlns:soapenc11 = "http://schemas.xmlsoap.org/soap/encoding/"
   xmlns:soapenc12 = "http://www.w3.org/2003/05/soap - encoding"
   xmlns:soap11 = "http://schemas.xmlsoap.org/soap/envelope/"
   xmlns:wsdl = "http://schemas.xmlsoap.org/wsdl/">
 <wsdl:types>
     <xsd:schema xmlns:xsd = http://www.w3.org/2001/XMLSchema
           attributeFormDefault = "qualified"
           elementFormDefault = "qualified"
           targetNamespace = "http://MyHost/HelloWorldService">
     <xsd:element name = "sayHello">
     <xsd:complexType>
        <xsd:sequence>
         <xsd:element maxOccurs = "1" minOccurs = "1" name = "in0"
              nillable = "true" type = "xsd:string" />
        </xsd:sequence>
```

```
        </xsd:complexType>
        </xsd:element>
        <xsd:element name = "sayHelloResponse">
        <xsd:complexType>
            <xsd:sequence>
             <xsd:element maxOccurs = "1" minOccurs = "1" name = "out"
                  nillable = "true" type = "xsd:string" />
            </xsd:sequence>
        </xsd:complexType>
        </xsd:element>
        </xsd:schema>
    </wsdl:types>
   <wsdl:message name = "sayHelloRequest">
       <wsdl:part name = "parameters" element = "tns:sayHello" />
   </wsdl:message>
   <wsdl:message name = "sayHelloResponse">
       <wsdl:part name = "parameters" element = "tns:sayHelloResponse" />
   </wsdl:message>
   <wsdl:portType name = "HelloWorldServicePortType">
        <wsdl:operation name = "sayHello">
        <wsdl:input name = "sayHelloRequest" message = "tns:sayHelloRequest" />
        <wsdl:output name = "sayHelloResponse" message = "tns:sayHelloResponse" />
        </wsdl:operation>
   </wsdl:portType>
   <!-- 以上描述 Web Service 的服务接口 -->
   <wsdl:binding name = "HelloWorldServiceHttpBinding"
         type = "tns:HelloWorldServicePortType">
         <wsdlsoap:binding style = "document" transport = "http://schemas.xmlsoap.org/soap/http" />
         <wsdl:operation name = "sayHello">
         <wsdlsoap:operation soapAction = "" />
             <wsdl:input name = "sayHelloRequest">
                  <wsdlsoap:body use = "literal" />
             </wsdl:input>
             <wsdl:output name = "sayHelloResponse">
                  <wsdlsoap:body use = "literal" />
             </wsdl:output>
         </wsdl:operation>
    </wsdl:binding>
   <!-- 以上描述 Web Service 的绑定协议 -->
   <wsdl:service name = "HelloWorldService">
       <wsdl:port name = "HelloWorldServiceHttpPort"
           binding = "tns:HelloWorldServiceHttpBinding">
           <wsdlsoap:address
      location = "http://localhost:6000/xfire/services/HelloWorldService" />
      </wsdl:port>
   </wsdl:service>
  <!-- 描述 Web Service 的服务位置信息 -->
  </wsdl:definitions>
```

程序说明

(1) 标记中的黑体部分是通过属性 xmlns 定义命名空间(用于确定标记的唯一解释权),前缀 wsdl 与一个 URI 相关联,之后给所有的标记加上定义的前缀名 wsdl。

(2) "wsdlsoap:binding"部分的标记含义为:绑定 SOAP 协议,用文档模式来描述请求,参数编码样式为 literal。

(3) Web Service 服务的位置信息由 URI(Uniform Resource Identifiers)来指代:即 http://localhost:6000/xfire/services/HelloWorldService,其中 HelloWorldService 为 URN(Uniform Resource Name)。URI 是一种用字符串来唯一标识信息资源的工业标准,它包含 URL(Uniform Resource Locator)和 URN。URL 负责确定 Web 页面的位置;URN 主要对全球范围内专业机构的信息资源给出唯一标识,但并不指出访问位置。URI 通常交给程序使用,由程序确定资源的访问位置。

20.6.4 SOAP 信息结构

SOAP 的 XML 描述文件由封套(Envelope)、信息头(Header)、信息体(Body)组成。信息体中包括对错误信息的定义(Fault),其格式结构如下:

```
<?xml version = "1.0"?>
< soap:Envelope xmlns:soap = http://www.w3.org/2001/12/soap - envelope
soap:encodingStyle = "http://www.w3.org/2001/12/soap - encoding">
< soap:Header >
...
</soap:Header >

< soap:Body >
...
  < soap:Fault >
  ...
  </soap:Fault >
</soap:Body >
</soap:Envelope >
```

注意:SOAP 的 XML 信息结构不需要开发者编写,而由框架软件自动生成。

20.6.5 Web Service 的通信方式

Web Service 能使异构平台上的不同应用通信,其中提供服务的是服务器端,调用服务的是客户端。客户端调用服务器端对象方法时,必须首先得到服务器端提供的 WSDL,然后类似于 CORBA 客户端调用的两种模式,或者根据 WSDL 生成存根,或者根据 WSDL 参照 DII 方式进行动态调用。这两种调用方式的共同特点是将客户端请求转化为 SOAP 请求提交服务器端;它们的区别在于存根是静态的,可以被反复调用,因而效率更高。

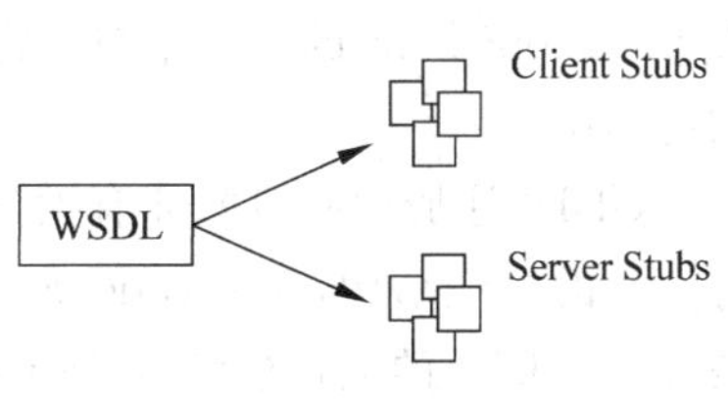

图　20.30

存根可分为客户端存根和服务器端存根,这两种存根都是依照 WSDL 而产生的,如图 20.30 所示。WSDL

是客户端和服务器端进行通信的重要约定，如果其内容有所变化，则客户端和服务器端的原先约定就被破坏了，存根就需要重新生成。

图 20.31 展示了进行 Web Service 通信过程的原理。

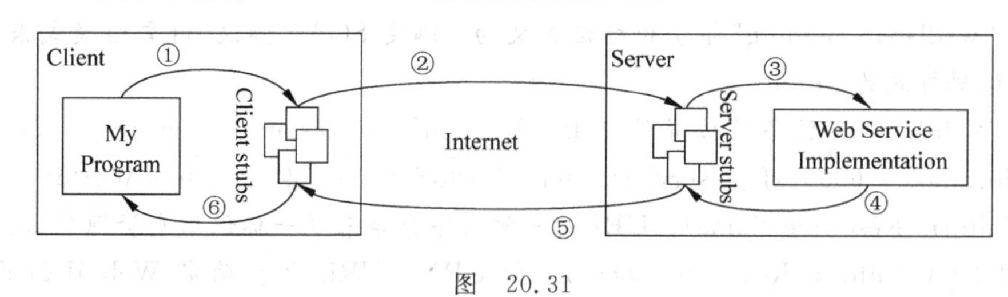

图 20.31

(1) 客户端应用程序调用 Web 服务时，首先调用的是客户端的存根，客户端的存根将调用转化为适当的 SOAP 请求。

(2) SOAP 请求经网络用 HTTP 协议传送，服务器端存根收到 SOAP 请求，将请求转化为 Web 服务可以理解的形式。

(3) 执行 Web 服务。

(4) 操作的结果返回给服务器端的存根，之后被转化为 SOAP 响应。

(5) SOAP 响应用 HTTP 协议经网络送回，客户端存根收到 SOAP 响应并将其转为客户程序可以理解的形式。

(6) 客户端应用程序得到 Web 服务调用结果。

注意：图 20.31 是个逻辑图，在实际当中，同 RMI 一样，服务器端存根不需要程序员生成。

20.6.6 UDDI

WSDL 是联系客户端和服务器端的重要纽带，客户端只要拿到 Web 服务的 WSDL 文件，就可以用程序访问 Web 服务，这与服务器端和客户端程序所处的操作系统和开发语言无关。当应用的客户端和服务器端为同一公司或合作伙伴开发时，拿到 WSDL 文件不是什么问题。然而 Web 服务是面向 Internet 提供的，Web 服务的使用者与服务提供者可能素不相识，使用者如何在浩如烟海的 Internet 及时有效地发现其所需的 WSDL 文件呢？UDDI 就用来解决这样的问题。

UDDI 就是 Internet 上 WSDL 的一个注册中心，其功能就是发布、发现、集成 Web 服务应用。如图 20.32 所示，提供 Web 服务的 ApplicationServer 向 UDDI 发布自己的 WSDL 信息（发布可分为人工手动发布和编程发布两种方式），ApplicationClient 的开发用户登录 UDDI 中心，按照所期望服务功能的关键字进行查找，得到的每个检索结果记录包括了服务提供者信息、服务功能信息、服务器端点 URL 信息、WSDL 位置 URL 信息。ApplicationClient 的开发用户获得 WSDL 后，就可将 ApplicationServer 的功能集成到自己的应用中。

UDDI 注册中心可能拥有大量的注册信息，为了便于信息的管理和检索，注册信息需要有一定的组织结构，ApplicationServer 拥有者也应按照这种结构发布 WSDL 信息。图 20.33 展示了 UDDI 的数据模型。Provider 和 tModel 处于同一层次。Provider 是服务提供者的信息，如公司或者个人，包括服务部署部门的名字、描述和分类。其下有若干个 Service，每

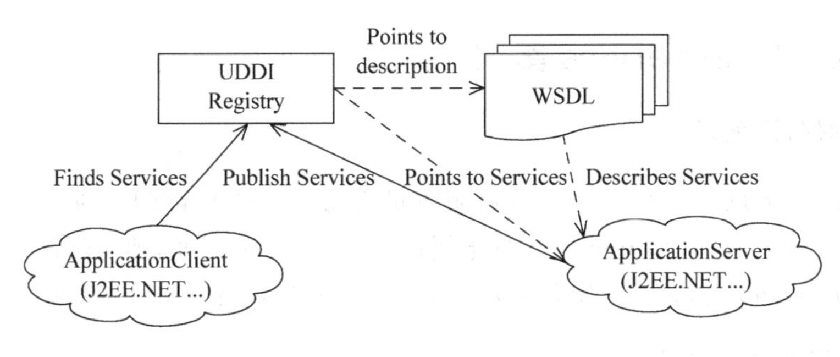

图 20.32

个 Service 负责对某一类服务进行说明，包括服务的名字、描述和分类，每个 Service 又包含若干绑定信息，每个绑定信息对服务站点进行说明，如访问的 URL 和站点分类。tModel 是服务提供的接口的描述，其下可有多个节点，每个节点指向一个可获得 WSDL 的 URL。tModel 中的节点需要和绑定信息建立映射关系，从而说明一个站点下都提供了哪些 Web 服务。一个 tModel 节点可以和多个绑定信息建立映射，从这个意义上讲，tModel 节点信息可以被共享。

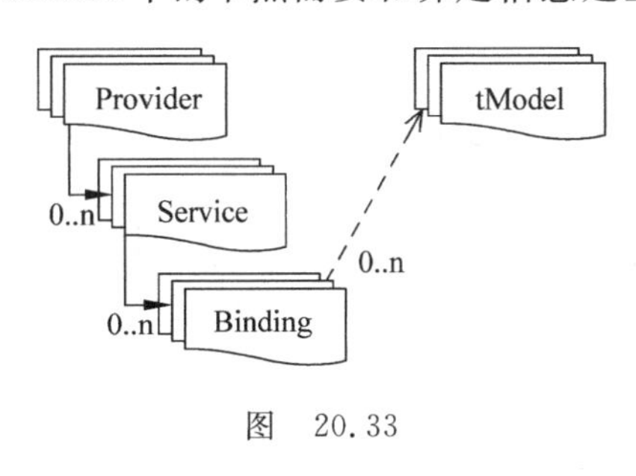

图 20.33

UDDI 注册中心的建立需要安装特定的服务软件，例如，Windows 2003 操作系统上就提供 UDDI 服务。除了微软外，IBM 和 HP 也在 Internet 提供 UDDI 服务，这些运营商的数据定期地互相复制，因而对于用户来说，访问一个节点的 UDDI 数据就意味着访问所有节点。

20.6.7 Web Service 服务器端部署

图 20.34 展示了 Web Service 的部署结构，由内到外依次为：

(1) Web Service：由向 Internet 发布一组操作的软件充当，如果用 Java 来实现 Web 服务，这个软件就是 Java 类，操作就是类中的方法。然而这样实现的 Web 服务不知如何解释 SOAP 请求和产生 SOAP 响应，因而还需 SOAP 引擎。

(2) SOAP 引擎：处理 SOAP 请求和响应的框架软件，比较典型的引擎是 Apache 的 Axis、XFire、CXF。然而 SOAP 请求和响应好比是火车上的货物，火车和站台还需要有角色来担当。

(3) 应用服务器：为应用提供环境的软件(如 Tomcat 等)。应用服务器只相当于站台的角色，火车的角色由 HTTP 服务器充当。虽然 Tomcat 自带 HTTP 服务功能，如果希望获得更好性能的 HTTP 服务，还需配置独立的 HTTP 服务器。

(4) HTTP 服务器：处理 HTTP 请求的软件(如 Apache 等)。

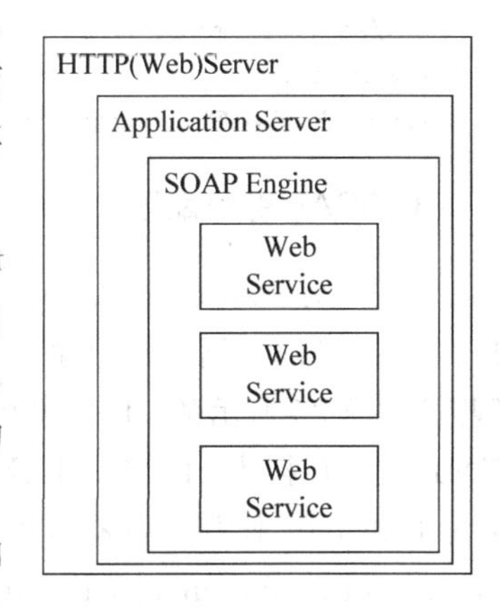

图 20.34

20.6.8 Web Service 案例

1. 应用服务器配置

下载 Jakarta-tomcat-5.0.24.zip，将该版本的 Tomcat 兼作 HTTP Server 和 Application Server，设置 server.xml 中 Connector 标记属性 port 的值为 6 000，即访问该站点的 URL 请求为“http://localhost:6000”。安装 JDK1.5 并配置好环境变量 java_home。

2. Web 服务应用配置

设 Tomcat 的安装目录为＜CATALINA_HOME＞，在“＜CATALINA_HOME＞\webapps”下建立一个 xfire 目录作为 Web 服务应用，在 xfire 下创建如图 20.35 的目录结构，并在 WEB-INF 目录下创建 Web 应用描述文件 web.xml，其内容如下：

```
<?xml version="1.0" encoding="ISO-8859-1"?>
<!-- START SNIPPET: webxml -->
<!DOCTYPE web-app
    PUBLIC "-//Sun Microsystems, Inc.//DTD Web Application 2.3//EN"
    "http://java.sun.com/dtd/web-app_2_3.dtd">
<web-app>
  <servlet>
    <servlet-name>XFireServlet</servlet-name>
    <display-name>XFire Servlet</display-name>
    <servlet-class>
        org.codehaus.xfire.transport.http.XFireConfigurableServlet
    </servlet-class>
  </servlet>
  <servlet-mapping>
    <servlet-name>XFireServlet</servlet-name>
    <url-pattern>/servlet/XFireServlet/*</url-pattern>
  </servlet-mapping>
  <servlet-mapping>
    <servlet-name>XFireServlet</servlet-name>
    <url-pattern>/services/*</url-pattern>
  </servlet-mapping>
</web-app>
<!-- END SNIPPET: webxml -->
```

3. SOAP 引擎配置

到 http://xfire.codehaus.org/Download 下载 xfire-distribution-1.2.6.zip，将解压后 lib 目录中的 jar 文件以及 xfire-all-1.2.6.jar 复制到图 20.35 所示的 lib 目录中。XFire 也需要 xalan 项目(用来将 XML 文件转换为 HTML、TEXT 等其他类型文件格式)的支持，然而 xfire1.2.6 版本中并没有相应的 jar 文件，因此访问网址 http://mirror.bjtu.edu.cn/apache/xml/xalan-j/，下载 xalan-j_2_7_1-bin-2jars.zip，将 zip 解压后其中的 jar 文件复制到图 20.35 所示的 lib 目

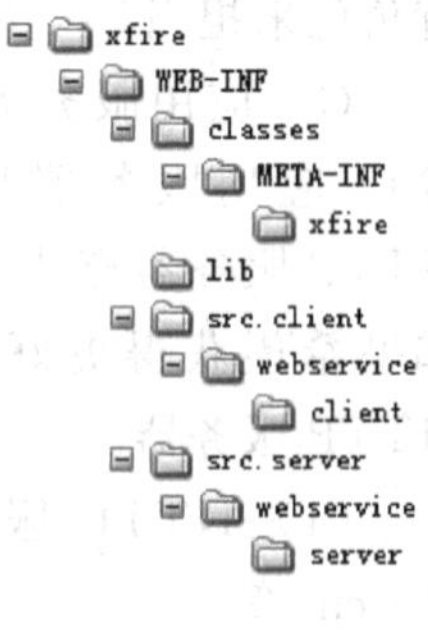

图 20.35

录中。

4. 编写 Web 服务接口及实现类

在 server 目录中放置 Web 服务接口 HelloWorldService. java，内容如下：

```
package webservice.server;
public interface HelloWorldService {
   public String sayHello(String greet);
}
```

在 server 目录中同时放置接口实现类 HelloWorldServiceImpl. java，内容如下：

```
package webservice.server;
public class HelloWorldServiceImpl implements HelloWorldService {
   public String sayHello(String greet) {
      return "Hello " + greet + "!";
   }
}
```

5. 对 Web 服务接口和实现类进行编译

Web Service 平台下，根据 WSDL 生成客户端代码在编译和执行上的配置工作变得日益复杂，为此，本案例统一采用 Ant 工具来简化相关工作。

Ant 是 Apache 的一个开源项目产品，用于对复杂 Java 项目进行编译、打包和执行操作。使用 Ant 首先需要在 http://ant. apache. org/bindownload. cgi 下载 apache-ant-1. 8. 2-bin. zip。解压该文件，设安装目录为<ANT_HOME>；配置 ANT_HOME 环境变量，其值为<ANT_HOME>；在 PATH 环境变量增加值“%ANT_HOME%\bin”。在 WEB-INF 目录下添加 build. xml 文件，其内容如下：

```
<?xml version = "1.0" encoding = "GB2312" ?>
<project name = "XFireProject" default = "genfiles_hello" basedir = ".">
    <property name = "lib" value = "lib" />
    <property name = "classes" value = "classes" />
    <path id = "myclasspath">
        <fileset dir = "${lib}">
            <include name = "*.jar" />
        </fileset>
    <pathelement location = "${classes}"/>
    </path>
    <!-- 服务器端源代码目录设置 -->
    <property name = "server_path" value = "src.server" />
    <!-- 通过 XFire ant 任务生成客户端存根相关代码文件目录位置 -->
    <property name = "client_path" value = "src.client" />
    <!-- wsdl 文件的 URI 配置 -->
    <property name = "wsdl_path_hello"
        value = "http://localhost:6000/xfire/
        services/HelloWorldService?wsdl" />
    <!-- 客户端代码包名 -->
    <property name = "client_package" value = "webservice.client" />
```

```
<!-- 根据 WSDL 生成客户端存根相关代码文件的配置 -->
<target name = "genfiles_hello" description = "Generate the hello files">
    <taskdef name = "wsgen"
      classname = "org.codehaus.xfire.gen.WsGenTask"
      classpathref = "myclasspath" />
    <wsgen outputDirectory = " ${client_path}"
      wsdl = " ${wsdl_path_hello}" package = " ${client_package}"
      binding = "xmlbeans" />
</target>
<!-- 将客户端代码编译为字节码文件的配置 -->
<target name = "compile_client" >
    <javac srcdir = " ${client_path}/webservice/client"
          destdir = " ${classes}">
        <classpath refid = "myclasspath"/>
    </javac>
</target>
<!-- 将服务器端代码编译为字节码文件的配置 -->
<target name = "compile_server" >
      <javac srcdir = " ${server_path}/webservice/server"
            destdir = " ${classes}">
          <classpath refid = "myclasspath"/>
      </javac>
</target>
<!-- 执行客户端存根调用的配置 -->
<target name = "exec_stubclient">
      <java classname = "webservice.client.HelloStubClient">
          <classpath refid = "myclasspath"/>
      </java>
</target>
<!-- 执行客户端动态调用的配置 -->
<target name = "exec_dynamicclient">
      <java classname = "webservice.client.HelloDynamicClient">
          <classpath refid = "myclasspath"/>
      </java>
</target>
</project>
```

文件中的一些标签含义如下：

- <project>是文件的根标签，其属性 default(必需)为默认的运行目标；basedir 为项目基准目录，“.”为当前路径；name 为项目名；description 为项目描述。
- <property>用于设置 name/value 形式的属性，后面引用 value 时采用 ${name}的形式。
- <path>用于定义文件路径集合：id 为标识；fileset 用于定义一个文件组，例子中将 lib 下所有的 jar 文件定义一个文件组，用于以后的编译路径，同时也将 classes 目录作为 path 中的一个成员。
- <target>用于定义一个编译、打包、执行的任务。一个项目标签下可以有一个或多个 target 标签，并且它们之间可以有依赖关系。name 属性是任务的标识。

在 DOS 窗口中进入 WEB-INF 所在的目录，执行“ant compile_server”，则在 classes 下

生成 Web 服务接口和实现类相应的包和字节码文件。

注意：关于 ant 标签的更多含义和用法请参考相关书籍。

6. Web 服务配置

在图 20.35 META-INF 下的 xfire 目录中建立 service.xml 文件，其内容如下：

```
<!-- START SNIPPET: services -->
<beans xmlns = "http://xfire.codehaus.org/config/1.0">
   <service>
     <name>HelloWorldService</name>
    <namespace>http://MyHost/HelloWorldService</namespace>
    <serviceClass>webservice.server.HelloWorldService</serviceClass>
    <implementationClass>webservice.server.HelloWorldServiceImpl
    </implementationClass>
  </service>
</beans>
<!-- END SNIPPET: services -->
```

service 标签用于定义一个 Web 服务，name 是名称，namespace 为命名空间，serviceClass 为接口路径，implementationClass 为接口的实现类路径。可以根据需要在该文件中定义多个服务。

在浏览器中输入"http://localhost:6000/xfire/services"，出现如图 20.36 所示的界面。点击链接"[wsdl]"可以看到关于 HelloWorldService 相应的 WSDL 文件，这标志着一个 Web 服务的创建成功。

图 20.36

7. 建立客户端调用程序

客户端调用服务器端可以采用生成静态存根和动态调用两种方式。当采用生成存根方式时，步骤如下：

(1) 在 DOS 窗口中进入 WEB-INF 所在的目录，执行"ant genfiles_hello"，则在图 20.35 的 client 目录中依据 WSDL 文件生成 HelloWorldServiceClient.java、HelloWorldServiceImpl.java、HelloWorldServicePortType.java 三个文件。在 client 目录中编写 HelloStubClient.java 文件，内容如下：

```
package webservice.client;
import java.net.MalformedURLException;
import org.codehaus.xfire.XFire;
import org.codehaus.xfire.XFireFactory;
import org.codehaus.xfire.client.XFireProxyFactory;
import org.codehaus.xfire.service.Service;
import org.codehaus.xfire.service.binding.ObjectServiceFactory;
import webservice.client.HelloWorldServiceClient;
import webservice.client.HelloWorldServicePortType;
public class HelloStubClient {
   public static String testClient(){
     HelloWorldServiceClient helloSC = new HelloWorldServiceClient();
     HelloWorldServicePortType helloSP =
     helloSC.getHelloWorldServiceHttpPort();
     String result = helloSP.sayHello();
     return result;
   }
   public static void main(String[] args) throws Exception{
     System.out.println(testClient());
   }
}
```

(2) 编译代码：在 WEB-INF 目录中执行“ant compile_client”，则在图 20.35 中的 classes 目录中生成相应的包及类。

(3) 执行：在 WEB-INF 目录中执行“ant exec_stubclient”，将得到调用结果。

如果在客户端采用动态调用的方式，其步骤如下：

(1) 在图 20.35 中的 client 目录中增加 HelloDynamicClient.java 文件，内容如下：

```
package webservice.client;
import java.net.MalformedURLException;
import java.net.URL;
import org.codehaus.xfire.client.Client;
public class HelloDynamicClient{
   public static void main(String[] args)  throws
                         MalformedURLException,Exception{
      Client client = new Client(new URL("http://localhost:6000/
                         xfire/services/HelloWorldService?wsdl"));
      Object[] results = client.invoke("sayHello",new String[]{"world"});
      System.out.println(results[0]);
   }
}
```

注意：如果调用的接口不含参数，则可写为“results = client.invoke("sayHello",new String[0]);”。

(2) 编译代码：在 DOS 窗口中进入 WEB-INF 所在的目录并执行“ant compile_client”，则在图 20.35 中的 classes 目录中生成相应的包及类。

(3) 执行：在 WEB-INF 目录中执行“ant exec_dynamicclient”，将得到调用结果。

注意：本例用 Java 进行 Web 服务调用，另外也可采用其他编程语言、各种脚本语言来进行 Web 服务调用。

小　结

本章主要介绍了软件体系结构、分布式软件系统、分布式对象技术三项内容。软件体系结构的要点包括软件结构的主要分类、C/S 与 B/S 结构、胖客户端、瘦客户端、富客户端等；分布式软件系统的要点包括分布式软件系统需要处理的共性问题、中间件的概念与分类、中间件的通信机制、消息中间件等；分布式对象技术部分介绍了 CORBA、COM＋、Java 分布式对象、WebService 四大体系架构以及对应的基本概念，并对 RMI、JNDI、WebService 给出详细阐述。

习　题

1. 软件体系结构的含义和主要类型有哪些？
2. C/S 和 B/S 各自都有哪些优点和缺点？
3. 软件客户端都有哪些主要类型？
4. 分布式软件系统需要处理哪些共性问题？
5. 中间件的含义是什么？消息模型的类型有哪些？
6. JMS 的含义是什么？
7. 主要的分布式对象技术有哪些？
8. RMI 通信原理是什么？结合书上的案例给出你的一个关于数据库操作的 RMI 设计（提示：可将对数据库的查询和操作放到 RMI 的服务器端，客户端仅提交请求和得到返回结果）。
9. JNDI 的含义是什么？
10. WebService、结构层次是什么？
11. 简要介绍 WSDL、UDDI、SOAP 的含义。
12. 参考本章的案例结合 XFire 设计一个你的 WebService 应用。

参 考 文 献

[1] 张白一,崔尚森.面向对象程序设计 Java.西安:西安电子科技大学出版社,2005.
[2] Mark Priestley.面向对象 UML 实践.北京:清华大学出版社,2004.
[3] 刘宝林.Java 程序设计与案例.北京:高等教育出版社,2004.
[4] 张孝祥.Java 就业培训教程.北京:清华大学出版社,2003.
[5] Martin Fowler.重构——改善既有代码的设计.北京:中国电力出版社,2003.
[6] Robert C. Martin.敏捷软件开发.北京:中国电力出版社,2003.
[7] Herbert Schildt.Java2 参考大全.张玉清,等,译.北京:清华大学出版社,2002.
[8] 印旻.Java 与面向对象程序设计教程.北京:高等教育出版社,1999.
[9] Erich Gamma,等.设计模式可复用面向对象软件的基础.北京:机械工业出版社,2000.
[10] Richard Wiener,Lewis J. Pinson.罗英伟,汪小林,译.Java 数据结构与面向对象编程基础.北京:人民邮电出版社,2002.
[11] 董龙飞,肖娜.Adobe Flex 大师之路.北京:电子工业出版社,2009.
[12] 刁成嘉.UML 系统建模与分析设计.北京:机械工业出版社,2007.
[13] Leszek A. Maciaszek.需求分析与系统设计.北京:机械工业出版社,2010.
[14] 蔡敏,徐慧慧,黄炳强.UML 基础与 Rose 建模教程.北京:人民邮电出版社,2006.
[15] 李华飚,郭英奎.Java 中间件开发技术.北京:中国水利水电出版社,2005.
[16] 孙卫琴,李洪成.Tomcat 与 Java Web 开发技术详解.北京:电子工业出版社,2004.
[17] 孙卫琴.基于 MVC 的 Java Web 设计与开发.北京:电子工业出版社,2005.

图书资源支持

感谢您一直以来对清华版图书的支持和爱护。为了配合本书的使用，本书提供配套的资源，有需求的读者请扫描下方的“书圈”微信公众号二维码，在图书专区下载，也可以拨打电话或发送电子邮件咨询。

如果您在使用本书的过程中遇到了什么问题，或者有相关图书出版计划，也请您发邮件告诉我们，以便我们更好地为您服务。

我们的联系方式：

地　　址：北京市海淀区双清路学研大厦 A 座 714

邮　　编：100084

电　　话：010-83470236　010-83470237

客服邮箱：2301891038@qq.com

QQ：2301891038（请写明您的单位和姓名）

资源下载：关注公众号“书圈”下载配套资源。

资源下载、样书申请

书圈

图书案例

清华计算机学堂

观看课程直播